FABIAN SANDKÜHLER

DAS MOTIVATIONSPROBLEM ANGESICHTS DES KLIMAWANDELS

FREIBURGER THEOLOGISCHE STUDIEN

Unter Mitwirkung
der Professoren der Theologischen Fakultät
herausgegeben von

Thomas Böhm, Ursula Nothelle-Wildfeuer
(federführend), Magnus Striet

Band 187
Das Motivationsproblem angesichts des Klimawandels

FABIAN SANDKÜHLER

Das Motivationsproblem angesichts des Klimawandels

Tugendethische Lösungsansätze

HERDER
FREIBURG · BASEL · WIEN

Die vorliegende Arbeit wurde im Jahr 2017 als Dissertation von der Universität Osnabrück angenommen.

MIX
Papier aus verantwortungsvollen Quellen
FSC® C083411

D 25

www.herder.de
Umschlaggestaltung: Verlag Herder
Satz: Barbara Herrmann, Freiburg
Herstellung: CPI books GmbH, Leck
Printed in Germany
ISBN 978-3-451-38176-8

Für Gerda

Inhalt

Dank

Auf meinem Weg zur Fertigstellung der vorliegenden Arbeit wurde ich von vielen Menschen begleitet und unterstützt. Für dieses große Glück bin ich sehr dankbar. Es ist mir ein Anliegen, einigen Personen an dieser Stelle ausdrücklich Danke zu sagen.

Zuerst und vor allem möchte ich meinem Doktorvater, Prof. Dr. Elmar Kos, für die so intensive wie hilfreiche Betreuung während der gesamten Erstellung meiner Arbeit danken. Jedes unserer zahlreichen Gespräche war für mich dank seines überdurchschnittlich hohen Engagements nicht nur eine inhaltliche Bereicherung, sondern verlieh mir durch seine stets wohlwollende Haltung immer wieder aufs Neue Zuversicht und Motivation auch in schwierigen Lagen.

Mein herzlicher Dank gilt weiterhin Prof. Dr. Andreas Lienkamp für seine unterstützenden Hinweise speziell im Bereich der Klimaforschung und -gerechtigkeit und für die Erstellung des Zweitgutachtens. Die damit verbundenen Anmerkungen waren für die Erstellung der fertigen Druckfassung mehr als hilfreich.

Danken möchte ich außerdem der Herausgeberin und den Herausgebern der Reihe „Freiburger theologische Studien" für die freundliche Aufnahme in die Reihe sowie dem Verlag Herder, insbesondere Herrn Clemens Carl, für die gute und professionelle Zusammenarbeit.

Für die Bereitstellung eines großzügigen Druckkostenzuschusses danke ich dem Bistum Osnabrück recht herzlich.

Besonders danke ich meinen lieben Eltern, die mich auf meinem Lebensweg stets unterstützt haben und auf deren Beistand ich nicht nur während der Erstellung der vorliegenden Arbeit immer vertrauen konnte.

Osnabrück im Januar 2018 — Fabian Sandkühler

Einleitung: Haltung und Motivation beim Klimaschutz

Im Interview mit der *Süddeutschen Zeitung* legt George Marshall, „Veteran der Klimaschutzbewegung“[1] und Mitbegründer der Organisation für Klimakommunikation *Climate Outreach,* den Finger in die Wunde:

> „Er bekennt, dass zwar viele Klimaschützer den Kampf gegen die globale Erwärmung als moralisches Gebot betrachten, es aber im Privatleben auch nicht schaffen, ihre Handlungen an ihren Überzeugungen auszurichten.“[2]

Das hält er allerdings nicht für verwerflich, sondern für menschlich und will damit auf einen grundlegenden Punkt hinweisen. Wenn selbst diejenigen, die sich professionell mit dem Klimawandel und seinen Folgen beschäftigen, ihr alltägliches Verhalten nicht konsequent klimafreundlich ausrichten, kann mangelndes Engagement für den Klimaschutz offensichtlich nicht auf ein Informationsdefizit zurückgeführt werden. Entsprechend plädiert er für eine veränderte Kommunikationsstrategie beim Klimaschutz, die nicht mehr auf die Vermittlung immer weiterer, bedrohlicher Fakten setzt, sondern eine Veränderung der Wertvorstellungen erreichen will. Das sei besonders deshalb schwierig, weil zum einen die Opfer des Klimawandels in zeitlicher und räumlicher Entfernung auftreten und zum anderen aufgrund einer sozialen Dynamik das Engagement des Einzelnen wirkungslos erscheint.[3] Mangelndes Engagement beim Klimaschutz resultiert also vor allem aus einem Motivationsproblem, das weitaus schwieriger zu beseitigen ist als ein Informationsdefizit. Dass dieses Motivationsproblem vor allem ein Alltagsproblem menschlichen Handelns ist, wird aus

[1] Schrader (2016): Mehr Gefühl bitte, 37.
[2] Ebd.
[3] Vgl. ebd.

einer ähnlich selbstkritischen Beobachtung der Tugendethikerin Rosalind Hursthouse deutlich, wenn sie über die Tugend richtiger Orientierung gegenüber der Natur spricht:

> „This virtue is not a character trait we see manifested by any academic philosophers who, inevitably, lead lives of standard Western materialistic comfort, driving to shop at their supermarkets, buying new clothes, listening to opera on their CD players, dining in restaurants, writing their books and articles on computers, jetting to international conferences to present their views on environmental ethics, and teaching them to their students in large, land-occupying, buildings."[4]

Die umfassende und allgemein verbindliche Regulierung solcher Einzelhandlungen, die insgesamt zum Fortschreiten des Klimawandels beitragen, erscheint angesichts ihrer Geringfügigkeit nicht umsetzbar, zumal sie auf den ersten Blick nicht einmal besonders verwerflich wirken. Das Problem des menschengemachten Klimawandels birgt die Besonderheit, dass individuelle Handlungen, die für sich genommen unerheblich sind, in der Summe eine bedrohliche globale Wirkung entfalten. Neben gesellschaftlichen und politischen Klimaschutzmaßnahmen lohnt daher der Blick auf das Verhalten des Einzelnen. Nimmt man diese Perspektive des Einzelnen nicht nur im Rahmen der Problembeschreibung, sondern auch für die Problemlösung ernst, muss nach Alternativen für externe Anreize oder Sanktionen gesucht werden, die das Verhalten des Individuums von innen heraus verlässlich und dauerhaft ändern. Dabei muss es letztlich darum gehen, eine veränderte Einstellung oder Haltung zum Klimaschutz zu entwickeln. Die Frage nach Haltungen hat aber eine gewisse Nähe zu dem bei Hursthouse schon erwähnten Tugendbegriff, der eine lange philosophische Tradition begründet, die sich mit der Ausrichtung menschlichen Strebens und Handelns beschäftigt. Tugendbasierte Ansätze spielen in der gegenwärtigen Ethik allerdings keine gewichtige Rolle.

---

[4] Hursthouse (2007): Environmental Virtue Ethics, 168.

Auch im Alltag wird von der Tugend nur selten gesprochen und wenn, dann hat der Begriff einen antiquierten und rückwärtsgewandten Beigeschmack. Dass also ein solches, vermeintlich überholtes Konzept wie das der Tugend einen Beitrag zur Lösung eines der drängendsten Zukunftsprobleme der Menschheit leisten kann, scheint auf den ersten Blick mehr als fraglich.

Die vorliegende Arbeit geht allerdings von der These aus, dass gerade der klassische Tugendbegriff aristotelisch-thomanischer Prägung nach wie vor eine hohe Aussagekraft bei der Frage nach individuellen Haltungen besitzt. Es ist dabei zunächst offen, was unter einer Tugend verstanden werden kann, wie sie das Handeln des Menschen beeinflusst und wie sie erworben wird. Es muss weiterhin geklärt werden, in welcher gesellschaftlichen Umgebung und auf welcher inhaltlichen Grundlage Tugenden gegenwärtig ausgebildet und wirksam werden können. Vor allem muss ein Verständnis der Tugend entwickelt werden, das auch unter modernen Bedingungen funktionsfähig ist und so den Anschein des Überholten hinter sich lässt. Nur dann könnte aufgezeigt werden, warum es für den Einzelnen überhaupt gut ist, eine klimafreundliche Haltung zu entwickeln.

Sollten Antworten auf diese offenen Fragen gefunden werden, könnte der klassische Tugendbegriff eine theoretische Grundlage bei der Beschreibung klimafreundlicher Haltungen bieten. Das würde ein erweitertes Verständnis darüber ermöglichen, was Haltungen sind, was sie leisten können und wie sie erworben werden. Die Vorteile, die den Tugendbegriff ausmachen, würden dann gerade im Zusammenhang mit dem Motivationsproblem beim Klimaschutz wirksam. Wird deutlich, warum es gut ist, klimafreundliche Haltungen zu entwickeln, trägt das in hohem Maße zur Lösung des Motivationsproblems bei. Das aber würde eine notwendige Unterstützung gesellschaftlicher und politischer Klimaschutzmaßnahmen bedeuten.

Zunächst ist aber die grundlegende Betrachtung naturwissenschaftlicher Erkenntnisse über den Klimawandel notwendig, um die Symptome, Ursachen und Folgen des Problemgegenstands zu verdeutlichen. Nach einem Überblick zu Möglichkeiten und Hindernissen gesellschaftlicher bzw. politischer Klimaschutzmaßnahmen soll der Klimawandel im Rahmen dieser Arbeit vor allem als Herausforderung für das individuelle Handeln verstanden werden, um so die angesprochenen alltäglichen Handlungen beobachten zu können. Anhand möglicher Lösungsansätze aus sozialwissenschaftlicher Perspektive wird die Notwendigkeit individueller klimafreundlicher Haltungen deutlich. Wenn hinsichtlich der Frage nach individuellem Handeln Erkenntnisse aus den Humanwissenschaften herangezogen werden, wird allerdings deutlich, dass ein rein empirischer Zugang nicht ausreichend ist und der Klimawandel als ethisches Problem wahrgenommen werden muss.

Dann aber eröffnet sich die Möglichkeit, die Frage nach Haltungen auf Grundlage des Tugendbegriffs zu betrachten. Dazu sollen zunächst seine antiken Ursprünge thematisiert und die Ursachen für die relative Bedeutungslosigkeit des Tugendbegriffs in der modernen Ethik erläutert werden. Nach einer kritischen Betrachtung moderner tugendethischer Ansätze soll der klassische Tugendbegriff als mögliche Grundlage klimafreundlicher Haltungen in Betracht gezogen werden. Dazu ist es notwendig, auf die teleologische Handlungstheorie zurückzugreifen, die menschliches Handeln als Streben nach Zielen versteht und die die Grundlage tugendbasierter Ansätze darstellt. Hier wird die Verknüpfung zwischen Tugend und Glück besonders deutlich, die schon im Zusammenhang mit den antiken Ursprüngen des Tugendbegriffs auftaucht. So kann eine inhaltliche Formulierung der Tugenden nur mit Bezugnahme auf eine bestimmte Vorstellung menschlichen Glücks erfolgen. Um aber zunächst die allgemeinen Eigenschaften des klassischen Tugendbegriffs ohne inhaltliche Beeinflussungen darzustellen, wird das Wesen der Tugenden auf Grundlage eines rein formalen Glücksverständnisses betrachtet. Hier sollen die verschiedenen Eigenheiten einer klassischen Tugendlehre daraufhin befragt werden, was sie hinsichtlich der Frage nach klimafreundlichen Haltungen beitragen können und welche Vorteile sie hinsichtlich ethischer Fragestellungen bieten.

Grundsätzlich können sich diese Vorteile aber nur dann auf konkretes Verhalten auswirken, wenn der Tugendbegriff inhaltlich gefüllt ist. Ohne eine solche Füllung kann keine Aussage darüber getroffen werden, worin eine Tugend oder tugendhaftes Verhalten eigentlich besteht. Dazu ist es aber notwendig, die Tugenden in Beziehung zu einer Vorstellung vom Glück zu setzen. Es soll in diesem Zusammenhang auf verschiedene Theorien des Guten, welche die theoretische Grundlage solcher Glücksvorstellungen darstellen, eingegangen werden. Sie müssen daraufhin untersucht werden, ob sie als Grundlage einer Tugendlehre zur Lösung des Motivationsproblems beim Klimaschutz beitragen können. Dabei ist es zunächst naheliegend, auf moderne subjektivistische Theorien des Guten einzugehen, die die Autonomie und Willensfreiheit des Individuums besonders betonen. Neben diesen gibt es aber auch Ansätze, die das Glück des Menschen mit verschiedenen inhaltlichen Aspekten verbinden. Auf zwei Beispiele solch objektivistischer Theorien des Guten, die vor allem mit anthropologischen Grundgütern arbeiten, soll ebenfalls eingegangen werden. Einen weniger allgemeinen Anspruch besitzen Ansätze, die sich mit ganz konkreten Zielen menschlichen Strebens beschäftigen. Zwei dieser konkreten Ziele, die im Rahmen der vorliegenden Arbeit naheliegen, sollen vorgestellt werden. Sie sehen jeweils die Natur bzw. Gott als Ziel menschlichen Strebens und Handelns und können je eigene Akzente bei der Frage nach klimafreundlichen Haltungen setzen. Im Anschluss an das Glücksverständnis Thomas von Aquins werden in einem weiteren Schritt Überlegungen zum menschlichen Glück angestellt, die Bezug auf das Zustandekommen praktischer Vernunfturteile nehmen.

Wenn aber die Betrachtung individueller Haltungen auf Grundlage des klassischen Tugendbegriffs nicht auf einer theoretischen Ebene verbleiben soll, muss danach gefragt werden, wie sich solche Haltungen auf das tatsächliche Handeln des Menschen auswirken können. Beim globalen Problem des Klimawandels kann dazu eine gesellschaftliche Perspektive aber nicht übergangen werden. So liegt das Problem beim Klimawandel ja gerade darin, dass Einzelhandlungen in der Summe eine gesellschaftliche bzw. globale Bedrohung erzeugen. Außerdem findet individuelles Handeln immer in einer gesellschaftlich gestalteten und regulierten Handlungsumgebung statt. Es muss also deutlich werden, welche sozialen und institutionellen Voraussetzungen dafür vorliegen müssen, dass eine Haltungsänderung wirksam das Handeln beeinflussen kann, sodass Wechselwirkungen mit gesellschaftlichen Institutionen entstehen können. Die theoretische Grundlage einer solch förderlichen Gesellschaftsverfassung soll vor allem in der Auseinandersetzung mit dem politischen Liberalismus gesucht werden.

Wenn sich aus diesen Überlegungen aber eine moderne Tugendlehre mit Anbindung an ein funktionsfähiges Glücksverständnis ergibt, können konkrete Aussagen dazu formuliert werden, wie in einer entsprechend verfassten Gesellschaft klimafreundliche Haltungen aussehen können. Solche positiven Haltungsbilder könnten dann eine dauerhafte und verlässliche Änderung individuellen Verhaltens hervorrufen, die sowohl dem Klimaschutz als auch dem individuellen Glück des Menschen zugutekommt. Aus dieser Perspektive würde der Klimaschutz nicht mehr als Einschränkung individueller Handlungsmöglichkeiten, sondern als glücksbringende Bereicherung des eigenen Lebens wahrgenommen und folglich aus eigenem Antrieb ausgeübt. Auf diese Weise könnte der Tugendbegriff einen Beitrag zur Lösung des Motivationsproblems beim Klimaschutz leisten.

Kapitel 1: Klimawandel als gesellschaftliche und individuelle Herausforderung

Um das Problem des Klimawandels angemessen zu betrachten, ist es zunächst notwendig, auf die empirischen Erkenntnisse der Klimaforschung zu den Symptomen, Ursachen und Folgen des Klimawandels zurückzugreifen. Dabei wird deutlich, dass die gegenwärtige Veränderung des Klimas auf menschliche Aktivitäten zurückzuführen ist. Der Klimawandel wird dadurch zu einer Herausforderung für das Handeln des Menschen. Aufgrund seiner globalen Dimension erscheint es zunächst naheliegend, die politische und gesellschaftliche Ebene zu betrachten. Welche Möglichkeiten und Hindernisse begegnen gesellschaftlichem und politischem Engagement zum Klimaschutz? Allerdings hat der Klimawandel nicht nur rein politische Ursachen, sondern wird durch alltägliches, individuelles Handeln ausgelöst. Auf dieser individuellen Ebene können ebenfalls Lösungsmöglichkeiten und Hindernisse benannt werden. Dabei wird aber deutlich, dass gerade die Frage nach individuellem Verhalten nicht rein empirisch beantwortet werden kann, sondern nach einer Erweiterung durch die ethische Perspektive verlangt.

1.1 Symptome, Ursachen und Folgen des Klimawandels: Erkenntnisse der Klimaforschung

Unter dem Begriff *Klima* wird das Wetter eines langen Zeitraumes verstanden, im Gegensatz zur Witterung, die einen mittelfristigen, und zum Wetter, das einen kurzfristigen Betrachtungszeitraum besitzt.[1] Bei der Betrachtung des Klimas werden unter anderem „Sonnenscheindauer, Lufttemperatur, Luftdruck, Wind […], Bewölkung […], Sichtweite, Luftfeuchtigkeit, Niederschlag […]

[1] Vgl. Lienkamp (2009b): Klimawandel und Gerechtigkeit, 50.

sowie Erdbodenzustand"[2] im Zeitraum von mindestens dreißig Jahren betrachtet. Es geht somit nicht um einzelne, kurzfristige Wetterzustände, sondern um die Wahrscheinlichkeit ihres Auftretens auf lange Sicht. Betrachtet werden dabei alle vorhandenen Klimaparameter, nicht nur die Temperatur. So kann eine Veränderung des Klimas sich auch bei einer gleichbleibenden mittleren Temperatur, zum Beispiel durch eine Veränderung der Niederschlagsmenge, bemerkbar machen. Die Erforschung des Klimas ist also der Versuch, ein komplexes System in seiner Gesamtheit zu betrachten und daraus Trends zu ermitteln.[3] So ist es ein Missverständnis, dass ein heißer Sommer oder ein sehr kalter Winter Beleg oder Widerlegung des Klimawandels bedeuten. Vielmehr ist die Häufigkeit des Auftretens solcher Extreme der entscheidende Aspekt.[4]

Der Zustand des Klimas war nie unveränderlich, sondern befindet sich seit jeher im steten Wandel. Sowohl geografisch wie auch zeitlich gibt und gab es immer unterschiedliche Klimazustände, die sich einmal mehr, einmal weniger kurzfristig ändern.[5] So ist selbst der Wechsel der Jahreszeiten letztlich nichts anderes als eine Klimaveränderung. Für das Klimaproblem ist aber vor allem die langfristige Veränderung des Klimas interessant.[6] *Klimawandel* meint also zunächst einmal alle Veränderungen des Klimas, sowohl durch natürliche als auch durch menschengemachte Faktoren beeinflusst.[7] So kann zwar die Tatsache nicht geleugnet werden, dass der Mensch großen Einfluss auf das Klima nimmt, allerdings kann nicht jede Klimaänderung als anthropogen bezeichnet werden. Das Klima verfügt über eine eigene, vom Menschen unabhängige Dynamik, die Änderungen in der Temperatur oder in der Wahrscheinlichkeit des Auftretens bestimmter Wetterphänomene auslöst. Um genau abzugrenzen, wo der menschliche Einfluss liegt,

---

2 A. a. O., 51.

3 Vgl. Latif (2012): Globale Erwärmung, 20f.

4 Vgl. Dessler (2012): Introduction to modern climate change, 26.

5 Vgl. Lienkamp (2009b), 53.

6 Vgl. Dessler (2012), 4.

7 Vgl. Lienkamp (2009b), 54.

müssen somit Aussagen über die natürlichen Schwankungen möglichst genau berücksichtigt werden.[8]

1.1.1 Anthropogene Ursachen des Klimawandels

1.1.1.1 Der Treibhauseffekt und seine Beeinflussung durch den Menschen

Unstrittig ist aber, dass der zurzeit zu beobachtende Klimawandel und der Temperaturanstieg in der Erdatmosphäre menschlichen Handlungen zuzuschreiben sind und mit dem Ausstoß von Treibhausgasen wie CO_2, Wasserdampf und Methan bzw. ihrem Einfluss auf den Treibhauseffekt zusammenhängen.[9] Auch wenn CO_2 nur zu einem verschwindend geringen Teil in der Erdatmosphäre vorkommt, ist es zusammen mit den weiteren Treibhausgasen die Hauptursache für den anthropogenen Klimawandel. Dies liegt an seiner Eigenschaft, die als Infrarotstrahlung von der Erde reflektierte Sonnenenergie besonders gut zu absorbieren und dann wieder zu emittieren. Da es die kurzwellige Sonnenstrahlung jedoch nicht absorbiert, sondern weitgehend durchlässt, kommt es zum Treibhauseffekt. Sonnenenergie kann ungehindert in die Erdatmosphäre eindringen. Die von der Erde zurückstrahlende Wärme verschwindet jedoch nicht wieder im Weltall, sondern wird durch die Treibhausgase in der Atmosphäre gehalten. Zusätzlich zur Wärmeenergie der Sonne wird nun auch die von den Treibhausgasen absorbierte Wärme wieder zur Erdoberfläche zurückgestrahlt. Dieser „Hitzestau"[10] in der Atmosphäre, vergleichbar mit dem Prinzip eines Treibhauses, führt dann zu einer Erderwärmung. Zunächst einmal ist dieser Mechanismus sehr positiv, denn er „ist der Garant für die lebensfreundlichen Temperaturen auf der Erde"[11] und bewirkt eine Erdmitteltemperatur von 15° C. Ohne die Reflexion der Wär-

---

[8] Vgl. Latif (2012), 53.
[9] Vgl. Rahmstorf/Schellnhuber (2012): Der Klimawandel, 31.
[10] Gesang (2011): Klimaethik, 16.
[11] Latif (2012), 30f.

mestrahlung läge die Erdoberflächentemperatur bei minus 18° C.[12] Er wird maßgeblich beeinflusst durch CO_2 absorbierende Pflanzen an Land und im Wasser.[13] Wenn durch den Menschen jedoch das Gasgemisch der Atmosphäre verändert wird, zum Beispiel durch massenhaften Ausstoß von CO_2 oder durch die Zerstörung CO_2 absorbierender Pflanzen, hat das Auswirkungen auf das Klima.[14] Die Klimaforschung versucht zu berechnen, wie stark die Erdtemperatur auf die Veränderung der Treibhausgaskonzentration reagiert.[15] Sie beschäftigt sich außerdem mit der Gestalt des Klimas in der Vergangenheit. Sie ist dabei auf „die Analyse von Eiskernen, Baumringen, Gebirgsgletschern angewiesen."[16] Dabei lässt sich feststellen, dass die CO_2-Konzentration in den vergangenen 800.000 Jahren nie höher war als heute.[17] Außerdem lässt sich neben einem Anstieg des CO_2 in der Atmosphäre ein solcher auch in den Ozeanen nachweisen: „Dies führt übrigens zur Versauerung des Meerwassers und damit wahrscheinlich zu erheblichen Schäden an Korallenriffen und anderen Meeresorganismen, auch ohne jeden Klimawandel."[18] Dass diese erhöhte Konzentration von CO_2 in der Atmosphäre und der dadurch verstärkte Treibhauseffekt eine Wirkung haben, lässt sich an der Erdtemperatur ablesen. Sie steigt seit einigen Jahrzehnten signifikant und liegt höher als im gesamten Jahrtausend zuvor. Dieser Anstieg wird häufig mit der *Hockey-Stick-Kurve* illustriert, die zwar methodisch nicht unumstritten ist, von der Faktenlage her aber kaum angezweifelt wird.[19] Sie verdeutlicht den steilen Anstieg der Erdmitteltemperatur in den letzten Jahrzehnten nach einer Phase relativ konstant bleibender Temperaturen vor der Industrialisierung, wodurch der Kurvengrafik eine optische Ähnlichkeit zu einem Eishockeyschläger zukommt.

---

[12] Vgl. Gesang (2011), 16f.
[13] Vgl. Lienkamp (2009b), 68f.
[14] Vgl. a. a. O., 70f.
[15] Vgl. Latif (2012), 41f.
[16] Gesang (2011), 19.
[17] Vgl. a. a. O., 19f.
[18] Rahmstorf/Schellnhuber (2012), 34.
[19] Vgl. Gesang (2011), 19f.

1.1.1.2 Wissenschaftlicher Konsens über anthropogene Ursachen des Klimawandels

Dass diese Erderwärmung menschengemacht ist, ist weltweiter Konsens unter Klimawissenschaftlern. So sieht der fünfte Sachstandsbericht des *Intergovernmental Panel on Climate Change* (IPCC) eine in den letzten 800.000 Jahren nie erreichte CO_2-Konzentration in der Erdatmosphäre mit höchster Wahrscheinlichkeit als Ursache für die Erderwärmung seit Mitte des vergangenen Jahrhunderts an.[20] Dabei formulieren die letzten Sachstandsberichte diese Erkenntnisse mit immer größerer Gewissheit.[21] Der 1988 gegründete IPCC hat die Aufgabe, „den Stand der Forschung zum zusätzlichen Treibhauseffekt, zu seinen möglichen Auswirkungen und zu den politischen Reaktionsmöglichkeiten abzuschätzen“[22]. Durch die Kooperation einer großen Zahl von Klimaforschern entsteht so das am meisten gesicherte wissenschaftliche Bild über den Klimawandel.[23] Dies geschieht in Form von Berichten, die im Abstand von einigen Jahren veröffentlicht werden. In diesen wird von drei Arbeitsgruppen der Stand der Wissenschaft dargelegt. Es werden weiterhin technische Zusammenfassungen sowie Zusammenfassungen für politische Entscheidungsträger veröffentlicht.[24] Da Letztere aber der einstimmigen Verabschiedung durch die beteiligten Nationen bedürfen, müssen sie als Kompromisstexte angesehen werden. Sie beruhen zwar auf einer unhintergehbaren wissenschaftlichen Grundlage, sind aber auch gerade hinsichtlich der Maßnahmen zum Klimaschutz durch nationale Einzelinteressen beeinflusst.[25] Die herausragendste Anerkennung für diese Arbeit erhielt der IPCC zusammen mit Al Gore mit dem Friedensnobelpreis 2007. Das bedeutende Gewicht, das den

---

[20] Vgl. IPCC (2014c): Zusammenfassung für politische Entscheidungsträger, 4.
[21] Vgl. Lienkamp (2009b), 63f.
[22] Beck (2009): Das Klimaexperiment und der IPCC, 13.
[23] Vgl. Dessler (2012), 10.
[24] Vgl. Müller (2007): Der UN-Weltklimareport, 41.
[25] Vgl. a. a. O., 42.

Veröffentlichungen des IPCC zukommt, kann unter anderem darauf zurückgeführt werden, dass es ihm gelungen ist, einen Konsens in der Klimaforschung zu erzielen, auf dessen Grundlage politische Forderungen aufgestellt werden.[26] Allerdings werden die Empfehlungen der Berichte nicht unmittelbar in Politik umgesetzt. Dennoch besteht ihr Verdienst darin, eine Problembeschreibung abzugeben, die von der Politik wahrgenommen und berücksichtigt wird. Insofern stellen die IPCC-Berichte das „wissenschaftliche Fundament"[27] politischer Entscheidungsprozesse dar.[28] Methodisch versuchen die Berichte, eine möglichst große Zahl an Forschungsmeinungen zu integrieren. Sie zeigen sich offen für Bewertungen und Perspektiven von außerhalb der Wissenschaft.[29] Ihre Wissenschaftlichkeit bewahren sie sich aber trotz dieser Integration eines möglichst breiten Meinungs- und Forschungsspektrums durch eine „Politik der Grenzziehung"[30], die nach außen wissenschaftliche Erkenntnisse und politische Fragestellungen voneinander trennt. Intern hingegen werden die Zuständigkeiten von Wissenschaft und Politik permanent neu verhandelt.[31]

Der menschliche Einfluss auf das Klimasystem wird vom fünften Sachstandsbericht des IPCC als gesichert dargestellt:

> „Der Einfluss des Menschen auf das Klimasystem ist klar und die jüngsten anthropogenen Emissionen von Treibhausgasen sind die höchsten in der Geschichte. Die jüngsten Klimaänderungen hatten weitverbreitete Folgen für menschliche und natürliche Systeme."[32]

---

[26] Vgl. Beck (2009), 16.
[27] A. a. O., 184.
[28] Vgl. a. a. O., 183f.
[29] Vgl. a. a. O., 186f.
[30] A. a. O., 188.
[31] Vgl. a. a. O., 188f.
[32] IPCC (2014c), 2.

Zwar kann nicht von einem einfachen Ursache-Wirkungs-Verhältnis zwischen CO_2-Konzentration und Erderwärmung ausgegangen werden. So gibt es viele sich überlagernde Faktoren, die das Klima der Erde beeinflussen. Allerdings kann der Anstieg der Erdtemperatur seit den 1970er Jahren nicht mit natürlichen Ursachen erklärt werden. Es kann hinsichtlich der natürlichen Faktoren kein Trend erkannt werden, mit dem sich eine solche Erwärmung erklären lässt. Ebenfalls lässt sich ein räumliches Muster, nach dem besonders in Bodennähe, nicht aber auch in höheren Schichten der Atmosphäre eine Erwärmung erfolgt, nur auf die erhöhte Treibhausgaskonzentration zurückführen.[33] Außerdem lässt sich nachweisen, dass der CO_2-Anstieg in der Atmosphäre durch die Verbrennung fossiler Energieträger verursacht wird. Der Anstieg der Erdtemperatur lässt sich also mit menschlichem Handeln erklären.[34] Der Ausstoß von gegenwärtig 35 Gigatonnen CO_2 pro Jahr hat die Konzentration des langlebigen Gases in der Erdatmosphäre auf den Höchstwert von 396ppm (parts per million; *Millionstel*) ansteigen lassen.[35] Dabei ist die CO_2-Konzentration in der Atmosphäre seit Beginn der Industrialisierung um 40 % angestiegen.[36] Die Treibhausgasemissionen können vor allem „auf die Sektoren Energieversorgung […], Industrie […], Verkehr […] und Gebäude […]“[37] zurückgeführt werden. So ist besonders das erhöhte Wirtschaftswachstum für den gestiegenen Ausstoß von Treibhausgasen verantwortlich.[38] Neben den Treibhausgasemissionen, die voraussichtlich in den kommenden Jahren noch ansteigen werden, sind vor allem Waldrodungen eine der Hauptursachen des Klimawandels. Hinzu kommt die Zunahme anderer Treibhausgase, die ebenfalls durch die Verbrennung fossiler Energieträger mit hervorgerufen wird. Die Zunahme der Viehwirtschaft und der Einsatz von

---

33 Vgl. Rahmstorf/Schellnhuber (2012), 39f.

34 Vgl. Lienkamp (2013): Der Klimawandel als ethisches Problem, 125f.

35 Vgl. a. a. O., 127.

36 Vgl. IPCC (2013): Zusammenfassung für politische Entscheidungsträger, 9.

37 IPCC (2014b): Zusammenfassung für politische Entscheidungsträger, 8.

38 Vgl. ebd.

Düngemitteln tragen einen weiteren Teil zur Erderwärmung bei. Diese Veränderungen ergeben sich aus einer Zunahme der Weltbevölkerung und des globalen Bedürfnisses nach Mobilität und Konsum.[39] Insgesamt muss der menschliche Einfluss auf den Klimawandel als gesichert angesehen werden:

> „Der menschliche Einfluss wurde in der Erwärmung der Atmosphäre und des Ozeans, in Veränderungen des globalen Wasserkreislaufs, in der Abnahme von Schnee und Eis, im Anstieg des mittleren globalen Meeresspiegels und in Veränderungen einiger Klimaextreme erkannt […]. […] Es ist äußerst wahrscheinlich, dass der menschliche Einfluss die Hauptursache der beobachteten Erwärmung seit Mitte des 20. Jahrhunderts war."[40]

1.1.1.3 Unkalkulierbarkeit des Klimawandels aufgrund der Kipp-Punkte

Seriöse Wissenschaftler sind sich weiter darin einig, dass die Folgen des Klimawandels so gravierend wie unabsehbar sind, auch wenn bislang noch verhältnismäßig wenige Auswirkungen zu beobachten waren. Ursache für diese Gefahr sind wahrscheinlich die Kipp-Punkte. Aufgrund ihrer Mechanik bleiben Umweltveränderungen bzw. -schädigungen bis zu einer bestimmten Schwelle folgenlos, nach Überschreiten dieser Schwelle zeigen sich die Folgen aber umso extremer.[41] Phänomene wie Eisschmelze, Temperaturanstieg oder Meeresspiegelerhöhung lassen sich recht zuverlässig linear berechnen. Dies gelingt hingegen nicht hinsichtlich der Folgen, die zu erwarten sind, wenn beispielsweise der Amazonas-Regenwald austrocknet. Aufgrund der dann entstehenden positiven Rückkopplungseffekte würde das zu sprunghaften Veränderungen des Klimas führen, deren Folgen in ihrem genauen Ausmaß nicht zu berechnen sind.[42] Ihre besondere Gefährlichkeit

---

[39] Vgl. Lienkamp (2014): Die Ungerechtigkeit des Klimawandels, 97f.
[40] IPCC (2013), 15.
[41] Vgl. Lienkamp (2009b), 97.
[42] Vgl. Bauer/Messner (2014): Klimapolitik ist Weltpolitik, 79.

besteht also darin, dass sie sowohl schwer zu berechnen sind, als auch sehr drastische und vor allem unumkehrbare Konsequenzen für das Klima und die Menschen besitzen.[43]

Bei steigender Temperatur droht somit die Gefahr, dass bisherige CO_2-Senken nicht mehr funktionstüchtig sind oder sogar das gespeicherte CO_2 wieder abgeben und damit die Erwärmung noch stärker beschleunigen. Bei einer Erhöhung der Temperatur über 2 °C drohen als *Worst-Case-Szenario* ein Zusammenbruch der Regenwälder und eine Freisetzung von CO_2 durch eine erhöhte Bakterienaktivität in den Böden. Ein solcher Vorgang würde unweigerlich die CO_2-Konzentration so weit ansteigen lassen, dass ein weiterer Kipp-Punkt nicht abwendbar wäre: Das Auftauen der Permafrostböden, das eine große Menge an Methan freisetzen würde. Eine weitere Erwärmung wäre die Folge, aus der dann unweigerlich eine Loslösung weiterer Treibhausgase vom Meeresgrund resultieren würde.[44] Gleichzeitig nimmt dabei auch die Fähigkeit der Weltmeere ab, CO_2 zu absorbieren.[45] Ein weiterer Kipp-Punkt hängt mit der Wasserdampf-Konzentration in der Atmosphäre zusammen, die stark durch andere Treibhausgase beeinflusst ist. Befindet sich mehr CO_2 oder Methan in der Luft, erhöht sich die Erdtemperatur. Dies führt zu einer erhöhten Verdunstung von Wasser und dadurch zu einer Erhöhung des Wasserdampfanteils in der Atmosphäre. Das wiederum verursacht aber einen erhöhten Treibhauseffekt und endet in einem Teufelskreis. Wasserdampf ist also ein entscheidender Faktor, da durch den beschriebenen Rückkopplungseffekt die Folgen der vom Menschen produzierten Treibhausgase verdoppelt werden.[46] Eine weitere Rückkopplung ergibt sich im Zusammenhang mit dem Schmelzen der Schnee- und Eisflächen der Erde. Diese hellen Flächen reflektieren das Sonnenlicht und geben dabei wenig Wärmeenergie ab. Wenn Eis und Schnee aber in Folge der Erderwärmung zurück-

[43] Vgl. a. a. O., 75.
[44] Vgl. Gesang (2011), 40.
[45] Vgl. Lienkamp (2014), 100.
[46] Vgl. Latif (2012), 32f.

gehen, verschwinden diese reflektierenden Flächen und die Erdtemperatur erhöht sich nochmals.[47]

Die Möglichkeit solcher Auswirkungen menschlichen Handelns zeigt, dass die Menschheit aktuell dazu in der Lage ist, die Gestalt der Erde so tief greifend zu verändern, wie noch nie. Der fünfte IPCC-Report spricht von Veränderungen, die für Jahrhunderte andauern bzw. sogar irreversibel sind.[48] So ist eine drastische Reduzierung von CO_2-Emmissionen zwar unabdingbar, allerdings würde sie nicht alle Folgen des Klimawandels unmittelbar aufheben. Vielmehr werden die „meisten Aspekte des Klimawandels [...] für viele Jahrhunderte bestehen bleiben [...]. Dies bedeutet einen unabwendbaren Klimawandel von beträchtlichem Ausmaß über mehrere Jahrhunderte hinweg, der durch vergangene, gegenwärtige und zukünftige Emissionen von CO_2 verursacht wird."[49] Aus einer solch großen und unkalkulierbaren Bedrohung folgt aber die Verantwortung, sich so zu verhalten, dass die klimatischen Veränderungen so wenig Schaden wie möglich verursachen, und aufgrund der Unberechenbarkeit der Folgen so wenige Risiken wie nur möglich einzugehen, insbesondere, weil die genauen Schwellenwerte und exakten Wahrscheinlichkeiten nicht bekannt sind.[50] Trotz der unabsehbaren Dynamik, die durch die Kipp-Punkte ausgelöst werden kann, lassen sich schon jetzt Auswirkungen des Klimawandels absehen, die großen Einfluss auf die Gestalt der Erde nehmen werden. Bei ihrer Betrachtung wird deutlich, welch hohe Relevanz die Bedrohung durch den Klimawandel für das Leben auf der Erde und speziell für den Menschen hat.

---

47 Vgl. a. a. O., 34.
48 Vgl. IPCC (2014c), 16.
49 IPCC (2013), 26.
50 Vgl. Edenhofer (2014): Globale Klima- und Energiepolitik nach Durban, 63.

1.1.2 Folgen des Klimawandels

1.1.2.1 Folgen für die Natur

Die unmittelbare Folge des anthropogenen Treibhauseffekts ist ein Anstieg der Erdoberflächentemperatur. Ein solcher Anstieg lässt sich schon gegenwärtig beobachten und beispielsweise in der bereits genannten *Hockey-Stick-Kurve* darstellen. Die vergangene Dekade ist demnach die wärmste seit Beginn der Aufzeichnungen. Die Methoden zur Messung der Erdoberflächentemperatur waren allerdings nicht schon immer für die Erfassung des Klimas gedacht und haben seit Ende des 19. Jahrhunderts eine erhebliche technische Entwicklung durchlaufen. Diese gravierenden Unterschiede der Messmethoden und -umstände werden aber in den Klimamodellen möglichst effektiv rechnerisch ausgeglichen. Daraus ergeben sich Ergebnisse, die nicht eine genaue Temperatur nennen, sondern einen Temperaturbereich.[51] Dass hier aber die Messergebnisse vollständig die Realität verfehlen, kann als extrem unwahrscheinlich angesehen werden, auch weil beispielsweise Satellitenmessungen seit Ende der 1970er Jahre ähnliche Ergebnisse hervorbringen.[52] Darüber hinaus bestätigen auch Messungen der Eisschmelze in Gletschern und an den Polkappen, dass die Eismasse der Erde schwindet. Das ist ebenfalls ein starkes Indiz für den Anstieg der Erdtemperatur.[53] Das Steigen des Meeresspiegels, das durch den Zufluss von Süßwasser aus Landeismassen und die wärmebedingte Ausdehnung des Wassers verursacht wird, ist ein weiterer Indikator des Temperaturanstiegs auf der Erde.[54] So ist auch die Temperatur der oberen Schichten der Ozeane in den vergangenen Jahrzehnten angestiegen.[55]

Schon jetzt ist für die Zukunft ein Temperaturanstieg absehbar, der der Temperaturveränderung zwischen Warm- und Kaltzeit

---

51 Vgl. Dessler (2012), 18f.
52 Vgl. a. a. O., 19f.
53 Vgl. a. a. O., 21f.
54 Vgl. a. a. O., 23f.
55 Vgl. IPCC (2013), 6.

gleicht. Allerdings ist die Zeitspanne, in der diese Veränderung abläuft, erheblich geringer.[56] Die geschätzte Temperatursteigerung beträgt bis zum Jahr 2100 im schlechtesten Fall bis zu 6,4 °C Durchschnittstemperatur. Erheblich höher als dieser Durchschnitt könnten aber die täglichen Werte je nach geografischer Lage und die Extremwerte ausfallen.[57] Geht man hingegen von einer Verdopplung der Treibhausgaskonzentration im Vergleich zum vorindustriellen Zeitalter aus, ist mit einem Temperaturanstieg von rund 3 °C bis zum Jahr 2100 zu rechnen.[58]

Die Folgen eines weiteren Temperaturanstiegs sind für die Natur gravierend. Das Schmelzen von Polareis sowie vieler Gebirgsgletscher und das Auftauen von Permafrostgebieten führen zu einem Anstieg des Meeresspiegels, was zu Überschwemmungen und der Zerstörung von Nutzland führt.[59] Bislang ist dieser größtenteils zwar noch ausgeblieben. Dennoch lässt sich für das vergangene Jahrhundert ein Anstieg von 15 bis 20 Zentimetern bestimmen. Außerdem konnte in letzten 20 Jahren mit exakten Messmethoden ein Anstieg von rund drei Zentimetern pro Jahrzehnt beobachtet werden. Dies bedeutet eine starke Beschleuni-

---

[56] Vgl. Lienkamp (2009b), 98.

[57] Vgl. a. a. O., 100.

[58] Vgl. Latif (2012), 41f. Diese Temperatur liegt jedoch schon weit über den 2 °C, die von der Klimaforschung als Obergrenze festgelegt wurden, um unabsehbare Folgen durch das Erreichen von Kipp-Punkten zu vermeiden. Gerten merkt dazu an, dass die vielzitierte 2 °C Grenze nur ein moderates Ziel darstellt, weil eine Erwärmung um 2 °C regional schon massive Auswirkungen nach sich ziehen würde. (Vgl. Gerten [2009]: Zum aktuellen Stand der Klimafolgenforschung, 80.) Da der Temperaturanstieg jedoch schon weit vorangeschritten ist, bleibt nur noch ein geringer Spielraum von „wenige[n] Zehntel Grad" (Lienkamp [2009b], 103). Dies verdeutlicht die Dringlichkeit, Maßnahmen gegen den Klimawandel einzuleiten. Entsprechend erkennt auch die Deutsche Bischofskonferenz das Klima als ein schutzwürdiges Gut, welches nur durch eine „globale und zugleich langfristige" (Sekretariat der Deutschen Bischofskonferenz [Hg.] [2007]: Der Klimawandel, 35.) Sichtweise angemessen betrachtet werden kann und dessen Schutz ein schnell wachsendes ökologisches Bewusstsein erfordert.

[59] Vgl. Lienkamp (2014), 98f.

gung des Anstiegs im Vergleich zum vorherigen Jahrhundert. Aktuelle Prognosen gehen dabei für das gegenwärtige Jahrhundert von einem Anstieg des Meeresspiegels auf einen Meter oder mehr aus.[60] Der Meeresspiegelanstieg kann dabei als Spätfolge des Klimawandels angesehen werden, die im Gegensatz zur Gletscherschmelze erst spät einsetzt, dafür aber lange anhält. Es ist somit selbst bei einer Verhinderung weiterer Erderwärmung langfristig mit einem Meeresspiegelanstieg zu rechnen.[61]

Die Eisschmelze an den Polkappen ist schon jetzt sichtbar und bedroht zunehmend die dort angesiedelten Lebewesen und Menschen.[62] Gletscher werden in der Klimaforschung als besonders sensibel für Veränderungen angesehen. Steigt die Erdtemperatur weiterhin, werden weltweit alle Gletscher verschwinden.[63] Auch in der Arktis lassen sich schon deutliche Veränderungen erkennen. Die Ausbreitung und Dicke des Polareises waren in den letzten Jahrzehnten so gering wie nie. Als Zukunftsprognose muss somit bei weiterer Erwärmung von einer im Sommer eisfreien Arktis ausgegangen werden.[64] Da die Eisschmelze nicht nur auf die arktischen Gebiete begrenzt ist, sondern auch in den Permafrostböden stattfindet, werden durch den Temperaturanstieg Schäden im Lebensraum vieler Menschen entstehen.[65]

Eine weitere Auswirkung der Klimaveränderung auf die Natur besteht in möglichen Änderungen der Meeresströmungen. Diese haben grundsätzlich die Funktion, Wärme aus südlichen Erdregionen nach Norden zu leiten. Eine solche Strömung kann aber durch eine globale Erwärmung gestört werden. Vor allem wird dies durch die Einspeisung von Süßwasser beispielsweise aus abschmelzenden Eisschollen und Gletschern verursacht, die den für die Strömungen entscheidenden Salzgehalt der Meere verändert.[66]

---

[60] Vgl. Rahmstorf/Schellnhuber (2012), 64f.
[61] Vgl. a. a. O., 65f.
[62] Vgl. Lienkamp (2009b), 106f.
[63] Vgl. Rahmstorf/Schellnhuber (2012), 58.
[64] Vgl. ebd.
[65] Vgl. Lienkamp (2009b), 111f.
[66] Vgl. Rahmstorf/Schellnhuber (2012), 67f.

Der dann verhinderte Wärmeaustausch wird die Temperaturdifferenz zwischen Nord- und Südhalbkugel deutlich vergrößern, indem eine Abkühlung im Norden und eine Erwärmung im Süden erfolgt. Auch hier wird ein Ansteigen des Meeresspiegels die Folge sein. Weitaus erheblicher wird aber die ebenfalls entstehende Verringerung der CO_2-Aufnahmekapazität der Ozeane sein.[67]

Weiterhin steigt das Risiko extremer Wetterphänomene. Beispiele hierfür sind „Hitze, Dürre, Stürme und Starkniederschläge“[68]. Eine Häufung dieser Ereignisse lässt sich schon seit Mitte des vergangenen Jahrhunderts beobachten und mit menschlichen Einflüssen in Verbindung bringen.[69] Die bislang auftretenden Wetterextreme lassen sich zwar jedes für sich genommen nicht unmittelbar mit bisherigen Klimaänderungen in einen Zusammenhang setzen, es können aber schon Trends beobachtet werden, die eine Zunahme von Starkniederschlägen und Hitzewellen in den letzten Jahren nahelegen.[70] Hitzewellen und Rekorde bei Höchsttemperaturen werden mit dem Ansteigen der durchschnittlichen Erdwärme zunehmen. Deren Auswirkungen sind besonders in Städten spürbar, da durch dichte Bebauung und Lufttrübung Wärme schlechter entweichen kann und durch Energieverbrauch in der Regel noch zusätzliche Wärme produziert wird. Durch den Anstieg der Erdmitteltemperatur werden die Sommer immer wärmer, weshalb ohne Gegenmaßnahmen Hitzephasen bevorstehen, die so bislang noch nie stattgefunden haben.[71] Damit verbunden sind das gehäufte Auftreten von Dürren und die voranschreitende Desertifikation. Je wärmer es wird, desto mehr Wasserdampf steigt in die Atmosphäre und damit aus den Böden, die somit austrocknen. Gleichzeitig ist Wasserdampf selbst ein starkes Treibhausgas, weshalb auch hier wieder eine selbstverstärkende Wirkung des Klimawandels eintritt.[72]

---

67 Vgl. a. a. O., 69.

68 Lienkamp (2009b), 125.

69 Vgl. IPCC (2014c), 7.

70 Vgl. Rahmstorf/Schellnhuber (2012), 70f.

71 Vgl. Lienkamp (2009b), 126f.

72 Vgl. a. a. O., 128.

Auch Statistiken über Wirbelstürme lassen auf eine Zunahme der Häufigkeit besonders starker Stürme schließen. Ein Zusammenhang mit dem Anstieg der Wassertemperaturen wird dabei als Ursache vermutet.[73] Schwere Tropenstürme bzw. Wirbelstürme erreichen immer häufiger die höchste Kategorie und entstehen in neuen Regionen. Die Verwüstungen von Inseln und Küstenregionen durch die Windenergie und starke Überschwemmungen beeinträchtigen den Lebensraum einer großen Zahl von Menschen.[74] Hochwasser und Überschwemmungen werden darüber hinaus durch immer stärkere, konzentrierte Niederschläge entstehen, die unter anderem durch mehr Wasserdampf in der Luft und weniger kühlendes Eis in den Gebirgen ausgelöst werden.[75]

Außerdem steigt das Risiko einer Verschiebung der Klimazonen nach Norden. Davon sind besonders solche Arten bedroht, die nicht in der Lage sind, mit der Klimazone mitzuwandern, was durch das Aussterben vieler Arten die Biodiversität verringern kann.[76] Schon heute lassen sich Folgen für das Leben auf der Erde beobachten, beispielsweise im Zusammenhang mit extremen Hitzewellen, die das Wachstum von Pflanzen beeinträchtigen oder Fischsterben auslösen können. Da der Einfluss des Klimas auf Pflanzen sehr groß ist, stehen bis zum Ende des Jahrhunderts erhebliche Veränderungen in der Pflanzenwelt an.[77] Tiere haben ohnehin große Schwierigkeiten, bei Wegfall ihres Lebensraumes zum Beispiel durch steigende Temperaturen oder Überflutungen neue Lebensräume zu erschließen, weil ein großer Teil der Landfläche der Erde mittlerweile vom Menschen besiedelt ist und es beim Wegfall einer Klimazone nicht ohne Weiteres entsprechenden Ersatz gibt.[78] Darüber hinaus ist das Tempo des Temperaturanstiegs zu hoch für natürliche Anpassungsprozesse. Prognosen zufolge könnte die Klimaerwärmung zwischen 15 % und 37 % aller

---

[73] Vgl. Rahmstorf/Schellnhuber (2012), 71f.
[74] Vgl. Lienkamp (2009b), 130f.
[75] Vgl. a. a. O., 131f.
[76] Vgl. Lienkamp (2014), 99.
[77] Vgl. Gerten (2009), 77f.
[78] Vgl. Lienkamp (2009b), 135f.

Arten aussterben lassen.[79] Insgesamt wird deutlich, dass der Klimawandel bedeutende Veränderungen hervorrufen wird, die eine Bedrohung für Ökosysteme und Lebewesen in allen Regionen der Welt bedeuten. Von diesen Auswirkungen ist selbstverständlich auch der Mensch nicht ausgenommen. Darauf weist auch der IPCC deutlich hin:

> „Die Folgen jüngster klimabedingter Extremereignisse, wie Hitzewellen, Dürren, Überschwemmungen, Wirbelstürme sowie Wald und Flächenbrände demonstrieren eine signifikante Verwundbarkeit und Exposition einiger Ökosysteme und vieler menschlicher Systeme gegenüber den derzeitigen Klimaschwankungen [...].“[80]

1.1.2.2 Folgen für den Menschen

Die Folgen eines Anstiegs der Erdoberflächentemperatur für den Menschen können sich aufgrund regional unterschiedlicher Rückkopplungseffekte, die besonders durch die Eigenarten der Meere beeinflusst werden, auf verschiedenen Erdteilen in unterschiedlich hoher Intensität zeigen.[81] Das *Potsdam Institut für Klimafolgenforschung* legt in diesem Zusammenhang großen Wert auf die Feststellung, dass die geografische Verteilung der Auswirkungen besonders solche Regionen trifft, die ohnehin nur geringe Mittel haben, sich gegen die Klimafolgen zu schützen.[82] Diese Erkenntnis spiegelt sich auch im fünften IPCC-Report wider. In einer Darstellung potenzieller Risiken aufgeteilt auf Erdregionen wird deutlich, dass vor allem die Polarregionen, Inselstaaten, Kontinente auf der Südhalbkugel und Asien die größten Risiken zu erwarten haben, gleichzeitig aber geringere Möglichkeiten zur Anpassung an Klimafolgen besitzen als die weniger stark betroffenen Regio-

[79] Vgl. a. a. O., 137.
[80] IPCC (2014a): Zusammenfassung für politische Entscheidungsträger, 6.
[81] Vgl. Latif (2012), 52.
[82] Vgl. Leggewie/Welzer (2010): Das Ende der Welt, wie wir sie kannten, 25.

nen.[83] Dies hat zum einen mit schwachen politischen und wirtschaftlichen Institutionen der Staaten in diesen Regionen zu tun, zum anderen aber vor allem auf dem afrikanischen Kontinent mit der besonderen Schwere der vermuteten Klimafolgen. So wirken sich extreme Wetterphänomene, wie Hitzewellen, Wasserknappheiten oder die Vernichtung von kultivierbarem Land aufgrund einer ohnehin schon bestehenden Mangelsituation besonders gravierend aus. Die Zahl der davon betroffenen Menschen steigt schnell in Millionenhöhen, was Konflikte und Spannungen, die ohnehin in den Regionen vorherherrschen, noch weiter ansteigen lassen kann.[84] Maßgeblich landwirtschaftlich geprägte Regionen spüren Klima- und Temperaturveränderungen stärker, finanziell schwache Länder verfügen über geringe Möglichkeiten, z. B. Nahrungsengpässe zu kompensieren.[85] Darunter leiden vor allem Menschen, die auf natürliche Ressourcen und landwirtschaftliche Eigenproduktion angewiesen sind. Sie sind durch mangelnde Bildung und finanzielle Möglichkeiten generell schlechter in der Lage, sich gesellschaftlich zu beteiligen oder geeignete Präventivmaßnahmen zu ergreifen. Die Folgen des Klimawandels sind also vor allem ein Problem der Armen.[86] Grundsätzlich muss davon ausgegangen werden, dass die beschriebenen Folgen die globale Armut vergrößern werden, indem sie „das wirtschaftliche Wachstum verlangsamen, die Armutsbekämpfung erschweren, die Ernährungssicherung weiter aushöhlen sowie bestehende Armutsfallen verstetigen und neue auslösen“[87]. Dabei verursacht eine höhere Erdmitteltemperatur jedoch nicht in allen Regionen negative Folgen. So können die nördlichen, ohnehin reicheren Länder von wärmeren Temperaturen im Bereich der Landwirtschaft für eine gewisse Zeit durchaus profitieren. In den warmen, südlichen Regionen führen hohe Temperaturen allerdings zu Ernteausfällen

---

[83] Vgl. IPCC (2014c), 14.
[84] Vgl. Bauer/Messner (2014), 77.
[85] Vgl. Edenhofer et al. (2010): Global aber gerecht, 28.
[86] Vgl. a. a. O., 28f.
[87] IPCC (2014a), 20.

und zur Ausbreitung von Schädlingen, gegen die sich die finanziell schwachen Bauern nur schwer wehren können.[88]

Auch die Erzeugung von Nahrungsmitteln wird schwieriger. Erhöhte Temperaturen und Hitzewellen können zu Nahrungsknappheit und Hungersnöten führen.[89] Die Verknappung von Wasser erschwert den landwirtschaftlichen Anbau zusätzlich, vor allem weil hohe Temperaturen einen erhöhten Wasserbedarf nach sich ziehen. Extreme Wetterphänomene wie Dürren oder Starkregen bedrohen nicht nur Menschenleben, sondern ungleich stärker auch Nutzpflanzen. Diese Ereignisse können somit großflächig Ernten vernichten und ebenfalls zur Nahrungsmittelknappheit beitragen.[90] Lienkamp verdeutlicht das Problem:

> „Gegenwärtig ist Hunger – global betrachtet – überwiegend noch kein Mangel an Nahrungsmitteln, sondern ein Mangel an (Verteilungs-) Gerechtigkeit […]. Bei business as usual könnte es zukünftig jedoch auch ein globales Mengenproblem geben […].“[91]

Auch Trinkwasser wird knapper, wenn die Gletscher, die eine wichtige Süßwasserressource darstellen, abschmelzen. Regional kann es zu einer Verschiebung oder gar Verringerung von Regenfällen kommen, was die Wasserverfügbarkeit ebenfalls einschränkt. Die jeweilige Intensität des Regens kann zwar stärker ausfallen, die Abstände zwischen den Regenfällen vergrößern sich allerdings. Gleichmäßige Wasserverfügbarkeit wird somit immer seltener.[92] So muss von einer Verringerung von Süßwasservorräten und einer Verschlechterung der Trinkwasserqualität ausgegangen werden.[93] Dies betrifft ebenfalls besonders solche Staaten, in denen Teile der Bevölkerung aufgrund mangelhafter Infrastruktur und Verteilungsungerechtigkeiten unter Wasser-

---

88 Vgl. Edenhofer et al. (2010), 38f.
89 Vgl. Evangelische Kirche in Deutschland (2009): Umkehr zum Leben, 30.
90 Vgl. Edenhofer et al. (2010), 39.
91 Lienkamp (2009b), 140.
92 Vgl. Edenhofer et al. (2010), 30f.
93 Vgl. IPCC (2014a), 14.

knappheit leiden.[94] Der IPCC prognostiziert insgesamt einen Rückgang der Ernteerträge für die wichtigsten Getreidesorten bei einem Temperaturanstieg von 2 °C. Zudem wird eine Beeinträchtigung weiterer Nahrungsquellen wie des Fischfangs durch den Klimawandel erwartet.[95]

Es wird eine Zunahme von Krankheiten prognostiziert, die durch einen Anstieg der Zahl von Überträgern wie zum Beispiel Mücken oder durch die Verunreinigung von Wasser verursacht wird.[96] Zwar können in einigen Regionen auch positive Effekte auf die menschliche Gesundheit prognostiziert werden, insgesamt werden jedoch „das Ausmaß und die Schwere negativer Folgen im Laufe des 21. Jahrhunderts zunehmend die positiven Folgen übertreffen“[97].

In Küstenregionen leben weltweit besonders viele Menschen, rund ein Viertel der Weltbevölkerung, oftmals auch in großen Städten. Diese Menschen sind durch den steigenden Meeresspiegel oder extreme Wetterereignisse in besonderer Weise vom Klimawandel bedroht.[98] Durch menschliche Aktivitäten werden verschiedene Ökosysteme in Küstenregionen zerstört, die bislang als natürlicher Überschwemmungsschutz dienten. Das Wohnland einer großen Zahl von Menschen wird somit immer stärker von Erosion und Überschwemmungen bedroht. Stehen keine Mittel zur Anpassung zur Verfügung, werden viele ihren Lebensraum verlieren und zu Flüchtenden werden.[99] Um die Größe des Problems zu verdeutlichen: Es geht nicht darum, dass einzelne Landstriche verschiedener Nationen unbewohnbar werden. Letztlich drohen durch den Anstieg des Meeresspiegels, ganze Staaten, besonders kleine Inselstaaten, im Meer zu versinken. Nicht nur eine gewisse Zahl an Menschen ist bedroht, sondern ganze Völker.[100]

---

[94] Vgl. Edenhofer et al. (2010), 35f.

[95] Vgl. IPCC (2014a), 17f.

[96] Vgl. Lienkamp (2009b), 143f.

[97] IPCC (2014a), 19.

[98] Vgl. Edenhofer et al. (2010), 47.

[99] Vgl. a. a. O., 48.

[100] Vgl. Görg (2013): Klima – Macht – (Un)Gerechtigkeit, 85. – Darauf hat

Die Zunahme von Klimaflüchtenden wird die gegenwärtige weltpolitische Lage nochmals verkomplizieren. So wird sich das Problem des Umgangs mit Binnenfluchtbewegungen innerhalb eines Staates ergeben, die bislang nicht von der Genfer Flüchtlingskonvention berücksichtigt werden. Außerdem sind Klimafolgen als Fluchtgrund äußerst schwer festzustellen, was Anerkennungsverfahren erschweren wird.[101] Genaue Zahlen sind zwar unter anderem auch aufgrund der Schwierigkeiten bei der Definition nicht zu ermitteln, allerdings scheint klar, dass „der Klimawandel die globalen Wanderungsbewegungen erheblich beeinflussen wird“[102].

Die Folgen des Klimawandels werden darüber hinaus das Risiko für gewaltförmige Konflikte erhöhen, die beispielsweise die wirtschaftliche Stabilität oder die Infrastruktur einer Gesellschaft schädigen. Durch die Verringerung multilateral genutzter Nahrungs- oder Trinkwasserressourcen werden Konkurrenzsituationen geschaffen und verschärft, die in gewalttätigen Konflikten gipfeln können.[103] Es existieren allerdings auch Positionen, die diese Prognose nicht unterstützen. Gleditsch sieht in seiner Metastudie für einen solchen Zusammenhang zwischen klimabedingten Veränderungen und gewalttätigen Konflikten keinen Beleg. Kurz- und mittelfristig erwartet er ein Voranschreiten des Trends zu einer Verringerung der Gewalt in Konflikten, auch wenn er mit Dürren, Naturkatastrophen, dem Steigen des Meeresspiegels und Migrationsbewegungen durchaus negative Folgen des Klimawandels aufzeigt und diese auch als solche ernst nimmt.[104] Diese Position stellt allerdings eine Minderheit dar. So legen viele wissenschaftliche und politische Stellungnahmen und Dokumente nahe,

---

die Regierung der Malediven in einer *Kabinettssitzung unter Wasser* 2009 eindrucksvoll aufmerksam gemacht.

[101] Vgl. Angenendt (2011): Klimaflüchtlinge – ein neues Sicherheitsrisiko?, 179f.

[102] A. a. O., 190.

[103] Vgl. IPCC (2014a), 20.

[104] Vgl. Gleditsch (2014): Will climate change reverse the trend towards peace?, 55f.

dass es einen deutlichen Zusammenhang zwischen den Folgen des Klimawandels und dem Entstehen von Konflikten gibt.[105] Bei einer näheren Betrachtung wird allerdings deutlich, dass die Prozesse, die zu Konflikten führen, hochkomplex sind. So sind Umweltveränderungen nicht der direkte Auslöser von Konflikten, sondern sie wirken beschleunigend und verschärfend auf bereits bestehende Konfliktlagen. Empirische Untersuchungen zeigen, dass politische und gesellschaftliche Rahmenbedingungen entscheidender für die Entstehung von Konflikten sind als ökologische Veränderungen.[106] Eine ungerechte Verteilung von Gütern entsteht innerhalb einer Gesellschaft nicht erst durch klimatische Veränderungen, wird aber massiv durch sie gefördert.[107]

Betrachtet man die konkreten Folgen des Klimawandels für den Menschen, zeigt sich, dass sich diese als Verletzung verschiedener Menschenrechte herausstellen. Da der Anstieg des Meeresspiegels oder extreme Wetterereignisse Leib und Leben von Menschen bedrohen, wird durch sie das Recht auf Leben, Freiheit und Sicherheit der Person verletzt. Ebenfalls bedroht der Klimawandel das Recht auf ausreichend Nahrung zum Leben, da durch große Hitze oder Überschwemmung von Nutzland Ernteerträge gemindert und dadurch Nahrungsknappheiten hervorgerufen werden. Nicht nur die Ernährungssicherheit ist hier bedroht, sondern darüber hinaus auch das Recht auf ausreichende Wasserversorgung. Diese Effekte können dann letztlich dazu führen, dass Menschen ihr Recht auf Subsistenz, also einen ausreichenden Lebensstandard, nicht mehr wahrnehmen können. Weitere betroffene Menschenrechte sind das Recht auf Gesundheit (Krankheiten und Epidemien nehmen durch Erwärmung stetig zu) und das Recht auf nachhaltige Entwicklung.[108] Die Folgen des Klimawandels bedrohen somit essentielle Rechte jedes Menschen. Wie in der bisherigen Darstellung deutlich wurde, wird diese Bedrohung nicht nur in der Gegenwart, sondern vor allem in der Zukunft deutlich. Daraus ergibt sich eine besonde-

105 Vgl. Scheffran (2012): Globaler Klimawandel und Gewaltkonflikte, 27f.
106 Vgl. a. a. O., 37f.
107 Vgl. a. a. O., 39.
108 Vgl. Reder (2013): Ethik der Menschenrechte und Klimawandel, 111f.

re Verantwortung gegenüber kommenden Generationen. Es gibt viele Anzeichen, dass sich deren Lebensqualität aufgrund unserer klimarelevanten Handlungen verschlechtern wird. Besonders der Einfluss der Kipp-Punkte muss als gewichtig eingeschätzt werden, obwohl sie nicht berechnet werden können.[109]

Der Klimawandel ist ein Problem, das maßgeblich durch menschliches Handeln zum Guten wie zum Schlechten beeinflusst werden kann. Er stellt also für gesellschaftliches und individuelles Handeln eine große Herausforderung dar:

> „Fortgesetzte Emissionen von Treibhausgasen werden eine weitere Erwärmung und langanhaltende Änderungen aller Komponenten des Klimasystems verursachen und damit die Wahrscheinlichkeit von schwerwiegenden, weitverbreiteten und irreversiblen Folgen für Menschen und Ökosysteme erhöhen. Eine Begrenzung des Klimawandels würde erhebliche und anhaltende Minderungen der Treibhausgasemissionen erfordern, wodurch – verbunden mit Anpassung – die Risiken des Klimawandels begrenzt werden können."[110]

Ansätze zu einer Lösung des Problems und die Hindernisse beim Klimaschutz sollen im folgenden Abschnitt vorgestellt werden. Zuvor soll aber der Tatsache Rechnung getragen werden, dass die hier vorgestellten und in der seriösen Klimaforschung unumstrittenen Ursachen und Folgen des Klimawandels immer wieder angezweifelt werden.

1.1.3 Leugnung des wissenschaftlichen Konsenses zum Klimawandel

So zweifeln sogenannte *Klima-Skeptiker* oder *Klima-Leugner*[111] oftmals öffentlichkeitswirksam den anthropogenen Klimawandel an. Dabei leugnen sie entweder, dass die Erde sich erwärme, dass

---

[109] Vgl. Tremmel (2011): Klimawandel und Gerechtigkeit, 146.

[110] IPCC (2014c), 8.

[111] Die Bezeichnung der im Folgenden vorgestellten Positionen als Klima-

der Mensch Ursache dieser Erwärmung sei, dass die Folgen der Erwärmung schädlich seien oder sie behaupten, eine Anpassung an die Folgen sei sinnvoller als die Vermeidung der Erderwärmung. Hier kann jedoch nicht von einer einheitlichen wissenschaftlichen Richtung gesprochen werden. Vielmehr widersprechen sich viele Theorien. Gemeinsam ist allen „die politische Überzeugung, dass Maßnahmen zum Klimaschutz und zur Verringerung von Treibhausgasemissionen abzulehnen seien“[112]. Beiträge dieser Art tauchen vor allem in massenmedialen Publikationsformen auf. Hierfür bestehen zwei Gründe. Erstens erzeugt es mehr Aufmerksamkeit, Meinungen zu veröffentlichen, die entgegen der Mehrheitsmeinung verlaufen.[113] Zweitens kann die Zurückweisung wissenschaftlicher Erkenntnisse über den Klimawandel als logische und häufig zu beobachtende Reaktion von Wirtschaftszweigen angesehen werden, deren Schädlichkeit für das Klima nachgewiesen wurde. Eine verbreitete Taktik ist dabei, durch Verweis auf alternative Quellen, Positionen und Wissenschaftler den Konsens über die wissenschaftlichen Erkenntnisse anzuzweifeln. Allerdings lassen solche Referenzen häufig Kompetenz oder Unabhängigkeit vermissen.[114] Die Leugnung der Evidenz wissenschaftlicher Belege für den anthropogenen Klimawandel basiert also vor allem auf der medialen Darstellung von oftmals interessengeleiteten und finanzierten Gegenstimmen. Das führt dazu, dass in der öffentlichen Wahrnehmung der tatsächlich bestehende Konsens der Wis-

---

skeptizismus ist problematisch. So haben sie mit einem wissenschaftlichen Skeptizismus, der durch das Überprüfen bestehender Gewissheiten neue Erkenntnisse hervorbringt, nichts gemein. Sie leugnen vielmehr schlicht wissenschaftliche Erkenntnisse. Torcello warnt in diesem Zusammenhang: „Referring to science denialists as skeptics serves to strengthen their rhetorical position by implying an intellectual virtue that they do not demonstrate.“ (Torcello [2016]: The Ethics of Belief, Cognition, and Climate Change Pseudoskepticism, 37.) Aus diesem Grund soll im Folgenden von Klima-Leugnern die Rede sein.

[112] Lienkamp (2009b), 95.

[113] Vgl. Leggewie/Welzer (2010), 29f.

[114] Vgl. Dessler (2012), 11.

senschaft über den anthropogenen Klimawandel zu einer Meinung neben anderen wird.[115] Im Bereich wissenschaftlicher Publikationen kann das medial verzerrte Bild von einer untereinander zerstrittenen Klimaforschung nicht aufrechterhalten werden. So belegt eine Metastudie, die nahezu 1000 Studien zum Klimawandel untersucht, eine vollständige Einigkeit der Forscher in der Erkenntnis, dass der Klimawandel maßgeblich vom Menschen beeinflusst wird.[116] Offenbar existiert innerhalb der seriösen und von der Wirtschaft unabhängigen Klimaforschung eine große Übereinstimmung über die Verursachung des Klimawandels durch den Menschen, die in der Öffentlichkeit nur verzerrt wiedergegeben wird.[117]

Es lässt sich aber feststellen, dass die klimaleugnende Bewegung mittlerweile an Überzeugungskraft und Unterstützung verliert.[118] Dies liegt unter anderem an der Widerlegbarkeit ihrer Argumente. So führen *Klima-Leugner* beispielsweise das partielle Gletscherwachstum in bestimmten Regionen der Erde als Argument gegen einen anthropogenen Klimawandel an. Dies ist aber nur regional zu beobachten. In der Summe aller Gletscher weltweit ist ein deutlicher Rückgang der Gletschermasse feststellbar.[119] Des Weiteren gibt es von klimaleugnender Seite aus Versuche, den Anstieg des Meeresspiegels mit der Verschiebung von Landmasse zu begründen. Bei Messungen wurde allerdings klar, dass der Einfluss von Landbewegungen zu vernachlässigen und die Hauptursache des erhöhten Meeresspiegels das Schmelzen von Eis ist und somit die absolute Wassermasse tatsächlich zunimmt.[120] Des Weiteren versuchen die *Klima-Leugner,* die Messdaten des IPCC mit der Aussage anzuzweifeln, dass die Urbanisierung vieler Gebiete lokale Erwärmungen verursache, die das globale Gesamtergebnis verfälschten. Begründet wird dies damit, dass viele Messstationen

115 Vgl. Leggewie/Welzer (2010), 29f.
116 Vgl. Lienkamp (2009b), 93f.
117 Vgl. a. a. O., 95.
118 Vgl. ebd.
119 Vgl. Gesang (2011), 21f.
120 Vgl. a. a. O., 22.

in städtischen Gebieten betrieben würden, die im Durchschnitt wärmer seien, als ländliche Regionen. Dem ist allerdings entgegenzuhalten, dass die Messdaten auf einem feinmaschigen Netz von Messstationen und im Falle der IPCC-Berichte auf der Zusammenfassung verschiedener Messungen und Studien beruhen. Außerdem zeigen auch jeweilige Vergleiche von Temperaturen in Städten, auf dem Land und im Meer, dass die Erdoberfläche unabhängig von regionalen Einflüssen wärmer wird.[121] Eine weitere Strategie von *Klima-Leugnern* ist, den menschlichen Einfluss auf den Klimawandel zu relativieren. Sie machen beispielsweise veränderte Sonnenaktivitäten im Zusammenhang mit kosmischen Strahlungen für den Anstieg der Erdoberflächentemperatur verantwortlich. Bei einer Erwärmung durch Sonnenstrahlung müssten aber auch verschiedene höhere Schichten der Atmosphäre wärmer werden, was nicht mit der Erwärmung der Tropo- und der Abkühlung der höher gelegenen untersten Stratosphäre seit den frühen 1960er Jahren korrespondiert.[122] Ebenfalls existiert kein natürlicher Faktor, der sich in den letzten 30 Jahren so stark verändert hat, dass damit der in diesem Zeitraum gemessene Temperaturanstieg zu erklären wäre. Die tatsächlich gemessenen Temperaturveränderungen lassen sich nicht mit einem Anstieg der Sonnenaktivität, wohl aber mit dem anthropogenen Treibhauseffekt erklären.[123] Der Einfluss von Sonnenstrahlung scheint prozentual gesehen vielmehr durch den Einfluss menschlicher Aktivitäten zurückgedrängt zu werden.[124] Häufig werden auch Zweifel an der Genauigkeit von Klimaprognosen geäußert. So würden die Modelle auf unsicheren Anfangsbedingungen beruhen, die bei einem chaotischen System wie dem Weltklima nicht genau bestimmt werden könnten.[125] Exakte Vorhersagen sind allerdings auch nicht das Ziel solcher Klimaprognosen. Vielmehr sollen verschiedene Szenarien entwickelt werden, die zeigen, wie sich das Klima auf

121 Vgl. a. a. O., 23f.
122 Vgl. a. a. O., 24f.
123 Vgl. Lienkamp (2009b), 82.
124 Vgl. Gesang (2011), 27f.
125 Vgl. a. a. O., 29f.

Grundlage unterschiedlicher Randbedingungen (wie zum Beispiel der Menge des vom Menschen ausgestoßenen CO_2) langfristig entwickeln kann. Dabei werden Temperaturkorridore ermittelt, die Spielraum für unterschiedliche Entwicklungsverläufe lassen, dennoch aber einen Trend anzeigen.[126] Ein weiterer Ansatzpunkt von *Klima-Leugnern* sind die erwarteten Folgen des Klimawandels, die von ihnen relativiert werden. Allerdings gehen die meisten Kosten-Nutzen-Modelle spätestens ab einem Temperaturanstieg von 2,5 °C davon aus, dass die Schäden der Erderwärmung deren Nutzen übersteigen werden.[127] *Klima-Leugner* argumentieren in diesem Punkt zumeist mit vergangenen oder gegenwärtigen Entwicklungen nach dem Schema: *Was bisher nicht eingetreten ist, wird auch in Zukunft nicht geschehen.* Betrachtet man allerdings die zu erwartenden Klimafolgen, sind massive Bedrohungen für Mensch und Umwelt abzusehen.[128] Die einstimmigen Erkenntnisse der Klimaforschung werden weiterhin dahingehend angegriffen, dass das Aufzeigen des Klimawandels vor allem den jeweiligen Wissenschaftlern selbst diene, da durch das bedrohliche Szenario die Wahrscheinlichkeit für die weitere Förderung ihrer Studien und ihr gesellschaftliches Ansehen steige oder sie ihre eigenen politischen Überzeugungen umsetzen könnten. Diese Vorwürfe können allerdings auf jede beliebige Forschungsrichtung zutreffen, da spektakuläre Erkenntnisse immer eine hohe Aufmerksamkeit bedeuten. Für solche Behauptungen lässt sich kein Beleg finden. Ein solches Vorgehen wäre in der Geschichte der Wissenschaft ohnehin beispiellos und letztlich nicht vorstellbar. So müsste eine solche Verschwörung so umfangreich sein, dass sie alle Klimaforscher einschließt und verhindern kann, dass auch nur ein Wissenschaftler ausbricht. Reputation erhält man schließlich eher, wenn man eine allgemeine Annahme glaubwürdig widerlegt. Auch finanzielle Anreize bestehen kaum, da die Bezahlung der Wissenschaftler nur selten an ihren Forschungsergebnissen hängt.[129]

---

126 Vgl. a. a. O., 31.
127 Vgl. a. a. O., 32f.
128 Vgl. a. a. O., 35ff.
129 Vgl. Dessler (2012), 11f.

Neben einer reinen Form der Leugnung existieren Stimmen, die zwar den anthropogenen Klimawandel nicht infrage stellen, seiner Verhinderung aus einer Kosten-Nutzen-Erwägung heraus jedoch eine geringe Priorität einräumen. Diese im sogenannten *Kopenhagen-Konsens* gesammelten Stimmen von zumeist Ökonomen halten andere globale Probleme für erheblich besser lösbar und die Vorteile ihrer Lösung für bedeutsamer. So sei es sinnvoller, in die Verringerung von Armut, Krankheit und Hunger oder in die Förderung von Bildung zu investieren, als in die Verringerung von Treibhausgasemissionen. Diese sei zum gegenwärtigen Zeitpunkt zu kostspielig und ihre Effekte zu gering. Nicht einberechnet werden dabei allerdings die Folgen des Klimawandels, die durch Zerstörung von Nutz- oder Wohnflächen eine große Zahl an Menschen stärker in die Armut treiben und dadurch die eigentlichen Bemühungen der Armutsbekämpfung zunichte machen. Ein solches Ausspielen von Armuts- gegen Klimawandelbekämpfung ist kein tragfähiger Ansatz. Beide Ziele können nur gemeinsam erreicht werden.[130]

Die Argumente und Strategien der *Klima-Leugner* können also nicht überzeugen. Allerdings hat das bislang noch nicht zu ihrem Verstummen geführt.[131] Im Rahmen einer wissenschaftlichen Beschäftigung mit dem Klimawandel müssen sie aber aufgrund ihrer argumentativen Defizite und mangelnden Seriosität nicht als ernst zu nehmende Positionen der Klimaforschung betrachtet werden. Es kann von einem Konsens innerhalb der Klimaforschung ausgegangen werden, wonach der Klimawandel vom Menschen verursacht ist und eine tatsächliche, große Bedrohung darstellt.

---

[130] Vgl. Edenhofer et al. (2010), 13f.
[131] Vgl. Lienkamp (2009b), 95.

1.1.4 Zwischenergebnis: Klimawandel als existenzielle, vom Menschen verursachte Bedrohung

Die Erkenntnisse der Klimaforschung sind so eindeutig wie beängstigend: Die gegenwärtig schon zu beobachtende Erderwärmung lässt sich auf menschliches Handeln, vor allem auf den massenhaften Ausstoß von Treibhausgasen zurückführen. Die Folgen des Klimawandels werden dabei nicht nur die Gestalt der Erde grundlegend und dauerhaft verändern. Sie stellen darüber hinaus eine große Gefahr für Lebensräume, Ernährungssicherheit und Gesundheit vieler Menschen sowie für Sicherheit und Stabilität vieler Gesellschaften dar. Eine besondere Gefahr besteht darin, dass sich der Verlauf des Klimawandels aufgrund der Kipp-Punkte nicht vollständig berechnen lässt, was Anpassungsmaßnahmen erheblich erschwert. Das Leben auf der Erde wird demnach von einem fortschreitenden Klimawandel getroffen. Er stellt eine globale und langfristige Herausforderung dar. Stimmen, die diese Tatsachen leugnen, konnte eine klare Absage erteilt werden. Der wissenschaftliche Konsens über den Klimawandel muss als gesichert angesehen werden, woraus sich die dringende Notwendigkeit ergibt, sein Fortschreiten mit allen ethisch legitimen Mitteln zu verhindern.

1.2 Klimawandel, Gesellschaft und Politik

Wenn der Klimawandel als ernst zu nehmende und unbedingt abzuwendende Bedrohung behandelt werden soll, die maßgeblich durch menschliches Handeln ausgelöst wird, reicht eine rein naturwissenschaftliche Betrachtung des Phänomens nicht aus. Sie muss vielmehr um eine gesellschaftliche Perspektive erweitert werden. Nicht die Natur an sich steht dann im Fokus, sondern der kulturelle Zugriff auf sie. Schnell wird bei dieser Betrachtung deutlich, wie sehr Gesellschaften von der Natur abhängig sind, wie sehr sie diese aber auch durch ihre kollektive Nutzung verändern. Eine solche Betrachtung zeigt in besonderer Weise die Verantwortung des einzelnen Menschen im Umgang mit der Natur auf. Nicht die begrenzten Ressourcen der Erde an sich sind die Ursache für die ökologische Krise, sondern der fehlerbehaftete Umgang des Menschen mit ihnen.[132]

1.2.1 Das Allmende-Dilemma

Die Erkenntnisse der naturwissenschaftlichen Forschung sind so besorgniserregend, dass sie im Grunde alle Akteure dazu zwingen müssten, massiv Klimaschutz zu betreiben. Dass dies bislang noch unzureichend geschieht, lässt sich mit dem sogenannten *Allmende-Dilemma* erklären. Mit einer Allmende „wird seit dem Mittelalter ein der Gemeinde gehörendes, aber gemeinsam […] genutztes Stück Land bezeichnet“[133]. Nach Art eines Trittbrettfahrers könnte ein solches allgemein verfügbares Land aber genutzt werden, ohne die Kosten für seine Erhaltung zu übernehmen. Das würde dazu führen, dass durch das kurzfristige Eigeninteresse der Einzelpersonen, die es nur nutzen und nicht pflegen, das Land für alle zerstört würde, was dem Gemeinwohl widerspricht.[134]

Das Klimasystem ist ein solches öffentliches Gut auf diesem Planeten, welches von jedem Lebewesen genutzt werden kann und welches grundsätzlich durch mehrfachen Gebrauch nicht abnimmt, also keine Konkurrenzsituation auslöst. Letzteres gilt allerdings nicht mehr, wenn man den Ausstoß und die Ablagerung von Treibhausgasen in die Atmosphäre betrachtet. In dieser Hinsicht besteht durchaus eine Konkurrenz in der Nutzung des Klimas, da die Erderwärmung bei zu hohem Treibhausgasausstoß bedrohlich voranschreitet.[135] Die Ausgangssituation des Allmende-Dilemmas besteht also darin, dass das Klimasystem von vielen als Treibhausgas-Deponie genutzt wird, sich aber nur wenige an den Kosten der Nutzung beteiligen. So macht es zwar für den Einzelnen in Anbetracht der Kosten und Nutzen durchaus Sinn, das Klima ohne Ausgleich zu nutzen. Dies führt jedoch in der Summe der Einzelhand-

---

[132] Vgl. Brand (2011): Klimapolitik in Zeiten globaler Krisen, 100f.
[133] Lienkamp (2009b), 55.
[134] Vgl. a. a. O., 55f.
[135] Vgl. a. a. O., 55.

lungen zur Zerstörung des Guts. Darin liegt ein entscheidender Grund für eine geringe Motivation zu klimafreundlichem Verhalten. Wer als einer der wenigen auf Minderung der Klimaschäden bedacht ist, wird faktisch von der großen Mehrheit ausgenutzt, die das Gut kostenlos konsumiert.[136]

Das *Allmende-Dilemma* birgt vier Fallen für klimafreundliches Handeln, die Ernst beschreibt. Die erste, soziale Falle tritt dann auf, wenn ein Individuum durch sein Handeln einen kurzfristigen Vorteil erlangt, die Kosten seines Handelns aber auf andere umlegt.[137] Eng damit verbunden ist die zweite, zeitliche Falle. Während die Vorteile einer Handlung sofort bemerkbar sind, können ihre Kosten erst mit zeitlicher Verzögerung eintreten. Die Falle besteht darin, dass diese kurzfristigen, sofort erlebbaren Vorteile wahrgenommen werden, die Beschäftigung mit eventuell eintretenden Kosten aber in die Zukunft vertagt wird. Vorteile, die erst in ferner Zukunft eintreten, sind auch politisch weniger attraktiv als solche, die unmittelbar erfahren werden können.[138] Ähnlich ist die dritte, lokale Falle aufgebaut. Solange ein lokaler Nutzen erwartet werden kann, wird in Kauf genommen, dass an einem anderen Ort Kosten entstehen. Das lässt sich auf Vorgänge anwenden, die zum Klimawandel beitragen, also zum Beispiel klimaschädliche Produktionsprozesse in Industrieländern, deren Folgen in Entwicklungsländern zutage treten. Ebenso greift die lokale Falle aber auch bei Maßnahmen, die zur Verhinderung des Klimawandels beitragen sollen. So wird zwar der Nutzen solcher Maßnahmen (Windkrafträder, Staudämme etc.) mehrheitlich begrüßt, ihre Umsetzung in örtlicher Nähe aber abgelehnt (*Not-in-my-Backyard-Syndrome*).[139] Auf gesellschaftlicher Ebene drücken sich die mit den drei Fallen beschriebenen Phänomene in der vierten, der Sicherheits- oder Vulnerabilitätsfalle aus. Sie zeigt den Unterschied zwischen den Industriestaaten und Entwicklungsländern auf. Die Industrienationen haben sich durch Industrie und

136 Vgl. a. a. O., 55f.
137 Vgl. Ernst (2010): Individuelles Umweltverhalten, 133.
138 Vgl. a. a. O., 133f.
139 Vgl. a. a. O., 134.

Wirtschaft, die maßgeblich für den größten Teil der vom Menschen emittierten Treibhausgase verantwortlich sind, einen Wohlstand geschaffen, der es ihnen ermöglicht, sich besser gegen Klimafolgen zu schützen. Diese finanziellen Möglichkeiten zum Beispiel zum Bau hoher Deiche haben Entwicklungsländer in der Regel nicht. Sie sind, wie bereits deutlich wurde, viel gravierender von den Klimafolgen betroffen.[140] Die genannten Fallen beschreiben letztlich verschiedene Aspekte der Dissoziation von Handlungsfolgen, die ein großes Hindernis für eine angemessene Reflexion über Handlungen darstellen. Ihnen gemein ist die Relativierung von Verantwortung. Wenn die Folgen des Handelns in zeitlicher und räumlicher Distanz und wahrscheinlich eher zum Nachteil vieler anderer Personen, aber nicht zum Nachteil des Handelnden auftreten, der kurzfristige Nutzen des Handelns ihm aber unmittelbar zu Gute kommt, ist die Versuchung hoch, bei der Handlungsabwägung den Nutzen stärker zu gewichten als die negativen Folgen. Das führt dazu, dass durch die Aussicht auf mögliche kurzfristige und direkt erfahrbare Kosten klimafreundliches Verhalten vielfach unterlassen wird. Aufgrund gegenläufiger Anreize besteht also ein großes Motivationsproblem beim Klimaschutz.

1.2.2 Gesellschaftliche Hindernisse beim Klimaschutz

Die Bedrohung durch den Klimawandel wird im Allgemeinen zuerst als ein gesellschaftliches Problem wahrgenommen, welches durch Politik und Wirtschaft vor allem auf internationaler Ebene angegangen werden muss. Auf diesen Ebenen zeigt sie sich aber als große, bislang nicht zufriedenstellend zu überwindende Herausforderung. Hier entstehen Schwierigkeiten, die sowohl durch das Problem selbst, als auch durch die gesellschaftliche Situation herrühren. So ist der Klimawandel zum einen ein langfristiges und komplexes Problem, das nicht ohne Weiteres gelöst werden kann. Zum anderen erschweren gesellschaftliche Muster und Pro-

[140] Vgl. a. a. O., 134f.

zesse, dass ein wirkungsvolles Engagement zum Klimaschutz umgesetzt wird.

1.2.2.1 Unsicherheit und Langfristigkeit

Das politische Engagement gegen den Klimawandel wird maßgeblich durch die nicht eindeutig zu berechnenden Zusammenhänge im Erdsystem, die zum Klimawandel und seinen Folgen führen, erschwert. So kann das Problem in seiner Komplexität schlicht nicht vollständig erfasst werden. Das führt bei politischen Entscheidungsträgern zu einer starken Verunsicherung, da nicht klar ist, welche Expertisen am relevantesten und welche politischen Handlungen am zielführendsten sind. Besondere Unsicherheit rufen dabei nicht die naturwissenschaftlichen Erkenntnisse und Vorgänge hervor, da diese (zumindest in Bezug auf lineare Vorgänge) relativ sicher berechnet werden können. Mehrdeutig sind hingegen die Einschätzungen dazu, ab welchem Zeitraum die Auswirkungen der natürlichen Vorgänge zu regionalen oder globalen Beeinträchtigungen für Menschen führen und vor allem, wie Gesellschaften auf diese Beeinträchtigungen reagieren.[141] Diese Komplexität berührt besonders auch das politische Handeln insofern, als dass der Klimawandel einen „Querschnittcharakter"[142] besitzt, der sich in „sachlichen und institutionellen Überschneidungen mit anderen Politikbereichen"[143] zeigt. Für effektive Maßnahmen muss also nicht nur die Komplexität des Problems an sich, sondern müssen auch die Schwierigkeiten politischer, staatlicher und zwischenstaatlicher Zusammenarbeit berücksichtigt werden.

Die Langfristigkeit der klimatischen Prozesse stellt ein grundsätzliches Hindernis für politisches Engagement dar. Hier greift die von Ernst beschriebene Zeitfalle. Da Politik und Wirtschaft vor allem in kurzfristigen Zeiträumen denken, vernachlässigen sie bislang, Zeiträume von mehreren Jahrzehnten in ihre Entschei-

141 Vgl. Bauer/Messner (2014), 80f.
142 Beck (2009), 163.
143 Ebd.

dungen mit einzubeziehen.[144] Begründet sind diese kurzen Zeiträume (regierungs-)politischen Handelns durch Wahlzyklen und monatliche Meinungsumfragen.[145] Dadurch werden aber langfristige Probleme eben nicht behandelt, sondern „ad calendas graecas“[146] verschoben. Für Überlegungen zum Klimawandel ist aber eher eine Zeitspanne von 100 Jahren angemessen. Dieser Zeitraum entspricht noch dem Erfahrungsbereich des Menschen, da er drei Generationen umfasst, die sich in der Regel in der Gegenwart noch begegnen.[147] Dieser Hinweis zeigt, dass es im Zusammenhang mit dem Klimawandel zwar um große, aber nicht um abstrakte Zeiträume geht. Sie können vom Menschen noch überblickt werden, allerdings nicht innerhalb üblicher wirtschaftlicher und politischer Zeitrechnung. So ist die Betrachtung von Bilanzzeiträumen in Unternehmen oder von Legislaturperioden in der Politik zu kurzsichtig, um ein Problem zu lösen, welches erst in ein oder zwei Generationen relevant wird.[148]

1.2.2.2 Beständigkeit kultureller Muster

Hohe Hürden entstehen der Politik darüber hinaus deshalb, weil ernsthafter Klimaschutz eine radikale Änderung des wachstumsorientierten Wirtschaftssystems bedeutet. Grundlegend für dieses Wirtschaftssystem ist die Annahme eines kontinuierlichen Wachstums, das lediglich durch Krisen unterbrochen wird, ohne zu beachten, dass die Endlichkeit der Ressourcen der Erde unweigerlich zu einem Ende dieses Wachstums führen muss.[149] Die Ausrichtung auf unendliches Wachstum wird nämlich zum Problem, wenn sie mit der Endlichkeit natürlicher Ressourcen konfrontiert wird.[150] Es geht hier aber nicht nur um eine rein ökonomische Fra-

---

[144] Vgl. Bauer/Messner (2014), 80f.
[145] Vgl. Leggewie (2011): Die demokratische Frage heute, 25.
[146] A. a. O., 26.
[147] Vgl. Leggewie/Welzer (2010), 15f.
[148] Vgl. a. a. O., 16f.
[149] Vgl. a. a. O., 16f.
[150] Vgl. Leggewie (2011), 25.

ge. Da von einer solchen radikalen Änderung sehr viele Bereiche des gesellschaftlichen und individuellen Lebens betroffen wären, geht es letztlich um einen Wandel der Kultur und Lebensweise ganzer Gesellschaften. Notwendig sind dazu „grundlegende Veränderungen der fossilistisch-kapitalistischen Produktions- und Konsumweise, das heißt in der auf hohen Energieinputs basierenden Landwirtschaft, bei den mit Benzin und Kerosin angetriebenen Automobilen und Flugzeugen, beim Konsum von Fleisch“[151]. Die Ursachen für den Klimawandel liegen somit nicht in wenigen, klar aufweisbaren Einzelhandlungen, sondern in einer bestimmten gesellschaftlichen Kultur.[152]

Generell lassen sich aber einschneidende kulturelle Änderungen innerhalb einer Gesellschaft nur schwer umsetzen.[153] Ein Grund für diese geringe Anpassungsfähigkeit kann sein, dass zeitgeschichtliche Veränderungen in der Regel hintergründig ablaufen und für die Gesellschaft nicht alltäglich wahrnehmbar sind. Alltagsmechanismen, die fortbestehende Stabilität von Infrastrukturen, Medien und Routinen geben die Illusion einer gleichbleibenden Normalität, die nicht auf möglicherweise bevorstehende tief greifende Veränderungen schließen lässt.[154] So sprechen Stehr und von Storch von einem *Klimavertrauen* vieler Menschen, welches sie damit begründen, dass eine direkte Konfrontation des Menschen mit Wetter und Klima durch das Leben in (baulich) geschlossenen Umgebungen immer seltener vorkommt. Es erwächst dann ein Vertrauen in die „Zuverlässigkeit, Sicherheit und sogar Vohersagbarkeit“[155] des Klimas, welches dazu führt, dass eine alltägliche Beschäftigung mit Klimafragen als weniger wichtig wahrgenommen wird.[156] Extreme Klimaphänomene werden in der allgemeinen Wahrnehmung als Ausnahme von der Regel angesehen. Das aber bestärkt das Vertrauen in die abseits der Extreme

---

151 Brand (2011), 105.
152 Vgl. Heidbrink (2010): Kultureller Wandel, 53.
153 Vgl. Leggewie/Welzer (2010), 90f.
154 Vgl. a. a. O., 95f.
155 Stehr/Storch (2010): Klima, Wetter, Mensch, 126.
156 Vgl. a. a. O., 126f.

herrschende Normalität und führt zu der Ansicht, „das Klima sei beständig und eine Rückkehr zum normalen Zustand könne zuverlässig erwartet werden“[157]. Wird also die Erderwärmung oder das Auftreten extremer Wetterphänomene als Normalität wahrgenommen, erscheint eine rasche Veränderung hin zu klimafreundlichem Verhalten als viel weniger dringend.[158] Denkbar ist außerdem, dass den Mitgliedern einer Gesellschaft die Schädlichkeit ihres Handelns zwar bewusst ist, sie diese Tatsache aber ausblenden, um die bestehenden und gewohnten kulturellen Muster und Verhaltensweisen weiter aufrecht erhalten zu können.[159] Die zentrale Herausforderung auf gesellschaftlicher Ebene besteht also darin, eine klimaschädliche Lebens-, Konsum- und Produktionsweise abzulösen. Das kann aber nur dann gelingen, wenn möglichst viele Gesellschaftsmitglieder eine solche Veränderung mittragen und sich ein kollektiver Einstellungswandel ergibt.

1.2.3 Politische Ziele und Maßnahmen im Klimaschutz

1.2.3.1 Politische und technologische Maßnahmen

Politisches Engagement für den Klimaschutz ist insgesamt davon geprägt, dass unmittelbare Auswirkungen des politischen Handelns aufgrund von Unsicherheit und Langfristigkeit nicht zu erwarten sind und dass es nur gegen erhebliche Widerstände eine Veränderung der für den Klimaschutz entscheidenden gesellschaftlichen und ökonomischen Parameter bewirken kann. Dennoch gibt es auf politischer Ebene verschiedene Klimaschutzmaßnahmen, die im Folgenden vorgestellt werden sollen. Oberstes Ziel politischen Handelns sollte es sein, eine weitere Steigerung der Erderwärmung zu begrenzen oder zu verhindern. Das kann aber nur mit einer Obergrenze für ausgestoßene Treibhausgase erreicht werden, die mit sinnvollen Reduktionszielen gekoppelt

157 A. a. O., 129.
158 Vgl. Vogt (2012b): Klimaschutz im Gestrüpp der Interessen, 58f.
159 Vgl. Busch (2011): Das Unbehagen des Prothesengotts, 85f.

ist.[160] Grundsätzlich können die Maßnahmen gegen den Klimawandel in Maßnahmen der Anpassung, der Minderung und Maßnahmen im Bereich des *Geo-Engineering* eingeteilt werden. Die Beschreibung von Maßnahmen zur Minderung und zur Anpassung wurden in dieser Kombination erstmals in der Klimarahmenkonvention von Rio 1992 festgehalten. Dabei wurde der Minderung des Klimawandels Priorität eingeräumt, sodass eine Anpassung an bzw. eine Wiederherstellung nach schädlichen Klimafolgen so wenig wie möglich erforderlich wird.[161]

1.2.3.1.1 Maßnahmen zur Anpassung

Anpassungsmaßnahmen, die zunehmend Gegenstand langfristiger politischer Planungen werden[162], zielen darauf ab, sich gegen die negativen Folgen des Klimawandels zu schützen, beispielsweise durch das Errichten höherer Dämme zum Schutz vor dem steigenden Meeresspiegel. Diese Maßnahmen sind sinnvoll, da sie Schäden an Personen und an Gemeinwesen abwenden können.[163] Für die Politik sind solche Maßnahmen deshalb interessant, weil sie kein akutes Handeln erfordern. Schließlich wird mit den gravierenderen Folgen des Klimawandels erst in der zweiten Hälfte des Jahrhunderts gerechnet, einem Zeitraum also, in dem gegenwärtige Entscheider keine Verantwortung mehr haben. Ganz pragmatisch ist es einfacher, konkrete Lösungen für konkrete Klimafolgen zu finden, als im Vorfeld auf das scheinbar abstrakte Faktum des sich wandelnden Klimas zu reagieren. Allerdings bestehen auch Nachteile der Anpassungsmaßnahmen. So können diese vor allem von reichen Nationen realisiert werden, ärmere Staaten, die aber am meisten betroffen sind, haben erheblich geringere Möglichkeiten, sich dem Klimawandel anzupassen. Gerade bei der Frage nach Anpassungsmaßnahmen werden der Zusammenhang zwischen Armut und Ver-

---

160 Vgl. Lienkamp (2014), 112.

161 Vgl. Lienkamp (2015): Klimawandel. Ein Kernthema des Religionsunterrichts, 8f.

162 Vgl. IPCC (2014a), 8f.

163 Vgl. Dessler (2012), 165f.

letztlichkeit und die Frage nach Gerechtigkeit besonders deutlich. „The essential lesson is clear: How serious the impacts of climate change are is a function of how wealthy you are. The connection between climate change impacts and wealth means that adaption fails a fundamental fairness test."[164] Insofern ist eine alleinige Konzentration auf Anpassungsmaßnahmen abzulehnen, da sie keine Auswirkungen für die ärmsten Menschen haben. Zumindest muss die Frage nach Gerechtigkeit dazu führen, dass reichere Nationen Hilfen für ärmere Nationen leisten, was allerdings nur unzureichend geschieht.[165] Zwar ist es notwendig, auf Klimafolgen anpassend zu reagieren, da schon jetzt sicher ist, dass Anpassungen bis zu einem gewissen Grad unabwendbar sind. Eine Strategie, die sich aber nur auf Anpassung konzentriert, ist ungerecht und birgt große Unsicherheiten hinsichtlich der tatsächlichen Effizienz. So dürfen die Folgen nur so schwer sein, dass sie durch menschliches Handeln noch zu bewältigen sind. Davon kann aber nicht ohne Weiteres ausgegangen werden.[166] Maßnahmen zur Anpassung sind somit Grenzen gesetzt, wie auch der IPCC betont, der deshalb eine Synergie zwischen Anpassung und Minderung vorschlägt.[167]

1.2.3.1.2 Maßnahmen zur Minderung

Die Maßnahmen zur Minderung müssen also bei der Bewältigung des Klimaproblems einen großen Stellenwert einnehmen.[168] „Als Minderung bezeichnet man menschliches Eingreifen mit dem Ziel, Quellen von Treibhausgasen zu verringern oder ihre Senken zu vergrößern."[169] Das gemeinsame Ziel muss eine Reduzierung der Treibhausgase auf einen Wert sein, mit dem das 2 °-Ziel noch realistisch erreichbar ist.[170] Weniger eindeutig kann aber die Frage

[164] A. a. O., 168.
[165] Vgl. a. a. O., 167f.
[166] Vgl. a. a. O., 169.
[167] Vgl. IPCC (2014c), 19.
[168] Vgl. Latif (2012), 112f.
[169] IPCC (2014b), 4.
[170] Vgl. Vogt (2012b), 72.

beantwortet werden, wie die Anstrengungen zur Erreichung des Ziels gerecht auf die Nationen verteilt werden müssen. Ein Maßstab ist dabei die Verteilung der Emissionsrechte pro Kopf.[171] Dabei gilt nach dem Prinzip der Verteilungsgerechtigkeit zunächst, dass jedem Menschen die gleiche Menge an CO_2, welche er ausstoßen darf, zukommen muss. Die Menge muss so bestimmt werden, dass es keine weitere globale CO_2-Erhöhung und damit keine massive Erderwärmung mit den genannten Folgen geben kann. Berechnet man diesen Wert, ergeben sich zwei Tonnen CO_2 pro Kopf.[172] Verschärft wird dieser Wert noch durch die Tatsache, dass die Weltbevölkerung in den kommenden Jahren stark ansteigen wird. Berücksichtigt man das Bevölkerungswachstum, liegt der zulässige Pro-Kopf-Ausstoß von CO_2 nur noch bei 1,43 Tonnen im Jahr.[173] Eine Reduzierung auf zwei CO_2-Tonnen pro Kopf erscheint gerade für westliche Industrieländer aber schon sehr anspruchsvoll.[174]

Um aber eine solch anspruchsvolle Verringerung des CO_2-Ausstoßes zu erreichen, muss so weitgehend wie möglich auf die Verwendung fossiler Energieträger verzichtet werden. Notwendig ist dazu vor allem der Umstieg auf erneuerbare Energien, die keine unverhältnismäßigen Umweltbelastungen hervorrufen und dem Menschen erschwingliche Energie bereitstellen können.[175] Dabei reicht es jedoch nicht aus, durch Umschichtung von Subventionen oder Förderung technologischen Fortschritts erneuerbare Energie zu fördern. Vielmehr muss gleichzeitig ein angemessener Preis für CO_2 festgelegt werden. Eine ausschließliche Förderung der regenerativen Energien ohne gleichzeitige Einführung eines CO_2-Preises würde paradoxerweise zu einem Anstieg der fossilen Energien im Energiemix führen. Dies hat marktlogische Gründe. Werden aufgrund hoher Subventionen immer mehr erneuerbare Energien genutzt, sinkt der Preis fossiler Energieträger aufgrund der sinken-

171 Vgl. a. a. O., 74f.
172 Vgl. Tremmel (2011), 129f.
173 Vgl. a. a. O., 135ff.
174 Vgl. a. a. O., 130f.
175 Vgl. Latif (2012), 112f.

den Nachfrage, was diese wieder attraktiver macht.[176] Durchsetzbar sind die ambitionierten Klimaziele also nur mit Steuern auf Treibhausgasemissionen, die die ökologischen und sozialen Kosten von Wirtschafts- und Produktionsmechanismen abbilden, sowohl in Unternehmen wie auch in Privathaushalten.[177]

Man könnte an dieser Stelle annehmen, der Klimawandel lasse sich durch technische Entwicklungen hinsichtlich des CO_2-Ausstoßes abwenden. Das missachtet aber die Notwendigkeit eines gesellschaftlichen Wandels bei Konsum und Lebensweise.[178] Dieser muss zentral die Abkehr von fossilbasierten Produktionsprozessen beinhalten. Neben technischen Innovationen werden „intelligente Schrumpfungsprozesse, eine Kultur des Genug, veränderte Muster von Konsum und Mobilität sowie eine neue Balance zwischen Freiheit und Gerechtigkeit"[179] benötigt, um das Klima effektiv zu schützen. So warnt Vogt davor, den Begriff der Nachhaltigkeit im Sinne einer Machbarkeitsutopie zu verwenden, die auf eine rein technologische Lösung des Klimaproblems vertraut. Für ihn schließen sich Nachhaltigkeit und das gegenwärtige Wachstumsmodell gegenseitig aus. Vielmehr muss der Nachhaltigkeitsgedanke außerhalb des gegenwärtigen Lebensmodells gedacht werden.[180] Auch die Deutsche Bischofskonferenz geht davon aus, dass politische und gesellschaftliche Maßnahmen mit einem grundlegenden „Wandel der aktuellen klimaschädlichen Muster von Produktion und Konsum, von Technologien und Lebensstilen [...]"[181] einhergehen müssen. Die Berücksichtigung individueller Verantwortung wird auch von einer Denkschrift der Evangelischen Kirche in Deutschland geteilt, die ebenfalls erhebliche Konsequenzen vor allem hinsichtlich der individuellen und unbegrenzten Mobilität fordert und

---

176 Vgl. Edenhofer (2014), 70.
177 Vgl. Lienkamp (2014), 114f.
178 Vgl. Beck (2009), 168f.
179 Vogt (2012b), 77f.
180 Vgl. Vogt (2012a): Climate Justice from a Christian Point of View, 78.
181 Sekretariat der Deutschen Bischofskonferenz (Hg.) (2007), 39.

die Notwendigkeit einer Neubestimmung der Prioritäten in Wirtschaft und Politik betont.[182]

Nimmt man diese verschiedenen Stimmen ernst, ist ein Wandel der gesellschaftlichen Kultur also zwingend erforderlich. Es ist notwendig, vom Wachstumsparadigma abzugehen und ein neues Wirtschaftsdenken zu implementieren. In einer Welt endlicher Ressourcen muss Wachstum an Grenzen gelangen.[183] So verbrauchen auch regenerative und energieeffiziente Technologien Ressourcen bei ihrer Entwicklung und Produktion. Ebenfalls erscheint es zumindest fraglich, ob Wirtschaftswachstum auf rein immaterieller Basis aufrechterhalten werden kann, oder ob es nicht vielmehr immer auch materielle Werte benötigt. Wenn aber irgendwann die physischen Grundlagen für materielle Werte nicht mehr zur Verfügung stehen, muss das Wachstum an seine Grenzen kommen.[184] Da es aber vor allem darum gehen sollte, heutigen und zukünftigen Menschen grundlegende Existenzbedingungen zu erhalten, erscheint Wirtschaftswachstum nicht als ein Selbstzweck, an dem mit allen Mitteln festgehalten werden sollte. Vielmehr ist eine Etablierung neuer Lebensstile notwendig, die weniger Ressourcen verbrauchen.[185] Dabei sind solche Lebensstile nicht notwendigerweise als Verzicht zu werten. Unter der Bedingung einer „Entkopplung von Lebensqualität und ökonomischem Wohlstand“[186] lassen sich im-

---

182 Vgl. Evangelische Kirche in Deutschland (2009), 143f.

183 Das eigentliche Problem im Zusammenhang mit dem Klimawandel betrifft dabei aber nur mittelbar die Endlichkeit der Ressourcen selbst. Das Vorkommen von fossilen Brennträgern (vor allem von Kohle) im Boden ist ohnehin so reichhaltig, dass es hier in absehbarer Zukunft keinen Mangel geben wird. Vergleicht man das Vorkommen dieser Energieträger allerdings mit der Menge des CO_2, welches noch emittiert werden kann, wird deutlich, dass das Wachstum durch einen Mangel an Deponieraum begrenzt wird. Die wirtschaftlichen Möglichkeiten des Wachstums werden also nicht durch das Ausgangsmaterial, sondern durch den begrenzten Raum für das Abfallprodukt eingeschränkt. Vgl. Edenhofer (2014), 65.

184 Vgl. Ekardt (2012): Grundlagen einer geisteswissenschaftlichen Klimadebatte, 20ff.

185 Vgl. Ekardt (2010): Das Prinzip Nachhaltigkeit, 28.

186 Brenner (2014): Umweltethik, 258.

materielle Güter wie eine intensivere Naturerfahrung oder ein abnehmender Konkurrenzdruck sowie eine Zunahme an freier Zeit erreichen.

Skepsis am Wachstumsmodell scheint also angebracht, sollte allerdings ebenso wenig radikalisiert werden, wie das Modell selbst. Eine *Ideologie des Anti-Wachstums* würde den Menschen und auch die Natur sowohl um die positiven Effekte der Technik bringen, als auch wirtschaftliche Stagnation hervorrufen. Das hätte bedeutsame Konsequenzen zum Beispiel für soziale Ausgleichsleistungen. Bei der Kritik an Technik, Forschung und Wachstum ist also Vorsicht geboten, um nicht utopischen Idealen einer ursprünglichen Natürlichkeit zu verfallen. Eine solche Rückwärtsgewandtheit kann genau so wenig die Lösung des Klimaproblems herbeiführen, wie ein blindes Vertrauen auf technische Machbarkeit.[187] Angestrebt werden sollte also ein ausgewogenes Verhältnis zwischen Vertrauen und Misstrauen gegenüber der Technik und dem Wachstum.[188] So stellt auch das Zentralkomitee der Deutschen Katholiken (ZDK) in einer Erklärung fest:

> „Dieser treuhänderische Umgang [mit der Schöpfung; F.S.] verbietet keinesfalls die Nutzung und den Verbrauch (endlicher) Ressourcen. Er verbietet aber Lebensstile, die auf Kosten der Lebensmöglichkeiten anderer Gesellschaften oder zukünftiger Generationen gehen […].“[189]

1.2.3.1.3 Maßnahmen im Bereich des *Geo-Engineering*

Eine dritte Strategie besteht in Maßnahmen des *Geo-Engineering,* also der technischen Manipulation des Klimasystems. Dabei gibt es gegenwärtig Versuche, die Sonnenstrahlung oder den CO_2-Haushalt zu beeinflussen. So wird darüber nachgedacht, mit Abschirmungen oder Veränderungen des Gasgemisches der Atmosphäre

[187] Vgl. Auer (1984): Umweltethik, 39f.
[188] Vgl. a. a. O., 41.
[189] Zentralkomitee der deutschen Katholiken (2011): Schöpfungsverantwortung wahrnehmen – jetzt handeln!, 68.

den Einfall der Sonnenenergie zu verringern und so den Planeten zu kühlen. Ein weitere Idee besteht darin, die Reflexionsfähigkeit von Wolken zu erhöhen.[190] Diese Versuche berücksichtigen aber längst nicht alle Aspekte des Treibhausgasausstoßes, beispielsweise die Versauerung der Ozeane durch Aufnahme von CO_2. Ebenfalls besteht die Gefahr unerwünschter Nebenfolgen, wie beispielsweise eine Zunahme von Dürren. Weiter können politische Schwierigkeiten entstehen, wenn die Initiative einiger Staaten zu Nebenfolgen in anderen Staaten führt. Ebenfalls wäre ein permanenter Effekt der Manipulation von Sonnenstrahlung ohnehin nur dann zu erreichen, wenn kontinuierlich Maßnahmen ergriffen würden. Ein Ende der Maßnahmen würde zu einer abrupten Klimaerwärmung führen.[191] Versuche, das in der Atmosphäre vorhandene CO_2 beispielsweise durch das Pflanzen von Bäumen oder das Züchten von Phytoplankton zu binden, oder Anstrengungen, das CO_2 (verbunden mit einem hohen Ressourcenverbrauch) chemisch aus der Erdatmosphäre zu filtern, klingen zunächst interessant, bergen allerdings verschiedene Schwierigkeiten und Nachteile. So kann eine Manipulation des CO_2-Kreislaufs nicht mit all ihren Folgen bedacht werden. Es besteht somit eine Unsicherheit, ob entsprechende Maßnahmen überhaupt wirksam sind oder nicht sogar unvorhergesehene Schäden verursachen können: „Thus, in trying to address climate change, we may cause an entirely new environmental problem – and not even solve the problem we were intending to address.“[192] Versuche, den Klimawandel durch sogenanntes *Geo-Engineering* zu dämpfen, sind also bislang nicht praktikabel. Weder existieren gesicherte Erkenntnisse über die Wirksamkeit solcher Methoden, noch sind die negativen Folgen und Schäden für die Umwelt eindeutig abzusehen.[193]

Im Überblick über die drei Maßnahmen bleibt somit festzuhalten, dass Geo-Engineering bislang keine, die Anpassung an Klimafolgen nur eine bedingt empfehlenswerte und die Minderung

---

[190] Vgl. Dessler (2012), 178f.
[191] Vgl. a. a. O., 179f.
[192] A. a. O., 181.
[193] Vgl. Latif (2012), 112.

durch Emissionsvermeidung die wichtigste politische Maßnahme darstellt. Minderung kann allerdings nicht ausschließlich durch nachhaltige technologische Innovationen hervorgerufen werden. Sie wird insbesondere durch eine Veränderung des wirtschaftlichen Systems erreicht, mit der ökonomische und gesellschaftliche Alternativen zu Wachstum, Ressourcenverbrauch sowie den gegenwärtig vorherrschenden Mustern von Produktion und Konsum geschaffen werden. Politische Maßnahmen zum Klimaschutz sind also nur dann erfolgreich, wenn mit ihnen ein gesellschaftlicher Wandel einhergeht.

1.2.3.2 Zivilgesellschaftliches Klimaschutzengagement: „Klimaschutz von unten"

Dadurch gewinnt bei gesellschaftlichen Klimaschutzmaßnahmen die Zivilgesellschaft erheblich an Bedeutung. So sollten politische Entscheidungen immer im Diskurs mit ihr stehen und sie in Bezug auf klimafreundliches Verhalten mit in die Verantwortung nehmen.[194] Allerdings kann das nur dann in die Praxis umgesetzt werden, wenn „Gesellschaften grün werden“[195]. Eine globale Kooperation wird nämlich nur dann erreicht, wenn politische Entscheidungsträger auch kurzfristige Vorteile darin erkennen können. Dies ist leichter möglich, wenn die Mehrheitsmeinung die Entscheidungsträger in diesem Vorhaben unterstützt und auch wirtschaftliche Prozesse oder Unternehmen entsprechend offen dafür sind. Es benötigt also für politische Prozesse ein „kulturelles Rahmendesign“[196], das eine klimafreundliche Veränderung in allen Bereichen der Gesellschaft vorantreibt, sowohl auf individuellen wie auch auf institutionellen Ebenen.[197] Um aber eine globale Solidarität in vollständig verschiedenen Gesellschaften mit unterschiedlicher Betroffenheit vom und unterschiedlichen

---

194 Vgl. Bauer/Messner (2014), 82.
195 Beck (2010): Klima des Wandels oder wie wird die grüne Moderne möglich?, 33.
196 Heidbrink (2010), 60.
197 Vgl. ebd.

Sichtweisen auf den Klimawandel herbeizuführen, wird eine „alltägliche Unterstützung von unten"[198] zwingend benötigt. Soweit die gesellschaftlichen Rahmenbedingungen es zulassen, sollte eine zentrale Rolle beim Klimaschutz also Bürgerinitiativen oder NGOs zu Teil werden, denen neben ihrem Wahlrecht eine größere politische Einflussmöglichkeit eingeräumt werden muss. Das entspricht der Beobachtung, dass politische Parteien für viele zwar immer unattraktiver werden, sich politische Partizipation aber quasi projektbezogen in Einzelgruppen großer Beliebtheit erfreut.[199] Eine regionale Einbeziehung in Konzeption, Finanzierung und Rendite klimafreundlicher Projekte *im Hinterhof* kann deren Akzeptanz erheblich steigern. So ist es unbedingt notwendig, die Bürger mit einzubeziehen und eine klimapolitische Wende nicht von oben herab durchzuführen.

Angeknüpft werden kann an Vorbilder, die alternativen Konsum gegen die Mehrheitsmeinung betreiben und Ernährung, Mobilität und Lebensweise neu gestalten.[200] „Die Bürgergesellschaft muss […] weltweit Ziele guten Lebens erörtern, die das erforderliche ‚Weniger' (an Strom- und Kalorienverbrauch, Flugmeilen, Jahreskilometern, Raumtemperaturen etc.) als ein ‚Mehr' (an Lebensqualität und Lebenszufriedenheit) plausibel machen."[201] Die heute schon bestehenden Bewegungen und Initiativen in diese Richtung müssen politisch aufgegriffen werden. Dies ist aber mit den üblichen (partei-)politischen Mechanismen eher nicht zu erwarten. Hier liegt aber eine der Chancen für die Politik in Bezug auf den Klimawandel. Durch Einbindung kleinerer, lokaler oder projektbezogener Gruppen kann im Kleinen ein ökologischer Wandel direkt in die Praxis umgesetzt werden. Die Förderung solcher Gruppen würde ein Netz vieler kleiner praktischer Projekte entstehen lassen, die im Rahmen der parlamentarischen Demokratie handfeste Veränderungen und Verbesserungen für ihr eigenes Umfeld hervorrufen und die im Großen einen klimapoliti-

---

[198] Beck (2010), 34.
[199] Vgl. Leggewie (2011), 33.
[200] Vgl. a. a. O., 34.
[201] Ebd.

schen Wandel *von unten* auslösen können.[202] Dass es diese Initiativen heute schon vielfach gibt, zeigt das Potenzial und die Relevanz der einzelnen Bürger, die durch nachhaltigen Konsum und politische Partizipation abseits des Wahlrechts Klimapolitik aktiv mitgestalten. Eine Förderung an dieser Stelle könnte solches Potenzial noch effektiver werden lassen. Dies kann allerdings nur dann in angemessener Weise geschehen, wenn die Mitglieder der Gesellschaft durch eine „lebensbegleitende Umwelterziehung und -bildung“[203] entsprechend informiert und in die Lage versetzt sind, Verantwortung auch wahrzunehmen.[204]

Eine solche Einbindung individuellen oder lokalen Engagements besitzt das Potenzial, die genannten Hindernisse gesellschaftlichen Handelns zu überwinden. Die Veränderung kultureller Muster kann durch administrative Maßnahmen *von oben* nur schwer durchgesetzt werden. Letztlich werden gesellschaftliche Lebensstile durch die Menschen geprägt, die sie ausleben. Eine Änderung des wachstumsorientierten Wirtschaftssystems ist somit nicht nur mittels nationaler oder internationaler Politik zu erreichen, die zwar Regulierungen der Wirtschaft durchsetzen kann und sollte. Die Muster von Produktion und Konsum können weitaus effektiver von den Produzenten und Konsumenten selbst geändert werden, die sich aus der Einsicht in die Notwendigkeit klimafreundlichen Verhaltens selbst von der ressourcenorientierten Wachstums- und Konsumlogik abwenden. Das Wirken von Individuen für den Klimaschutz ist darüber hinaus erheblich weniger durch Unsicherheit gekennzeichnet. Zwar kann der Einzelne nicht auf umfangreicheres Wissen zurückgreifen, allerdings haben seine Handlungsentscheidungen für sich genommen ungleich geringere Auswirkungen als die der Klimapolitik. Dadurch wird aber der zu berücksichtigende Wirkungsbereich des Handelns überschaubarer und weniger komplex. Eine Entscheidung mag unter Unsicherheit auch leichter

---

[202] Vgl. a. a. O., 34f.
[203] Lienkamp (2014), 114.
[204] Vgl. ebd.

fallen, je geringer die Auswirkungen und vor allem die möglichen Risiken ausfallen.[205]

Individuen oder kleine Gruppen sind nicht an durch Wahlzyklen geprägte Entscheidungszeiträume gebunden und können dadurch in langfristigeren Zeiträumen denken und agieren. Innerhalb gesellschaftlicher Zusammenhänge hängt somit vieles vom Verhalten der Einzelnen ab. Ihren Einstellungen und Haltungen zum Klimawandel kommt eine große Bedeutung zu. Dennoch bleibt die politische Ebene sehr wichtig. Der Weg, ausschließlich auf die Verantwortung des Einzelnen zu bauen, ist nicht praktikabel. So sind das Klima und die Ursachen und Folgen des Klimawandels in ein zu komplexes System eingebettet, als dass einzelne Bürger oder Unternehmer richtiges Handeln dauerhaft abwägen können. Weiterhin erscheint es fraglich, ob sich an Wachstum und Profit ausgerichtete Unternehmen freiwillig auf eine Abkehr vom Wachstumsparadigma und eine Beschränkung ihres Gewinnstrebens einlassen würden. Selbst wenn dies vorausgesetzt wird, bleibt es auf pragmatischer Ebene immer noch unsicher, ob das globale Klimasystem mit vielen vereinzelten Maßnahmen stabilisiert werden kann, oder ob eine universelle Strategie nicht effektiver ist. Wenn nur einige Engagement aufbringen, andere aber als Trittbrettfahrer weiter die Allmende *Weltklima* nutzen, entstehen keine Fortschritte, sondern nur Nachteile und Frustration für die Engagierten. Ebenso unvorteilhaft können unkoordinierte Parallelaktionen mit unterschiedlichen Zielsetzungen sein, deren Wirkungen sich im schlechtesten Fall wieder aufheben.[206] Klimaschutz kann also nur gelingen, wenn es eine globale Bereitschaft zur Kooperation gibt, die in der Überzeugung begründet ist, dass die Natur ein globales Gemeingut ist, an dem alle Menschen teilhaben. Zielführend ist somit nicht der Ausgleich unterschiedlicher Interessen, sondern die Ausbildung eines gemeinsamen Interesses, das durch internationale, politische Regelungen und Institutionen angestoßen werden soll, aber nur mit dem Zutun vieler weiterer

---

205 Vgl. Ekardt (2012), 47ff.

206 Vgl. ebd.

privater Akteure wirklich erreicht werden kann.[207] Um eine solche Kooperation zu koordinieren, sind vielmehr internationale Verhandlungen zwischen Regierungen nötig, bei denen die jeweiligen nationalen Interessen mit dem Schutz des Klimas abgeglichen werden. Auf sie kann die Zivilgesellschaft aber ebenfalls einwirken. Je mehr die Bevölkerung ihrer Regierung signalisiert, dass der Klimaschutz im nationalen Interesse liegt, umso mehr hat diese die Verpflichtung, eine entsprechende Position in die politischen Verhandlungen einzubringen.

1.2.4 Internationale Klimapolitik: Interessen- und Überzeugungskonflikte

1.2.4.1 Chancen und Schwierigkeiten internationaler Klimapolitik

Grundsätzliches Ziel für internationale Klimapolitik sollten zunächst bi- oder multilaterale bzw. regionale Abkommen sein, die als Vorreiter einer globalen Klimapolitik dienen können. Dabei können schon bestehende internationale Gruppen, wie die G20-Staaten, oder ein Zusammenschluss williger Staaten die maßgeblichen Akteure sein.[208] In der Bedrohung des Klimawandels liegt also auch gleichzeitig eine große Chance auf einen Zugewinn an Entspannung und Frieden: Der Klimawandel ist keine Bedrohung, die militärischer Logik folgt. Da sie sich nur durch internationale Kooperation abwenden lässt, kann sie ein bedeutsamer Faktor von Vertrauensbildung und Zusammenarbeit sein. In diese Kooperation können und müssen auch nichtstaatliche Akteure einbezogen werden, die durch Investitionen Entwicklungen anstoßen können, welche gerade in wirtschaftlich schwachen Ländern zum Klimaschutz beitragen können.[209] Ein besonders sinnvolles Instrument internationaler Klimapolitik sind dabei Emissionshandelssysteme, also Abkommen über Zertifikate für CO_2-Emissio-

207 Vgl. Vogt (2012b), 70f.
208 Vgl. Edenhofer (2014), 73.
209 Vgl. Bauer/Messner (2014), 88f.

nen, mit denen gehandelt werden kann. Diese können dann insofern offen für Schwellenländer sein, als dass man ihnen einen *Bonus* zugunsten ihres Wachstums einräumt, den die Industrienationen schon in der Zeit vor der Regulierung der Emissionen aufgebraucht haben. Wenn es dann gelingt, mehrere regionale Emissionshandelssysteme miteinander zu vernetzen, könnte ein globales System entstehen, das den Preis für CO_2 festlegt und so Emissionen global beschränkt.[210] Ein solches länderübergreifendes System bietet die Chance, dass ökonomische Anreize zu klimafreundlichem Handeln sowohl in Schwellen- als auch in Industrieländern gesetzt werden. Staatliche, privatwirtschaftliche und individuelle Investitions- und Konsumentscheidungen, die auf eine Einsparung von CO_2 hinauslaufen, werden dadurch finanziell attraktiver.[211] In diesem Zusammenhang müssen aber sogenannte *graue Emissionen,* die durch die globalisierten Produktionsabläufe in Schwellenländern entstehen, in denen für die Industrienationen produziert wird, ermittelt und korrekt den eigentlichen Verbrauchern zugeordnet werden.[212]

Es sind also vor allem die Industrienationen in der Verantwortung, bei der Entwicklung und Umsetzung internationaler politischer Maßnahmen zum Klimaschutz voranzugehen. Nur so ist eine Chance gegeben, eine einheitliche Politik zu verabschieden. Das geschieht allerdings nur unzureichend, weil das Vermeiden des Klimarisikos für viele Staaten andere Risiken, zum Beispiel eine massive Einschränkung des Wirtschaftswachstums, beinhaltet. Für eine erfolgreiche Klimaschutzpolitik stellen volkswirtschaftliche Interessen also ein großes Hindernis dar. Fossile Rohstoffe und Energieträger sind für die Weltwirtschaft so entscheidend, dass ein radikaler Verzicht große wirtschaftliche Umwälzungen bedeuten würde, vor denen sich viele politische Entscheidungsträger fürchten.[213] Darüber hinaus sind mittlerweile nicht mehr ausschließlich die westlichen Industrienationen Hauptverursacher des CO_2-Aus-

---

210 Vgl. Edenhofer (2014), 73.
211 Vgl. Wicke et al. (2010): Die 2°max-Klimastrategie, 29.
212 Vgl. Latif (2012), 113f.
213 Vgl. Leggewie/Welzer (2010), 37f.

stoßes. Asiatische Staaten, allen voran China, aber auch Indien stoßen in großen Mengen CO_2 aus.[214] Das macht Verhandlungen über eine Verringerung der Treibhausgase noch komplexer, da nicht mehr nur ein politisch gut vernetzter Kreis aus kulturell ähnlichen Staaten mit einbezogen werden muss, sondern ebenfalls Nationen mit eigenem kulturellen Hintergrund und möglicherweise eigener politischer Agenda.[215] Der politische Kampf gegen den Klimawandel ist aber abhängig von der Bereitschaft aller Akteure zu internationaler Zusammenarbeit: „Zwar kann der Klimawandel potenziell in jedem beliebigen Land angetrieben, aber von keiner Großmacht eigenhändig gestoppt werden."[216] Bauer und Messner sehen dabei den „schwerfälligen UN-Modus"[217] der „Verhandlungslogik des kleinsten gemeinsamen Nenners"[218] als nicht zielführend an, halten es allerdings auch für überaus schwierig, die bestehende Weltordnung schnell und drastisch zu verändern. Mit den UN-Klimagipfeln wird häufig der Vorwurf von Symbolpolitik verbunden, die nicht auf eine effektive Problemlösung ausgerichtet ist.[219] Eine solche Skepsis gegenüber den bisherigen Ergebnissen der internationalen Politik ist sicher angebracht, da verbindliche Maßnahmen erst in jüngster Vergangenheit beschlossen wurden. Von einer völligen Wirkungslosigkeit internationaler Klimapolitik kann aber ebenfalls nicht ausgegangen werden. Die Weltklimagipfel brachten immer wieder Impulse und Maßnahmen für den Klimaschutz hervor. Diese Ambivalenz der bisherigen internationalen Klimapolitik zeigt sich in der Rio-Erklärung und im Kyoto-Protokoll.

1.2.4.2 Rio und Kyoto – Meilensteine der internationalen Klimapolitik

So waren Bemühungen um bindende Klimaziele schon auf dem Rio-Gipfel 1992 am Widerstand der USA und weiterer Staaten ge-

---

[214] Vgl. Bauer/Messner (2014), 84.
[215] Vgl. ebd.
[216] A. a. O., 86.
[217] A. a. O., 87.
[218] Ebd.
[219] Vgl. Beck (2009), 163f.

scheitert. In der Rio-Erklärung wird aber dennoch die Bedeutung nachhaltiger Entwicklung betont und mit Forderungen nach nationalen Bemühungen für Umweltschutz und Armutsbekämpfung verknüpft.[220] Ebenfalls werden die Bedürfnisse der Entwicklungsstaaten anerkannt und auf die erhöhte Verantwortung der Industriestaaten hingewiesen. Es wird eine allgemeine Zusammenarbeit der Staaten für Nachhaltigkeit gefordert, aber auch das Verursacherprinzip in die Diskussion eingeführt, nach dem die Beseitigung von Umweltschäden vor allem Aufgabe der sie verursachenden Industrienationen ist. Ebenso wird betont, dass nach dem Vorsorgeprinzip Maßnahmen zum Umweltschutz dann ergriffen werden müssen, wenn Umweltschäden drohen, wobei das Fehlen wissenschaftlicher Gewissheit nicht als Hinderungsgrund akzeptiert werden kann.[221] Die Bedeutung von Nachhaltigkeit und Umweltschutz wird in dem Dokument anerkannt, vor allem aber in Hinblick auf die Auswirkungen auf den Menschen. Es finden sich keine verpflichtenden Maßnahmen oder Ziele, sondern Forderungen nach Maßnahmen auf nationaler Ebene.[222]

Auf dem Weltklimagipfel in Kyoto konnte eine Vereinbarung formuliert werden, die den Industriestaaten eine festgesetzte Einsparrate hinsichtlich des CO_2-Ausstoßes vorschrieb. Zur Verabschiedung der Vereinbarung war allerdings ein Konsens nicht notwendig.[223] Das Kyoto-Protokoll bewertet Lienkamp insofern als wichtigen „Schritt in Richtung kollektiver Selbstbindung und globaler Kooperation“[224]. Wegen der fehlenden Ratifizierung durch die USA mangelte es aber an Wirkungskraft, um international erfolgreiche Maßnahmen auf dieser Grundlage umzusetzen. Grundsätzlich sind aber auch die Inhalte des Abkommens nicht umfangreich genug gewesen, um das Fortschreiten des Klimawan-

---

[220] Vgl. Konferenz der Vereinten Nationen über Umwelt und Entwicklung 1992, 1.
[221] Vgl. a. a. O., 2f.
[222] Vgl. Giddens (2009): The politics of climate change, 187.
[223] Vgl. ebd.
[224] Lienkamp (2009a): Klimapolitik als Bewährungsort globaler, integenerationeller und ökologischer Gerechtigkeit, 89.

dels wirksam zu verhindern. Außerdem schritt die Übernahme der Maßnahmen nur langsam voran, weshalb die beschlossene Verringerung des CO_2-Ausstoßes kaum stattfand. Das Protokoll verfehlte auch seine Wirkung, weil es Entwicklungsländer nicht auf eine CO_2-Verringerung verpflichtete.[225] Grundsätzlich zweifelt Giddens die Wirksamkeit internationaler Verhandlungen und Verträge an. Diese seien zwar hilfreich, um die Dringlichkeit des Problems zu veranschaulichen und auf symbolischer Ebene ein Zusammenrücken der Welt zu signalisieren. In ihnen bestehe aber die Gefahr, dass aufgrund unterschiedlicher nationaler Interessen lediglich Lippenbekenntnisse erfolgten: „The great danger of the Kyoto-style approach to climate change is that an elaborate, detailed and nuanced architecture may be created, but no buildings actually get constructed."[226]

Es wurden in internationalen Klimavereinbarungen bislang also Kompromisse in Form gemeinsamer Absichtserklärungen und freiwilliger Selbstverpflichtungen erzielt. Die so beschlossenen Maßnahmen sind allerdings von so geringem Umfang, dass die Erderwärmung dadurch nur auf zu hohem Niveau gedrosselt werden kann. Ambitionierte Ziele können mit diesen Ergebnissen ebenso wenig erreicht werden, wie eine Eindämmung schon gegenwärtig auftretender Klimafolgen.[227] Es stellt sich also als enorm schwierig dar, auf internationaler Ebene umfangreiche und wirksame Maßnahmen für den Klimaschutz in die Wege zu leiten. Einen berechtigten Grund zur Hoffnung auf die Wirksamkeit internationaler Klimapolitik bietet aber das Klimaabkommen, welches auf dem Weltklimagipfel 2015 in Paris beschlossen wurde.

1.2.4.3 Laudato Si' und Paris – 2015 ein Neustart für den internationalen Klimaschutz (?)

Das Jahr 2015 kann in dieser Hinsicht mit großer Sicherheit als Meilenstein gewertet werden. Mit dem Klimaabkommen von

[225] Vgl. Giddens (2009), 189.
[226] A. a. O., 192.
[227] Vgl. Vogt (2012b), 62.

Paris wurden erstmals verbindliche globale Maßnahmen und Ziele auf internationaler Ebene beschlossen.

Eine der wichtigsten und für das kirchliche Klimaengagement bahnbrechenden Veröffentlichungen im Vorfeld des Gipfels stellt dabei die Enzyklika *Laudato Si'* von Papst Franziskus dar. Sie muss als direkt auf den einige Monate später stattfindenden Klimagipfel in Paris bezogen angesehen werden. Die Tatsache, dass sie ausführlich die Erkenntnisse der Klimaforschung wiedergibt, kann man als „wichtigen Beitrag zur internationalen Akzeptanz wissenschaftlicher Erkenntnisse in der Klimadebatte“[228] ansehen. So kann die Enzyklika als eine Aufforderung zu einem internationalen Konsens verstanden werden, der die ethischen Aspekte des Klimawandels berücksichtigt und dabei vor allem die Ärmsten in den Blick nimmt.

Papst Franziskus beschreibt eine Verbindung der ökologischen Krise mit einer gesellschaftlichen Krise, die sich beispielsweise im Armutsproblem äußert. Dabei geht er von einer engen Verbindung beider Krisen aus, die somit auch nur gemeinsam gelöst werden können.[229] Dazu müsse sich die gegenwärtige Lebensweise vieler Menschen ändern und eine neue Offenheit und ein Staunen für die Natur entstehen, um nicht als Ausbeuter und Konsument der Umwelt gegenüberzutreten.[230] Er richtet sich nicht nur an politische Machthaber, sondern sieht das bisherige Scheitern des Klimaschutzes vielfach in der ablehnenden Haltung der Bürgerinnen und Bürger, auch der Gläubigen begründet.[231] Er spricht von einer Wegwerfkultur als Ursache, „die sowohl die ausgeschlossenen Menschen betrifft als auch die Dinge, die sich rasch in Abfall verwandeln.“[232] Um dem Abhilfe zu schaffen, sei ein „auf Kreislauf ausgerichtetes Produktionsmodell“[233] zu ent-

---

228 Becker et al. (2015): Erklärung des Deutschen Klima-Konsortiums e.V. zur VN-Klimakonferenz in Paris, 2f.

229 Vgl. Ghani et al. (2015): Paris, für die Menschen und für den Planeten, 5.

230 Vgl. Papst Franziskus (2015): LS 11.

231 Vgl. a. a. O., LS 14.

232 A. a. O., LS 22.

233 Ebd.

wickeln, „das Ressourcen für alle und für die kommenden Generationen gewährleistet“[234]. Die Umweltkrise drückt sich nach Papst Franziskus gleichzeitig in einer weltweiten sozialen Ungerechtigkeit aus, nicht zuletzt, weil die Klimafolgen vor allem die Ärmsten betreffen.[235] Hauptauslöser sei das Verhalten einer Minderheit, die „sich für berechtigt hält, in einem Verhältnis zu konsumieren, das unmöglich verallgemeinert werden könnte, denn der Planet wäre nicht einmal imstande, die Abfälle eines solchen Konsums zu fassen“[236]. Zur Lösung dieser Situation, die Papst Franziskus „Schuld“[237] nennt, sei eine drastische Reduzierung des Konsums nicht erneuerbarer Energien notwendig und essentieller noch die Konzentration auf „die Bedürfnisse der Armen, der Schwachen und der Verletzlichen“[238]. Indem Papst Franziskus das Klimaproblem stark an die Frage nach Gerechtigkeit bindet, zeigt er, wie umfangreich die gegenwärtige Kultur der Produktion und des Konsums nicht nur die Umwelt, sondern auch das Wohl anderer Menschen beeinträchtigt. Eine rein technische oder politische Lösung eines so grundlegenden Problems, bei dem der Klimawandel nur eines der Symptome ist, ist damit schon ausgeschlossen. Neben einem verstärkten Ausbau erneuerbarer Energien betont er die Notwendigkeit, von „gegenwärtigen Produktionsmodellen und Konsumgewohnheiten“[239] abzulassen. Durch das Fortschreiten der Technologie könnten zwar manche Probleme gelöst werden, dennoch führe die Technisierung dazu, „dass die Erde, auf der wir leben, in Wirklichkeit weniger reich und schön wird, immer begrenzter und trüber […]. So hat es den Anschein, dass wir bestrebt sind, auf diese Weise eine unersetzliche und unwiederbringliche Schönheit auszutauschen gegen eine andere, die von uns geschaffen wurde“[240]. Dies sei auch für

[234] Ebd.
[235] Vgl. a. a. O., LS 48.
[236] A. a. O., LS 50.
[237] A. a. O., LS 52.
[238] Ebd.
[239] A. a. O., LS 26.
[240] A. a. O., LS 34.

den Menschen eine negative Entwicklung, die nicht seinem Wesen entspreche.[241]

Darüber vergisst er aber nicht die Bedeutung politischer und technologischer Maßnahmen und stellt fest, dass eine Abkehr von fossilen Energieträgern unvermeidbar ist.[242] Er sieht die Industrieländer maßgeblich in der Verantwortung, Klimaschutz zu finanzieren, da sie historisch die größten Vorteile aus der CO_2-Emission ziehen konnten und häufig auch die größte wirtschaftliche Kraft besitzen. Sowohl hinsichtlich der Minderung als auch der Anpassung und der Unterstützung weniger wohlhabenderer Länder müssen Industrieländer demnach voranschreiten.[243] Papst Franziskus sieht als bedeutsamen Faktor auch die Landwirtschaft. Dabei betont er die Rolle von Kleinbauern, die demnach weiterhin einen großen Teil der Lebensmittelversorgung sicherstellen, aber weniger Ressourcen jeglicher Art verbrauchen als große Agrarunternehmungen.[244]

Dass der Klimawandel jedoch nicht bloß Auswirkungen auf den Menschen hat, betont der Papst eigens, indem er den Verlust biologischer Vielfalt anprangert. Er hebt ausdrücklich hervor, dass die Natur nicht bloß als Ressource wahrgenommen werden darf, sondern einen Eigenwert besitzt. Dass Pflanzen- und Tierarten aussterben würden, sei in den häufigsten Fällen dem Verschulden des Menschen zuzurechnen.[245]

Gleichzeitig prangert er an, dass die bisherigen Reaktionen deutlich zu schwach ausfallen, was er auch mit der „Unterwerfung der Politik unter die Technologie und das Finanzwesen“[246] begründet, welche sich in „der Erfolglosigkeit der Weltgipfel über Umweltfragen“[247] zeigt – eine deutliche Mahnung an den damals bevorstehenden Gipfel in Paris. So ignoriere das gegenwärtige

241 Vgl. a. a. O., LS 44.
242 Vgl. Ghani et al. (2015), 8.
243 Vgl. a. a. O., 8f.
244 Vgl. a. a. O., 10.
245 Vgl. Papst Franziskus (2015), LS 33.
246 A. a. O., LS 54.
247 Ebd.

Finanzsystem, „in dem eine Spekulation und ein Streben nach finanziellem Ertrag vorherrschen“[248], die Umwelt sowie die Menschenwürde. Um wirklich den Problemen der Umwelt und des Sozialen entgegenzuwirken, reiche also eine „oberflächliche oder scheinbare Ökologie, die eine gewisse Schläfrigkeit und eine leichtfertige Verantwortungslosigkeit unterstützt“[249], nicht aus.

In der Enzyklika wird ein umfassendes Bild des Klimaproblems gezeichnet, welches alle relevanten Aspekte abdeckt. Papst Franziskus betont ausdrücklich die Verantwortung des Einzelnen vor allem in Hinblick auf konsumorientierte Lebensstile. Er zeigt außerdem die globalen ökonomischen und politischen Hindernisse für den Klimaschutz auf. Ebenfalls benennt er Alternativen, indem er den Wert der Natur betont und nach Erneuerungen des Wirtschaftssystems fragt. Besonders die Verknüpfung des Klimaproblems mit der Frage nach globaler Gerechtigkeit und die Wertschätzung der Umwelt prägen das Schreiben. In der Enzyklika werden also umfangreiche gesellschaftspolitische Aussagen getroffen, die ihre Legitimation daraus gewinnen, dass sie im Einklang mit den Erkenntnissen der Klimaforschung stehen. Besonders die Bezugnahme auf die internationale Klimapolitik muss vor dem Hintergrund der wenige Monate nach der Veröffentlichung der Enzyklika stattfindenden Weltklimakonferenz in Paris verstanden werden.

Im Vorfeld der Klimakonferenz äußerte sich auch die Deutsche Bischofskonferenz in einer gemeinsamen Erklärung mit dem Rat der Evangelischen Kirche in Deutschland erneut zum Klimawandel, in der sie zum einen eine Aufbruchsstimmung im Klimaschutz betonen, zum anderen aber auch den hohen Druck beschreiben, der schon jetzt durch klimabedingte Schäden und Leiden hervorgerufen wird. In Anbetracht der gegenwärtigen und zukünftigen Auswirkungen des Klimawandels wird eine neue Dynamik gefordert.[250] Konkret plädieren die Kirchen dabei für ein völkerrecht-

---

[248] A. a. O., LS 56.

[249] A. a. O., LS 59.

[250] Vgl. Marx/Bedford-Strohm (2015): Erklärung der Vorsitzenden der Deutschen Bischofskonferenz und des Rates der Evangelischen Kirche in Deutschland zur UN-Klimakonferenz in Paris, 1f.

lich bindendes und überprüfbares Abkommen über die Begrenzung der Erderwärmung und den Übergang zu erneuerbaren Energien. Weiterhin sprechen sie sich für Transferzahlungen an ärmere Länder und gemeinschaftliche Anstrengungen zur Reparation von Klimaschäden aus.[251] Neben den politischen Appellen an die internationale Gemeinschaft betont die Erklärung aber auch lokale und individuelle Initiativen und Bemühungen, die schon im Kleinen einen Beitrag zu mehr Klimaschutz leisten.[252]

Im Pariser Klimaabkommen wird der Klimawandel als dringende Bedrohung angesehen, die ein internationales Handeln erfordert, welches eine deutliche Reduzierung von Treibhausgasen einschließt.[253] Den Staaten werden dabei Anstrengungen abgefordert, die die Erderwärmung „well below 2 °C above pre-industrial levels"[254] halten. Ein großer Erfolg des Gipfels besteht darin, weitere Anstrengungen einzufordern, die die Erwärmung auf 1,5 °C begrenzen.[255] Um dieses Ziel zu erreichen, werden alle Nationen verpflichtet, entsprechende Maßnahmen zu ergreifen und diese zu kommunizieren. So sollen Treibhausgasemissionen so schnell wie möglich ihren Höhepunkt erreichen und danach sinken. Eine Führungsrolle wird dabei den entwickelten Staaten zugesprochen.[256] Besonders die Verpflichtung zur Berichterstattung der Maßnahmen alle fünf Jahre wird betont. Veränderungen der Maßnahmen sind demnach jederzeit möglich, allerdings nur, wenn es sich dabei um Verschärfungen handelt.[257] Ebenfalls findet die Situation von Entwicklungsländern, die besonders häufig von den Klimafolgen betroffen sind, durch finanzielle Verpflichtungen der Industrienationen Berücksichtigung.[258] Weiterhin werden weltweite und ko-

---

251 Vgl. a. a. O., 2.
252 Vgl. a. a. O., 2f.
253 Vgl. United Nations Framework Convention on Climate Change 2015, 1.
254 A. a. O., 22.
255 Vgl. ebd.
256 Vgl. ebd.
257 Vgl. a. a. O., 23.
258 Vgl. Bals et al. (2016): Wendepunkt auf dem Weg in eine neue Epoche der globalen Klima- und Energiepolitik, 5.

operative Anstrengungen zur Anpassung an den Klimawandel festgelegt.[259] Dabei ist ausdrücklich auch von finanziellen Hilfen für Entwicklungsländer die Rede.[260]

In einer ersten Einschätzung beurteilt die Entwicklungs- und Umweltorganisation *Germanwatch* das Pariser Abkommen als „Symbol für Kooperation und Transformation"[261]. Durch die Kooperationsbereitschaft vor allem der USA und Chinas, welche nicht zuletzt durch den Druck kleinerer, vom Klimawandel betroffener Staaten erwirkt wurde, sei ein anspruchsvolles Abkommen zustande gekommen. Neben politischen Akteuren sei das Abkommen aber auch ein Verdienst der internationalen Klimabewegung, die vor und während des Gipfels „Forderungen von Menschen aus der ganzen Welt mit Nachdruck auf die Agenda [...] setzen"[262] konnte. Die Autoren von *Germanwatch* sehen in dem Abkommen den Ausgangspunkt für eine globale Energiewende hin zu erneuerbaren Energien. Allerdings müssen diese Ziele durch Politik und Gesellschaft realisiert werden, um tatsächliche Auswirkungen zu haben. Die Aussicht auf eine politisch erwirkte Energiewende setzt allein zumindest schon Anreize für die Wirtschaft, langfristig auf fossile Energieträger zu verzichten.[263] Die Tatsache, dass das Paris-Abkommen als völkerrechtlich bindendes Dokument formuliert ist und dass es verbindliche Verpflichtungen enthält, macht es zu dem effektivsten Klimaabkommen bislang. Besonders durch seine verbindlichen Elemente unterscheidet es sich vom Kyoto-Protokoll. Das Ausmaß an verbindlichen Festlegungen ist höher, als zu erwarten war. So gibt es mit dem Pariser Abkommen eine verbindliche Einigung auf Mechanismen zur Berichterstattung und Überprüfung nationaler Emissionen, die regelmäßige Verschärfung nationaler Ziele, die Berichterstattung über das Voranschreiten beim Erreichen der Ziele und finanzielle Hilfen für är-

---

[259] Vgl. United Nations Framework Convention on Climate Change 2015, 25.

[260] Vgl. a. a. O., 26f.

[261] Bals et al. (2016), 4.

[262] Ebd.

[263] Vgl. a. a. O., 5f.

mere Länder.[264] Den Ankündigungen nun Taten folgen zu lassen, ist aber eine Aufgabe nationaler Politik. Ebenso ist auch die Zivilgesellschaft in der Verantwortung, besonders auch im individuellen Konsumverhalten eine Änderung mitzutragen.[265]

An dem Abkommen zeigt sich, dass der Klimawandel mittlerweile als ernst zu nehmende Bedrohung wahrgenommen wird, die zu schnellem und engagiertem Handeln nötigt – eine Erkenntnis, die möglicherweise in den Verhandlungen von Rio und Kyoto noch weniger präsent war. Hier hat das Engagement verschiedenster zivilgesellschaftlicher Organisationen, Initiativen und Personen für den Klimaschutz, dem die Enzyklika *Laudato Si'* zuzurechnen ist, ein Umdenken in der Politik bewirkt. Mit einer zuvor als unwahrscheinlich erscheinenden globalen Einigung auf verbindliche Klimaschutzziele zeigt sich die Wirksamkeit internationaler Klimapolitik in ungekannter Weise. Allerdings ist es richtig, daran zu erinnern, dass mit diesem Abkommen das Klimaproblem nicht gelöst ist. Die Einigung von Paris stellt vielmehr einen Ausgangspunkt dar, von dem aus weitere Schritte unternommen werden müssen. Bei der Umsetzung konkreter Maßnahmen bleiben die genannten Hindernisse für eine notwendige Veränderung gesellschaftlicher Kultur weiterhin bestehen. Es darf auch nicht übersehen werden, dass trotz der grundsätzlichen Einigung auf das Abkommen höchst unterschiedliche nationale Interessen bestehen, die nicht nur die Verhandlungen geprägt haben. Sie werden weiterhin Einfluss auf die Umsetzung konkreter Maßnahmen haben und internationale Verhandlungen, Kompromisse und Zugeständnisse notwendig machen. Klimapolitik bleibt also auch nach Paris ein höchst komplexes Unterfangen.

---

[264] Vgl. a. a. O., 9f.
[265] Vgl. a. a. O., 13.

1.2.5 Zwischenergebnis: Wandel der Gesellschaftskultur als entscheidender Faktor für den Klimaschutz

Auf gesellschaftlicher Ebene bestehen verschiedene Ansätze zum Klimaschutz. Besonders auf internationaler Ebene müssen Einigungen wie die von Paris erzielt, ausgebaut und umgesetzt werden, um globale Lösungen des Klimaproblems zu erreichen. Dabei ist es vor allem notwendig, Maßnahmen zur Minderung umzusetzen, die mit erheblichen gesellschaftlichen und wirtschaftlichen Veränderungen einhergehen. So entscheiden die Fragen nach zukünftiger Energieversorgung, Ressourcennutzung und nach einem geeigneten Wirtschaftssystem über den Fortgang der klimatischen Entwicklungen auf unserem Planeten. Ohne eine solche Veränderung der gesellschaftlichen Kultur wird ein effektiver Klimaschutz unmöglich. Unter den bisherigen Rahmenbedingungen werden im Sinne des Allmende-Dilemmas weiterhin Kosten-Nutzen-Abwägungen ein wirksames klimafreundliches Verhalten verhindern.

Eine gemeinsame internationale Umsetzung und Ausweitung der in Paris beschlossenen Maßnahmen wird aber vor allem im Bereich der Minderung hoch kompliziert. Allein auf nationaler Ebene bestehen viele Hürden wie die Beständigkeit kultureller Muster, welche einen notwendigen Gesellschaftsumbau behindern können. Auch auf internationaler Ebene, auf der die Akteure stark durch eigene Interessen geleitet werden, sind zielführende Maßnahmen (und nicht nur diplomatische Einigungen) nicht in ausreichendem Maße in Sicht. Trotz dieser Schwierigkeiten ist es keine Alternative, ganz auf politische Lösungen und internationale Verhandlungen zu verzichten. So sieht auch das ZdK in seiner Erklärung politische und strukturelle Veränderungen als Grundlage für die breite Änderung individueller Haltungen an.[266] Zu groß ist die Bedeutung, die vor allem Wirtschaftsunternehmen für das Klima haben. Für Veränderungen in deren Handeln ist politische Regulierung unverzichtbar. Auch der Einfluss ölexportierender Länder, ihre Bedenken und die Probleme, die aus einer Ab-

---

[266] Vgl. Zentralkomitee der deutschen Katholiken (2011), 71f.

kehr von fossilen Brennstoffen für ihre Bevölkerungen entstehen, müssen vor allem auf politischer Ebene aufgegriffen werden.

Es scheint jedoch fraglich, ob es eine gute Strategie ist, sich ausschließlich auf die politischen und wirtschaftlichen Entscheidungsträger zu verlassen. Dies würde den Einfluss des Einzelnen zu wenig beachten. So betont auch Lienkamp die „aktive […] Mitverantwortung aller Bürgerinnen und Bürger, der Einrichtungen und Organisationen, der Unternehmen und Verbände“[267]. Zumindest in offenen Gesellschaften kann der Bürger mit einer entsprechenden Haltung politischen Druck auf die Entscheidungsträger ausüben, beispielsweise durch Wahlentscheidungen oder gesellschaftliches Engagement. Wie gezeigt wurde, kann ein solches Engagement der Einzelnen bestimmte Hindernisse umgehen, mit denen politische Bemühungen zum Klimaschutz konfrontiert sind. So kann das Pariser Klimaabkommen sicher auch als Erfolg der Zivilgesellschaften angesehen werden. Wäre das Klimabewusstsein innerhalb der Bevölkerung verschiedener Staaten nicht gestiegen, hätten Politiker vermutlich eine geringere Notwendigkeit gesehen, sich für ein globales Klimaabkommen einzusetzen. Der Einfluss von NGOs und Klimawissenschaftlern auf politische Entscheidungen darf nicht unterschätzt werden. In einer globalisierten, konsumorientierten Welt kommt dem Einzelnen aber noch eine weitere Bedeutung zu. So nimmt er in der Summe vieler einzelner klimafreundlicher Entscheidungen Einfluss auf die gesellschaftliche Kultur und damit auf die Entwicklung des Klimas. Nur durch die veränderte Haltung des Einzelnen kann insgesamt eine alternative, klimafreundliche Kultur wirklich umgesetzt werden. Diese Verantwortung des Einzelnen sieht auch Papst Benedikt XVI., der in seiner Botschaft zum Weltfriedenstag 2010 dazu aufruft, auf allen Ebenen und in allen Formen von Gemeinschaft Partikularinteressen zu überwinden und zu einer neuen Lebensweise zu finden, die auf die Bewahrung der Schöpfung und die Solidarität mit anderen ausgerichtet ist.[268] Im Folgenden wird deshalb

[267] Lienkamp (2009a), 98.

[268] Vgl. Papst Benedikt XVI. (2011): Botschaft seiner Heiligkeit Papst Benedikt XVI. zur Feier des Weltfriedenstages 1. Januar 2010, 101.

diese bedeutsame Rolle des Individuums im Zusammenhang mit dem Klimaschutz näher betrachtet.

1.3 Der Klimawandel als Herausforderung für individuelles Handeln

1.3.1 Kulturelle Veränderung durch individuelle Haltungen

Wie gezeigt wurde, sind staatliche und überstaatliche Klimaschutzmaßnahmen notwendig, aber noch nicht ausreichend. Hinzukommen muss die Umsetzung dieser Maßnahmen durch den Einzelnen und ein richtiges Handeln auch dort, wo es nicht durch Regeln vorgeschrieben ist.[269] Möglichkeiten dazu bestehen in großer Zahl, wie Ekardt verdeutlicht:

> „Wir könnten unser Auto abschaffen, […] auf Urlaubsflugreisen verzichten, Produkte aus ökologischem Landbau kaufen, energieeffiziente Haushaltsgeräte haben, uns öfter einmal mit ‚weniger' zufriedengeben, in perfekt isolierten Häusern […] wohnen. […] Ebenso selbstverständlich ‚müssen' wir alle keinen ressourcenintensiv produzierten und transportierten Orangensaft aus Südamerika trinken, sondern könnten regionalen Apfelsaft vorziehen. Wir könnten unsere Kommune drängen, den Busverkehr zu verbessern. Wir könnten uns haltbarere Möbel, Stereoanlagen und T-Shirts zulegen und überhaupt mehr ‚reparieren und leihen' – anstelle billiger Wegwerfprodukte […]. […] Auch könnten wir die Heizung abdrehen, wenn wir verreisen oder tagsüber unterwegs sind. […] Dies ist die Vision einer Welt, in der alle Menschen weltweit (und sogar mehr Menschen als heute) gut leben könnten, auch in Zukunft […].“[270]

Deutlich wird an dieser Aufzählung, dass Klimaschutz im alltäglichen Leben in vielen Situationen praktiziert werden könnte.

---

[269] Vgl. Bordat (2010): Ethik in Zeiten des Klimawandels, 192f.
[270] Ekardt (2010), 14f.

Gleichzeitig zeigt sich aber, dass trotz des vorhandenen Wissens um die Nützlichkeit dieser recht offensichtlichen und teils wenig aufwändigen Klimaschutzmaßnahmen viele Menschen offenbar nicht ausreichend dazu motiviert sind, diese auch in die Tat umzusetzen. Dass es dem Klima dient, einen ressourcenintensiven Lebensstil einzuschränken, ist vielen Menschen bekannt. Diese Erkenntnis aber in die Tat umzusetzen, fällt den meisten ungleich schwerer.

Verantwortlich ist schließlich eine von ganzen Gesellschaften gelebte klimaschädliche Kultur. Um den Klimawandel zu stoppen, ist daher die Notwendigkeit eines „kulturellen Perspektivenwechsels“[271] gegeben. Es müssen zunächst nicht politische und technologische Veränderungen eintreten, sondern eine Transformation der kollektiven Haltung, die die Kultur einer Gesellschaft ausmacht. Dies fordert auch das ZdK in seiner Erklärung, wenn es ausführlich auf die Verantwortung und die Verpflichtungen eingeht, die jeder Einzelne im Bereich des Konsums, des Energieverbrauchs und der Mobilität hat und die jeden zu einer Änderung des bisherigen Lebensstil bewegen müssten.[272] Solche Veränderungen auf der Ebene von Politik, Wirtschaft und Wissenschaft können nur dann fruchtbar sein, wenn eine gesellschaftliche Kultur vorherrscht, die Veränderungen zugunsten des Klimaschutzes begrüßt und unterstützt.[273] Genau so, wie die Summe klimaschädlicher Einzelhandlungen gesellschaftlich relevante Auswirkungen hat, hat die Summe veränderter individueller Haltungen einen ebenso großen Einfluss auf die Bewahrung des Klimas. Hier sieht auch der IPCC Möglichkeiten, durch eine Veränderung von „Konsummustern (z. B. Mobilitätsbedarf und -weise, Energieverbrauch in Haushalten, Entscheidung für langlebigere Produkte) sowie durch Ernährungsumstellung und Verringerung von Nahrungsmittelabfällen“[274] den Ausstoß von Treibhausgasen merklich zu reduzieren. Das kann allerdings nur dann erreicht werden, wenn sich

[271] Heidbrink (2010), 55.
[272] Vgl. Zentralkomitee der deutschen Katholiken (2011), 82f.
[273] Vgl. Heidbrink (2010), 55.
[274] IPCC (2014b), 19.

individuelle Haltungen so entwickeln, dass andere Werte als nur rein materielles Wachstum im Mittelpunkt stehen.[275] Bislang wird das Konsumverhalten in Teilen angepasst, indem umweltverträglichere Produkte zu eventuell höheren Preisen bevorzugt werden. Dort, wo aber die persönliche Freiheit weitergehender eingeschränkt wird, beispielsweise im Bereich der Mobilität, wird Umweltschutz für viele nachrangig.[276] Generell besteht das Problem also hauptsächlich darin, dass Umwelt- und Klimaschutz vor allem mit Verzicht auf Genuss und Freude assoziiert werden.[277] Sobald das klimafreundliche Handeln auf Widerstände trifft, erhöht sich die Wahrscheinlichkeit, dass eine Motivation dazu trotz des Bewusstseins um die Richtigkeit der Handlung nicht mehr aufgebracht werden kann. Hier entstehen dann die Schwierigkeiten, die im Zusammenhang mit dem Allmende-Dilemma auftreten. Somit wäre es äußerst förderlich, wenn eine große Zahl an Menschen aufgrund einer veränderten Haltung klimafreundliches Verhalten nicht mehr als Einschränkung wahrnimmt, sondern eine positive Einstellung dazu gewinnt.

> „Mit anderen Worten: Die dritte industrielle Revolution besteht nicht nur darin, die nachhaltige Transformation der Superstruktur aus Wissenschaft, Technik und Wirtschaft auf den Weg zu bringen, sondern grundlegende Änderungen in der moralisch-geistigen Verfassung der Industriegesellschaft bewirken zu können."[278]

Durch eine solche Veränderung kollektiver Haltung könnte aber die notwendige kulturelle Veränderung angestoßen werden, die durch institutionelle Unterstützung noch weiter vorangebracht werden kann.

---

[275] Vgl. Heidbrink (2010), 57f.
[276] Vgl. Rosenberger (2012): Gut leben statt viel (ver-)brauchen, 325.
[277] Vgl. a. a. O., 321.
[278] Heidbrink (2010), 56.

1.3.2 Individuelle Haltungen und institutionelle Unterstützung

Eine Veränderung der individuellen Haltung ist nicht ausreichend effektiv, wenn nicht auch die Handlungsumwelt gleichzeitig verändert wird. Ansonsten würden die durch das geänderte Bewusstsein geforderten Handlungen für den Einzelnen hohe Kosten verursachen. Darin liegt aber die Gefahr eines Rückfalls in alte Handlungsmuster, weil technische, soziale oder institutionelle Vorgaben die Chance auf Verhaltensänderung verhindern. Beispielsweise kann die Nutzung des PKW dann unverzichtbar sein, wenn es keinen öffentlichen Nahverkehr gibt, der eine adäquate Alternative darstellt. Solche unbewussten Verhaltensmuster können also nur durch eine Gestaltung der Umwelt verändert werden, die zumindest negative Verhaltensweisen nicht fördert sondern klimafreundliche Praxis im Optimalfall positiv bestärkt.[279] So kann beispielsweise im Bereich der Mobilität eine Förderung der Infrastruktur für Fußgänger oder Radfahrer bzw. ein Ausbau des öffentlichen Nahverkehrs klimafreundliches Verhalten unterstützen.[280] Ändert sich die politisch gestaltete Handlungsumgebung so, dass klimafreundliches Verhalten die geringsten Kosten verursacht, fällt eine Änderung alter Gewohnheiten erheblich leichter. „Unser Verhalten ist also immer eingebettet in einen Kontext und eine gewünschte Verhaltensneuerung wird umso eher in diesem Kontext angenommen, je besser sie sich in diesen persönlichen, materiellen, sozialen Kontext einfügen lässt."[281] Generell muss also auch der gesellschaftliche und politische Rahmen so gestaltet sein, dass klimafreundliches Verhalten allen einkommensunabhängig, soweit es geht, ermöglicht wird.[282]

Eine besondere Aufgabe bei der Unterstützung klimafreundlichen Verhaltens kommt den Bildungsinstitutionen zu. Nicht nur auf politischer Ebene wirkt die große Komplexität der Aufgabe

---

[279] Vgl. Ernst (2010), 138.

[280] Vgl. IPCC (2014b), 23.

[281] Ernst (2010), 139.

[282] Vgl. Beyerl (2010): Der Klimawandel in der psychologischen Forschung, 256.

hinderlich für effektive Maßnahmen. Auch der Einzelne besitzt offenbar viel zu wenig Wissen über die klimatischen Zusammenhänge und die Folgen seines Handelns. So ist das Klima mit seinen Veränderungen ein komplexes System, das vorliegt, „wenn eine Vielzahl von Variablen hochgradig miteinander vernetzt ist.“[283] Der Mensch kann mit dieser Beschaffenheit komplexer Systeme jedoch nicht angemessen umgehen, da sein Denken darauf ausgerichtet ist, in einem zwar „prinzipiell unsicheren, aber ebenso prinzipiell überschaubaren Terrain zeitnah wirksame, rasche und handfeste Entscheidungen zu treffen.“[284] Es ist eben nicht eindeutig, ob bestimmte Gütesiegel vor allem aus Marketinggründen auf Produkte etikettiert werden, oder ob der Kauf solcher Waren wirklich positive Einflüsse auf die Klimabilanz des Konsumenten hat. Diese Form der Verunsicherung führt schnell zu Resignation und endet dann in einem Verhalten, dass sich nicht mehr nach den Erfordernissen des Klimaschutzes ausrichtet.[285] Ein höchst bedeutsamer Faktor zu breit angelegtem Klimaschutz muss also die verbesserte und breitenwirksame Wissensvermittlung über den Klimawandel und seinen Zusammenhang mit dem individuellen Handeln sein. Ein höherer Grad an Informiertheit hat auch ein höheres Engagement gegen den Klimawandel zur Folge. Hier wird deutlich, welches Potenzial in einer breiteren Klimabildung steckt.[286] Psychologische Untersuchungen ergeben, dass ein ausreichender Wissensstand über Ursachen und Folgen des Problems sowie über das eigene Handeln und seine Folgen klimafreundliches Handeln fördert.[287] Eine rein theoretische Wissensvermittlung ist aber noch nicht zielführend. So sind die kurzfristigen Vorteile klimaschädlichen Verhaltens konkret erfahrbar, wohingegen die Warnungen und Prognosen bezüglich des globalen Klimawandels abstrakt bleiben, da sie erst in zeitlicher Verzögerung auftreten und gegenwärtig lediglich theoretisch darstell- und erfahrbar

---

[283] Ernst (2010), 130.
[284] A. a. O., 131.
[285] Vgl. Leggewie/Welzer (2010), 72f.
[286] Vgl. Kuckartz (2010): Nicht hier, nicht jetzt, nicht ich, 147f.
[287] Vgl. Beyerl (2010), 255.

sind.[288] Die zeitlich und räumlich weit entfernten Opfer der Handlungen bleiben abstrakt und nicht unmittelbar erfahrbar. Eine solche sinnliche Erfahrung ist aber notwendig, um moralische Verantwortung zu spüren. Da der Mensch aber eine solche sinnliche Erfahrung in Bezug auf Klimafolgen nicht machen kann, verschließt er in seiner Überforderung die Augen vor der abstrakt wahrgenommenen Katastrophe oder flüchtet sich in Optimismus.[289] Eine zentrale Aufgabe von Klimabildung muss es also sein, klimatische Prozesse besser verständlich zu machen und vor allem nicht unmittelbar erlebbare Handlungsfolgen stärker ins Bewusstsein zu rücken, zum Beispiel, indem mögliche Zukunftsszenarien anschaulich dargestellt werden. Dieses Bewusstsein für Handlungsfolgen erscheint dabei auch wichtiger als die detailgetreue Vermittlung ökologischer bzw. physikalischer Prozesse. Auch ohne deren Kenntnis wird nämlich intuitiv richtig gehandelt, sofern erfahrbar wird, welche Folgen eine Handlung hat.[290]

Neben infrastruktureller Unterstützung und Bildung ist der Faktor sozialer Prozesse nicht zu vernachlässigen. So sind viele Verhaltensmuster durch die Gesellschaft geprägt in dem Sinne, dass das Verhalten der breiten Masse von Einzelnen nachgeahmt und so verbreitet wird. Wenn also eine Mehrheit klimaschädigend handelt, bedarf es eines größeren Aufwands für den Einzelnen, klimafreundlich zu handeln. Diese Logik kann allerdings positiv gewendet werden. Es kann gelingen, soziale Innovationen zu erzeugen, also ein von immer mehr Menschen adaptiertes, erwünschtes Verhalten. Solche sozialen Innovationen geben starke Anreize zur Übernahme bestimmter Verhaltensweisen. Notwendig für die Durchsetzung einer solchen Innovation sind allerdings ein Bewusstsein, dass das neue Handlungsmuster ein positives ist, sowie eine entsprechend sich anpassende Umwelt.[291] „Schließlich ist man in der Gruppe zu ganz anderen Verhaltensweisen als allein

---

[288] Vgl. Leggewie/Welzer (2010), 81.

[289] Vgl. Manemann (2012): Klimakatastrophe und Apokalypseblindheit, 150.

[290] Vgl. Ernst (2010), 136f.

[291] Vgl. a. a. O., 140f.

fähig, Innovation ist ansteckend und macht Spaß."[292] Praktisch kann das vor allem in stark pluralistischen Gesellschaften gelingen. In ihnen gibt es leichter Chancen, in zunächst kleineren Milieus soziale Innovationen zu entwickeln und sie dann auf andere Gruppen überspringen zu lassen.[293] Es erscheint wenig wahrscheinlich, dass eine gesamtgesellschaftliche Veränderung durch politische Normierung von oben herab schlagartig herbeigeführt wird. Vielmehr kann eine breite Entwicklung zur klimafreundlichen Gesellschaft nur dann gelingen, wenn einige wenige aus Überzeugung neue Verhaltensweisen ausüben, die dann unterstützt durch Politik und Technologie auf immer größere Teile der Gesellschaft übertragen werden.[294] Zur Veränderung eines gesellschaftlichen Lebensstils werden also Vorbilder mit einer entsprechenden Haltung benötigt, deren Verhalten so anziehend wirkt, dass die entsprechende Haltung auch von anderen übernommen wird.

Es würde einer notwendigen kulturellen Veränderung also zugute kommen, wenn bei vielen Menschen die Einsichten in das klimafreundliche Handeln „in die subjektiv bedeutsame Perspektive der ersten Person integriert werden."[295] Durch die Ausbildung einer solchen Haltung entstehen unmittelbar die Person betreffende, hohe Kosten durch das Hintergehen des eigenen Selbstbildes. So können also moralische, nicht-materielle, nicht-externe Werte maßgeblich zu einer Handlungsentscheidung beitragen und den kurzfristigen Nutzen zugunsten der Integrität der eigenen Persönlichkeit in den Hintergrund treten lassen.[296] Allerdings bleibt zunächst offen, was genau unter einer Haltung verstanden werden oder wie sie das menschliche Handeln beeinflussen kann. Es muss ebenfalls überprüft werden, ob Haltungen die Motivation zu klimafreundlichem Verhalten fördern können. Außerdem ist offen, ob und wie eine Haltung von Vorreitern oder Vorbildern von anderen Menschen übernommen wird. Weiterhin muss danach ge-

---

[292] A. a. O., 142.
[293] Vgl. ebd.
[294] Vgl. Heidbrink (2010), 62.
[295] Baumgartner (2003): Das Motivationsproblem in der Umweltethik, 12.
[296] Vgl. a. a. O., 12f.

fragt werden, was inhaltlich unter einer klimafreundlichen Haltung verstanden werden und ob sie in die schon bestehenden Einstellungen eines Menschen integriert werden kann. An diesen offenen Fragen wird deutlich, dass Haltungen ein komplexes Phänomen menschlichen Handelns sind und sich nicht allein durch politische bzw. gesellschaftliche Regulierung erzeugen lassen. Den Schritt der freiwilligen Übernahme dieser Haltung muss die Einzelperson selbstständig und von sich aus vollziehen. Nur so ist gewährleistet, dass sie nicht als etwas von außen Aufgedrängtes empfunden werden.[297] Dann aber erscheint es auf Grundlage der bisherigen Überlegungen wahrscheinlich, dass das Motivationsproblem beim Klimaschutz durch solche Haltungsänderungen angegangen werden kann.

1.3.3 Erkenntnisse aus der Motivationspsychologie

1.3.3.1 Fragestellung, Methoden und Schwerpunkte der Motivationspsychologie

Es erscheint somit aufschlussreich, Erkenntnisse darüber zu gewinnen, wie Menschen zum Handeln motiviert werden und ob Haltungen dabei eine Rolle spielen. Dazu ist die Motivationspsychologie ein erster Ansprechpartner. Dieses weit verzweigte und vielschichtige Teilgebiet der Psychologie beschäftigt sich mit den Gründen zielgerichteten Handelns und der Entstehung und Form von Handlungsentschlüssen.[298] Hierbei geht es also um eine grundlegende Betrachtung menschlichen Handelns:

> „Motivationspsychologie umfasst somit die Gesamtheit der Prozesse, die zielgerichtetes Verhalten auslösen und aufrechterhalten […] – es geht darum, die Beweggründe und Ursachen für menschliches Handeln aufzufinden und Antworten auf die

---

[297] Vgl. a. a. O., 17f.
[298] Vgl. Heckhausen/Heckhausen (2010): Motivation und Handeln, 1.

> Frage ‚Warum verhalten sich Lebewesen (Menschen) so, wie sie es tun?‘ zu suchen.“[299]

Die Motivationspsychologie bedient sich hauptsächlich experimenteller Forschung, um Motive und Anreize zu messen. Hierbei besteht häufig die Schwierigkeit darin, wirklich alle relevanten Faktoren bei einer untersuchten Handlung zu berücksichtigen und zu messen. Zu den üblichen Beobachtungsmethoden sind in jüngerer Zeit neurophysiologische Untersuchungen hinzugetreten. Ebenfalls wird vielfach auf Tierexperimente zurückgegriffen.[300] Ein weiterer Ansatz im Sinne einer Vorstufe besteht in Verhaltensbeobachtungen und Befragungen, die aber Experimente nicht ersetzen können. Nur experimentelle Umgebungen bringen den Vorteil mit sich, dass alle Bedingungen und Faktoren kontrolliert und beliebig variiert werden können und dadurch eine Wiederholbarkeit der Ergebnisse gegeben ist.[301] Allerdings ist es gerade in der Motivationspsychologie nicht möglich oder ethisch nicht vertretbar, sämtliche Phänomene dieses Bereichs im Labor zu simulieren.[302] Eine Schwierigkeit der Motivationsforschung besteht darin, dass sich zwar die situationsbezogenen Faktoren gut herstellen und manipulieren lassen, die personbezogenen Faktoren hingegen nicht. „Es handelt sich ja hierbei um eine Dispositionsvariable, die kurzfristig nicht verändert werden kann.“[303] Hier werden als Ersatz Personengruppen mit ähnlichen Motivlagen konstruiert, wobei auch hier Messungenauigkeiten nicht ausgeschlossen werden können.[304]

Zur Messung von Motiven werden häufig indirekte Fragebögen angewendet, von denen der *Thematische Auffassungstest* (TAT) einer der bekanntesten ist. „In diesem Verfahren bekommen die Probanden eine Reihe von Bildern vorgelegt, zu denen sie mög-

---

299 Rudolph (2013): Motivationspsychologie kompakt, 14.
300 Vgl. Schmalt/Langens (2009): Motivation, 39f.
301 Vgl. a. a. O., 40.
302 Vgl. a. a. O., 40f.
303 A. a. O., 41.
304 Vgl. ebd.

lichst originelle Geschichten erzählen sollen. Durch eine entsprechende Inhaltsanalyse dieser Geschichten können dann die Beweggründe, Motive und Handlungstendenzen der untersuchten Personen herauspräpariert werden."[305] Diese Methode lässt sich besonders gut in die theoretischen Überlegungen zur Motivation überführen und hat den großen Vorteil, dass sie die Motive indirekt und somit häufig von den Versuchspersonen unbemerkt abfragt, was unverfälschte Ergebnisse sicherstellen soll. Bei direkten Fragebögen besteht hingegen eine Angewiesenheit auf Selbsteinsicht und -offenbarung der Versuchsteilnehmer.[306]

Aufgrund der Komplexität des Forschungsobjekts und der Vielfalt möglicher Methoden gibt es verschiedene Schwerpunkte innerhalb der Motivationspsychologie, was zu einer großen Zahl an Theoriekonzepten führt. Eine vereinheitlichende, umfassende theoretische Grundlage ist wie in anderen Wissenschaften auch allerdings nicht vorhanden und nicht zu erwarten.[307]

Die Konzepte unterscheiden sich beispielsweise darin, wie sehr sie die Rolle verschiedener Einflussfaktoren auf die Motivation gewichten. Eine weitere Unterscheidung zwischen verschiedenen Motivationstheorien besteht darin, auf wie viele Motive sie sich beziehen. So kommen manche mit einer relativ geringen Anzahl von fünf Faktoren aus. Andere hingegen sind an einer möglichst detaillierten Beschreibung einzelner Motive und deren inneren Zusammenhang interessiert.[308] Die Eigenschaftstheorien beschäftigen sich dabei vor allem mit der Frage, „welche und wie viele wichtige Eigenschaften es gibt, wie diese gemessen bzw. erschlossen und was für Handlungen und Ausdrucksformen damit erklärt […] werden können"[309]. Das *5-Faktoren-Modell* als grobes Klassifizierungsschema richtet sich dabei beispielsweise auf die Eigenschaften *extravertiert, verträglich, gewissenhaft, emotional stabil*

305 A. a. O., 52.
306 Vgl. a. a. O., 54.
307 Vgl. a. a. O., 98f.
308 Vgl. Scheffer/Heckhausen (2010): Eigenschaftstheorien der Motivation, 43.
309 A. a. O., 45.

und *offen für neue Erfahrungen* aus.[310] Andere Systeme richten sich an menschlichen Bedürfnissen aus, als deren Ausdruck sie die Motive beschreiben.[311] Mit der hierarchischen Bedürfnistheorie von Maslow wird im Zusammenhang mit objektivistischen Theorien des Guten einer dieser Ansätze im weiteren Verlauf dieser Arbeit vorgestellt und besprochen.[312] Fragt man also nach dem Motivationsbegriff in der Psychologie wird schnell deutlich, dass es sich hierbei um ein hochkomplexes Forschungsobjekt handelt, das mit empirischer Methodik nur schwer umfassend beschrieben werden kann. Motivation wird dadurch aber immer auch mit unterschiedlichen Schwerpunktsetzungen beschrieben, eine eindeutige und universelle Beschreibung gibt es in der Psychologie nicht. Dennoch gibt es grundlegende Aspekte des Motivationsbegriffs, über die weitgehend Einigkeit herrscht, auch wenn sie ebenfalls aus unterschiedlichen Perspektiven beleuchtet werden. Für die Überlegungen im Hinblick auf die Motivation zu klimafreundlichem Verhalten soll auf die drei Aspekte *Motive, Anreize* und *Ziele* eingegangen werden.

1.3.3.2 Motive

Motivation ist dafür zuständig, dem Verhalten Energie und eine Ausrichtung zu geben. Energie bewirkt eine gewisse Intensität und Ausdauer im Verhalten, die Ausrichtung verleiht ihm Sinn bzw. ein Ziel.[313] Die Motivationspsychologie richtet sich also auf „die Richtung, Persistenz und Intensität von zielgerichtetem Verhalten“[314]. Grundsätzlich kann man die dafür verantwortlichen Faktoren in personbezogene und situationsbezogene Faktoren unterteilen.[315] Die personbezogenen Faktoren sind dabei für die Bewertung der mit einer Handlung erreichbaren Güter zuständig.

---

[310] Vgl. a. a. O., 46.
[311] Vgl. a. a. O., 52ff.
[312] Vgl. a. a. O., 63.
[313] Vgl. Reeve (2009): Understanding motivation and emotion, 8.
[314] Heckhausen/Heckhausen (2010), 3.
[315] Vgl. ebd.

Bewertungsdispositionen werden in der Motivationspsychologie als Motive bezeichnet.[316] Motive können demnach erklären, „warum verschiedene Personen sich unterschiedlich voneinander, aber konsistent über Situationsgelegenheiten und Zeit hinweg verhalten […].“[317] Sie werden als Verhaltensdispositionen verstanden, die häufig dem Charakter eines Menschen zugeordnet werden.[318]

Viele grundlegende Motive haben eine genetische Basis und entstammen der evolutionären Entwicklung. Dadurch wird aber nicht ausgeschlossen, dass innerhalb dieser genetisch begründeten Motive auch „gesellschaftlich fundierte Wertschätzungen enthalten sind, die vom Individuum im Verlauf seiner Lerngeschichte übernommen wurden und damit Bestandteil seines Individualgedächtnisses sind“[319]. So liegt in der genetischen Anlage nur eine offene Grundausrichtung vor, welche durch individuelles Lernen modifiziert und ausgestaltet werden kann. Folglich geht man von einer Kooperation genetischer und kultureller Faktoren bei der Bildung von Motiven aus.[320] In der Motivationspsychologie gibt es die Ansicht, dass ein Großteil des Verhaltens auf unbewussten Motiven beruht. So bestehen in der Regel keine statistischen Zusammenhänge zwischen Forschungsergebnissen bei direkten Motivmessungen und denen bei indirekten Messungen. Entsprechend wird auf zwei unterschiedliche Motivationssysteme geschlossen, die das menschliche Verhalten beeinflussen.[321]

Implizite Motive finden auf einer emotionalen Ebene statt. Sie richten das Verhalten des Menschen aus und unterstützen bei der Ausführung und Aneignung dieses Verhaltens. Allerdings haben sie keinen Einfluss auf bewusste Einstellungen des Menschen.[322] So erwachsen universelle Verhaltenstendenzen und Bedürfnisse vor allem aus physiologischen Gegebenheiten und Bedingungen

316 Vgl. Schmalt/Langens (2009), 18.
317 Heckhausen/Heckhausen (2010), 4.
318 Vgl. ebd.
319 Schmalt/Langens (2009), 19.
320 Vgl. a. a. O., 18f.
321 Vgl. a. a. O., 101f.
322 Vgl. a. a. O., 103f.

des Menschen. Weiterhin bestehen implizite Motive im Sinne individueller, teils vererbbarer Dispositionen, die die Persönlichkeit eines Menschen ausmachen. Diese Dispositionen werden in früher Kindheit erlernt und verursachen ein konsistentes Verhalten gegenüber bestimmten Anreizen. Klassischerweise werden die drei Motive *Leistung, Anschluss* und *Macht* als inhaltliche Ausprägungen der Ansätze genannt.[323]

Explizite Motive hingegen streben nach der Aufrechterhaltung und Demonstration eines bewusst festgelegten Selbstkonzepts. Sie richten sich im Gegensatz zu impliziten Motiven weniger auf die Tätigkeiten selbst, sondern mehr auf die Ergebnisse. Dadurch sind sie weniger dazu in der Lage, das Verhalten auszurichten. Insofern sie eher Einfluss auf die Ziele des Menschen nehmen, bestimmen sie weniger, mit wie viel Engagement er sich diesem Ziel nähert.[324] Sie bestehen aus sprachlich formulierten Zielen und Absichten, Selbstbildern und Werten.[325]

Implizite Motive werden vor allem in der frühen, vorsprachlichen Entwicklungsphase eines Kindes erworben. Mit dem Spracherwerb nimmt dabei die Bildung expliziter Motive im Vergleich zu impliziten Motiven stark zu. Allerdings ist die Bildung von impliziten Motiven damit keineswegs schon in einer frühen Entwicklungsphase endgültig abgeschlossen:

> „Diese Befunde schließen nicht aus, dass implizite Motive auch noch im späten Kindes-, Jugend- und Erwachsenenalter modifiziert werden […]. Sie legen aber nahe, dass implizite Motive durch affektive Lernerfahrungen geformt werden, die keiner sprachlichen Repräsentation bedürfen, während explizite Motive nicht in Abwesenheit sprachlicher Repräsentationsstrukturen […] entstehen können.“[326]

323 Vgl. Heckhausen/Heckhausen (2010), 4f.
324 Vgl. Schmalt/Langens (2009), 103f.
325 Vgl. Heckhausen/Heckhausen (2010), 5.
326 Schmalt/Langens (2009), 104.

Die Erforschung des Zusammenspiels beider Motivarten hat ergeben, dass explizite Motive immer durch implizite Motive unterstützt werden müssen, um wirksam zu werden. Das bewusste Ziel muss demnach affektiv aufgeladen werden, um Kräfte für entsprechende Handlungen freisetzen zu können.[327] Es kann darüber hinaus sogar nachgewiesen werden, dass unbewusste Vorgänge affektive Präferenzen ausbilden, aus denen dann bewusste Ziele werden.[328] Zwischen impliziten und expliziten Motiven sind aber ebenso Konflikte möglich, beispielsweise dann, wenn bewusst formulierte Absichten nicht im Einklang mit unbewussten Dispositionen und Gewohnheiten stehen. Es gibt aber auch die Möglichkeit der Kooperation impliziter und expliziter Motive, wenn „die impliziten Motive in spezifische und den situativen Gelegenheiten angepasste Zielsetzungen […] umgesetzt werden“[329].

In der Motivationspsychologie ist somit auf grundlegender Ebene von Dispositionen die Rede, die das Verhalten eines Menschen stabil ausrichten können. Auch wenn hier ein biologischer Einfluss angenommen wird, können diese Dispositionen modifiziert werden. Gleichzeitig scheinen Konflikte solcher Motive eine Ursache für Motivationsdefizite zu sein. Hier könnte also eine Spur hinsichtlich des Motivationsproblems beim Klimaschutz liegen. Wenn implizite Motive einem bewussten Selbstkonzept von Klimafreundlichkeit widersprechen, kann klimafreundliches Handeln verhindert werden. Der Mensch ist sich zwar bewusst, für welche Handlungen und Güter er sich entscheiden soll. Wenn aber keine Übereinstimmung zwischen der bewussten und unbewussten Bewertung dieser Handlungen und Güter besteht, entwickelt er keine entsprechende Motivation zum Handeln.

1.3.3.3 Anreize

Jedes Motiv benötigt, um handlungswirksam zu werden, aber einen situativen Anreiz. Diese Anreize wirken, indem sie dem

[327] Vgl. a. a. O., 110.
[328] Vgl. a. a. O., 112.
[329] Heckhausen/Heckhausen (2010), 5.

Menschen automatisch aufzeigen, dass geeignete Bedingungen für eine bestimmte Handlung vorliegen. Sie können sowohl biologischer als auch soziokultureller Natur sein. Grundsätzlich wird also das positive oder negative Erleben bestimmter Umweltbedingungen durch das Vorliegen bestimmter Motive beeinflusst. Je nach Motivlage unterscheidet sich die Bewertung der vorliegenden Anreize. „Ein Aufforderungscharakter stellt also eine Umweltgegebenheit dar, die durch ein Motiv gewichtet und bewertet wird.“[330] Dabei wird die Aufmerksamkeit des Menschen so gesteuert, dass sie sich auf entsprechend relevante Aspekte der Umwelt richtet. Außerdem findet eine mit den Motiven übereinstimmende affektive Bewertung der jeweiligen Situation statt. Die Anreize entstehen somit nicht aus den Umweltgegebenheiten selbst, sondern aus deren Bewertung und Wahrnehmung durch den Menschen.[331] Solche Anreize müssen weiterhin nicht zwangsläufig realer Natur sein, sondern können auch innerhalb der mentalen Vorstellung und Antizipation stattfinden oder durch organismische Zustände wie Hunger beeinflusst sein.[332] Somit ist die reine Betrachtung personbezogener Faktoren verkürzend, da sie die Bedeutung der konkreten Handlungssituation außer Acht lässt. Nur durch unterschiedliche Situationen hindurch lassen sich letztlich erst stabile Dispositionen eines Menschen erkennen. Insofern sind positive und negative Anreize einer Handlungssituation auszumachen, die eine Aufforderung zum Handeln darstellen.[333] Folglich ist es notwendig, sowohl Anreize wie auch Motive in die Betrachtung mit einzubeziehen, was zur Schlussfolgerung führt:

> „Ein Motiv – als personseitige Verhaltensdeterminante – kann nur in dem Ausmaß verhaltenswirksam werden, wie es durch situative Anreize angeregt wird. Andererseits kann auch ein Anreiz – als situationsseitige Verhaltensdeterminante – nur in dem Ausmaß verhaltenswirksam werden, wie er auf die ent-

---

[330] Schmalt/Langens (2009), 20.
[331] Vgl. a. a. O., 20ff.
[332] Vgl. a. a. O., 22.
[333] Vgl. Heckhausen/Heckhausen (2010), 5f.

> sprechende Motivdisposition im Individuum trifft. Dieses Aufeinandertreffen von Motiv und Anreiz bezeichnet man als Motivanregung, aus der ein Zustand der Motivierung resultiert."[334]

Beim Nachdenken über Motivation sind unterstützende Umgebungsbedingungen also ein entscheidender Faktor. So kann die Umgebung sowohl positiven wie auch negativen Einfluss auf die Motivation eines Menschen ausüben. Vor allem der soziale Kontext spielt dabei eine entscheidende Rolle.[335] Motivation ergibt sich also letztlich aus einem Zusammenspiel von personbezogenen und situationsbezogenen Faktoren. In der Motivationspsychologie kommen daher *Erwartungs-mal-Wert-Modelle* zum Einsatz, bei denen die situationsbezogene Erwartung der Erreichbarkeit eines Ziels mit dem personbezogenen Werturteil über dieses Ziel multipliziert wird. Je höher das dabei entstehende Produkt ist, desto eher entsteht eine Motivation zum konkreten Handeln:

> „Der Einzelne versucht das Ziel anzustreben, das bei einer realistischen Erreichbarkeit den höchstmöglichen Anreizwert hat. Dabei ist der Anreizcharakter der situativen Gelegenheiten für eine bestimmte Person davon abhängig, ob sie mit den impliziten und expliziten Motiven der Person übereinstimmen oder nicht."[336]

Auch hier kann nicht davon ausgegangen werden, dass eine solche Berechnung bewusst abläuft.[337] Diese Modelle machen aber die Einzigartigkeit deutlich, die aus der Interaktion von Person und Situation entsteht. Ähnliche Situationen können sich somit für verschiedene Personen vollkommen unterschiedlich gestalten.[338] Das Muster der Verbindung von Erwartung und Wert liegt vielen Motivationstheorien, darunter auch der Zieltheorie zugrunde.[339] So ist

---

334 Schmalt/Langens (2009), 23.
335 Vgl. Reeve (2009), 19.
336 Heckhausen/Heckhausen (2010), 6.
337 Vgl. Schmalt/Langens (2009), 27.
338 Vgl. Heckhausen/Heckhausen (2010), 6f.
339 Vgl. Schmalt/Langens (2009), 28.

die Bewertung von Zielen durch individuelle Dispositionen bzw. Motive geprägt. Diese nehmen erst durch das Hinzukommen eines äußeren Reizes Einfluss auf das konkrete Verhalten. Auch diese Anreize können einen unterschiedlich starken Einfluss auf das Verhalten ausüben.[340] Insofern ist es das Zusammenwirken von Motiven und Anreizen, aus dem sich eine konkrete Zielsetzung ergibt, welche dann die Bewertung einzelner Ziele und Handlungen bestimmt. Allerdings ist nicht nur das Werturteil über ein Ziel ausschlaggebend, sondern auch die Bewertung der Realisierungschancen. Je höher diese sind, desto eher wird eine entsprechende Handlung auch ausgeübt.[341]

Das Konzept der Anreize macht deutlich, dass in der Motivationspsychologie die Handlungssituation – wenn auch in unterschiedlich starker Ausprägung – mitgedacht wird. Eine ausschließliche Betrachtung der Motivlage eines Menschen ist demnach nicht ausreichend, um sein Verhalten erklären zu können. Die konkreten Situationen, in denen er seine Motive ausbildet oder umsetzt, haben immer einen Einfluss auf die Art des dann entstehenden konkreten Verhaltens. Person und Situation müssen bei Überlegungen über Motivation zu klimafreundlichem Verhalten also immer zusammengedacht werden.

1.3.3.4 Ziele und Motivation

Das menschliche Handeln wird in der Motivationspsychologie als vor allem von einem Wirksamkeitsstreben und der Organisation von Zielen geprägt angesehen.[342] Innerhalb beider Bereiche bestehen verschiedene motivationale Elemente, die das Handeln beeinflussen. Gerade das Zielengagement und die Zieldistanzierung zeichnen menschliches Handeln als organisierten und planvollen Vollzug aus. Bestimmte Ziele werden durch Fokussierung der Aufmerksamkeit angestrebt, andere Ziele hingegen bewusst deaktiviert, um wieder andere Ziele hervorzuheben. Durch die Aus-

---

340 Vgl. a. a. O., 14.

341 Vgl. a. a. O., 15.

342 Vgl. Heckhausen/Heckhausen (2010), 1f.

richtung auf bestimmte Ziele findet eine Bündelung von Ressourcen statt. Das Fokussieren auf ein bestimmtes Ziel löst somit eine Motivation zu dessen Erreichen aus.[343]

Hierarchisch geordnete Modelle der Zieltheorie „betonen die Ausrichtung an übergeordneten Zielen und damit die hierarchische Gliederung von Handlungssequenzen, die sich über lange Zeiträume erstrecken und die die verschiedensten Teilhandlungen umfassen können."[344] Handlungen werden dann auf Teilziele ausgerichtet, die beim Erreichen eines übergeordneten Ziels weiterbringen. Diese Systeme können erklären, wie aus abstrakten Motiven konkrete Handlungen erwachsen. Die Modelle weisen hier ein hohes Abstraktionsniveau auf, was sie für viele Zusammenhänge brauchbar macht. Allerdings besteht darin auch ein Nachteil, weil meist nicht unmittelbar vom abstrakten Motiv auf konkretes Handeln geschlossen werden kann. Moderne Zieltheorien umgehen diesen Mangel allerdings, indem sie die konkret vorliegenden Einflussfaktoren hinsichtlich Handlungssituation und Person mit berücksichtigen. „Unter dieser Perspektive kann Motivation verstanden werden als ein hierarchisch strukturiertes System, das von den Motiven und den daraus ableitbaren Motivzielen […] dominiert wird."[345] Es darf dabei aber nicht unterschlagen werden, dass Handeln oftmals auch automatisch oder gewohnheitsmäßig geschieht, zumindest so lang, wie keine Schwierigkeiten bei der Handlung entstehen. Erst wenn sich ein Ziel nicht automatisch im Handeln wiederfindet, muss eine bewusste und kontrollierte Verhaltenssteuerung erfolgen.[346] So hat der Mensch die Möglichkeit, entgegen innerer Motive zu handeln, indem er sich willentlich für ein anderes Verhalten als vom Motiv gefordert entscheidet.

> „Willentliche Prozesse setzen ein, wenn Entschlüsse gefasst werden, Ziele gebildet und verfolgt werden müssen, die nicht

343 Vgl. a. a. O., 2f.
344 Schmalt/Langens (2009), 86.
345 A. a. O., 96.
346 Vgl. a. a. O., 30.

auf angeregten Motiven aufbauen, ihnen zuwiderlaufen oder eine zurzeit nicht dominante Motivation betreffen."[347]

Insofern treten diese volitionalen Vorgänge nur bei Bedarf auf, also dann, wenn Widerstände oder ein Motivationsdefizit überwunden werden müssen. Der Wille nimmt dann Einfluss auf die Entschlussfassung und die Durchführung der entsprechenden Handlung, die zu einem bewusst formulierten Ziel führen sollen. Eine solche Handlung besitzt dann eben keine motivationale, sondern eine willentliche Unterstützung.[348] Der Wille besitzt in diesem Zusammenhang Möglichkeiten, eine motivationale Unterstützung zu simulieren, vor allem durch eine Fokussierung auf die gewollte Handlung und die Ausblendung störender Motive. Solche willentlichen Vorgänge reagieren vor allem auf ein vorliegendes Motivationsdefizit, was auch daran abgelesen werden kann, dass solche Willenshandlungen keinen Spaß bereiten, sondern als anstrengend empfunden werden. Diese Fähigkeit, entgegen bestehender Motivlagen zu handeln, ist eine ausschließlich menschliche Fähigkeit.[349] Erst diese Organisation von verschiedenen Motivationstendenzen ermöglicht planvolles Handeln, weil der Mensch sonst immer der jeweils stärksten Motivation nachgeben müsste. Dass eine solche Möglichkeit besteht, wählend mit verschiedenen aufkommenden Motivationen zu verfahren, wird als Gegenstand der Eigenerfahrung bezeichnet. Die Frage nach der Kontrolle über das eigene Handeln, in deren Zusammenhang das *Rubikon-Modell* des Handelns Anwendung findet, wird innerhalb der Motivationspsychologie ebenfalls eingehend behandelt. Dieses Modell benennt verschiedene Handlungsphasen und berücksichtigt dabei ebenfalls die Motivation. Demnach gibt es einen Übergang von der Motivation zur Intention, also von der Abwägung zur konkreten Planung, sowie einen Übergang von der Intention zur konkreten Handlung. Nach der Handlung setzt die Intentionsdeaktivierung ein, mit der eine Bewertung über Erfolg und Misserfolg der

347 A. a. O., 31.
348 Vgl. ebd.
349 Vgl. a. a. O., 34.

Handlung einhergeht.[350] Der Einfluss der Motivation im Gegensatz zur Volition ist dabei in den Phasen vor und nach dem Handeln vorhanden.[351]

Gerade daran wird deutlich, dass es bei der Betrachtung der Motivation eigentlich eben nicht um die konkrete Handlung an sich geht, sondern um ihre Ursachen. Wer über das Motivationsproblem beim Klimaschutz nachdenken will, muss also in erster Linie nicht danach fragen, welche konkreten Handlungen auszuüben sind und welche nicht. Es geht vielmehr um Haltungen oder Ausrichtungen, die vor und nach der eigentlichen Handlung wirksam sind. Sie beeinflussen die Ziele des Menschen, die er anordnen und anstreben kann.

1.3.4 Zwischenergebnis und Erkenntnisse für das weitere Vorgehen

Bei der Betrachtung motivationspsychologischer Erkenntnisse konnten aus den drei grundlegenden Aspekten drei Hinweise für die weitere Beschäftigung mit der Frage nach dem Motivationsproblem beim Klimaschutz gewonnen werden. So bietet es sich erstens an, das Konzept innerer Dispositionen, die das Handeln konstant prägen und ausrichten, weiter zu verfolgen. Offenbar ist die innere Ausrichtung entscheidend dafür, ob Menschen zu Handlungen motiviert werden können oder nicht. Zweitens wurde deutlich, dass Motivation nie nur innerhalb des Menschen entsteht oder verhindert wird. Eine ausschließliche Betrachtung der Haltungen eines Menschen wird keine Auskunft über sein Handeln geben können. Ob jemand klimafreundlich handelt, ist also immer auch durch die Handlungssituation beeinflusst, deren Rolle auch im weiteren Verlauf berücksichtigt werden muss. Drittens geht es bei der Frage nach Motivation nicht um die Betrachtung konkreter Handlungen, sondern um die Betrachtung der Dispositionen und der damit verbundenen Ziele menschlichen

350 Vgl. Heckhausen/Heckhausen (2010), 7.

351 Vgl. a. a. O., 8.

Handelns. Das formal teleologische Handlungskonzept, das im folgenden Kapitel vorgestellt wird, widerspricht somit nicht den psychologischen Erkenntnissen zur Motivation. Bei der Betrachtung der motivationspsychologischen Methodik wurde aber auch deutlich, dass hier ausschließlich beschreibend vorgegangen wird. Die daraus entstehenden Erkenntnisse können folglich nur Aussagen darüber treffen, welche Ursachen menschliches Handeln hat. So wurde beispielsweise deutlich, welche inneren Prozesse ein Motivationsdefizit hervorrufen können. Normative Aussagen können aus diesen Beobachtungen allerdings nicht abgeleitet werden. Ob also ein bestimmtes Motivationsdefizit behoben werden sollte, ob sich der Mensch auf gutes Handeln ausrichten kann oder worin gutes Handeln überhaupt besteht, sind Fragen, die innerhalb der Psychologie offen bleiben.

Da der Mensch in seinem Handeln aber verantwortlich für diese Folgen des Klimawandels ist, die die Rechte von Mensch und Umwelt bedrohen, wird der Klimawandel zu einer Frage nach dem guten und richtigen Handeln und damit zu einem ethisch relevanten Problem. Es reicht dann nicht mehr aus, das Motivationsproblem beim Klimaschutz und den Klimawandel selbst nur mit Mitteln der Natur- und Sozialwissenschaften zu betrachten. So muss eine ganzheitliche Sicht auf den Klimawandel auch die ethische Perspektive mit einbeziehen, die in der vorliegenden Arbeit im Vordergrund stehen soll.[352] Auch der IPCC weist darauf hin, dass Werturteile und ethische Überlegungen in der Klimafrage relevant sind und Überlegungen zu menschlichem Wohlergehen berücksichtigt werden können.[353] Für das Motivationsproblem beim Klimaschutz kann die Motivationspsychologie somit zwar einige Hinweise für das weitere Vorgehen liefern, wird aber die Fragestellung der vorliegenden Arbeit nicht beantworten. Hierzu wären zum Beispiel Überlegungen darüber notwendig, woraufhin sich implizite und explizite Motive ausrichten können und sollten. Wallroth versucht einen solchen Ansatz unter Bezugnah-

---

[352] Vgl. Gerten (2009), 83.
[353] Vgl. IPCC (2014b), 5.

me auf die Psychologie zu verfolgen und greift dabei auf den aus der Philosophie entnommenen Tugendbegriff zurück.[354] Er geht davon aus, dass der Mensch unvollendete Motivstrukturen besitzt, die durch Kultivierung entfaltet werden können und in teleologischer Weise, also anhand der Ausrichtung auf Ziele, zu einem guten Leben führen. Diese Ausgestaltung der Ausrichtung des Menschen kann aber mit dem Tugenderwerb gleichgesetzt werden.[355] Aus einer solchen grundlegenden Ausgestaltung der anfänglichen Motivstrukturen ergibt sich eine konstante Orientierung des Verhaltens. Die Tugenden werden in diesem Sinne verstanden als Nähe und Distanz gegenüber bestimmten Motiven. Dabei ist es immer ihre Wirkung, zum Wohl und Gedeihen des Menschen beizutragen, wozu auch die Berücksichtigung des Wohls anderer gehört.[356] Ein konstantes Bemühen darum, Tugenden zu erwerben, wirkt sich aber vorteilhaft auf die inneren Antriebe und Emotionen aus, indem sie harmonisiert werden und dazu beitragen können, dass im konkreten Handeln schnell und kreativ richtige Handlungsentscheidungen getroffen werden.[357] Zum Tugendbegriff bestehen in der Psychologie aber so gut wie keine Erkenntnisse.[358] Eine Ursache für diesen Befund liegt demnach in der Vorherrschaft der Moralpsychologie Kohlbergs, die sich moralphilosophisch eher an gerechten Verfahren, als an der Frage nach dem Guten orientiert und den Tugendgedanken ablehnt.[359] Dadurch aber wird die Frage nach dem guten Leben innerhalb der Psychologie nicht mehr substantiell beantwortet, sondern nur noch mit dem formalen Konzept der Selbstverwirklichung, auf das im Zusammenhang mit subjektivistischen Theorien des Guten eingegangen wird.[360] Zu Fragen nach Tugend und gutem Leben kann die Moralphilosophie aber eine lange Tradition

---

[354] Vgl. Wallroth (2001): Psychologie der Tugend, 148.
[355] Vgl. a. a. O., 151f.
[356] Vgl. a. a. O., 152f.
[357] Vgl. a. a. O., 154f
[358] Vgl. a. a. O., 143.
[359] Vgl. a. a. O., 144f.
[360] Vgl. a. a. O., 148.

vorweisen, die bis in die Gegenwart reicht. Erst unter Berücksichtigung einer näheren Bestimmung des guten Lebens und Handelns und damit zusammenhängender Ausrichtungen des Menschen kann das Motivationsproblem beim Klimaschutz umfassend betrachtet und an dessen Lösung gearbeitet werden. Im weiteren Verlauf der Arbeit soll also unter Berücksichtigung der motivationspsychologischen Erkenntnisse mit dem philosophischen Tugendbegriff gearbeitet werden. Er wird daraufhin untersucht, welche Erkenntnisse aus ihm zur Frage nach Haltungen gewonnen werden können, die zu klimafreundlichem Verhalten führen.

1.4 Ergebnissicherung: Klimafreundliche Haltungen als individuelle Klimaschutzmaßnahme

Die Folgen des anthropogenen Klimawandels bedrohen die Erde und das auf ihr befindliche Leben, darunter den Menschen, existenziell. Innerhalb der Klimaforschung besteht Einigkeit darüber, dass vor allem menschliches Handeln seit Beginn der Industrialisierung maßgeblich dazu beigetragen hat, dass sich die Temperatur auf der Erde erhöht hat und weiter steigen wird. Sollte der Mensch vor allem in Fragen von Produktion, Konsum, Energie und Mobilität sein Verhalten nicht schnell und grundlegend verändern, wird die Temperatur auf der Erde weiter deutlich ansteigen. Das wird aber erhebliche Schäden für Natur und Mensch hervorrufen. Besonders ist hierbei die Gefahr der Kipp-Punkte zu erwähnen, durch die die Folgen des Klimawandels eine unberechenbare Dynamik erhalten.

Naheliegend ist bei diesem globalen Problem, die Politik in die Verantwortung zu nehmen und von ihr Lösungen auf internationaler Ebene zu fordern. Hier wären neben einer Bepreisung von CO_2-Emissionen einige weitere Maßnahmen denkbar. Das Pariser Klimaabkommen hat zumindest die Hoffnung bestärkt, dass ein Umdenken in der internationalen Klimapolitik nicht ausgeschlossen ist. Dennoch konnte gezeigt werden, dass es auf politisch-gesellschaftlicher Ebene große Hindernisse gibt, die schnelle und wirksame Klimaschutzmaßnahmen nicht gerade wahrscheinlich erscheinen lassen.

Deutlich wurde vor allem, dass nicht nur einzelne politische Entscheidungsträger, sondern letztlich jeder Mensch zum Schutz oder zur gravierenden Veränderung des Klimas beiträgt. Hauptursache für den steigenden CO_2-Ausstoß, der den Klimawandel vorantreibt, ist letztlich der Lebens- und Konsumstil gesamter Gesellschaften. Um hier Änderungen hervorrufen zu können, ist aber in erster Linie ein Wandel des alltäglichen individuellen Verhaltens aller Gesellschaftsmitglieder notwendig. Durch ihn könnten die verschiedenen Dissoziationsprozesse vermieden werden, die zu einem Mangel an Motivation zu klimafreundlichem Verhalten führen. Über zivilgesellschaftliche Partizipation an politischen Entscheidungsprozessen würde ein solcher Wandel darüber hinaus Einfluss auf institutionelle Maßnahmen nehmen können. Für die verlässliche und langfristige Änderung individuellen Verhaltens ist die Ausbildung entsprechender Haltungen notwendig. Eine solche innere Ausrichtung ermöglicht, dass Handlungsweisen ohne äußeren Zwang, spontan und zuverlässig geändert werden.

Bei der Beschäftigung mit der Motivationspsychologie konnte der Ansatz entwickelt werden, über eine solche Haltung im Rahmen einer Tugendlehre nachzudenken. Sie ist nicht nur beschreibend tätig, sondern ermöglicht, den Klimawandel als ethisches Problem wahrzunehmen. Unter Bezugnahme auf eine lange philosophische Tradition können mit dem Tugendbegriff umfangreiche Aussagen über die Eigenarten, Vorteile und Grenzen von Haltungen getroffen werden. Es soll also danach gefragt werden, ob ein tugendbasierter Ansatz für das moderne Motivationsproblem beim Klimaschutz einen Beitrag leisten kann.

Kapitel 2: Tugendlehre und Tugendethik

2.1 Tugendlehre und Tugendethik in Antike und Moderne

Die Überlegungen zum Motivationsproblem bei klimafreundlichem Verhalten haben die Frage nahegelegt, was Tugenden zu dessen Lösung beitragen können. Der Tugendbegriff ist seit der Antike immer wieder Gegenstand ethischer Überlegungen. In der modernen Ethik spielt er allerdings eine eher untergeordnete Rolle. Hierfür sind vor allem gravierende Unterschiede zwischen antikem und modernem Weltbild verantwortlich. Somit muss grundsätzlich überprüft werden, ob der Tugendbegriff unter modernen Bedingungen überhaupt noch anwendbar ist.

In jüngster Zeit tauchen allerdings Positionen auf, die den Tugendbegriff als eigenständige Alternative gegenüber pflichten- oder nutzenethisch orientierten Ansätzen etablieren wollen. Diese Ansätze stellen den aktuellsten Versuch dar, den Tugendbegriff für gegenwärtige Fragestellungen fruchtbar zu machen. Es wird somit zu überprüfen sein, ob sie im Hinblick auf das Motivationsproblem beim Klimaschutz einen Beitrag leisten können. Sie werden im Folgenden als tugendethische Positionen bzw. Tugendethik bezeichnet, um sie von einer Tugendlehre zu unterscheiden, die sich mit dem Wesen der Tugenden bzw. dem Tugendbegriff auseinandersetzt, ohne den Anspruch der Tugendethik zu teilen, eine eigenständige ethische Konzeption darzustellen, durch die andere moderne Ansätze abgelöst werden können.

Zunächst soll hier aber auf die für Überlegungen zum Tugendbegriff relevanten Unterschiede zwischen antikem und modernem Weltbild eingegangen werden. So sollen Erkenntnisse dazu gewonnen werden, unter welchen Bedingungen und in welchem Umfang heute noch von Tugend die Rede sein kann.

2.1.1 Unterschiede zwischen antiker und moderner Ethik

2.1.1.1 Methodische und inhaltliche Unterschiede zwischen antiker und moderner Ethik

Die antike Moralphilosophie geht nicht von Begriffen der Pflicht oder Regelbefolgung aus, sondern vom Begriff des Guten.[1] Das moderne Verständnis der Moralphilosophie als Antwort auf die Frage, wie richtig zu handeln sei, trifft ebenfalls für antike Moralphilosophie nicht zu. Aussagen zu konkreten Handlungsentscheidungen sind kein Bestandteil einer antiken Moralphilosophie, weder im theoretischen Sinne, noch in der praktischen Anwendung. Über moralische Problemfälle wird in der antiken Ethik im Grunde kaum etwas gesagt.[2] Antike Ethik hingegen versucht, argumentativ eine Antwort darauf zu geben, was unter εὐδαιμονία, also einem guten Leben zu verstehen ist.[3] Die subjektorientierte Perspektive der Charakterbildung hat also zur Folge, dass moralische Fragen unter dem Aspekt des eigenen Glücks beantwortet werden.[4]

Diese Unterschiede in der philosophischen Methodik zwischen moderner und antiker Ethik setzen sich auch auf inhaltlicher Ebene fort. So sind die Hauptgegenstände, an denen gearbeitet wird, grundverschieden. Antike Ethik beschäftigt sich mit Glück, Tugend oder Lebenskunst. Moderne Autoren hingegen betrachten diese Begriffe nur am Rande, kritisieren sie hingegen vielmehr für ihre Eigennutzorientierung und die Vernachlässigung von ethischen Konfliktsituationen und institutionenbezogenen Fragestellungen.[5]

Der im Zusammenhang mit dem Tugendbegriff entscheidendste Unterschied besteht im Verständnis der Teleologie und der Frage nach dem menschlichen Glück. So verschwindet der teleolo-

---

1 Vgl. Annas (1993): The morality of happiness, 4.
2 Vgl. a. a. O., 6f.
3 Vgl. Horn (1998): Antike Lebenskunst, 12f.
4 Vgl. a. a. O., 193f.
5 Vgl. a. a. O., 15.

gische Charakter eines Strebens- und Erfüllungsglücks in der Moderne. Ebenfalls nicht mehr vorhanden ist die Möglichkeit, objektive Glücksfaktoren zu bestimmen.[6] Die Antike ging davon aus, dass alle belebten Dinge von Natur aus auf das für sie Gute hinstreben und somit das Ziel verfolgen, ihre natürlichen Anlagen zu entfalten.[7] Nach Aristoteles zeigt sich die Natur einer Sache erst in ihrer Vollkommenheit, auf die sie hinstrebt. Was also die Natur des Menschen sei, könne erst anhand seiner Vervollkommnung gesagt werden.[8] So wird auch alles menschliche Handeln als einem Zweck zugeordnet angesehen. Als Mittel, sein Handeln an diesem Zweck auszurichten, dienen dann die Tugenden.[9] Das Glück wird nach Aristoteles dann erreicht, wenn der Mensch so gut wie möglich „die für ihn typische Eigenschaft zur vollen Entfaltung"[10] bringt. Es geht also darum, sein Glück zu erkennen, nicht darum, es zu suchen bzw. selbst zu fördern.[11] Dies könne am besten in der theoretischen Existenz des Philosophen erreicht werden. Da eine solche Existenz allerdings kein dauerhafter, allgemein angestrebter Zustand sein kann, legt Aristoteles das politisch-moralische Leben nahe, in dem praktische Vernunft und ethische Tugenden zentral sind.[12] Ein theoretisches Leben hingegen sei in Reinform gar nicht realistisch umsetzbar, weil der Mensch immer von äußeren Dingen abhängig sei und von ihnen gefordert werde. Aristoteles betont also selbst, dass dies keine Option für alle Menschen ist.[13] „Aristoteles hätte es wohl kaum für richtig gehalten, in einem Moment Philosophie zu betreiben, in dem man einen Ertrinkenden aus einem Fluß retten kann."[14]

---

[6] Vgl. a. a. O., 108f.
[7] Vgl. Pleines (2005): Tugend zwischen Sittlichkeit und Moral, 325f.
[8] Vgl. Ernst (2009): Grundfragen theologischer Ethik, 138.
[9] Vgl. Pleines (2005), 327.
[10] Borchers (2001): Die neue Tugendethik – Schritt zurück im Zorn?, 175.
[11] Vgl. Nussbaum (1998b): Nicht-relative Tugenden, 116f.
[12] Vgl. Borchers (2001), 175f.
[13] Vgl. Rhonheimer (2001): Die Perspektive der Moral, 69.
[14] Horn (1998), 83.

Ein objektives Glücksverständnis ist in der Moderne nicht mehr vertretbar. So wird die Ausrichtung ausschließlich auf das eigene Glück als egoistisch kritisiert. Der Glücksbegriff wird in der Moderne darum in erheblich geringerem Umfang behandelt, als noch in der Antike. Das liegt daran, dass er in der Moderne fast ausschließlich individualistisch verstanden und mehr der situative, episodische Charakter des Glücks betont wird. Ein gutes Leben besteht demnach in der Aneinanderreihung glücklicher Situationen und Zeitabschnitte. Es wird nicht wie nach antiker Vorstellung im Sinne einer Lebenskunst verstanden. Die Bewertung des Glücks kommt in der Moderne fast ausschließlich dem Individuum zu, objektives Glück ist entweder nicht relevant oder sogar gar nicht denkbar. Was Glück ist, bestimmt das Individuum in der Moderne selbst. Vom antiken, objektiv bestimmbaren Glück erfolgt eine Entwicklung hin zu einem fast vollständig subjektivierten Glücksverständnis, das durch die individuelle Wahrnehmung von Wohlergehen oder -empfinden bestimmt ist.[15] Eine universale Eigenschaft des Menschen lässt sich in einer pluralen Welt nicht mehr ohne Weiteres feststellen. Eine allgemein menschliche Natur ist, wenn überhaupt, nur in gröbsten Zügen definierbar. Da ein universeller Naturbegriff in der Moderne aber wegfällt, wird es schwer, eine objektive Theorie des guten Lebens zu konzipieren.[16] Eine solche darf schließlich nicht darauf hinauslaufen, dass eine Lebenskonzeption als einzig richtige dargestellt wird und alle anderen ausschließt.[17] „Aus diesem Grund scheint es uns Heutigen schwer nachvollziehbar, daß jemand den Anspruch erhebt, er könne das Thema Glück objektivierend und zudem handlungsanleitend untersuchen."[18] Weder lassen sich heute definitive Glücksfaktoren ausmachen, noch kann Glück ausschließlich von Außen beurteilt werden. Entscheidend ist immer die Selbstwahrnehmung des Individuums, die auch scheinbar kontrafaktisch ausfallen kann.[19]

---

15 Vgl. a. a. O., 108f.
16 Vgl. Borchers (2001), 177.
17 Vgl. a. a. O., 180f.
18 Horn (1998), 62.
19 Vgl. a. a. O., 61f.

2.1.1.2 Schwierigkeiten teleologischer Ansätze bei der Formulierung normativer Aussagen

Grundsätzlich besteht ein Gegenüber von antiken teleologischen und modernen deontologischen Ansätzen. Teleologische Ethiken, zu denen Tugendlehren zu rechnen sind, gehen dabei von einem Begriff des Guten aus, dem man sich durch richtiges Handeln annähern soll. Deontologische Ansätze hingegen gehen vom richtigen Handeln aus und definieren das Gute im Sinne der Befolgung der Handlungsprinzipien. Wo sich teleologische Ansätze ausdrücklich auf ein höchstes Gut ausrichten, verfahren deontologische Ansätze unabhängig von Gütern und mehr auf Allgemeingültigkeit ausgerichtet. Die moralische Verbindlichkeit begründet sich hier also nicht durch die Bezogenheit auf das eigene Glück, sondern durch die moralische Pflicht eines jeden Menschen. Hier wird vielmehr davon ausgegangen, dass das Verfolgen des Eigeninteresses gerade das Gegenteil von Moralität darstellt. Aus einer solchen Perspektive können teleologische Ansätze aber nicht als sinnvoll angesehen werden, da sie nicht an allgemeingültigen Prinzipien ausgerichtet sind. Dies verhindert, dass auf der Grundlage der Teleologie verbindliche Regeln und Normen gefunden werden können.[20]

So konnte schon bei der Betrachtung der Motivationspsychologie die Rolle interner Handlungsgründe deutlich gemacht werden. Es wurde aber ebenfalls deutlich, dass normative Aussagen nur aufgrund der humanwissenschaftlichen Betrachtung von Motiven nicht erfolgen können. So motivieren sie zwar zum Handeln, bieten allerdings keine verlässliche Aussage über die moralische Qualität einer Handlung. Eine geordnete Motivationslage eines Handelnden, die im Optimalfall eine logische Hinordnung auf übergeordnete Lebensziele aufweist, ist zwar eine gute Grundlage für eine schlüssige Begründung einer bestimmten Handlung, reicht jedoch dann nicht aus, wenn die moralische Qualität der Handlung in Frage steht. Für eine solche kritische Überprüfung der Hand-

[20] Vgl. a. a. O., 193f.

lungsgründe sind externe Gründe notwendig.[21] Diese externen Gründe bestehen unabhängig von der Auffassung und den Begründungen des Einzelnen und haben auch dann Gültigkeit, wenn dieser sie nicht anerkennt und nicht nach ihnen handelt. Externe Handlungsgründe bieten also einen Maßstab zur Überprüfung interner Handlungsgründe. Allerdings bleibt eine solche Überprüfung dann wirkungslos, wenn nicht der Handelnde die Gültigkeit der externen Gründe anerkennt und für sich übernimmt. Nur dann nämlich kann er von ihnen zum richtigen Handeln motiviert werden. Beispiele für externe Handlungsgründe sind die Rechte anderer oder die Folgen eigenen Handelns. Eine Reflexion über interne Handlungsgründe setzt entsprechend eine vernunftgemäße Strebensorientierung, also Tugend voraus. Die Orientierung an externen Gründen wird auch demjenigen zugemutet, der Tugend nicht oder nicht in vollem Umfang besitzt.[22] Es besteht also auf der Grundlage solcher externen Handlungsgründe die Möglichkeit, sich auf allgemein verständlicher Basis über die moralische Qualität von Handlungen zu verständigen. Rein auf der Basis interner Tugendgründe ist das ohne Weiteres nicht möglich.[23] Das schmälert allerdings nicht die Bedeutung, die die internen Handlungsgründe besitzen. So wurde im Zusammenhang mit der Motivationspsychologie deutlich, dass Handeln immer nur aus einem inneren Antrieb heraus entsteht. Erst durch die Motive entsteht überhaupt die Möglichkeit, handeln zu können. Hier gilt es also, zu fragen, wie eine entsprechende Ausrichtung der internen Motive und Handlungsgründe erreicht werden kann, die richtiges Handeln hervorruft. Vor allem der Aspekt der Motivation zu richtigem Handeln gibt an dieser Stelle einen ersten Hinweis darauf, dass teleologische bzw. tugendbasierte Begriffe auch unter modernen Bedingungen eine eigene Relevanz besitzen.

---

[21] Vgl. Schockenhoff (2007): Grundlegung der Ethik, 318f.

[22] Vgl. a. a. O., 319.

[23] Vgl. a. a. O., 320.

2.1.1.3 Grenzen und Möglichkeiten teleologischer Ethik unter modernen Bedingungen

In der Antike ist eine teleologisch ausgerichtete Tugendlehre also noch vollkommen unproblematisch und lässt sich widerspruchslos in das damalige Denken einfügen. Tugenden wurden als die Fähigkeiten identifiziert, die dem Menschen dazu verhelfen, seine objektiv bestimmbaren natürlichen Anlagen zu entfalten und auf das allen Menschen gemeinsame Ziel, das Glück, hinzuführen. Eine solche teleologische Anthropologie kann heute vernünftigerweise nicht mehr vertreten werden. So findet in der Moderne eine Pluralisierung von Theorien des Guten, also Vorstellungen über das menschliche Glück statt, die es unmöglich macht, universelle inhaltliche Aussagen zu treffen. Vielmehr entscheidet jedes Individuum selbst, nach welchen Maßstäben es sein Leben ausrichten will. Theorien des Guten können somit nicht mehr als Vorgabe, sondern nur noch als Angebot verstanden werden. Den Rahmen für moralisches Handeln bieten Gesetze, Konventionen oder andere normierende Kontexte, innerhalb derer sich jeder so verhalten kann, wie es seiner Überzeugung des Guten entspricht.[24]

Versuche, den Tugendbegriff allgemeingültig zu etablieren, sind also mit großen Schwierigkeiten konfrontiert. Die moderne Betonung der Autonomie des Individuums ist eine Errungenschaft, hinter die keine Tugendlehre zurückfallen darf. Der teleologisch ausgerichtete Ansatz muss also einen Weg finden, wie er verbindliche Aussagen trotz der Tatsache treffen kann, dass keine universellen Aussagen über das menschliche Glück mehr möglich sind. Gleichzeitig besticht im Vergleich die deontologische Ethik mit hoher Akzeptanz und Effizienz bei der Lösung konkreter Problemfälle. Zwar wurde schon angedeutet, dass dem Tugendbegriff und Begriffen des Guten gerade in Hinblick auf moralische Motivation ein eigener Wert zukommen kann. Dennoch erscheint die Verdrängung des Tugendbegriffs zunächst als logische Konsequenz der modernen Anthropologie.

[24] Vgl. Mack (2002): Gerechtigkeit und gutes Leben, 69f.

2.1.1.4 Weitere Gründe für den Bedeutungsverlust des Tugendbegriffs

Die veränderte Anthropologie muss mit großer Sicherheit als Hauptursache für den Bedeutungsverlust des Tugendbegriffs im Rahmen der philosophischen Ethik angesehen werden. Der Begriff der Tugend ist aber nicht nur der philosophischen Ethik vorbehalten. Es kann auch im alltäglichen Sprachgebrauch beobachtet werden, dass der Tugendbegriff gegenwärtig kaum verwendet wird und wenn, dann zumeist abschätzig. Ihm „haftet eine biedere und zudem unangenehm moralistische Aura an".[25] Er wird vielfach mit einer „individualitätshemmenden und -verachtenden Wirkung […]"[26] in Verbindung gebracht. Tugenden sind in einer deontologischen Ausprägung als Pflichtbewusstsein verstanden worden und haben „nur zu oft ein Strammstehen vor der jeweiligen Obrigkeit"[27] bedeutet. Ein Grund für diese Bewertungen kann der Missbrauch des Tugendbegriffs im Nationalsozialismus sein, der dessen ideologische Korrumpierbarkeit aufgezeigt hat: „Aber wenn selbst das menschenunwürdigste Regime das bürgerliche Tugendrepertoire für sich in Anspruch nehmen konnte, dann belastete das dieses Repertoire so substantiell, dass dessen Ansehen vorerst nicht wieder herzustellen war."[28] Im moralischen Sinne taucht der Tugendbegriff zwar auch heute noch im Zuge der Bewertung moralischer Eigenschaften von Menschen auf, wird aber nicht mehr als Kernelement einer Ethik angesehen.[29]

Eine Ursache dafür kann in der Etablierung moderner Staatswesen als verbindlicher normativer Handlungsrahmen gesehen werden. Tugenden werden besonders dann benötigt, wenn die gesellschaftlich bzw. staatlich regulierte Ordnung ein gutes Leben nicht von außen garantieren kann.[30] Je weniger also Staat und Ge-

---

[25] Horn (1998), 114.
[26] Höhn (2014): Das Leben in Form bringen, 118.
[27] Ebd.
[28] Hoyer (2005a): Tugend, 296.
[29] Vgl. Horn (1998), 114.
[30] Vgl. Mieth (1984): Die neuen Tugenden, 12.

sellschaft dem Einzelnen Aufgaben abnehmen, umso mehr sind seine eigenen Fähigkeiten und Haltungen gefragt.[31] Da aber in der zweiten Hälfte des vergangenen Jahrhunderts in der westlichen Welt sowohl robuste Staatswesen vorherrschten, als auch ein rasanter Fortschritt der Technologie stattfand, schien ein gutes Leben immer stärker durch die „technologische Herstellbarkeit von Gütern"[32] erreichbar zu sein. Das „Vertrauen in den technischen Fortschritt, in die futurologische Planbarkeit einer wachstumsorientierten Ökonomie"[33] führte dazu, dass die Notwendigkeit, eigene moralische Haltungen zu entwickeln und im Handeln zu vertreten, immer geringer wurde. Moral wurde verstaatlicht in dem Sinne, dass eine Neuregulierung unter anderem von Bildung und Recht klassische Aufgaben von Moral kompensieren sollte.[34] Auf diesem Hintergrund veränderten sich auch die Ethik und ihre Art der Problemlösung. Statt moralische Kompetenzen des Einzelnen zu betrachten und zu fördern, wurden „sittliche Problemlösungen für Grenzfälle"[35] anhand ethischer Modelle erarbeitet. Hier setzen moderne tugendethische Ansätze an, die versuchen, auf der Grundlage der Tugenden eigene, alternative ethische Modelle zu konzipieren.

2.1.2 Tugenden in der Moderne: Tugendethik als eigenständiges Alternativmodell

Seit einigen Jahrzehnten lässt sich das Aufkommen neuerer tugendethischer Ansätze beobachten. Sie stellen den Versuch dar, eine Alternative zu den bisherigen modernen Ethikmodellen zu bieten. Dabei vertreten sie einen absoluten Anspruch, indem sie sich als vollständige und nicht weiter ergänzungsbedürftige Theorie zu präsentieren versuchen. Grundsätzlich ist das Aufleben der

---

[31] Vgl. a. a. O., 13.
[32] Ebd.
[33] Ebd.
[34] Vgl. ebd.
[35] A. a. O., 14.

modernen Tugendethik vor allem durch die Ablehnung der übrigen modernen ethischen Ansätze motiviert. Diese richten sich in Augen der Tugendethiker vor allem auf universale Lösungen zu spezifischen Einzelfragen aus, nicht aber mehr auf die Frage nach richtiger Lebensführung. Allerdings hat diese Abgrenzung nicht zu einer einheitlichen Theorie geführt, sondern zu unterschiedlich geprägten Ansätzen.[36] Als inhaltlich einendes Element kann unter den verschiedenen Ansätzen der Tugendethik lediglich die Konzentration auf die Betrachtung des Handelnden und nicht der Handlung verstanden werden.[37] Insofern sind die modernen tugendethischen Ansätze vor allem kritisch und nicht konstruktiv ausgerichtet.[38]

2.1.2.1 Tugendethische Kritik an normativer Ethik

Die Haltung der radikalen Tugendethiker, die auf Anscombe zurückgeht, besteht somit vor allem in einer Ablehnung aller deontologischer Begriffe. Sie hält diese Begriffe für unfähig, die Motivation zu moralischem Handeln erklären zu können.[39] Ihr Hauptanliegen ist es dabei, die Kategorie des Sollens innerhalb der Ethik zurückzudrängen.[40] Sie beginnt folglich mit der Forderung, deontologische Begriffe, vor allem den Begriff des *Sollen* nicht weiter zu verwenden. Diese seien Relikte aus einem Moralverständnis, welches nicht mehr zu halten sei.[41] So könne moderne deontologische Ethik nicht erklären, warum Ungerechtigkeit etwas Schlechtes sei, da ihr die Vorstellung der Gerechtigkeit als Tugend und einer entsprechenden Handlungstheorie fehle.[42] Es

---

[36] Vgl. Radić (2011): Die Rehabilitierung der Tugendethik in der zeitgenössischen Philosophie, 57f.
[37] Vgl. Halbig (2013a): Der Begriff der Tugend und die Grenzen der Tugendethik, 279f.
[38] Vgl. Radić (2011), 57f.
[39] Vgl. Schockenhoff (2007), 48.
[40] Vgl. Halbig (2013a), 283f.
[41] Vgl. Anscombe (1958): Modern Moral Philosophy, 1.
[42] Vgl. a. a. O., 4.

habe sich vielmehr der Gebrauch der Sollensbegriffe dahingehend verändert, dass sie in einem moralischen Sinn verwendet würden, der eine quasi gesetzliche Verpflichtung impliziere. Diese Entwicklung sei durch ein christliches Moralverständnis entstanden, welches auf einer Gesetzesvorstellung beruhe. Durch den christlichen Einfluss sei die Vorstellung einer moralischen Verpflichtung tief in das Denken eingegangen. Erst hier sei als Sammelbegriff für schlechte Handlungen das Illegitime entstanden, welches einen klaren Bezug zu einer Gesetzesvorstellung aufweise. Einen solchen Bezug aber gebe es in der Sprache des Aristoteles nicht, bei dem sprachlich eher die Defekte einzelner Tugenden angezeigt worden seien. Um aber ein so verstandenes göttliches Gesetz als Autorität anerkennen zu können, sei es notwendig, auch an einen göttlichen Gesetzgeber zu glauben. Zwar könne ein solcher Glauben nicht mehr allgemein vorausgesetzt werden, weshalb die Konzeption eines göttlichen Gesetzgebers ihre universale Autorität eingebüßt habe. Dennoch sei es aufgrund des jahrhundertelangen Einflusses dieser Konzeption verständlich, dass die von ihr geprägten Sollensbegriffe auch ohne diese Grundlage noch immer in bisheriger Weise und mit einer besonderen Betonung verwendet würden.[43] Anscombe schreibt dem Sollen nur noch eine hypnotische Kraft zu, die sich aus nichts ableiten lasse.[44] Lasse sich aber kein entsprechender Inhalt finden, aus dem der Sollensbegriff seine Kraft herleite, sei es besser, ihn fallen zu lassen. Er ergebe außerhalb einer moralischen Gesetzeskonzeption schlicht keinen Sinn. Außerdem sei es möglich, Ethik ohne eine Sollensbegriff zu betreiben. Es sei sogar ein Fortschritt, wenn nicht mehr einfach der Sammelbegriff des moralisch Falschen genannt werde, sondern moralische Urteile spezifischer mit Tugendbegriffen getroffen würden: „We should no longer ask wether doing something was ‚wrong' […]; we should ask wether e. g., it was unjust; and the answer would sometimes be clear at once."[45]

[43] Vgl. a. a. O., 4f.
[44] Vgl. a. a. O., 6.
[45] A. a. O., 7.

Es gibt weiterhin Versuche, eine Gesetzeskonzeption der Moral ohne die Annahme eines göttlichen Gesetzgebers aufrecht zu erhalten.[46] Statt eines göttlichen Gesetzgebers werden individuelle oder soziale Akzeptanz angeführt. Moralische Autorität aus individueller Akzeptanz herzuleiten, führt aber zu einer Form des Relativismus, bei der moralische Prinzipien unabhängig von ihrem Inhalt Geltung erhalten, nur weil sie von jemandem anerkannt werden.[47] Soziale Akzeptanz vermittelt zwar eine gewisse Geltung, ist aber nicht so verbindlich für das Verhalten des Einzelnen wie beispielsweise ein göttliches Gesetz. Insofern richtet sich Anscombe gegen jegliche Autorität außer der menschlichen Vortrefflichkeit. Sie geht vielmehr davon aus, dass gerade eine tugendbasierte Bewertung die Probleme vermeide, die der Bezug auf eine externe Autorität mit sich bringe, auch wenn weiter die Aufgabe bestehe, die positive Konnotation von Tugendbegriffen philosophisch zu begründen. Dies hält sie für erfüllbarer als die Konstituierung einer universellen Autorität für deontische Kategorien.[48]

Grundsätzlich vertreten die Tugendethiker die Ansicht, dass Handlungen nicht an sich als wertvoll angesehen werden können, sondern nur als Ausdruck eines Charakters. Deshalb müsse der Wert einer Handlung vom Wert der in ihr realisierten Charakterzüge abgeleitet werden. Der modernen Tugendethik geht es also vor allem um die Ablehnung des Pflichtbegriffs und um den Aufweis, dass Ethik ohne ihn praktikabel sei. So ist eine Bewertung als richtig und falsch immer schon in tugendethischen Begriffen integriert. Tugendwörter werden automatisch als positiv konnotiert, Lasterbegriffe immer als negativ konnotiert wahrgenommen.[49] Der Ansatz, Handlungen mit Tugendbegriffen zu bewerten, bietet aus dieser Perspektive den Vorteil, dass die Bewertung so an eine Vorstellung dessen angebunden werden kann, was gut für den Menschen an sich ist.[50] Sollensbegriffe für sich genommen sind so

46 Vgl. a. a. O., 11.
47 Vgl. Hacker-Wright (2010): Virtue Ethics without Right Action, 213.
48 Vgl. a. a. O., 214.
49 Vgl. Radić (2011), 96f.
50 Vgl. Ricken (1999): Aristoteles und die moderne Tugendethik, 391f.

abstrakt, dass sie keine handlungsbeeinflussende Wirkung aufweisen. Ebenfalls ergeben sich in ihrer Anwendung Schwierigkeiten durch die Komplexität der Handlungswirklichkeit, welche mit allgemeinen und formalen Begriffen nicht fassbar gemacht werden kann. Inhaltlich gefüllte Tugendbegriffe hingegen sind von der Wirklichkeit beeinflusst und entsprechen ihr demnach. Sie sind folglich in der Lage, die Grundlage für eine Ethik zu bieten.[51] Eine so verstandene Tugendethik wird als näher am moralischen Denken des Menschen beschrieben, da dieser bei Handlungsentscheidungen in der Regel nicht Überlegungen anstellt, ob eine Handlung einem bestimmten Prinzip entspricht oder gegen es verstößt. Vielmehr wird man sich bewusst, welche Handlung dem Charakter eines guten Menschen entspricht und welche nicht. Diese Überlegung aber lässt sich nur auf der Grundlage des Tugendbegriffs theoretisch nachvollziehen.[52]

Ein Symptom der von den Tugendethikern diagnostizierten moralischen Krise ist die fehlende Motivation zu moralischem Handeln, die mit dem Auseinandertreten von moralischen Prinzipien und Handlungsgründen in Verbindung gebracht wird. So besteht die Gefahr, dass deontologische und utilitaristische Theorien starke menschliche Motive wie Liebe, Freundschaft oder Gemeinschaft nicht beachten und stattdessen externe Gründe wie Lust oder Pflicht als Handlungsmotive ansehen.[53] Moralisches Handeln gibt es aber häufig genau dann, wenn nicht theoretische oder gar egoistische Handlungsgründe im Vordergrund stehen, sondern das Wohl des anderen.[54] Wird eine Freundschaft nur aufgrund eines Pflichtgefühls gepflegt, kann nicht von echter Freundschaft gesprochen werden. Das würde voraussetzen, dass die Freundschaft um des Freundes willen gepflegt wird. Ein solches Motiv wird aber in den gängigen ethischen Theorien nicht abgebildet.[55]

51 Vgl. Radić (2011), 98f.
52 Vgl. a. a. O., 99f.
53 Vgl. Stocker (1998): Die Schizophrenie moderner ethischer Theorien, 30f.
54 Vgl. Halbig (2013a), 288f.
55 Vgl. Stocker (1998), 30f.

Handlungsgründe werden vielmehr häufig in Form von Gesetzen formuliert und mit deontologischen Konzepten realisiert. Dadurch wird es aber unwichtig, aus welchen Motiven ein Gesetz befolgt wird, solange die äußerlich beobachtbare Handlung diesem entspricht.[56] Sind aber die Gründe der ethischen Theorien von ganz anderer Art als die stärksten menschlichen Handlungsmotive, entsteht eine Trennung zwischen der Theorie und tatsächlich ablaufenden Handlungsentscheidungen. Der Wert beispielsweise persönlicher Beziehungen wird ausgeblendet und hinter Pflichtgemäßheit oder Luststeigerung gestellt. Diese Mittelbarkeit entspricht aber nicht dem allgemeinen Empfinden, dass positive persönliche Beziehungen einen hohen intrinsischen Wert haben, der allein schon handlungsmotivierend ist und externe Motive überflüssig macht.[57] Zwar kann nicht bestritten werden, dass Pflicht und Normen wichtige Faktoren moralischer Abwägungen darstellen, dennoch bilden die gegenwärtigen ethischen Theorien nur einen kleinen Teil moralischen Denkens ab. Eine Theorie aber, die komplexe moralische Zusammenhänge zugunsten eines Aspekts ausblendet und somit tatsächlichen Abwägungen fremd ist, kann nicht effektiv zu richtigem Handeln motivieren. Die Frage, warum externe Gründe zu Handlungsmotiven werden sollen, bleibt unbeantwortet.[58] So ist es für viele Menschen nicht ohne Weiteres einsichtig, warum sie den vielfachen Appellen zu mehr Umwelt- und Klimaschutz oder zur Veränderung eines ressourcenintensiven Lebensstils Folge leisten sollen, obwohl ihre inneren Bedürfnisse beispielsweise nach Komfort dadurch offen bleiben. Wird klimafreundliches Verhalten nur aus der Perspektive der Pflichtgemäßheit behandelt, kann nur das äußerlich wahrnehmbare Handeln bewertet und gegebenenfalls durch Sanktionen beeinflusst werden. Ein Einblick in die Abwägungen, die bei klimarelevanten Handlungsentscheidungen im Innern des Individuums ablaufen, bleibt ebenso verwehrt wie Überlegungen dazu, durch welche Einflüsse diese Abwägungen dazu führen, dass keine exter-

---

[56] Vgl. Halbig (2013a), 290.
[57] Vgl. Stocker (1998), 34f.
[58] Vgl. a. a. O., 36f.

nen Sanktionen mehr benötigt werden, um klimafreundliches Verhalten hervorzurufen.

2.1.2.2 Richtungen und Autoren moderner Tugendethik

Eine Moraltheorie kann sich aber nicht in der Kritik an anderen Theorien erschöpfen. Sie muss vielmehr einen eigenständigen Beitrag leisten können. Bei der Tugendethik kann das nur dann gelingen, wenn der Begriff der Tugend definiert wird. Hier wird man aber innerhalb der tugendethischen Diskussion nicht auf Einigkeit treffen. Vielmehr weisen die verschiedenen Autoren dem Tugendbegriff jeweils unterschiedliche Bedeutungen zu.[59]

Dass Tugenden für das menschliche Leben und das menschliche Handeln eine primäre Stellung zukommt, begründet eine tugendethische Richtung mit ihrer konstitutiven Funktion für das gute Leben, eine andere Richtung mit der Konzeption des Charakters. Innerhalb der ersten Richtung müssen weitere Differenzierungen erfolgen. So unterscheiden sich MacIntyre und Nussbaum, welche der ersten Richtung angehören, in der Frage, ob Tugenden nur innerhalb einer Gemeinschaft erworben und ausgeübt werden können oder ob sie auf allgemeinen menschlichen Eigenschaften beruhen und daher die Grenzen von Gemeinschaften übersteigen können.[60] Foot als Vertreterin der zweiten Richtung vertritt hingegen die Ansicht, dass ohne Tugenden ein menschlicher Charakter nicht gut sein könne, weshalb es die Aufgabe jedes Menschen sei, seine Tugenden auszubilden, um ein guter Mensch zu sein. Dadurch entstehe die primäre Stellung der Tugenden, die ja so als konstitutiv für den Charakter angesehen würden. Besonders der Tugend der Klugheit komme in diesem Rahmen große Bedeutung zu, da nur durch sie das Gute erkannt werden könne.[61] Im Folgenden sollen Foot und MacIntyre als bekannteste Vertreter dieser beiden Richtungen innerhalb der

---

[59] Vgl. Borchers (2001), 155.
[60] Vgl. Radić (2011), 65.
[61] Vgl. a. a. O., 66.

modernen Tugendethik vorgestellt werden. Auf den Ansatz von Nussbaum wird im Zusammenhang mit verschiedenen Theorien des Guten eingegangen.

2.1.2.2.1 Alasdair C. MacIntyre – Gemeinschaft als Grundlage der Tugendethik

2.1.2.2.1.1 Darstellung und Abgrenzung des Ansatzes

MacIntyre teilt die allgemeine Ansicht der Tugendethiker, dass moralische Begriffe überholt sind. Ohne einen entsprechend legitimierenden Kontext seien sie nur noch leere Begriffe, denen ein normatives Gewicht nicht mehr zukomme. Moralische Begriffe würden nur noch als Bruchstücke verwendet, ohne dass sie an einen Kontext angebunden seien, der ihnen Bedeutung verleihe.[62] Dies führe dazu, dass es keine verbindlichen moralischen Äußerungen mehr gebe, sondern nur noch Meinungsverschiedenheiten ohne Aussicht auf ein Endergebnis.[63] Die Endlosigkeit der Debatten liege darin begründet, dass es keine zwingenden Gründe für eine bestimmte Position gebe. Dadurch aber seien moralische Meinungen letztlich durch persönliche, willkürliche Setzungen beeinflusst.[64] Genau als solche würden sich diese Argumente aber gerade nicht ausgeben, sondern es würde der Anschein vermittelt, sie seien sachliche Argumente bzw. allgemeingültige Normen.[65] Dies mache eine rationale Verständigung unmöglich und laufe nur noch auf Konfliktbewältigung hinaus. Die formal-normativen Ansätze würden nicht wirklich Werte begründen können und daher auch nie zu einem allgemeingültigen Ende gelangen. Grundproblem dieser Diagnosen sei der Verzicht auf ein gültiges Verständnis vom guten Leben.[66] Dies resultiere aus dem Verlust einer göttlichen Autorität, der den Verlust von Status und Be-

[62] Vgl. MacIntyre (1987): Der Verlust der Tugend, 15.
[63] Vgl. a. a. O., 19.
[64] Vgl. a. a. O., 22.
[65] Vgl. a. a. O., 22f.
[66] Vgl. Radić (2011), 68f.

deutung moralischer Urteile nach sich gezogen habe.[67] Durch die Aufklärung sei eine Situation entstanden, „in der der Preis für die Befreiung von dem, was als äußere Autorität der traditionellen Moral erschien, der Verlust jeglichen autoritativen Gehalts der angeblich moralischen Äußerungen des seit neuestem autonom Handelnden war."[68] Menschen könnten nicht als „orts- und geschichtslose Wesen"[69] angesehen werden, ohne dass ihnen dadurch jegliche Orientierung abhandenkomme.

Mit seiner Gegenposition bezieht er sich auf Aristoteles und dessen Tugendtheorie und beschreibt die gemeinschaftliche Einbindung des Einzelnen, die Orientierung an gesellschaftlichen Gepflogenheiten und die Ausrichtung des Menschen auf ein höchstes Ziel als deren entscheidende Kriterien.[70] Seine kommunitaristische Interpretation des aristotelischen Tugendverständnisses betont besonders die Rolle der Gemeinschaft beim Bestimmen des Guten. Das dem Menschen eigene Ziel stelle dabei ein Idealbild dar, das den Kontrast zur Wirklichkeit offenbare. Ethik solle dabei helfen, den Menschen aus dem gegenwärtigen Zustand heraus hin zu diesem Ideal eines guten Lebens zu führen. Dabei ließen sich anhand der Tugenden die konkreten Ziele festmachen, auf die eine Ausrichtung sich lohne. Allerdings könnten diese Ziele nicht mehr auf der Grundlage eines allgemeinen Naturbegriffs definiert werden, weshalb MacIntyre an diese Stelle eine gemeinschaftliche Vorstellung von Tugend und eine Rückkehr zu „lokalen Gemeinschaften"[71] setzt, welche auf der gemeinsamen Praxis, der narrativen Einheit und der Tradition beruhen.[72] So wird im Kommunitarismus jeder als Teil einer Gemeinschaft verstanden, in deren Tradition er hineinwachse und von der er auch profitiere. Entsprechend sei es die Aufgabe, „das eigene Handeln als Beitrag zu den Zielen der Gemeinschaft

---

[67] Vgl. MacIntyre (1987), 86f.
[68] A. a. O., 96.
[69] Radić (2011), 70.
[70] Vgl. Horn (1998), 250.
[71] Rohls (2002): Die Rückkehr der Tugend, 25.
[72] Vgl. Radić (2011), 71f.

zu begreifen“[73]. Darin eingeschlossen sei die Suche nach dem für die Gemeinschaft Guten. MacIntyre geht entsprechend nicht von einem im Vorfeld feststehenden Guten aus, sondern sieht die Möglichkeit von Reflexion und Revision gesellschaftlicher Ziele durchaus gegeben.[74]

Er distanziert sich also von universalistischen Ansätzen. „Es gibt für ihn keine objektive, rein wissenschaftlich legitimierte, universalistische Moral.“[75] Für ihn ist es nicht möglich, eine allgemeingültige Theorie des Guten und einen daran angeschlossenen Tugendkatalog zu entwickeln. Die Frage nach dem Guten ist für ihn weiterhin nicht Sache des Einzelnen, sondern schon in der jeweiligen Situation vorgegeben.[76] Auf die Schwierigkeit der Bestimmung einer allgemeingültigen menschlichen Natur gibt er also die Antwort, dass der Mensch nie für sich allein gesehen werden könne. Er sei immer in eine Geschichte eingebunden, zunächst seine eigene Lebensgeschichte als narrative Einheit, aber auch partiell in die Lebensgeschichten anderer. Nur innerhalb dieser vielschichtigen, interpersonalen Kontexte, für die MacIntyre den Begriff der *Praxis* verwendet, ließen sich Handlungsentscheidungen nachvollziehen.[77] Dabei sieht er die Ebenen der Praxis, der narrativen Einheit und der moralischen Tradition als den begrifflichen Hintergrund seiner Tugendvorstellung. Die drei Bereiche dieses Hintergrunds bauen dabei aufeinander in der genannten Reihenfolge auf. Somit ergeben sich Rückbezüge auf die jeweils vorherigen Bereiche, aus denen die nachfolgenden Bereiche entwickelt werden.[78]

---

[73] Löw-Beer (1993): Der normative Kitt zwischen Lebensformen, 202f.
[74] Vgl. a. a. O., 203.
[75] Honecker (1998): Schwierigkeiten mit dem Begriff Tugend, 176.
[76] Vgl. Borchers (2001), 182.
[77] Vgl. a. a. O., 183.
[78] Vgl. MacIntyre (1987), 250f.

2.1.2.2.1.2 Tugenden als Elemente kommunitärer Praxis

> „Mit ‚Praxis' meine ich jede kohärente und komplexe Form sozial begründeter, kooperativer menschlicher Tätigkeit, durch die dieser Form von Tätigkeit inhärenten Güter im Verlauf des Versuchs verwirklicht werden, jene Maßstäbe der Vortrefflichkeit zu erreichen, die dieser Form von Tätigkeit angemessen und zum Teil durch sie definiert sind, mit dem Ergebnis, daß menschliche Kräfte zur Erlangung der Vortrefflichkeit und menschliche Vorstellungen der involvierten Ziele und Güter systematisch erweitert werden."[79]

MacIntyre definiert seinen Praxisbegriff als einen Tätigkeitskomplex, der institutionell eingebettet ist und dadurch einen sozialen Rahmen besitzt. Er unterscheidet innerhalb der Praxis zwei Arten von Gütern. Äußerliche Güter hingen nur zufällig mit einer Praxis zusammen. Sie könnten auch auf anderen Arten erreicht werden und seien nicht an eine Praxis gebunden. Demgegenüber gebe es einer Praxis inhärente Güter, die nur innerhalb einer Praxis und ihrer Begrifflichkeiten definiert würden und nur durch Teilnahme an dieser Praxis bestimmt und erkannt werden könnten.[80]

Bezüglich der „Maßstäbe der Vortrefflichkeit"[81] unterscheidet MacIntyre ebenfalls zweierlei. So gebe es eine Vortrefflichkeit des Produkts einer Praxis, allerdings aber auch die Vortrefflichkeit des Lebens als Teilnehmer einer solchen Praxis, als „das Gut einer bestimmten Art zu leben"[82]. Um an einer Praxis teilzuhaben, sei es aber notwendig, sowohl die für sie geltenden Regeln als auch die Maßstäbe der Vortrefflichkeit „und die an ihnen gemessene Unzulänglichkeit meiner eigenen Leistung anzuerkennen"[83]. Man müsse sich in seinem Handeln und in seiner Haltung den Gegebenheiten anpassen, die innerhalb der Praxis herrschten, wenn auch eine Kri-

[79] A. a. O., 251f.
[80] Vgl. a. a. O., 252f.
[81] A. a. O., 251.
[82] A. a. O., 254.
[83] A. a. O., 255.

tik an ihnen denkbar sei. Diese könne aber nur dann artikuliert werden, wenn man schon in die Praxis eingeführt sei, wozu man notwendigerweise die bisherigen Maßstäbe zunächst anerkennen müsse. Insofern ließen sich äußerliche und inhärente Güter unterscheiden: Äußerliche Güter hingen demnach mit Besitz und einer Konkurrenzsituation begrenzter Verfügbarkeit zusammen. Inhärente Güter hingegen entstünden zwar aus dem Streben nach Vortrefflichkeit, kämen aber allen Teilnehmern einer Praxis zugute. Durch eine Verbesserung der Maßstäbe der Vortrefflichkeit profitiere schließlich jeder, der an der Praxis teilhabe und sich an ihnen orientiere.[84] Auf dieser Grundlage gibt MacIntyre eine erste Definition seines Tugendbegriffs ab: „Eine Tugend ist eine erworbene menschliche Eigenschaft, deren Besitz und Ausübung uns im allgemeinen in die Lage versetzt, die Güter zu erreichen, die einer Praxis inhärent sind, und deren Fehlen wirksam verhindert, solche Güter zu erreichen."[85]

Konkret nennt er dabei die Gerechtigkeit, die Tapferkeit und die Ehrlichkeit als Tugenden, die für die Teilnahme an einer Praxis und das Anerkennen der in ihr vorhandenen Maßstäbe notwendig seien. Diese Tugenden bestimmten letztlich das Verhältnis zwischen den Teilnehmern einer Praxis und bildeten einen Bezugspunkt für sie, nach dem sie ihr Verhältnis untereinander bestimmten.[86] Welche Verhaltensregeln aber von diesen Tugenden abgeleitet würden, sei Sache der gesellschaftlichen Konvention und könne daher in konkreten Einzelfällen erheblich variieren.[87] Wenn MacIntyre erst davon spricht, dass Tugenden notwendig dafür seien, inhärente Güter zu erreichen, erwähnt er aber auch, dass sie verhindern könnten, äußere Güter zu erreichen. Diese Güter, die man als wirkliche Güter ansehen müsse, nach denen Menschen strebten und die „niemand ohne eine gewisse Heuchelei völlig verachten" könne, könnten durchaus als Nebenprodukt des Erreichens inhärenter Güter auftreten.

---

[84] Vgl. ebd.

[85] A. a. O., 255f.

[86] Vgl. a. a. O., 256.

[87] Vgl. a. a. O., 258.

„Doch ist es bekannt, daß uns die Pflege von Wahrheitsliebe, Gerechtigkeit und Tapferkeit oft daran hindern [kann; F.S.], reich oder berühmt oder mächtig zu werden […].“[88] Diese Gefahr hängt für ihn damit zusammen, dass man Tugenden nur dann besitzen könne, wenn man sie unabhängig von ihren Folgen ausübe und nicht nur „bei Gelegenheit“[89].

Zu diesen praxisimmanenten Tugenden müssten weiterhin moralische Tugenden hinzukommen, die den Charakter grundlegend prägten. Damit sei ausgeschlossen, dass eine Praxis auch schlechte Ziele verfolgen könne, weil dies den moralischen Charaktertugenden widersprechen würde. Diese müssten immer Bestandteil einer Praxis sein.[90] Die Tugenden seien für das Glück unabdingbar. So sei der letzte Sinn aller Praxis immer das Streben nach einem guten Leben. Insofern würden Tugenden zum einen zwar für eine Praxis benötigt, letztlich aber für das Ziel eines guten Lebens, welches erst durch die Praxis realisiert werden könne. Zum Erreichen dieses Ziels seien Tugenden unabdingbar, da nur sie die inhärenten Ziele jeder Praxis erreichbar werden ließen.[91] Tugenden sind für MacIntyre damit die Elemente innerhalb einer Praxis, auf die sich die beteiligten Menschen beziehen, um ihr Verhältnis untereinander zu beschreiben. Der Wert und die Bedeutung einer Tugend würden also bestimmt durch die Übereinkunft der an der Praxis beteiligten Personen. Missachte eine Person diese Übereinkunft, verändere dies die Beziehung zu den jeweils anderen.[92] Welche konkreten Regeln und Formen also für eine Praxis gelten würden, werde maßgeblich durch soziale und historische Gegebenheiten definiert.[93] Konsequenterweise bedeute das aber auch, dass unterschiedliche Gesellschaften zu unterschiedlichen Zeiten ein abweichendes Verständnis von Tugenden hätten bzw. anderen moralischen Grundsätzen

---

88 A. a. O., 262.
89 A. a. O., 265.
90 Vgl. Radić (2011), 72f.
91 Vgl. a. a. O., 76f.
92 Vgl. MacIntyre (1998): Das Wesen der Tugenden, 97f.
93 Vgl. Schockenhoff (2007), 101.

folgten. Die inhaltliche Bestimmung der Tugenden sei somit relativ.[94]

Der Begriff der Praxis müsse weiterhin klar von dem Begriff der Institution getrennt werden. Institutionen bezeichnet MacIntyre als „Träger“[95] der Praxis, deren Funktion es sei, äußere Güter zu erreichen, ohne die eine Praxis auf Dauer nicht ausgeführt werden könne. Dabei komme es den Tugenden zu, das Streben der Institutionen nach externen Gütern auf ein vernünftiges Maß zu beschränken.[96] So würden Institutionen dazu neigen, ihre Macht auszunutzen und in Habgier zu verfallen, was durch Tugenden verhindert werde.[97] Tugendhaftigkeit sei also eine notwendige Bedingung dafür, dass Institutionen ihre Integrität behielten und das Erreichen inhärenter Güter einer Praxis unterstützten. Gleichzeitig seien aber eben auch Institutionen notwendig, um Tugenden auszubilden und zu fördern.[98] So führe die Ausübung der Tugenden in der Regel zu einer besonders starken Haltung gerade auch in gesellschaftlichen Fragen. Außerdem würden Tugenden meist „innerhalb einer bestimmten Gemeinschaft mit eigenen und besonderen institutionellen Formen“[99] erworben.

2.1.2.2.1.3 Narrative Einheit – Handlungsrahmen und personale Identität

Weiterhin sieht MacIntyre den Menschen als eingebettet in eine Erzählung, die ihn ausmache. In der Einheit einer Erzählung, welche Geburt, Leben und Tod miteinander verbinde, ruhe demnach die Einheit des Selbst.[100] Grundlegend für diese Annahme sei dabei, dass Handeln auf Intentionen zurückgeführt werden und nur anhand von ihnen angemessen erklärt werden könne. Die Inten-

---

94 Vgl. MacIntyre (1998), 98f.
95 A. a. O., 101.
96 Vgl. a. a. O., 101f.
97 Vgl. MacIntyre (1987), 260.
98 Vgl. MacIntyre (1998), 103f.
99 MacIntyre (1987), 260.
100 Vgl. a. a. O., 275.

tionen aber könnten innerhalb eines Bedeutungsrahmens erläutert werden. Eine Handlungsintention beziehe sich immer auf Äußerliches, auf eine Institution, auf eine Praxis oder irgendeine andere Umgebung. Das entscheidende Element ist dabei für MacIntyre, dass ein Rahmen eine Geschichte habe, innerhalb der die Geschichten der Handelnden angesiedelt seien. Ohne eine solche Rahmengeschichte sei die individuelle Geschichte des Handelnden nicht zu verstehen.[101] Es geht ihm also darum, die verschiedenen Intentionen des Handelnden in ihrer Gewichtung und Ausrichtung richtig einordnen zu können, was nur durch Betrachtung der verschiedenen Handlungsumstände bzw. Geschichten gelingen könne.[102] Zu einer angemessenen Beurteilung einer Handlung sei es demnach notwendig, sie zum einen in die Geschichte des Handelnden einzuordnen, zum anderen aber auch anhand ihrer Folgen eine Einordnung in die Rahmengeschichte vorzunehmen, innerhalb der sie stattfinde: „Narrative Geschichte einer bestimmten Art erweist sich als die grundlegende und wesentliche Gattung der Charakterisierung menschlichen Handelns."[103]

Intentionen würden erst dann verständlich, wenn sie in eine Rahmengeschichte eingeordnet werden könnten. Eine Handlung als intentional zu erkennen, reiche nicht aus, um sie zu verstehen. Vielmehr müsse vor allem die Intention selbst verstanden werden, was aber nur durch die Einordnung in einen Bedeutungskontext geschehen könne, den MacIntyre Geschichte nennt.[104] Allerdings sei die Geschichte nie die eines Einzelnen, welche er als alleiniger Autor vollständig gestalten könne. Der Mensch sei vielmehr nur Koautor seiner Lebensgeschichte, die von verschiedenen Beschränkungen geprägt sei. So seien es die Mitmenschen, die die eigene Geschichte bedeutsam mitprägten. Gleichzeitig müsse man sich selbst aber auch als Koautor der Lebensgeschichte anderer ansehen, die man durch das eigene Handeln beeinflusse.[105] Um

---

[101] Vgl. a. a. O., 276.
[102] Vgl. a. a. O., 277f.
[103] A. a. O., 279.
[104] Vgl. a. a. O., 280f.
[105] Vgl. a. a. O., 285.

Handlungsorientierung zu erhalten, sei es also notwendig, danach zu fragen, zu welchen Geschichten man gehöre. Nur wenn man seinen Handlungskontext und die Rolle, die man in ihm einnehme, begreife, könne man angemessen auf andere und ihre Ansprüche reagieren. Anhand von fiktiven Erzählungen könne ein solches Rollenverständnis erworben werden.[106]

MacIntyre sieht den Menschen somit als Subjekt seiner eigenen Lebensgeschichte mit einer ihr eigenen Bedeutung. Aus den verschiedenen Handlungen und Situationen sei der Mensch in der Lage, eine zusammenhängende Geschichte zu erzählen, „die uns in die Lage versetzt zu verstehen, wie er zu verschiedenen Zeiten und an verschiedenen Orten ein und dieselbe Person sein und doch so unterschiedlich beschrieben werden konnte."[107] Durch die so erzeugte Einheit entstehe die persönliche Identität eines Menschen.[108] Die Ausrichtung des Menschen auf das Gute bedeutet für MacIntyre dabei, die narrative Einheit eines Lebens möglichst gut zu verwirklichen und zu vervollständigen. Das Gute für den Menschen allgemein müsse dann aber definiert werden als Überschneidung aller individueller Antworten auf die Frage, wie Menschen die Erzählung ihres Lebens möglichst gut vervollständigen könnten. Genau diese Frage nach dem Guten bestimmt er aber als die Grundlage des moralischen Lebens, welche er als Suche beschreibt. Gegenstand dieser Suche sei das Gute, welches als Maßstab anderer Güter, der Tugenden und der Identität des Lebens diene. Dabei sei es aber nicht die Suche nach einem schon definierten Ziel. Dieses würde vielmehr im Laufe des Lebens und mit zunehmender Erfahrung erst erkannt und bestimmt.[109] Hier erhalte aber die Tugend wieder eine besondere Bedeutung, da sie nicht nur für das Ausüben einer Praxis notwendig sei, sondern auch für die Suche nach dem Guten. Sie ermögliche Formen von Gemeinschaft, in denen nach

[106] Vgl. a. a. O., 288f.

[107] A. a. O., 291.

[108] Vgl. a. a. O., 290f.

[109] Vgl. a. a. O., 292f.

dem Charakter dieses Guten gesucht werden könne. MacIntyre gewinnt aus diesen Überlegungen eine Definition des Guten:

> „Das gute Leben für den Menschen ist das Leben, das in der Suche nach dem guten Leben für den Menschen verbracht wird, und die für die Suche notwendigen Tugenden sind jene, die uns in die Lage versetzen, zu verstehen, worin darüber hinaus und worin sonst noch das gute Leben für den Menschen besteht."[110]

So stützt sich MacIntyre auf eine teleologische Grundlage, wenn er feststellt, dass jeder Mensch sein Leben letztlich damit verbringe, nach einem Ziel zu streben. Dieses Ziel lasse dann das Leben als Einheit erscheinen, wodurch Sinn entstehe. Dabei sei aber auch diese Einheit nicht vom Einzelnen erreichbar, sondern nur in Verbindung mit anderen: „MacIntyre will zeigen, dass sich das eigene Verhalten erst dann verstehen lässt, wenn man als Autor seiner eigenen Lebensgeschichte und Co-Autor diverser anderer Geschichten begriffen wird."[111] Orientierung böten somit die Lebensgeschichte und die Lebensumstände, in denen sich jemand befinde. Es brauche letztlich ein oberstes Ziel, welches alle anderen Ziele und Güter ordnen könne und auf das die Tugenden ausgerichtet werden könnten.[112]

2.1.2.2.1.4 Tradition als wandelbare Grundlage der Praxis

Die Menschen würden aber nicht am Anfang einer narrativen Rahmengeschichte beginnen, sondern inmitten von ihr, „wobei die Anfänge ihrer Geschichte schon durch das und den gemacht worden sind, was und wer ihnen vorausgegangen ist"[113]. So sei der Mensch nicht nur in eine Gemeinschaft eingebettet, sondern dadurch gleichzeitig auch in ihre Geschichte, welche seine Identität

---

110 A. a. O., 293.
111 Radić (2011), 74.
112 Ebd.
113 MacIntyre (1987), 287.

maßgeblich beeinflusse. Überzeugungen vom Guten seien immer durch Traditionen vermittelt.[114] Um an einer Praxis teilhaben zu können, müsse man ihre Tradition erlernen, wozu die drei genannten Tugenden benötigt würden.[115] Traditionen und Regeln stellten dabei soziale Übereinkünfte dar und könnten somit in unterschiedlichen Gesellschaften vollkommen unterschiedlich ausgestaltet sein. Eine solche Tradition bringe den Vorteil, dass bei Konfliktfällen immer schon ein Erfahrungsschatz vorliege, auf dessen Grundlage der Konflikt gelöst werden könne.[116] Auf dieser Grundlage entwickelt MacIntyre seinen Traditionsbegriff:

> „Der Eintritt in eine Praxis bedeutet, nicht nur zu denen in Beziehung zu treten, die sie gegenwärtig ausüben, sondern auch zu denen, die uns in dieser Praxis vorangegangen sind, insbesondere die, deren Leistungen die Reichweite der Praxis auf den jetzigen Stand ausgeweitet haben."[117]

Durch die Geschichte und Tradition der Gemeinschaften, zu denen ein Mensch gehöre, würden die Umstände seines Lebens bestimmt, von denen er ausgehen müsse.[118] Dies sei nicht vereinbar mit einem modernen Individualismus, der davon ausgehe, dass man sich von seiner sozialen Identität loslösen könne und die Übernahme von Verantwortung für die Geschichte einer Gemeinschaft in der freien Entscheidung des Individuums liege. Daraus entstehe das Bild eines Menschen ohne Geschichte, das MacIntyre für falsch hält: „Denn die Geschichte meines Lebens ist stets eingebettet in die Geschichte jener Gemeinschaften, von denen ich meine Identität herleite. […] Der Besitz einer historischen Identität und der Besitz einer sozialen Identität fallen zusammen."[119] Auch die Tradition aber sei einer Kritik nicht entzogen. Auch wenn es zunächst notwendig sei, die eigene

---

114 Vgl. Radić (2011), 75.
115 Vgl. MacIntyre (1987), 259.
116 Vgl. Borchers (2001), 184.
117 MacIntyre (1987), 259.
118 Vgl. a. a. O., 293f.
119 A. a. O., 295.

Identität innerhalb der moralischen Gegebenheiten einer Gemeinschaft zu bilden, müsse man diese Gegebenheiten nicht zwangsläufig auch anerkennen. Sie würden einen Ausgangspunkt der Identitätsbildung darstellen, von dem aus man zwar voranschreiten, den man aber nie ganz zurücklassen könne. Weil der Mensch in dieser Sichtweise also immer geprägt von seinem Kontext sei, könne eine abstrakte, universale Darstellung menschlicher Güter nur scheitern.[120] Die Identität des Menschen definiere sich vielmehr aus dem jeweils besonderen sozialen und historischen Kontext. Die Tradition einer Praxis müsse somit immer in Verbindung mit „größeren sozialen Traditionen“[121] gesehen werden. Dabei versteht MacIntyre die Tradition nicht als statisch, sondern als „eine historisch erweiterte und sozial verkörperte Argumentation [...] um die Güter, die diese Tradition konstituieren“[122]. Es gehe dabei also um eine Auseinandersetzung um die richtige Zielsetzung einer Gemeinschaft, die nicht nur in der Gegenwart geführt, sondern die von unterschiedlichen Menschen zu verschiedenen Zeiten immer wieder neu aufgegriffen werde und sich an Vorheriges anschließe. In eine solche Tradition aber sei auch immer die individuelle Geschichte der Suche nach dem Guten eingebettet und dadurch erst verständlich.[123] Um solche Traditionen aufrecht zu erhalten, seien aber ebenfalls wieder Tugenden notwendig:

> „Die Tugenden finden Ziel und Zweck nicht nur darin, die Beziehungen aufrechtzuerhalten, die notwendig sind, wenn die Vielzahl der einer Praxis inhärenten Güter erlangt werden soll, und auch nicht nur darin, die Form eines individuellen Lebens zu erhalten, in dem dieser einzelne sein Gut als das Gut seines ganzen Lebens suchen kann, sondern auch darin, jene Traditionen zu erhalten, die sowohl der Praxis wie dem Leben des einzelnen den notwendigen historischen Kontext liefern.“[124]

---

[120] Vgl. ebd.
[121] A. a. O., 296.
[122] A. a. O., 296f.
[123] Vgl. ebd.
[124] A. a. O., 297.

MacIntyre definiert dazu eine Tugend des adäquaten Gefühls für die eigene Tradition, die er aber nicht mit einem Konservativismus verwechselt wissen will. Vielmehr müsse ein solches Gefühl für Tradition auf die Zukunft hin ausgerichtet sein und somit die Gehalte einer Tradition fördern, aus denen Vorteile für Gegenwart und Zukunft abgeleitet werden könnten.[125] Dass Maßstäbe und Güter auf Grundlage der Tradition aber überhaupt reflektiert und kritisiert werden dürfen, ist ein progressives Element einer ansonsten konservativen Konzeption.

2.1.2.2.1.5 Gemeinschaft und Glück

Für MacIntyre macht es die Suche nach dem guten Leben aus, innerhalb verschiedener Formen der Praxis mitzuwirken und in der Gemeinschaft mit anderen danach zu suchen, was für den Einzelnen richtig ist. Tugenden seien demnach die Fähigkeiten, die es ermöglichten, Teil einer Praxis zu sein, innerhalb dieser Praxis mit anderen zu kooperieren und die inhärenten Güter der Praxis zu erreichen. Der Maßstab des Guten werde ebenfalls nicht über ein universelles Prinzip festgelegt, sondern sei in der jeweiligen Praxis vorhanden und müsse vom Individuum erkannt werden. Ob eine Handlung richtig sei, werde also durch den sozial definierten Kontext festgelegt, in dem sie geschehe. Es werde nicht gefragt, was für den Menschen an sich gut sei, sondern was für einen Menschen gut sei, der diese oder jene Praxis ausübe.[126] MacIntyre erreicht mit dieser Konzeption, dass die Kriterien des guten Lebens innerhalb einer Praxis bzw. Gesellschaft anhand ihrer Tradition objektiv bestimmbar sind.

Folglich könne ohne eine Gemeinschaft, die Grundlage der drei Dimensionen *Kommunitäre Praxis, Narrative Einheit* und *Tradition* sei, überhaupt keine Vorstellung vom Guten und damit keine Moral existieren. Erst auf einer solchen grundlegend geteilten Überzeugung sei es überhaupt möglich, normative Aussagen zu

---

[125] Vgl. a. a. O., 297f.

[126] Vgl. Borchers (2001), 185f.

treffen und diese in Form von Normen zu institutionalisieren. Ein universalistisches Element besteht bei MacIntyre darin, dass er die Tugenden mit dem Charakter verbindet, was zu einer Offenheit für andere Gemeinschaften und Traditionen führt. Der Erwerb von Tugenden sei genau wie ihre Realisierung nur innerhalb einer Gemeinschaft denkbar. Ohne die damit verbundenen inhaltlichen Festlegungen sei eine Moral abstrakt und diene nicht dem guten Leben, sondern „nur zur oberflächlichen Versöhnung der Verschiedenheiten von Überzeugungen und moralischen Gefühlen“[127]. MacIntyre baut sein Modell somit als Alternative zu formalen Ansätzen auf der Grundlage der Gemeinschaft auf. Er kann dadurch von der Möglichkeit verbindlicher normativer Aussagen bei der Handlungsorientierung ausgehen, vertritt aber keinen universalen Anspruch. Die Tugend, die als Fähigkeit zur Teilnahme an der kommunitären Praxis verstanden wird, richtet sich hier anders als in der antiken Ethik nicht mehr an allgemeinmenschlichen Maßstäben aus, sondern an den Gegebenheiten innerhalb der Gemeinschaft. Besonders die Konsequenzen, die aus dieser Neuausrichtung der Tugendethik folgen, sind aber Gegenstand der Kritik.

2.1.2.2.1.6 Schwierigkeiten des Ansatzes

Das Grundproblem dieses Ansatzes sehen Kritiker in der radikalen Ablehnung universalistischer Ansätze und dem alleinigen Vertrauen auf die Stärke von Gemeinschaften. So lassen sich eben diese gemeinschaftlich geteilten und Traditionen entstammenden Überzeugungen vom Guten nicht unabhängig überprüfen. Ebenfalls gibt es keine Kriterien, um bei Konflikten zwischen den Überzeugungen unterschiedlicher Gemeinschaften zu vermitteln. Diese Unbestimmtheit setzt sich bei der unzureichenden Betrachtung des Wesens der Tugenden und ihres Verhältnisses gegenüber anderen Strebungen oder dem Handeln fort.[128] So sind die Tugenden

---

[127] Radić (2011), 75.
[128] Vgl. a. a. O., 80f.

bei MacIntyre inhaltlich unterbestimmt, da sie innerhalb der jeweiligen Formen der Praxis verortet sind. Eine Hilfestellung bei Tugendkonflikten oder zur Infragestellung moralischer Gepflogenheiten wird nicht angeboten.[129] Letztlich fehlt bei MacIntyre durch seine eher gesellschaftlich ausgerichtete Argumentation eine Handlungstheorie und damit die Begründung, warum Tugenden überhaupt ein Wert für das Handeln zukommt.[130]

Grundsätzlich wird die Eignung des Ansatzes bezweifelt, im Gegenzug zur Kritik an modernen ethischen Ansätzen eine eigenständige und umfassende Ethik darzustellen. Ein Gegenentwurf hinsichtlich einer Gesellschaftsordnung, die ohne formale Elemente auskommt, wird von MacIntyre nicht abgegeben.[131] Besonders problematisch aber ist die Rolle der Gemeinschaft. Die Anbindung von Moral an Gemeinschaft ist so stark, dass ohne die Gemeinschaft gar keine Moral möglich ist. Aus moderner Perspektive erscheint eine solche Anbindung nicht praktikabel, da in heutiger Zeit nicht mehr von in sich geschlossenen, einheitlichen Gemeinschaften ausgegangen werden kann. Zwar kommt Tradition und Gemeinschaft auch heute noch ein gewisser Stellenwert zu. Eine zu ausgiebige Betonung dieser Faktoren kann jedoch zugleich eine Partikularisierung teils nationaler Färbung befördern, die einer Lösung globaler Probleme, zu denen auch der Klimawandel in hohem Maße zählt, nicht dienlich ist.[132] Die Abkehr von gesellschaftlichem Pluralismus hin zu einer Zersplitterung in einzelne Gemeinschaften erscheint somit weder machbar noch zweckdienlich. Ohnehin muss dieser Pluralismus als ein großer Vorteil der Moderne verstanden werden, der nicht wieder zurückgenommen werden sollte. Somit besteht das Hauptproblem bei MacIntyre in der Anmaßung anzunehmen, die Gemeinschaft könne dem Menschen eine Vorstellung des Guten vorschreiben. Auf diese Weise lässt sich eine moderne Gesellschaft aber nicht entwickeln. Eine Konzeption des Guten „kann innerhalb einer

---

[129] Vgl. Borchers (2001), 196f.
[130] Vgl. Radić (2011), 80f.
[131] Vgl. Mack (2002), 122.
[132] Vgl. Maaser (1997): Tugendethik, 158f.

neuen Tugendethik für die Ethik insgesamt nur dann hilfreich sein, wenn sie auch eine pluralistische Gesellschaft zulässt und nicht ausschließlich die Tugenden als moralische Grundlage der Gesellschaft betont."[133]

Entgegen seiner eigentlichen Intention öffnet MacIntyre sogar einem Relativismus die Tür, der es verhindert, Maßstäbe und Handlungsweisen innerhalb fremder Gesellschaften zu bewerten.[134] So lange sie sich auf eine wie auch immer geartete Tradition beruft, ist eine Handlung für ihn als richtig anzusehen. Dies erscheint angesichts globaler Menschenrechtsverletzungen als unbefriedigend. Hier zeigt sich schnell das Hauptproblem dieser Konzeption. Sie schafft eigentlich nur ein formales Kriterium für ein gutes Leben. So liegt dies nach MacIntyre nämlich immer dann vor, wenn der Mensch eingebunden in Tradition und narrative Einheit mit anderen gemeinschaftlich einer Tätigkeit nachgeht. Dieses Kriterium trifft allerdings keine inhaltliche Aussage. Folglich wird von Seiten der Kritiker angeführt, dass auch die Teilnahme in einer Skinhead-Gruppe oder vielfache Aktivitäten im Nationalsozialismus dieses formale Kriterium erfüllen, dennoch aber nicht als Beispiele für ein gutes Leben angesehen werden können. Durch die Verortung moralischer Aussagen in Traditionen und lokalen Gesellschaften und die damit verbundene Abkehr von einer universalen Moral wird „die Möglichkeit interkultureller Diskussion und rationaler Auseinandersetzungen über moralische Fragen jenseits kleiner Gemeinschaften"[135] verhindert. Tatsächlich nehmen aber genau diese globalen Diskussionen zu und gewinnen an Notwendigkeit, wozu die Konzeption MacIntyres allerdings nichts beitragen kann. So versucht er, gesellschaftliche Probleme anhand materialer Vorstellungen des Guten zu lösen, die letztlich keine universale Akzeptanz haben, sondern immer nur innerhalb der jeweiligen Gemeinschaft anerkannt sind. Dies ist jedoch kein gängiges Modell für eine demokratische, rechtsstaatliche Gesamtgesellschaft.[136] So sind kontext-

---

133 Radić (2011), 82.
134 Vgl. Borchers (2001), 186.
135 A. a. O., 199.
136 Vgl. Mack (2002), 125.

gebundene Prinzipien zum einen nicht in der Lage, außerhalb ihres Kontextes wirksam zu sein. Zum anderen ist es ihnen nicht möglich, mit anderen Kulturen und Gemeinschaften in einen produktiven Austausch zu treten. Dadurch werden die partikularistischen Ansätze in die Nähe nostalgischer, rückwärtsgewandter Bewegungen gestellt, die einer Welt klarer Ordnungen und Einteilungen nachtrauern und nicht mit der pluralistischen Gegenwart umgehen können.[137]

Auf diese Kritik geht MacIntyre ein, indem er feststellt, dass eben doch nicht alle Tätigkeiten als Praxis angesehen werden könnten. Zwar schließt er nicht aus, dass es auch schlechte Formen von Praxis geben kann, glaubt jedoch nicht, dass sie auch tatsächlich existieren. Allerdings räumt er ein, dass eine Praxis, obwohl sie sich auf etwas Gutes richtet, unbeabsichtigt äußerliche Übel produzieren könne. So berge schon allein der Wunsch nach Vortrefflichkeit die Gefahr, dass er in schädlicher Weise überhandnehme, weshalb auch Tugenden schlechte Folgen haben könnten.[138] Das könne jedoch nicht im Umkehrschluss bedeuten, „daß jede Form von Praxis, wie sie zu bestimmten Zeiten und an bestimmten Orten tatsächlich durgeführt wird, keine moralische Kritik nötig hätte."[139] So könne anhand der Tugenden durchaus Kritik an einer Praxis geübt werden, auch wenn sie zunächst übernommen werden müssten. Im Anschluss könne aber anhand der erworbenen Tugenden die Ausübung einer Praxis kritisiert werden, wenn sie jene Tugenden vermissen lasse.[140] Diese Verteidigung erscheint nicht überzeugend. Das reine Eingeständnis, Praxis sei auch mit schlechten Zwecken denkbar, sagt nichts darüber aus, was nun als Praxis angesehen werden kann und was nicht. Dazu braucht es letztlich „von der jeweiligen Praxis unabhängige Kriterien von richtiger und falscher, guter und böser Praxis"[141].

137 Vgl. O'Neill (1996): Tugend und Gerechtigkeit, 34f.
138 Vgl. MacIntyre (1987), 267.
139 MacIntyre (1998), 109.
140 Vgl. MacIntyre (1987), 268.
141 Schuster (1999): Moralisches Können, 64.

Eine weitere Schwierigkeit ergibt sich aus dem Gedanken vom menschlichen Leben als narrativer Einheit. Es ist zwar einerseits richtig, dass Menschen ihr Leben nicht als zufällige Anhäufung von Situationen und Handlungen erleben. Allerdings entspricht die Betrachtung des Lebens als Einheit ebenfalls nicht der Realität. Erfahrungen von Brüchen, Neuanfängen oder Veränderungen eines Lebens werden hier nicht abgebildet. Eine Flexibilität und Wandelbarkeit der eigenen Identität, wie sie in heutiger Zeit vorkommt oder sogar gefordert ist, ist im Konzept einer narrativen Einheit nicht vorgesehen. Daraus folgt, dass es um so schwieriger ist, ein von allen Menschen geteiltes und angestrebtes oberstes Ziel zu konstatieren. Nicht einmal partikulare Ziele, die faktisch von mehreren Menschen angestrebt werden, müssen zwangsläufig dazu führen, dass eine Verbindung zwischen diesen Menschen entsteht. Unter Menschen, die ein gemeinsames Ziel verfolgen, können sowohl vollkommene Ignoranz, sachbezogene, professionelle Kooperation oder tiefe Verbundenheit herrschen. Das wird allerdings nicht durch das Ziel selbst, sondern durch weitere Faktoren festgelegt. Notwendig ist lediglich die gemeinsame Akzeptanz der für die Praxis erforderlichen Spielregeln.[142] Ebenfalls widerspricht es der Erfahrung, dass in jeder Praxis Maßstäbe des Guten jeweils neu von Grund auf ausgehandelt werden. Zwar gibt es unterschiedliche moralische Regeln und Erfordernisse, allerdings bleiben grundlegende moralische Maßstäbe der Erfahrung nach durchgängig gültig. Ehrlichkeit oder Respekt vor anderen sind in allen Lebens- und Handlungskontexten wünschenswerte Eigenschaften.[143]

Grundsätzlich lässt sich der Gedanke einer von der Gemeinschaft vorgegebenen Vorstellung vom Glück nicht mit einem modernen Glücksverständnis in Einklang bringen. So ist dessen Kerngedanke ja gerade, dass eine Vorgabe dazu, was der Mensch als sein Glück ansieht, nicht mehr denkbar ist.

---

142 Vgl. Borchers (2001), 198.
143 Vgl. ebd.

2.1.2.2.1.7 Möglichkeit der Berufung auf den aristotelischen Tugendbegriff

MacIntyre versteht seinen Ansatz als Aktualisierung aristotelischer Tugendethik. Wie gezeigt wurde, führt diese Aktualisierung zu einem geschlossenen Gesellschaftsbild und zu einem Relativismus hinsichtlich moralischer Wertungen. Wenn das aber eine angemessene Interpretation der aristotelischen Grundlagen darstellt, besteht die Gefahr, dass das Projekt einer auf Aristoteles beruhenden Tugendlehre in Verruf gerät. Das würde besonders dem Versuch schaden, eine solche Tugendlehre auf ein Problem wie den Klimawandel anzuwenden, welches globale Lösungen erfordert. Wenn die Praxis des Klimaschutzes, beziehungsweise ihre Priorität, gesellschaftlich und kulturell unterschiedlich aufgefasst werden, wird es schwer, einheitliche Ziele und Güter zu definieren, die weltweit angestrebt werden können.

Die Beanspruchung einer solchen Traditionslinie erscheint jedoch nicht angemessen, da deutliche Unterschiede zwischen aristotelischer Philosophie und der Position MacIntyres ausgemacht werden können.[144] So setzt sich Aristoteles mit der Tradition zwar ausführlich und wertschätzend auseinander. Dies geschieht aber aufgrund seiner methodischen Vorgehensweise und nicht direkt aufgrund einer inhaltlichen Nähe zu den traditionellen Auffassungen. So erfolgt seine Bezugnahme zunächst neutral ohne Wertung, erst in einem weiteren Schritt wird die Gültigkeit der traditionellen Auffassungen überprüft.[145] MacIntyre selbst gesteht ein, dass die Bezugnahme auf die Tradition etwas sei, das Aristoteles selbst nicht unterstützt habe. Er legt Aristoteles also im Sinne einer Tradition aus, „deren Existenz er selbst nicht anerkannte und auch gar nicht hätte anerkennen können."[146] Der Bezug auf das Historische war Aristoteles fremd. Das Glück, nicht die Tradition hat bei ihm die Funktion einer universellen Prüfungsinstanz.[147] Er vertritt also

---

[144] Vgl. Höffe (1996): Der Kommunitarismus als Alternative?, 103.
[145] Vgl. Horn (1998), 123.
[146] MacIntyre (1987), 198.
[147] Vgl. Höffe (1996), 103.

einen Universalismus, der im Falle des theoretischen Lebens sogar über den Menschen hinaus Gültigkeit beansprucht. Der aristotelische Gedanke von der Gemeinschaft kann ebenfalls nicht kommunitaristisch verstanden werden. So ist Gemeinschaft immer verknüpft mit dem Gemeinwohl, also dem Wohl aller, das sich gegen die Bevormundung durch eine Person, eine Gemeinschaft oder eine Mehrheit richtet. Gemeinschaft bei Aristoteles meint also die Gemeinschaft aller, nicht partikulare Gemeinschaften, und ist somit als universalistischer Begriff zu verstehen. Eine weitere Fehldeutung hängt mit dem Begriff der Lebensform zusammen, die von kommunitaristischer Seite so verstanden wird, als gebe es zu verschiedenen Zeiten in verschiedenen Kulturen spezifische Lebensformen.[148] Dies entspricht aber nicht der aristotelischen Lehre, die sich eher für den Menschen allgemein interessiert. So sind bei Aristoteles die Tugenden als Entsprechungen zu allgemeinen Handlungssituationen zu verstehen und insofern nicht an eine bestimmte Gemeinschaft und ihre Praxis gebunden.[149]

Die hauptsächliche Ursache, die zu einer traditionalistischen Aristoteles-Interpretation führt, ist aber die Bedeutung, die bei Aristoteles der Gemeinschaft für den Tugenderwerb eingeräumt wird. So kann und soll die Tugend innerhalb der Polis erworben werden.[150] An dieser Stelle muss aber auf den Unterschied zwischen dem kontextbedingten und somit partikularen Erwerb der Tugend und ihrer universalen Geltung und Begründung hingewiesen werden:

> „Daß man Tugenden durch Einüben, mithin innerhalb der eigenen Gemeinschaft erwirbt und dabei durchaus gemeinschaftsabhängige Besonderheiten miterwirbt, zieht die universalistische Ethik nicht in Zweifel. Über den gemeinschaftsbezogenen Einfärbungen darf man aber nicht den allgemeingültigen Kern übersehen."[151]

---

148 Vgl. a. a. O., 103f.
149 Vgl. Radić (2011), 82.
150 Vgl. Horn (1998), 123.
151 Höffe (1996), 104.

Tugenden sind bei Aristoteles demnach nicht beschränkt auf einzelne Gemeinschaften, sondern lassen sich in unterschiedlichen Kontexten anwenden. Das liegt auch darin begründet, dass die allgemeinmenschlichen Erfahrungen, auf die Tugenden antworten, in der einen oder anderen Weise in allen Kulturen und Zeiten wiederzufinden sind.[152] Diese traditionsunabhängige Gültigkeit der Tugenden bei Aristoteles kann auch daran erkannt werden, dass er verschiedene Traditionen miteinander vergleicht und Kritik an ihnen übt. Außerdem übernimmt er nicht einfach Tugenden aus einer Tradition heraus, sondern erstellt diese vielmehr selbst neu.[153] Dennoch ist der Hinweis richtig, dass Tugenden immer in einem Kontext von Gemeinschaft oder Tradition ein- und ausgeübt werden. Das ist auch logisch gar nicht anders möglich. Schließlich findet alles Handeln zwischen Menschen in einem gesellschaftlichen Kontext statt, der von Normen und Traditionen geprägt ist. Um Haltungen auszubilden oder sie in praktisches Handeln umzusetzen, muss dieser Kontext immer mitbeachtet werden, um angemessene Handlungsweisen zu ermöglichen. Die Tugenden selbst bleiben in ihrer Bedeutung aber universell und können auch in anderen Gesellschaften oder Traditionen Anwendung finden. So ist das Ziel der Tugenden, nämlich das Glück, universell gültig und gestaltet sich lediglich je anders aus.[154]

Der tugendethische Ansatz MacIntyres kommt also nicht nur hinsichtlich der zu erwartenden Konsequenzen und Implikationen, sondern auch hinsichtlich der Übereinstimmung mit seiner theoretischen Grundlage an Grenzen. Für die Lösung des Motivationsproblems beim Klimaschutz erweist er sich als ungeeignet. So kann er nicht ausreichende Auskunft über das Wesen der Tugend geben, was auch an einer zu eigenständigen Interpretation der aristotelischen Grundlage liegt. Vor allem kann mit MacIntyre die globale Dimension des Klimawandels nicht ausreichend betrachtet werden. Eine tugendethische Lösung, die sich nur auf den Bereich bestimmter, geschlossener Gesellschaften beschränkt,

152 Vgl. a. a. O., 104f.
153 Vgl. Horn (1998), 123.
154 Vgl. Höffe (1998): Aristoteles' universalistische Tugendethik, 56f.

wird höchstens dazu in der Lage sein, in bestimmten Regionen der Welt Wirkung zu erzielen. Sie stellt aber keinen Ansatz dar, auf dem ungeachtet kultureller Unterschiede die Frage nach klimafreundlicher Haltung aufgebaut werden kann. Diese für das Klimaproblem notwendige universalistische Sichtweise findet sich ausgeprägter bei Foot, die Tugenden an die menschliche Natur knüpft.

2.1.2.2.2 Philippa Foot – Tugenden als natürliche Charaktermerkmale

Foots tugendethisches Modell richtet den Fokus nicht auf das gute Leben, sondern auf den menschlichen Charakter. Danach werden Tugenden vor allem als Charaktermerkmale verstanden. Gute Handlungen müssten demnach immer am Maßstab charakterlicher Haltungen bemessen werden. Geprägt sei der Charakter aber vor allem durch die Tugenden, welche von Foot als Teil menschlicher Natur angesehen werden:

> „Im Unterschied zur Konzeption des guten Lebens hebt die Konzeption des menschlichen Charakters nicht die Tugenden im Sinne des Gedeihens oder des Wohlergehens des Menschen hervor, sondern beschränkt sich auf die Explikation der wesentlichen Merkmale seiner Natur bzw. seines Charakters.“[155]

Demnach wird die Tugend als hauptsächliches Merkmal des menschlichen Charakters angesehen, welches sämtliches Handeln, Denken und Fühlen maßgeblich derart präge, dass es sich auf das Gute ausrichte.[156]

2.1.2.2.2.1 Abgrenzung von deontologischen Ansätzen

Foot setzt sich mit ihrer Tugendethik ebenfalls als Alternative von anderen Ansätzen ab und schließt sich inhaltlich der Kritik Ans-

---

[155] Radić (2011), 83.
[156] Vgl. a. a. O., 83f.

combes an. So sieht sie moralische Regeln nicht automatisch dazu in der Lage, allgemein zu entsprechendem Handeln zu motivieren. Wer eine normative Aussage nicht teile, dem würde keine Begründung gegeben, wieso er sie befolgen solle.[157] Für Foot stehen moralische normative Aussagen damit auf einer Stufe mit Konventionen, die man anerkennen könne oder auch nicht. Die besondere Stellung moralischer Aussagen in der Gegenwart leite sich nur noch aus der Strenge ab, mit der sie durchgesetzt würden. Ihre Autorität beruhe letztlich nur auf Gefühlen einer Verbindlichkeit, die aber nicht weiter erklärt werden könne, auch wenn sie immer wieder beansprucht werde.[158] Eine Verpflichtung zum Befolgen eines moralischen Gesetzes hält sie nur für eine individuelle Überzeugung, die im Rahmen moralischen Lernens erwachsen ist, die aber nicht als Begründung unbedingt gültiger Aussagen verwendet werden könne: „Wir kommen daher zu dem Ergebnis, daß moralische Urteile auch nicht mit größerer Berechtigung als Anstandsregeln kategorische Imperative sind."[159] So sei es eben bei beiden der Fall, dass man ihnen nur dann folge, wenn man ihre Gründe nachvollziehbar finde.[160] Gerade diese Auffassung widerspricht aber deontologischen Ansätzen, die den Grund moralischen Handelns in seiner Selbstzwecklichkeit sehen. Moralisch verdienstvoll handle der, der es nicht um eines weiteren Zweckes willen tue, sondern weil es richtig sei, so zu handeln. Demnach begründeten sich moralische Aussagen aus sich selbst heraus. Dadurch aber sei eine Abwertung sämtlicher Handlungen aus Eigeninteresse entstanden.[161]

In der Tugendethik sieht sie hingegen einen Lösungsansatz für das Problem ausschließlicher Betrachtung der Pflichtgemäßheit, die jeglicher Handlung aus Neigung ihren Wert abspreche.[162] Zwar gebe es Handlungen, die pflichtgemäß seien, aber nicht der

---

157 Vgl. Foot (1997a): Die Moral als System hypothetischer Imperative, 93f.
158 Vgl. a. a. O., 94f.
159 A. a. O., 97.
160 Vgl. ebd.
161 Vgl. a. a. O., 98.
162 Vgl. Foot (1998): Tugenden und Laster, 83f.

Pflicht entspringen würden, jedoch scheine es nur schwer möglich, allen Handlungen, die anders motiviert seien, keinen Wert beizumessen.[163] Statt einer moralischen Pflicht sieht sie verschiedene „Tugendinteressen“[164] als verantwortlich dafür, dass der Mensch gut handelt.

2.1.2.2.2.2 Charakter, Tugend und Natur bei Foot

Diese Tugendinteressen würden weitere Gründe bieten, warum man sich beispielsweise für das Wohl anderer einsetzen könne. Zwar dürfe die Hilfe nicht bloß aus dem Wunsch nach Anerkennung geschehen. Sie müsse vielmehr auf das Wohl der anderen gerichtet sein. Dann aber verfolge sie ein anderes, realistischeres Ziel, als nur das, eine moralische Pflicht zu befolgen. Die guten Folgen einer moralischen Handlung seien dann aber nicht mehr nur zufällige Nebenprodukte der Pflichtbefolgung, sondern intendiert. Solche Ziele, wie auch Freiheit oder Gerechtigkeit, seien aber erheblich besser dazu geeignet, zu entsprechendem Handeln zu motivieren, als nur ein Pflichtgefühl. Letztlich gehe es also dem Tugendhaften im Gegensatz zum Regeltreuen wirklich um die moralischen Werte, die im Handeln verwirklicht würden.[165] Wie aber könne dann sichergestellt werden, dass jemand auch tatsächlich diese moralisch wertvollen Ziele im Blick habe und nicht ganz andere? Gehe man nicht von einem moralischen Gesetz aus wie die deontologischen Theorien, könne man nicht verbindlich festlegen, welche Ziele der Tugendhafte anzustreben habe. Foot geht aber davon aus, dass ein moralischer bzw. tugendhafter Mensch ja gerade dadurch ausgezeichnet sei, dass er moralische Ziele besitze. Er habe die Möglichkeit, Normen im Sinne einer nicht bindenden gesellschaftlichen Aufforderung selbstständig zu beurteilen und sich frei zu ihnen zu verhalten. Wenn der moralische Mensch entsprechend einer Norm handle, dann nicht aufgrund des in ihr enthalten Imperativs, sondern weil er als Mensch eben moralisch sei und sich

---

[163] Vgl. a. a. O., 84.
[164] Schockenhoff (2007), 48.
[165] Vgl. Foot (1997a), 99f.

seine moralischen Ziele mit denen der Norm deckten. Genauso widersetze sich der unmoralische Mensch solchen Forderungen, weil er keinen Grund sehe, ihnen zu entsprechen.[166] Die Frage nach moralischem Handeln wird dadurch keine Frage nach Regeln, sondern eine nach dem Charakter.

Die dazu notwendigen charakterlichen Qualitäten seien beim Menschen die Tugenden, welche ihn als moralisches Wesen beschreiben würden. Demnach müsse menschliches Handeln nicht nach seinem Nutzen bewertet werden, sondern nach der Haltung, mit der es vollzogen werde. So sei letztlich auch nicht die Handlung selbst der Gegenstand der Bewertung, sondern der Mensch, der durch sein Handeln seine innere Qualität, sprich seine Tugend, offenbar werden lasse.[167] Für Foot zeigen sich Tugenden an den Absichten und Zielen eines Menschen, die ihn zu Handlungen bewegen und die dann positive oder negative Emotionen in ihm hervorrufen.[168] Sie werden von ihr als Fähigkeiten beschrieben, die natürlicherweise zum Menschen gehören und ihn ausmachen würden. Dies anzuzweifeln käme nach Sicht Foots einem Zweifel daran gleich, das andere natürliche Eigenschaften wie beispielsweise die Sinneswahrnehmung zum Menschen gehörten.[169] Aus der Betrachtung der Tatsachen des menschlichen Lebens ergibt sich bei Foot, dass der Mensch aus Gründen handle und dass er Moral brauche. Für sie wird somit die menschliche Natur zum Maßstab des Guten. Moral wird von ihr als eine der Grundfähigkeiten des Menschen angesehen. Die fehlende Einsicht in die Notwendigkeit moralischen Handelns könne nur mit einem kognitiven Defekt begründet werden.[170] In dieser Weise werden Tugenden als eng zu praktischen Überlegungen zugehörig verstanden. Sie beeinflussten die Auswahl und Gewichtung von Handlungsgründen und motivierten dazu, sie im Handeln umzusetzen. Dabei würden moralische Gründe anderen wie dem Eigeninteresse vorgezogen. Aus

166 Vgl. a. a. O., 100f.
167 Vgl. Radić (2011), 86f.
168 Vgl. Schockenhoff (2007), 73f.
169 Vgl. Borchers (2001), 210f.
170 Vgl. a. a. O., 212f.

einem Abwägungsprozess hinsichtlich einer Handlungsentscheidung entstehe beim Tugendhaften dann moralisches Handeln.[171]

Tugenden seien Korrektive, die Lastern entgegenwirkten. Foot zählt zwar einige Beispiele auf, kommt aber zu dem Schluss, dass eine Beschreibung von Tugenden und Lastern von der Natur des Menschen abhängig sei und Tugendkataloge immer auf ihr beruhen müssten. Es gehe bei den Tugenden grundsätzlich um Dinge, die dem Menschen schwerfielen.[172] Tugenden ließen sich demnach auch verallgemeinern. Entscheidend sei nicht die Frage, was dem Einzelnen möglicherweise in einer bestimmten Situation, sondern darum, was den Menschen allgemein schwerfiele: „Ich habe behauptet, die Tugenden ließen sich als Korrektive der menschlichen Natur im Allgemeinen ansehen, und nicht, daß jede Tugend für jeden einzelnen Menschen eine schwere Aufgabe darstellen muß“[173] Für die inhaltliche Beschreibung der Tugenden erkennt sie somit grundlegende natürliche Prinzipien: „Es ist gewiß klar, daß moralische Tugenden mit menschlichem Wohl und Übel zu tun haben müssen, und es ist ganz unmöglich, alles Beliebige Wohl oder Übel zu nennen.“[174] So sei ein Mensch beispielsweise auf die Funktionstüchtigkeit seines Körpers grundsätzlich angewiesen, gleich, was er zu tun beabsichtige. Davon, dass ein Mensch beispielsweise seine Gliedmaßen oder Sinne niemals gebrauchen wolle, könne schlicht nicht ausgegangen werden.[175]

Demnach versteht sie das als gut, was der eigenen Natur eines Lebewesens entspricht. Jedes Lebewesen besitze eine ihm eigene Qualität, an der es gemessen werden könne.[176] So würde die Bewertung von natürlichen Qualitäten und Defekten bei Pflanzen und Tieren von der jeweiligen Lebensform abhängen: „Biegsamkeit ist für einen Schilfhalm gut, bei einer Eiche hingegen ein Defekt.“[177]

---

171 Vgl. a. a. O., 213f.
172 Vgl. Foot (1998), 78.
173 A. a. O., 81.
174 Foot (1997b): Moralische Überzeugungen, 59.
175 Vgl. a. a. O., 61f.
176 Vgl. Radić (2011), 85.
177 Foot (2004): Die Natur des Guten, 56.

Eine solche Bewertung erfolge in der Regel aber nicht nur anhand eines messbaren Merkmals, sondern anhand der Beobachtung verschiedenster Aspekte einer Lebensform.[178] Beim Menschen könne allerdings nicht Bezug auf solche natürlichen, artspezifischen Ziele und Bedürfnisse genommen werden, wie es bei Pflanzen und Tieren möglich sei. Zu individuell und komplex sei der Bereich menschlichen Lebens, als dass er sich auf einzelne Triebe reduzieren lasse.[179] „Trotz aller Vielfalt menschlichen Lebens ist es aber möglich, ziemlich allgemein menschliche Notwendigkeiten aufzulisten, […] von denen im großen und ganzen das Wohl des Menschen abhängt […].“[180] Unabhängig davon sieht sie zwar die Fähigkeit des Menschen, autonom Entscheidungen treffen zu können, ohne sich an irgendwelche Vorgaben halten zu müssen. Dadurch sei aber noch nichts darüber gesagt, ob man gutes und schlechtes Handeln unterscheiden könne. Diese Frage sei mit der menschlichen Natur verbunden, welche auch in einem modernen Verständnis denkbar sei. So gebe es „Tatsachen über die Natur menschlicher Wesen und des menschlichen Lebens“[181], die allgemein erkannt werden könnten, ohne dabei aber zu restriktiven Vorschriften kommen zu müssen.[182] Ein angemessener Umgang mit dem Begriff der menschlichen Natur sei somit notwendig:

> „Auch wenn die Vorstellung von einer menschlichen Natur von einigen Philosophen mißbraucht wird, wenn sie zeigen wollen, daß Homosexualität gegen die Natur ist und deshalb >falsch<, so sollten wir selbst diesen Begriff mit mehr Ehrlichkeit verwenden und nur in Zusammenhängen, in die er wirklich gehört – indem wir etwa auf die Bedeutung von Freiheit, eines Heims und einer Familie sowie einer Gemeinschaft achten, in der Menschen Liebe und Achtung erfahren.“[183]

---

178 Vgl. a. a. O., 57.
179 Vgl. a. a. O., 64f.
180 A. a. O., 65.
181 Foot/Leist (1997): Gutes Handeln, 41.
182 Vgl. a. a. O., 40f.
183 A. a. O., 42.

Als gutes Leben versteht Foot somit die Realisierung der spezifisch menschlichen Lebensform, welche also durch gutes bzw. tugendhaftes Handeln erreicht werden könne.[184] Das spezifisch menschliche Wohl, welches bei aller Vielfalt auf jeden Menschen zutreffe, sei schwer darzustellen. Es könne aber nicht vom Begriff der Tugend gelöst werden, schon ein intuitiver Zugang mache deutlich, dass der Begriff des Wohls nicht mit schlechtem Handeln in Verbindung gebracht werden könne.[185]

2.1.2.2.2.3 Kritik an Foots Modell

Der Ansatz, die menschliche Natur zur Grundlage der Moral zu machen, stößt auf dem Hintergrund der benannten Unterschiede zwischen moderner und antiker Anthropologie erwartungsgemäß auf massive Kritik. So muss man schon davon ausgehen, zweifelsfrei und umfassend die spezifischen Merkmale des Menschen bestimmen zu können, um daraus eindeutige Schlüsse für das Handeln abzuleiten. Genau eine solche Bestimmung ist aber gerade nicht ohne Weiteres zu leisten, erst recht nicht in Abgrenzung zu anderen Spezies. Ebenfalls kann beim Fehlen bestimmter Merkmale der Status als Mensch nicht abgesprochen werden.[186] Selbst bei einer zweifelsfreien Bestimmung der menschlichen Merkmale kann aus ihnen keine moralische Erkenntnis abgeleitet werden: „Die Tatsachen der menschlichen Natur bilden keinen objektiven Maßstab des Guten: Aus einer Beschreibung der menschlichen Natur folgt in moralischer Hinsicht gar nichts."[187] Nur weil ein bestimmtes Verhalten natürlich oder naturgemäß ist, ist dies noch kein Grund dafür, es auch auszuüben. Aus dem Faktum der Natürlichkeit entsteht noch keine normative Verbindlichkeit.[188]

Wenn auch eine solche normative Verbindlichkeit auf Grundlage der Natur nicht hervorgerufen werden kann, muss Foots An-

---

184 Vgl. Foot (2004), 123.
185 Vgl. a. a. O., 125f.
186 Vgl. Borchers (2001), 223f.
187 A. a. O., 224.
188 Vgl. Steinfath (2013): Werte und Glück, 21f.

satz zugesprochen werden, dass er die Grenzen der Formbarkeit menschlichen Lebens aufzeigt. So ist es für ein gutes Leben unabdingbar, „die naturale Seite unserer Existenz und die allgemeinen Erfordernisse menschlichen Lebens“[189] wahrzunehmen und zu achten. Es gibt zwar keine spezifische Definition des allgemein Menschlichen, aber es können Grundbedingungen des Menschlichen benannt werden, zu denen man sich in verschiedenster Weise verhalten kann.[190] Der Begriff der menschlichen Natur verliert somit nicht vollständig an Bedeutung. Wenn auch das Vorhaben scheitert, das Gute ausschließlich und unmittelbar aus der Natur des Menschen abzuleiten, kommt dennoch kein inhaltliches Glücksverständnis ohne eine angemessene Berücksichtigung natürlicher Grenzen und Gegebenheiten aus.[191] Diese Erkenntnis wird von materialen Theorien des Guten, die im folgenden Kapitel betrachtet werden, erneut aufgegriffen.

2.1.2.3 Kritik an der Tugendethik und moderne Verwendung des Tugendbegriffs

Die Betrachtung der Ansätze von MacIntyre und Foot hat ergeben, dass der Anspruch der Tugendethik, eine Alternative zu moderner Ethik zu bieten, nicht aufrecht erhalten werden kann. Beide Ansätze sind nicht dazu in der Lage, allgemeingültige normative Aussagen zu formulieren. Mit ihren Rückbezügen auf die Gemeinschaft und die menschliche Natur basieren sie auf Grundlagen, aus denen weder allgemeingültige, noch verbindliche Vorgaben für das Handeln formuliert werden können. Gibt es aber keine solche allgemeinverbindliche Grundlage, auf die der Tugendbegriff Bezug nehmen kann, bleibt er inhaltsleer und trägt zur Frage nach dem richtigen Handeln nichts bei. Hauptkritikpunkt an den modernen tugendethischen Ansätzen ist somit der Vorwurf normativer Kraftlosigkeit, der nun ausführlicher betrachtet werden soll.

---

[189] A. a. O., 21.
[190] Vgl. a. a. O., 22.
[191] Vgl. a. a. O., 29.

2.1.2.3.1 Vorwurf normativer Kraftlosigkeit

Eine erste Ursache für die normative Kraftlosigkeit tugendethischer Ansätze ist die Eigenart jedes tugendbasierten Ansatzes, die Einzelhandlung zugunsten der Konzentration auf den Handelnden außer Acht zu lassen. Wie bei Foot wird in erster Linie nach dem tugendhaften Charakter, nicht nach der tugendhaften Handlung gefragt. Selbst wenn ein Akteur tugendhaft ist, muss er immer auch die Umstände der Einzelhandlung berücksichtigen, um tugendhaft zu handeln.[192] Die Eigenheiten des Handelnden, der Handlungsumgebung und anderer Variablen, die bei einer Handlung in ihrer Komplexität meist unbewusst berücksichtigt werden müssen, verhindern pauschale Antworten und allgemeingültige Verhaltensregeln.[193] Durch diese Kontextbezogenheit können allgemeine Verhaltensregeln aber nicht entwickelt werden. Generelle, verbindliche Aussagen in Bezug auf moralische Dilemmata können somit nicht gegeben werden.[194] Da jedoch gerade in einer immer komplexer werdenden Welt moralische Problemstellungen immer häufiger werden, ist die fehlende moralische Orientierungsfunktion bei konkreten Fragestellungen ein Mangel der Tugendethik.[195] Aus Haltungen und Dispositionen lassen sich letztlich keine allgemein verbindlichen Handlungsregeln entwickeln, womit normative Aussagen auf Grundlage einer Tugendethik unmöglich werden.[196] Die Begründung der normativen Kraftlosigkeit durch die Vielschichtigkeit der Handlungssituation kann aber auch positiv gedeutet werden. So gesehen ist die vermeintliche Orientierungslosigkeit dann eher ein Zugeständnis an die Komplexität der Handlungsrealität und durch diese hohe Differenziertheit eher eine Stärke des Tugendbegriffs gegenüber anderen weniger differenziert arbeitenden Alternativen.

---

[192] Vgl. Borchers (2001), 291.
[193] Vgl. Rhonheimer (2001), 227f.
[194] Vgl. Louden (1998): Einige Laster der Tugendethik, 191f.
[195] Vgl. a. a. O., 193.
[196] Vgl. Brumlik (2002): Bildung und Glück, 54f.

Darüber hinaus bietet die Ausrichtung auf den Handelnden nicht nur keine Handlungsorientierung, sondern erfasst außerdem auch die (moralisch relevante) Wirklichkeit falsch und unzureichend. So ist die Ignoranz gegenüber Einzelhandlungen ursächlich dafür, dass der moralische Fehler innerhalb der Tugendethik nicht abgebildet werden kann. Jeder Mensch kann unabhängig von seinem Charakter in bester Absicht einen Fehler machen, der negative Folgen nach sich zieht. Dass aufgrund dieses Fehlers falsch gehandelt wurde, kann die Tugendethik nicht erkennen, da sie nur den möglicherweise untadeligen Charakter langfristig betrachtet.[197] Allerdings besteht auch hier die Möglichkeit, dass sich der Charakter eines Menschen verändert, was eine verlässliche moralische Beurteilung unmöglich macht. Aus dieser Perspektive ist die Tugendethik der Bewertung von Einzelhandlungen unterlegen, die man klarer erfassen kann, als einen sich möglicherweise wandelnden Charakter.[198] Es besteht mehr noch die Gefahr, dass der Tugendethik aufgrund ihrer langfristigen Perspektive die Tendenz innewohnt, einzelne schlechte Handlungen zu marginalisieren. Wenn ein Mensch doch insgesamt ehrlich ist, fällt die einzelne Lüge nicht so schwer ins Gewicht. Eine solche Sichtweise ist natürlich kontraproduktiv und führt zu falschen Resultaten.[199]

Neben der Fokussierung auf den Handelnden liegt die Hauptursache der normativen Kraftlosigkeit in einer Zirkularität bei der Begründung richtiger Handlungen. So wird in der Tugendlehre eine Handlung dann richtig genannt, wenn sie in der entsprechenden Situation von einem tugendhaften Akteur gewählt werden würde. Ein tugendhafter Akteur aber sei jemand, der Tugenden besitze und ausübe.[200] Inhaltlich ist mit dieser Argumentation aber noch nichts gewonnen, will man in konkreten Situationen Handlungsorientierung bieten. Dazu braucht es ein Ziel, auf das die Haltungen gerichtet sind. Ohne eine Grundlage, wie beispielsweise eine Konzeption des guten Lebens kann die Tugendlehre

---

[197] Vgl. Louden (1998), 194f.
[198] Vgl. a. a. O., 196f.
[199] Vgl. a. a. O., 198.
[200] Vgl. Borchers (2001), 288.

also nicht arbeiten. Um normativ wirken zu können, muss die Tugendlehre also Haltungen und Charaktereigenschaften daraufhin bewerten, ob sie einem langfristig guten Leben dienlich sind.[201] Das ist allerdings nur möglich, wenn eine Antwort auf die Frage nach diesem guten Leben vorliegt. Dass eine solche allgemeine Definition dessen, was als gut für jeden Menschen gelten kann, auf der Grundlage moderner Anthropologie nicht mehr möglich ist, wurde bereits gezeigt. Die Frage nach dem menschlichen Glück wird vielmehr auf unterschiedliche Weise beantwortet.[202] Damit ist „ein verbindliches Tugendideal"[203] nicht allgemeingültig formulierbar, da es ohne ein objektives Verständnis vom Guten nicht gelingen kann, eine objektive Tugendliste zu erstellen.[204] Das führt aber zu einer Überforderung bei der Aufgabe zu erkennen, was ein tugendhafter Mensch tun würde.[205] Es besteht also die Notwendigkeit eines Begriffs des Guten, auf den sich Tugenden beziehen müssen. Das wird besonders deutlich bei Handlungsfragen, die sich nicht mit klassischen Tugendkategorien beantworten lassen.[206] Die Tugendlehre scheint also insgesamt nicht ohne vorausgesetzte Annahmen arbeiten zu können. Die Analyse eines moralischen Konflikts und die Abbildung der Handlungsentscheidung gelingen zwar umfangreich, die normative Schlussfolgerung kann aber nicht ohne Weiteres gezogen werden.[207] Es muss also danach gefragt werden, ob unter modernen Bedingungen ein angemessenes Glücksverständnis möglich ist, das die individuelle Autonomie des Menschen berücksichtigt und gleichzeitig als Grundlage dafür dienen kann, materiale Aussagen zum Tugendbegriff zu tätigen.

Durch die normative Kraftlosigkeit ergeben sich erhebliche Probleme für die Tugendethik. Problematisch an diesen Ansätzen ist dabei vor allem ihre Einseitigkeit. Die vollständige Leugnung

---

[201] Vgl. a. a. O., 290.
[202] Vgl. Rhonheimer (2001), 227f.
[203] Horn (1998), 116.
[204] Vgl. ebd.
[205] Vgl. Hacker-Wright (2010), 216.
[206] Vgl. Ricken (1999), 399f.
[207] Vgl. Borchers (2001), 308f.

eines Sollens, „in dem sich der unbedingte Anspruch des Guten artikuliert“[208], führt letztlich dazu, dass moralisches Handeln zu einer Privatangelegenheit wird, die von außen jeder Bewertung entzogen werden kann, da verbindliche Kriterien weder für das Tugendhafte an sich noch für die Einzelhandlung gegeben werden können.[209] So ist gerade die Anwendung einer Tugendethik schwierig, da sie für konkrete Handlungsfragen keine ausreichenden Antworten bereitstellen kann. In vielen Handlungssituationen braucht es ein Wissen über das richtige Verhalten, um sich in einer immer komplexeren Welt orientieren zu können. Besonders in Situationen extremer Handlungsunsicherheit hilft ein alleiniger Verweis auf die Tugenden nicht dabei weiter, eine sichere Handlungsentscheidung zu treffen. Dazu taugen gerechte Normen und Gesetze aber sehr wohl.[210] Eine ausschließliche Konzentration auf die Tugenden ist darüber hinaus schon deshalb nicht möglich, weil sich niemand ausschließlich auf die Tugendhaftigkeit der anderen verlassen wollen würde. So sind es gerade moralische Mindeststandards, die nicht in Frage gestellt werden bzw. von der Tugendhaftigkeit der Akteure abhängen dürfen und deshalb durch Regeln gesichert werden müssen. Der Fall des nicht tugendhaften Menschen zeigt deutlich die Notwendigkeit von Regeln auf, damit auch ein solcher nicht ungehindert unmoralisch handeln kann. So ist das Einhalten einer Regel eben eine erheblich einfachere Aufgabe als das Erwerben einer Tugend. Da Regeln konkreter und ihre Befolgung nach außen deutlicher sichtbar sind, ist es darüber hinaus leichter, moralische Forderungen auf solcher Grundlage aufzustellen, statt die Ausbildung und Ausübung von Tugendhaftigkeit zu fordern.[211] Hier wird also besonders die Ebene gesellschaftlicher Fragestellungen berührt. Für das Zusammenleben von Menschen erscheint eine ausschließliche Bezugnahme auf die Tugend als unzureichend. Gesellschaftliche Normen, Regeln und Gesetze können nur in der utopischen Idealsituation überflüssig

---

[208] Schockenhoff (2007), 50.
[209] Vgl. ebd.
[210] Vgl. Radić (2011), 110f.
[211] Vgl. Borchers (2001), 313f.

werden, in der es ausschließlich tugendhafte Mitglieder einer Gesellschaft gibt. Will man auf Grundlage des Tugendbegriffs also Aussagen über einen für den Klimaschutz notwendigen gesellschaftlichen Wandel treffen, ist es somit notwendig, Überlegungen zu Wechselwirkungen zwischen Tugenden und institutionellen Regulierungen anzustellen.

2.1.2.3.2 Unterordnung der Tugendethik unter die normative Ethik

Aufgrund der normativen Kraftlosigkeit und der ausschließlichen Fokussierung auf den Handelnden können tugendethische Ansätze ihren Anspruch somit nicht aufrecht erhalten, eine eigenständiges Ethikmodell zu bieten. Gerade bei Fragen der praktischen Anwendung besteht also offenbar die Notwendigkeit, auf Normen und Regeln zurückzugreifen. Abgesehen von den tugendethischen Ansätzen kommt dem Tugendbegriff in der Moderne dadurch keine eigene Bedeutung mehr zu. Er wird vielmehr in deontologische Ansätze integriert und dort als die Motivation zur moralischen Pflicht verstanden, der der Einzelne zu folgen hat. Dabei wird Tugend vollends zu einer Kategorie im Bereich des Sollens und nicht mehr – wie beim klassischen Tugendbegriff – als „sittliches Sein-Können“[212] verstanden. Tugend ist hier nicht mehr als die Übereinstimmung des Willens mit der Pflicht. Tugendhaft handelt, wer der moralischen Pflicht aus eigenem Antrieb und mit Freude nachkommt. Diese kantische Sichtweise beschneidet die Bedeutung der Tugend im Vergleich zur klassischen Auffassung allerdings massiv. Weder eine Haltung, noch Fähigkeiten sind hier mit dem Tugendbegriff verbunden, sondern lediglich die Frage nach richtiger Gesinnung auf einer rein kognitiven Ebene. Von einer solchen Grundlage aus lässt sich dann auch der Schluss ziehen, Tugenden seien die Fähigkeiten, mit Hilfe derer das als richtig Erkannte auch in die Tat umgesetzt werden könne.[213] Die Funktion von Tugend- und Lasterwörtern besteht dann nur darin,

[212] Mieth (1984), 49.

[213] Vgl. Schüller (1980): Die Begründung sittlicher Urteile, 300.

richtig und falsch zu unterscheiden. Ob sie sich auf Haltungen oder Handlungen beziehen, macht dabei keinen Unterschied. Sie ordnen und gruppieren dann lediglich spezielle Verhaltensweisen. Inhaltlich unterscheiden sich Aussagen von Tugenden und von Pflichten nicht mehr, sondern lediglich hinsichtlich ihrer Gliederung.[214] Letztlich werden die Tugenden aus dieser Perspektive als sittlich guter Wille, als Entschlossenheit auf das Gute hin verstanden.[215] Die materiale Bestimmung des sittlich Richtigen wird demnach durch normative Ethik getätigt, der Tugend kommt nur die Aufgabe zu, die so erkannte Pflicht in die Tat umzusetzen.[216] Dass dies dem Tugendbegriff nicht in vollem Umfang gerecht wird, fasst Mieth treffend zusammen:

> „Wenn man Tugend in der Pflichtenethik aufgehen läßt und nur als die zureichende gute Motivation zur Pflicht betrachtet, […] dann ist Tugendethik eigentlich erledigt. Dann ist Tugendethik nichts anderes als ein formaler Gesichtspunkt innerhalb einer normativen Ethik.“[217]

Um Tugenden mit Pflichten in Beziehung zu setzen, werden sie auf Einzelhandlungen angewandt. Durch diese Engführung fällt aber das für sie so wichtige Element des Handlungsmusters weg. Tugendhaft ist schließlich klassischerweise nur derjenige, der beständig und verlässlich richtig handelt. In Konsequenz können Tugenden dann keine Aussage mehr über die Haltung beziehungsweise den Charakter eines Menschen treffen, sondern unterstützen nur noch normative Aussagen über Einzelhandlungen.[218] Wenn Tugend so aber nur noch „ein Synonym für den guten Willen, dem moralischen Gesetz zu folgen“[219], ist, werden alle Einzeltugenden überflüssig beziehungsweise zu Unteraspekten. Beson-

---

[214] Vgl. a. a. O., 301f.
[215] Vgl. a. a. O., 304.
[216] Vgl. Mieth (1984), 51.
[217] A. a. O., 52.
[218] Vgl. a. a. O., 53.
[219] Schockenhoff (2007), 57.

ders die Tugend der Klugheit, welche das erkennt, was in der konkreten Handlungssituation das Gute ist, wird so nicht ausreichend berücksichtigt. „In seinem Vollsinn impliziert der Tugendbegriff vielmehr [...], dass die sittlich gute Gesinnung und das richtige Urteil in einer gegebenen Situation übereinkommen."[220] Tugenden sind mehr als nur Mittel zur Erfüllung der Pflicht. Sie sind selbst Handlungskräfte, die den Menschen nicht nur dazu bringen, der Pflicht gemäß zu handeln, sondern dieses pflichtgemäße Handeln gern zu tun.[221]

Dennoch kann nicht geleugnet werden, dass die Tugendbegriffe nicht letztbegründend sind. Bei der Bewertung einer Handlung spielen aber Tugend- und Sollensethik eine gemeinsame Rolle. Ob die Handlung als pflichtgemäß angesehen werden kann, kann unabhängig von der Bewertung des Charakters des Handelnden beantwortet werden. Die Intention des Handelnden ist jedoch nur mit Kenntnis seines Charakters ersichtlich.[222] Offenbar besitzen also sowohl Tugend- als auch Pflichtbegriffe ihren je eigenen Betrachtungsgegenstand und ihre je eigenen Vorzüge. Das wiederum zeigt aber, dass nicht gleich jegliche Tugendlehre unmöglich wird, nur weil die tugendethischen Ansätze ihren Anspruch nicht einlösen können. Klar ist bislang nur, dass der Tugendbegriff allein für ethische Überlegungen nicht ausreichend ist. Ob er aber noch eine eigene Berechtigung besitzt, die über die Integration in deontologische Ansätze hinausgeht, bleibt bislang offen.

2.1.3 Zwischenergebnis: Tugend nicht ohne Norm – aber Norm auch nicht ohne Tugend

Die Betrachtung der Position der Tugendethik in der Moderne ist auf den ersten Blick ernüchternd. So hat sie ein Legitimationsproblem aufgrund der Tatsache, dass sie in ihrer Tradition auf einem

[220] A. a. O., 58.
[221] Vgl. a. a. O., 59.
[222] Vgl. Ricken (1999), 396.

Welt- und Menschenbild beruhte, welches heute nicht mehr haltbar ist. Gerade dessen Veränderung führte aber dazu, dass die modernen ethischen Ansätze die Tugendethik ablösten. Es ist also aus dieser historischen Perspektive heraus zunächst nicht ersichtlich, warum heute noch ein Rückgriff auf eine scheinbar überholte Ethik erfolgen sollte. Allerdings konnte in der tugendethischen Kritik an moderner Ethik gezeigt werden, dass der Tugendbegriff eine eigene Relevanz hat, die ihn vom Pflicht- oder Nutzenbegriff abhebt. Der Tugendbegriff besitzt Stärken beispielsweise bei der ganzheitlichen Betrachtung von Handlungsentscheidungen und vor allem hinsichtlich moralischer Motivation. So treffend die Kritik der modernen Tugendethiker auch die Schwächen der normativen Ethik aufdeckt, so wenig zufriedenstellend erscheinen ihre eigenen Ansätze. Dabei besteht das Grundproblem, dass aufgrund der Unmöglichkeit, ein objektives Gutes zu bestimmen, eine Tugendethik allein keine Handlungsorientierung bieten kann. Der Versuch MacIntyres, durch die Aufgabe des aristotelischen Anspruchs der Universalität zu normativen Aussagen zu gelangen, erscheint in einer modernen Gesellschaft nicht praktikabel. Ebenso verhindert die Vernachlässigung von Einzelhandlungen durch die Tugendethik eine effektive Hilfestellung bei ethischen Konflikten. Es scheint also, als sei es nicht möglich, weder mit einer reinen Normen- noch mit einer reinen Tugendethik die Frage nach dem guten Handeln vollständig zu beantworten.

Deutlich wurde, dass ein gesellschaftliches Problem wie das des globalen Klimawandels nicht allein mit einer Tugendethik bearbeitet werden kann. Gerade auf der Ebene gesellschaftlicher Regulierung fehlt der Tugendethik die normative Verbindlichkeit. Auf individueller Ebene wird die Tugendethik vom Vorwurf normativer Kraftlosigkeit allerdings weniger hart getroffen. Die normative Kraftlosigkeit besteht erst einmal nur darin, keine allgemeingültigen Handlungsregeln bereitstellen zu können. Nicht gemeint ist jedoch, dass der Tugendhafte nicht wüsste, wie er sich verhalten soll. Wer eine Vorstellung vom Guten besitzt und eine entsprechende Haltung dazu entwickelt, wird durch die Tugend der Klugheit sogar verlässlich richtig handeln. Kritisiert wird hingegen nur, dass eben dieses Handeln nicht vorausgesagt bzw. anhand von Handlungsregeln allgemeingültig festgelegt werden kann. Eine Tugendethik, die einen absoluten Anspruch auf Gültigkeit in allen Bereichen menschlichen Handelns und Lebens vertritt, scheitert somit an der gesellschaftlichen Ebene. Übrig bleibt aber eine Tugendlehre, die sich auf individuelles Verhalten ausrichtet und in gesellschaftlichen Fragen eine Komplementarität mit normativen Ansätzen anstrebt. Das bedeutet aber, dass eine angemessene Tugendlehre nicht nur das individuelle Verhalten berücksichtigen kann, sondern sich ebenfalls fragen muss, wo ein Anschluss an Normen und Regeln auf gesellschaftlicher Ebene hergestellt werden kann. Nur wenn man davon ausgeht, dass sich Tugenden und Normen nicht gegenseitig ausschließen, sondern zusammenwirken, entfaltet der Tugendbegriff seine Wirkung auch hinsichtlich gesellschaftlicher Fragestellungen. Vor allem muss dabei berücksichtigt werden, dass nicht alle normativen Ansätze mit dem Gedanken individueller Tugend vereinbar sind. Im Zusammenhang mit der hier vorgestellten Tugendlehre wird eine solche Anschlussmöglichkeit beim Konzept des politischen Liberalismus gesucht.

Besonders für das Problem des Klimawandels erscheint ein auf dem Tugendbegriff basierender Ansatz aber reizvoll. So ist neben politischen Fragestellungen ja gerade das alltägliche individuelle Verhalten jedes Einzelnen und eine sich daraus ergebende kollektive Haltung Ursache für die Bewahrung oder Zerstörung des Klimas. Es wird also im Folgenden weiter untersucht werden, was der Tugendbegriff zur Frage nach dem individuellen Handeln beitragen kann. Deutlich wurde bis zu diesem Punkt schon, dass die Frage nach dem Guten bzw. nach dem Glück, auf welches sich die Tugenden ausrichten, großen Einfluss auf die Fruchtbarkeit einer Tugendlehre haben wird. Um hier aber größere Klarheit erlangen zu können, muss der Zusammenhang zwischen Tugend, Handeln und Glück unter den Voraussetzungen einer modernen Anthropologie näher betrachtet werden.

2.2 Teleologische Handlungstheorie

Die Betrachtung dieses Zusammenhangs erfolgt auf Grundlage einer teleologischen Handlungstheorie, die sich an der aristotelisch-thomanischen Tradition orientiert. Im Zusammenhang mit der Betrachtung der Motivationspsychologie wurde ihre weiterhin bestehende Aktualität deutlich. Eine Diskussion der verschiedenen alternativen Handlungstheorien, die vor allem im Bereich von Soziologie und Psychologie bestehen, würde an dieser Stelle aber zu weit führen, zumal die teleologische Handlungstheorie historisch und inhaltlich eng mit dem Tugendbegriff verknüpft ist. So sind sowohl die klassische Tugendlehre als auch die modernen tugendethischen Ansätze eng mit dem Gedanken verknüpft, dass der Mensch auf Ziele hinstrebend handelt.

2.2.1 Vernunft, Wille und Handeln – Menschliches Handeln als vernünftiges Streben

Grundsätzlich meint Handeln auf dieser Grundlage also ein Streben hin auf ein praktisches Gut oder Ziel.[223] Erst in diesem Bereich menschlichen Tuns kann zwischen Kategorien des Guten und Schlechten unterschieden werden, da Ziele gut oder schlecht sein können.[224] Zur angemessenen Beurteilung dessen, was genau das Gute ist, das erstrebt wird, müssen zwei Ebenen in Übereinstimmung gebracht werden. Zunächst ist das Handlungsziel nur scheinbar gut, also etwas, das der Handelnde für gut erachtet. „Die entscheidende Frage der Praxis besteht nun darin zu klären, welches die Bedingungen dafür sind, dass dieser ‚Schein' […] auch das ‚in Wahrheit Gute' ist."[225]

Das Wollen und Streben des Handelnden muss also, um richtig zu handeln, auf das in Wahrheit Gute ausgerichtet sein. Im Gegensatz zu anderen Ansätzen sucht die Tugendethik also aus der Per-

---

[223] Vgl. Rhonheimer (2001), 49.
[224] Vgl. Baechler (1992): Virtue, 32.
[225] Rhonheimer (2001), 51.

spektive des Handelnden heraus nach dem Guten. Sie versucht nicht, aus einer neutralen Beobachterperspektive allgemeine Aussagen über das Gute zu treffen.[226] Die Grundursache des Strebens ist dabei also die Kenntnis des Guten. „Die Vernunft erfasst intentional das Ziel des Willens, welches dann vom Willen verwirklicht wird. […] Der Wille kann erst tätig werden, nachdem die Vernunft ihm ein Ziel vorgelegt hat."[227] Das Gute und das Ziel des Strebens sind demnach identisch. Das Gute aber wird durch die Vernunft erfasst. Die Vernunft hat also nicht nur die Aufgabe der Mittelwahl, sondern gibt dem Menschen ein Ziel vor, „dessen Erreichen der Mensch dann anstreben kann oder nicht"[228].

Das Streben als solches kommt allerdings nicht ausschließlich dem Menschen zu. Nicht vernunftbegabte Lebewesen werden demnach in ihrem Tun unmittelbar durch das ihnen eigene Streben beeinflusst. Sie besitzen keine Möglichkeiten, sich irgendwie zu diesen natürlichen Strebungen zu verhalten, sondern können nicht anders, als ihnen nachzugeben und zu folgen.[229] Der Mensch als vernunftbegabtes Wesen aber hat sehr wohl die Möglichkeit, sich zu seinen natürlichen Strebungen zu verhalten. Er kann selbstständig ein Ziel erkennen und es aus sich heraus anstreben.[230] Insofern muss der Mensch das Ziel seines Strebens im Vorfeld als das Gute erkennen. Hier besteht wieder ein Unterschied zum Tier, das zwar das Ziel anstrebt, es aber nicht als solches bewusst reflektiert. Der Mensch jedoch kann ein Ziel als solches erkennen und Mittel zum Erreichen des Ziels finden.[231] Daraus ergibt sich aber, dass nicht alles menschliche Tätigsein auch als Handeln angesehen werden kann. So ist der Mensch schließlich auch tätig, ohne von Vernunft geleitet zu sein, beispielsweise bei reflexhaften Handlungen oder Handlungen im Schlaf. Menschliches Handeln ist demnach nur willentliches oder intendiertes Handeln, dessen der

---

226 Vgl. a. a. O., 52.
227 Fritz (2009): Der naturalistische Fehlschluss, 222f.
228 A. a. O., 223.
229 Vgl. a. a. O., 219.
230 Vgl. a. a. O., 220.
231 Vgl. ebd.

Mensch sich bewusst ist. Nur ein solches Handeln ist aber auch Gegenstand von Ethik. Tätigkeiten, die ohne Intention, also ohne Reflexion durch die Vernunft ausgeübt werden, sind hingegen sittlich belanglos, da sie mithilfe sittlicher Kriterien und Begriffe nicht bewertet werden können.[232] Besonders das Kriterium der Intentionalität zeichnet also menschliches Handeln aus. So werden vernunftgeleitete Handlungen nicht ohne ein unmittelbares Handlungsziel ausgeübt, das dem Handeln einen Sinn gibt. Bei der Frage *Was tust du?* geht es demnach nicht um die äußerlich beobachtbare Handlung an sich, sondern darum, wozu diese ausgeübt wird. Diese Intentionen beschreiben eine „unterste Schwelle"[233] von Handlungsbegründungen, die von Absichten höherer Ordnung unterschieden werden können. Gemeint ist noch keine Handlungsabsicht, sondern eher eine Handlungsbeschreibung oder -interpretation.[234]

Die Aufgabe der Vernunft besteht also im selbstständigen Setzen der eigenen Handlungsziele und dem freien Verhalten zu den eigenen natürlichen Strebungen. Will man aber Aussagen über gutes und schlechtes Handeln treffen, ist eine nähere Bestimmung dieser Ziele notwendig. Hier ist die Betrachtung der Handlungsobjekte aufschlussreich. Genau danach wird mit der Frage *Was tust du?* gefragt. So wird mit dem Handlungsobjekt das beschrieben, was die Art der Handlung ausmacht, was also genau getan wird. Dieses Handlungsobjekt ist aber immer an ein Ziel oder einen Zweck gebunden, um dessen Willen man etwas tut. Es hat somit mit der Absicht, dem inneren Wollen zu tun. Selbst ohne ein höher liegendes Ziel kann jede Handlung mit einer Absicht in Verbindung gebracht werden, die schon vor der eigentlichen Handlung besteht.[235] In der Regel werden Handlungen aber immer mit einer Absicht ausgeführt, die über die Tätigkeit selbst hinausreicht. Tätigkeiten oder Körperbewegungen können immer nur unter Zuhilfenahme einer Grundintention verstanden werden,

---

232 Vgl. Rhonheimer (2001), 55f.

233 A. a. O., 57.

234 Vgl. a. a. O., 56f.

235 Vgl. a. a. O., 96f.

also des unmittelbaren Ziels, welches mit der Tätigkeit verfolgt wird. Die erste Antwort auf die Frage *Was tust du?* bezieht sich somit auf die „intentionale Basis-Handlung“[236]. Jede Handlung beinhaltet somit immer eine Intention, die vom Handelnden gewählt wurde. Diese Basishandlungen können dann durch zusätzliche, höher liegende Intentionen im Sinne einer logischen Mittel-Ziel-Kette erweitert werden. Bei Überlegungen zu Handlungen muss also immer die Ebene der Intentionen berücksichtigt werden. Ohne ein Ziel, eine Intention sind Tätigkeiten keine Handlungen.[237] Es muss aber zwischen den intentionalen Basishandlungen, also unmittelbaren Handlungsabsichten der ersten Stufe, und den darüber hinausgehenden Intentionen unterschieden werden. Eine erste Intention ist notwendig, um einen Handlungsgegenstand als solchen überhaupt beschreiben zu können. Die weiteren Intentionen geben Auskunft darüber, aus welchen Gründen diese erste Handlung ausgeübt wird.[238] Diese Begründung aber erfolgt auf ein bestimmtes Ziel hin. Handlungen werden in der Regel als Mittel zu höherliegenden Zielen begründet. Die Ausrichtung auf ein Ziel gibt damit letztlich den Grund an, warum eine Handlung gewählt wurde.[239]

Der Mensch ist also in der Lage, sich Fragen zu seinem Handeln zu stellen und über die Ziele seines Handelns nachzudenken. Somit sind Ziele dem Menschen nicht natürlicherweise vorgegeben. „Der Mensch regelt das sinnliche Streben mit Hilfe der ihm eigenen Vernunft, die nicht den sinnlich gegeben Gegenständen instinktiv hörig ist.“[240] Diese sinnlichen bzw. natürlichen Strebungen stehen in Zusammenhang mit der Leiblichkeit des Menschen und können auf Willen und Vernunft Einfluss nehmen. Sie richten sich auf etwas sinnlich Wahrnehmbares und lösen Emotionen aus.[241] Um nun vernunftgemäß zu handeln, besteht die Aufgabe

236 A. a. O., 98.
237 Vgl. a. a. O., 98f.
238 Vgl. a. a. O., 99.
239 Vgl. a. a. O., 100f.
240 Fritz (2009), 221.
241 Vgl. Rhonheimer (2001), 151f.

nicht darin, möglichst alle Leidenschaften komplett auszuschalten. Dies würde bedeuten, einen Teil des Menschseins zu unterdrücken, da ja Leidenschaften einen wesentlichen Teil des Menschen ausmachen. Leidenschaften können die Ausrichtung auf das Gute und Motivation zum Handeln bewirken, sofern diese in die praktische Vernunft integriert werden. Leidenschaften werden dann förderlich, wenn sie von der Vernunft geordnet sind.[242] „Der Mensch als Ganzer besitzt dann jene affektive Konnaturalität mit dem sittlich Guten, das es ihm ermöglicht [!] mit Leichtigkeit und Spontaneität, ja mit schlagartiger Sicherheit, aus Leidenschaft das hier und jetzt Vernünftige zu erfassen und zu tun.“[243] Ohne eine solche Integration in die praktische Vernunft haben Leidenschaften allerdings einen störenden Einfluss auf das menschliche Handeln. Dann nämlich überstimmt das sinnliche Urteil das vernünftige. Es wird folglich angestrebt, was die Leidenschaft und nicht die Vernunft als gut beurteilt.[244] Entscheidend für die Beurteilung einer Leidenschaft ist also letztlich, ob diese der Vernunft entspricht. Handlungen können immer dann als gut angesehen werden, wenn sie zwar von einer Leidenschaft maßgeblich beeinflusst werden, aber der Vernunft entsprechen. Eine Handlung muss, um gut zu sein, also nicht zwingend aufgrund, sondern lediglich gemäß der Vernunft vollzogen werden.[245] Das vernunftgemäße Streben unterscheidet sich insofern vom natürlichen Streben, als dass es sich nicht auf einen sinnlich wahrnehmbaren, sondern auf „einen intellektiv erfassten Gegenstand“[246] richtet.[247] Die Vernunft ist somit das „Erst-Prinzip“[248] menschlichen Handelns und macht die besondere Stellung des Menschen aus, die ihn aus natürlichen Festlegungen befreit. Der Mensch ist durch die Fähigkeit, eigene

---

[242] Vgl. a. a. O., 152f.

[243] A. a. O., 153.

[244] Vgl. a. a. O., 154.

[245] Vgl. a. a. O., 155f.

[246] Fritz (2009), 221.

[247] Vgl. ebd.

[248] Merks (1978): Theologische Grundlegung der sittlichen Autonomie, 131.

Ziele zu setzen, selbst- und nicht fremdbestimmt.[249] Die praktische Vernunft ist dabei auf das Handeln ausgerichtet:

> „Der spezifische Akt der Vernunft als solcher ist nach Thomas das Zusammenordnen, insbesondere das schlußfolgernde Zusammenordnen von Urteilen im Kontext von Begründungsanalyse und Begründungsentwurf. Das Attribut ‚praktisch' besagt zunächst […] nichts anderes als die Hinordnung auf ein Handeln."[250]

Entscheidend für den praktischen Charakter der Vernunft ist bei Thomas von Aquin darüber hinaus aber, dass sie sich auf ein wirkliches, autonomes Wollen bezieht. „Im Akt der praktischen Vernunft stellt der Handelnde fest, daß er etwas will, und er bestimmt, was er will und auf welchem Wege er sein Wollen verwirklichen kann."[251] Das Wollen bewegt dabei zur Handlung, die Vernunft aber gestaltet und überprüft das Streben, „wobei die Vernunftüberlegungen selbst um des Gewollten willen angestellt werden und insofern vom Willen vorangetrieben werden."[252] Das hauptsächliche Wesensmerkmal vernünftigen Handelns ist, dass es frei ist. Es beruht auf Urteilen der Vernunft, die das Streben reguliert und bewertet, indem sie die Möglichkeit besitzt, verschiedene Perspektiven einzunehmen. Affekte oder sinnliches bzw. triebhaftes Streben können sich nicht selbst reflektieren. Aus ihrer Perspektive ist das von ihnen angestrebte Handlungsziel immer gut. Die Vernunft hingegen kann weitere Perspektiven als die sinnliche einnehmen und das sinnliche Streben einordnen.[253] Eine freie Handlung entsteht immer erst dann, wenn sie von einer Absicht und einer bewussten Entscheidung begleitet ist. So ist die reflektierte Handlungsentscheidung das zentrale Moment der Freiheit im menschlichen Handeln.[254]

---

[249] Vgl. a. a. O., 130f.
[250] Schröer (1995): Praktische Vernunft bei Thomas von Aquin, 196.
[251] A. a. O., 197.
[252] Ebd.
[253] Vgl. Rhonheimer (2001), 53f.
[254] Vgl. Brenner (2014), 29f.

> „Nur er [der Mensch; F.S.] vermag sein konkretes Handeln im Licht erkannter Ziele zu überdenken und im praktischen Urteilen Mittel-Zweck-Relationen festzusetzen, zu denen er sich frei entscheidet. Sich selbst und sein Tun beurteilend wird er zur Ursache seiner selbst und seines Handelns und vollzieht so die ihm aufgetragene Freiheit […].“[255]

Die Besonderheit menschlichen Handelns besteht also nicht in ihrer Zielgerichtetheit selbst, sondern in deren freier Bestimmtheit durch die Vernunft.[256] So sind Vernunft und Wille die Voraussetzung für das „Herrsein des Menschen über sein Tun“[257]. Sie ermöglichen ihm die freie Wahl seiner Handlungen.[258] Dadurch begründet sich die Individualität jedes Menschen. Er tritt nicht einfach als ein Exemplar seiner Art auf, welches sich in ähnlichen Situationen auch immer gleich verhält. Durch seine Fähigkeit, vernünftig zu überlegen, kann er sich zu seiner Umgebung frei verhalten.[259] „So bezeichnet der Begriff Individuum in der Definition der Person gerade nicht eine unmittelbar benennbare sachliche Eigenschaft, mithin die bloße Einzelgegenständlichkeit, die jedem Einzelding zukommt, sondern den besonderen Modus, selbstständig zu sein […].“[260] Eine so verstandene teleologische Handlungstheorie entspricht also dem Gedanken menschlicher Autonomie. Die freie Tätigkeit der Vernunft muss also als unhintergehbare Grundlage aller weiteren Überlegungen zum menschlichen Handeln und Glück angesehen werden. Dieses Kriterium der Vernunftgemäßheit wird dadurch zum Maßstab für alle Konzeptionen und Theorien des Guten.

Bezüglich der Folgen des Handelns kann aber eine Unterteilung in „transeunte Tätigkeiten“[261], deren Ergebnisse außerhalb

---

[255] Schockenhoff (1987): Bonum hominis, 131.
[256] Vgl. Merks (1978), 128.
[257] A. a. O., 129.
[258] Vgl. a. a. O., 130.
[259] Vgl. Schröer (1995), 155f.
[260] A. a. O., 157.
[261] Rhonheimer (2001), 59.

des Handelnden liegen (wie es bei der Produktion der Fall ist), und „immanente“[262] Tätigkeiten vorgenommen werden. Mit diesen immanenten Tätigkeiten ist aber die Praxis an sich gemeint. Nicht das (externe) Produkt der Handlung steht dabei im Vordergrund, sondern der Handlungsvollzug an sich, der Auswirkungen auf den Handelnden selbst hat. So können einerseits Tätigkeiten beschrieben werden, die sich vor allem auf das Ergebnis richten und dadurch ein Gut herstellen, welches am Ende des Handlungsvollzuges steht. Das können zum Beispiel handwerkliche oder wissenschaftliche Tätigkeiten sein.[263] Hier wird die Handlung selbst zum Mittel und bezieht ihren Wert nur aus dem Produkt oder dem Resultat der Tätigkeit. Allerdings taugt keines der Produkte als höchstes Ziel. Jedes Produkt ist vielmehr Mittel zum Erreichen eines weiteren Produkts.[264] Neben diesen gibt es aber auch Handlungen, die ihren Wert aus sich selbst beziehen. Bewertet wird hier die Art des Vollzuges selbst, da an dessen Ende kein fertiges Produkt steht. Hierzu zählen zum Beispiel Musik oder Rede.[265] Ziel ist hier das Tätigsein selbst. Tätigkeit und Ziel fallen zusammen. Bewertet wird somit kein Resultat oder Produkt, sondern die Qualität der Tätigkeit selbst. Erst diese Bewertung über das gute Handeln ist die Aufgabe der Ethik.[266] Das Produkt einer Handlung ist somit kein Kriterium menschlichen Handelns. Dieses kann zwar hinsichtlich seiner Qualität bewertet werden, lässt aber zunächst keine Rückschlüsse auf den Produzenten zu. Schließlich hätte es genauso auch von einem Roboter hergestellt werden können. Bei Aussagen über den Produzenten bzw. den Handelnden geht es um mehr als das Produkt seiner Handlungen. Der Produzent wird als Mensch und nicht als Ursache seiner Produkte wahrgenommen.[267] Jedes Tun ist somit mit höheren Gütern verbunden, die dem Tun

---

[262] Ebd.

[263] Vgl. Höffe (2007): Lebenskunst und Moral oder macht Tugend glücklich?, 78f.

[264] Vgl. Höffe (1971): Praktische Philosophie, 44f.

[265] Vgl. Höffe (2007), 78f.

[266] Vgl. Höffe (1971), 45.

[267] Vgl. Rhonheimer (2001), 59f.

erst Sinn geben. Diese Güter sind keine externen Produkte, sondern verbleiben im Menschen und verändern ihn dadurch.

> „Genau dies ist die Perspektive der Praxis, und damit auch die Perspektive der Moral: ‚Sittliches Handeln' ist nicht ‚sich verhalten zu Gegenständen', ‚bewirken von etwas außer uns', ‚herstellen', sondern Verwirklichen dessen, was wir sein können, Verwirklichen des eigenen Menschseins. […] Mit sittlichem Handeln verändern wir zunächst und vor allem jenes Stück Welt, das wir selbst sind."[268]

Menschliches Handeln als vernunftgeleitetes, freies Handeln betrifft und verändert in erster Linie uns selbst. Die im Handlungsvollzug, in der Praxis realisierten Güter betreffen den Menschen selbst und bleiben in ihm. Die immanenten Güter sind nicht mehr Mittel zu weiteren Zwecken, sondern in sich für den Menschen förderlich.[269] Richtiges Handeln ist also ein freies Handeln, das zunächst für den Handelnden selbst gut ist in dem Sinne, dass es ihn zu einem guten Menschen macht. Auf diese Weise kann die Ethik als Lehre vom guten Leben verstanden werden. Sie ist die Frage nach der Verantwortung des Handelnden, nicht nach den Handlungsfolgen. Gelobt wird ein Mensch dann deshalb, weil er ein gerechter oder fürsorglicher Mensch ist. Der Fokus liegt also auf dem Handelnden.[270]

2.2.2 Glück als höchstes Strebensziel

2.2.2.1 Formales Glücksverständnis

Menschliches Handeln wird also verstanden als vernunftgeleitet und intentional. Erst durch grundlegende Absichten und darauf aufbauende höherliegende Intentionen kann eine Antwort auf die

---

268 A. a. O., 60.
269 Vgl. a. a. O., 61.
270 Vgl. a. a. O., 61f.

Frage *Was tust du?* gegeben werden. Die so entstehenden Mittel-Ziel-Ketten, bei denen eine Intention immer als Mittel für eine höherliegende Intention gesehen wird, können aber ohne ein bestimmtes letztes Ziel unendlich fortgeführt werden. Dann könnte überhaupt nicht gesagt werden, warum eine Handlung eigentlich ausgeübt wird. Es ist also logisch nicht möglich, einzelne Handlungen ohne ein letztes Ziel auszuüben. Ohne ein solches Letztes würde man überhaupt keine eigene Motivation aufbringen können, irgendwie zu handeln. Man braucht somit nicht zwingend von einem universalen Letztziel menschlichen Handelns auszugehen, aber man muss zumindest anerkennen, dass einzelne Handlungen bzw. Handlungsabläufe auf ein je unterschiedlich denkbares Letztes ausgerichtet sind.[271] Ein solches höchstes Ziel ist zunächst der Endpunkt, in dem alles Streben erfüllt wird und endet und der nicht mehr als Mittel zu einem weiteren Endpunkt gesehen werden kann. Ein solches Ziel ist notwendig, um nicht in eine endlose Kette von Zwischenzielen zu geraten, die jeweils aufeinander aufbauen. Erst das letzte und höchste Ziel formuliert so einen Endpunkt des Strebens. Ohne einen solchen hätte alles Handeln des Menschen keinen Sinn und würde ins Leere bzw. Unendliche laufen. Der Mensch sucht somit immer nach einem letzten Ziel seines Handelns, das er um seiner selbst willen anstrebt, um sein Streben zu erfüllen. „Und erfülltes Streben, gesättigtes Wollen ist nun genau das, was alle Glück nennen."[272] Damit konnte ein formaler Glücksbegriff gewonnen werden. Was nämlich dann dazu taugt, dieses Glück zu sein, auf das hin man handeln kann, ist noch nicht gesagt. So kann letztlich nur davon ausgegangen werden, dass der Mensch das Glück als Ziel hat.[273] Dieses formale

---

[271] Vgl. a. a. O., 62.

[272] A. a. O., 63.

[273] Nur kurz sei hier die Unterscheidung zwischen Zufallsglück (eng.: *luck*) und Glück (*eng.: happiness*) erwähnt. Im Folgenden wird auf das letztere Verständnis des deutschen Wortes *Glück* Bezug genommen (vgl. Höffe [2007], 76). Seel weist an dieser Stelle darauf hin, dass das Zufallsglück natürlich nicht etwas Grundverschiedenes ist. So wird die Gesamtzufriedenheit auch durch zufällig günstige Umstände oder Ereignisse beeinflusst.

Verständnis des Glücks als letztes Ziel des Strebens wird durch das Kriterium der Vernunftgemäßheit spezifiziert, indem die freie Tätigkeit der Vernunft berücksichtigt wird. Die vernunftgemäße Ausrichtung des Willens auf ein formales letztes Ziel bedeutet somit eben keine inhaltliche Festlegung auf ein konkretes Ziel oder einen bestimmten Lebensentwurf. Alles andere würde die thomanische Freiheitslehre nicht angemessen wiedergeben:

> „Wenn die Wahl nur auf die Mittel geht, die Bestimmung des letzten Ziels […] aber nicht unter sie fällt, dann verflacht das Drama der menschlichen Freiheit zu einem harmlosen Präferenzurteil, das nicht mehr über das Scheitern oder Gelingen des Lebens entscheidet, sondern nur noch unter einer mehr oder weniger vielfältigen Palette von Mitteln abwägt.“[274]

So ist zu betonen, dass in der thomanischen Lehre der Wille letztlich nur auf das formale höchste Ziel ausgerichtet ist, worin konkret dieses aber besteht, bleibt „in offener Unbestimmtheit und grundsätzlicher Indifferenz“[275]. Letztlich gibt es durch diese Unbestimmtheit und die Ausrichtung auf das unbedingt Gute „ein unbegrenztes Feld von Gegenständen und Gütern, auf die er sich in Freiheit richten kann“[276]. Die formale Hinordnung des Willens auf das Gute löst nur das Streben des Willens als solches aus. Es gibt aber keine partikulare Form des Guten, die den Anspruch des unbedingt Guten ausfüllen kann.[277] Da damit aber kein materiales, also inhaltlich bestimmtes Objekt als letztes Ziel gelten kann und

---

Wer Glück hat, ist darüber meist auch glücklich und zufrieden. Ob ein Zufall aber glücklich oder unglücklich ist, ist jedoch nicht in ihm selbst angelegt. Es entscheidet sich daran, ob er dem Glück des jeweiligen Menschen dienlich ist oder nicht (vgl. Seel [1995]: Versuch über die Form des Glücks, 55). Die Notwendigkeit glücklicher Umstände wird im weiteren Verlauf des Kapitels aufgegriffen.

[274] Schockenhoff (1987), 144.

[275] A. a. O., 145.

[276] Ebd.

[277] Vgl. a. a. O., 145f.

dadurch notwendigerweise angestrebt werden muss, gibt es so gut wie keine Beschränkungen dessen, was als Mittel zum Ziel gelten kann.[278] Das Gute, auf das sich der Wille richtet, wird also rein formal verstanden. Alle konkreteren Güter werden vom Willen nur um des Guten an sich angestrebt. Er sucht demnach das wahrhaft Gute in den partikulären Gütern. Weil diese aber nie das Gute an sich darstellen, „bleibt die beständige Diskrepanz zwischen dem konkret-Einzelgewollten und dem strukturellen Aussein des Willens auf das bonum überhaupt“[279].

Wenn es aber kein solches konkretes Gut gibt, das das Streben des Willens vervollkommnen kann, bedeutet dies, dass er auf kein konkretes Gut festgelegt und somit frei ist.[280] Allerdings hat das Gute eine umfassendere Bedeutung als das Ziel. Wo letzteres vor allem als Glück im Sinne des höchsten Ziels des Strebens verstanden wird, umfasst der Begriff des Guten auch die Mittel zum Glück, also die konkreten Glücksinhalte.[281] Dann aber ist ein gutes Leben ein Leben, das sich selbst genügt. Es besteht im „‚Auskosten‘ der Fülle menschlicher Möglichkeiten“[282]. Der Mensch richtet sein Ziel demnach auf den gelungenen Vollzug des Lebens aus.[283] Die Frage nach dem guten Leben ist dann immer die Frage danach, ob die jeweilige Lebenssituation mit ihrer Vergangenheit, Gegenwart und Aussicht für die Zukunft bejaht werden kann. Es entscheidet also nicht nur die gegenwärtige Lebenssituation, sondern ganz entscheidend auch die Bewertung der vorherigen und die Aussicht auf mögliche zukünftige Lebenssituationen.[284] Wenn Glück im guten Lebensvollzug liegt, ist damit der freie und somit vernunftgeleitete Lebensvollzug gemeint.[285] In der Freiheit besteht das letzte und sinnstiftende Ziel menschlichen

278 Vgl. Merks (1978), 148f.
279 A. a. O., 152.
280 Vgl. a. a. O., 153.
281 Vgl. a. a. O., 143.
282 Höffe (1971), 47.
283 Vgl. a. a. O., 46f.
284 Vgl. Seel (1995), 70f.
285 Vgl. Rhonheimer (2001), 65.

Handelns.[286] Sie liegt aber in der Vernunft begründet, die das freie Handeln ermöglicht. Als letztes Ziel kann somit nur das gelten, was vernünftigerweise gewollt werden kann.[287] Hier wird das Kriterium der Vernunftgemäßheit relevant. Nicht alles, worauf sich der Wille richtet, kann zum Glück beitragen. Der Mensch als freies Wesen strebt vielmehr dann nach dem Glück, wenn er sein Streben gemäß den Urteilen der Vernunft ausrichtet.

Der Wille richtet sich dabei sowohl auf Ziel und Mittel, allerdings auf diese nur um des Zieles willen.[288] Das Kernelement des Willens ist somit seine Ausrichtung auf ein Ziel. Auf die Mittel richtet er sich nur in Hinblick auf das eigentliche Ziel aus. Diese sind somit immer nur mitgewollt. Ihr Gutsein besteht immer nur in Abhängigkeit zum Ziel. Nur dieses ist vollends gut und somit das eigentliche Ziel des Willens.[289] Diese so beschriebene Unbestimmtheit des Willens geht so weit, dass sich der Wille selbst auch frei für oder gegen den eigenen Vollzug entscheiden kann. In Anbetracht eines konkreten Gegenstands, auch wenn er der natürlichen Hinordnung auf das Gute entspricht, kann sich der Mensch Kraft seiner Freiheit dafür oder dagegen entscheiden, diesen anzustreben.[290] Allerdings besteht hier auch die Gefahr, dass sich der Wille auf solche Güter richten kann, die der Ausrichtung auf das unbedingt Gute entgegenstehen und somit nur vermeintlich als das Gute erscheinen. Dass sich der Mensch nur vermeintlich Gutes zum Ziel setzt, bleibt letztlich der Preis seiner Freiheit.[291]

Das Vorgeben bestimmter Glücksinhalte würde somit dem Vernunftcharakter menschlichen Handelns widersprechen, der das freie Wählen des letzten Ziels ermöglicht. Wolf macht den Vorschlag, bei der Formulierung normativer Antworten auf die Frage nach dem Glück eigennutzorientierte Argumente anzuführen.

---

286 Vgl. Höffe (1971), 47.
287 Vgl. Rhonheimer (2001), 65.
288 Vgl. Merks (1978), 143.
289 Vgl. a. a. O., 144f.
290 Vgl. Schockenhoff (1987), 147.
291 Vgl. a. a. O., 148f.

Wenn also Aussagen darüber gemacht würden, was als möglicherweise allgemeingültige Konzeption des Guten gelten könne, seien konkrete Formulierungen wie „‚ist ratsam‘, ‚ist mit Gründen vorzuziehen‘“[292] angemessen. Dieser Vorschlag mag für die Praxis der Vermittlung von Glücksinhalten weiterhelfen, weil hier eine vergleichsweise vorsichtige Formulierung des universellen Anspruchs die Akzeptanz für konkrete Inhalte erhöhen könnte. Er löst aber nicht das philosophische Problem der Universalisierbarkeit von Glückskonzeptionen. Dennoch zeigt der Vorschlag das Dilemma, in dem sich jede seriöse Konzeption des Glücks befindet. So muss die Freiheit des Willens und der Vernunft gewahrt werden, weshalb eine Konzeption des Guten dem Einzelnen nur vorgeschlagen, nicht aber vorgeschrieben werden kann. Gleichzeitig gehen Konzeptionen des Guten in aller Regel aber auch davon aus, dass es nicht beliebig ist, was ein Mensch als sein Gutes ansieht. Wolf versucht auf der Ebene praktischer Vermittlung mit ihrem Vorschlag also das, was auf theoretischer Ebene noch weiterer Klärung bedarf: zu vermitteln zwischen der Autonomie des Individuums, das frei und selbstständig entscheiden soll, was es als höchstes Gut ansieht, und dem „unbedingte[n] Anspruch des Guten“[293].

2.2.2.2 Hedonistisches Glücksverständnis

Ein klassischer Vorwurf gegen teleologische Glückstheorien ist, sie in die Nähe hedonistischer Theorien zu bringen und egoistisch zu nennen. Das ergibt zunächst Sinn, da als letztes Ziel immer das eigene Glück des jeweiligen Menschen steht. Wer aber anderen hilft, nur um dadurch selbst glücklich zu werden, hat kein lobenswertes Handlungsmotiv. Hier aber besteht ein Unterschied zwischen hedonistischen und anderen eudaimonistischen Theorien. Der Hedonist versteht unter Glück den Zustand der Befriedigung des Strebens, woraus folgt, dass der Mensch motiviert wird, durch Aussicht auf diesen Zustand zu handeln.[294] Dieses Verständnis von Glücks-

[292] Wolf (1998): Zur Struktur der Frage nach dem guten Leben, 37.
[293] Schockenhoff (2007), 50.
[294] Vgl. Rhonheimer (2001), 91.

streben ist jedoch nicht richtig. In der Regel entschließt sich der Mensch zu einer Handlung aufgrund einer Kette von Handlungsmotiven, die immer auf ein letztes Tun ausgerichtet sind. Das kann aber nicht im Glücklichsein selbst liegen.[295] Das Glück ist schließlich kein inhaltlich gefüllter, materialer Begriff, sondern bezeichnet rein formal den Endpunkt des Strebens. Der Wille des Menschen richtet sich also nicht auf dieses formale Ziel, sondern auf materiell gefüllte Konkretisierungen: „Allerdings, real und konkret ist Wollen in Bezug auf Gewolltes nicht eine leere Struktur [...], sondern es ist das Anstreben von etwas-als-Gut oder etwas-als-Ziel (und etwas als Mittel-zum-Ziel).“[296] Somit ist das menschliche Glück nicht ein Handlungsziel unter vielen. Durch seine Funktion als Maßstab entzieht es sich Vergleichen mit anderen Handlungszwecken. Eine Abwägung des guten Lebens mit anderen Zwecken ist schon allein logisch nicht möglich, weil es nie zu Lasten anderer Zwecke verfolgt werden kann, sondern sich erst aus der Summe vieler einzelner Zwecke zusammensetzt.[297]

Rhonheimer führt hier als Beispiel den Zusammenhang zwischen *Arbeiten* und *Geld verdienen* an. Weitergeführt werden könnte diese Kette durch ein praktisches Gut wie *Lebensunterhalt sichern.* Eine logische Verbindung zwischen Gütern dieser Art und dem Glücklichsein kann er allerdings nicht herstellen. „Aus dem ‚Glücklichsein-Wollen‘ kann man überhaupt nichts für das Tun ableiten.“[298] Eine Handlungsmotivation entsteht aus der Erkenntnis der Wahrheit bzw. dessen, was vernünftigerweise gewollt werden kann. Die Motivation zu konkreten Handlungen erwächst also aus logisch aufgebauten Handlungsketten, an deren Ende eine letzte Tätigkeit steht, die man um ihrer selbst willen ausüben will. Dass eine solche Tätigkeit aber überhaupt angestrebt wird, wird durch das Verlangen nach Glück verursacht. Weil der Mensch glücklich sein will, ist er motiviert, praktische Güter anzustreben, die er als Endpunkt seines Strebens erkannt hat. Das Glücksver-

---

[295] Vgl. a. a. O., 93.

[296] Merks (1978), 145f.

[297] Vgl. Spaemann (1993): Glück und Wohlwollen, 37f.

[298] Rhonheimer (2001), 93.

langen ist also konstitutiv dafür, dass wir überhaupt handeln und auf etwas hin streben. Wie genau wir handeln, ist aber abhängig von dem, was wir als letztes Ziel ausgemacht haben.[299]

Weiterhin wird die Lust vielfach als Inhalt des Glücks verstanden. Wenn man nämlich davon ausgeht, dass das menschliche Streben auf ein höchstes Gut ausgerichtet ist, liegt der von hedonistischen Ansätzen begangene Fehlschluss nahe, darin die Lust zu sehen. So lässt sich diese Annahme sehr wohl auch in frühen teleologischen Ansätzen finden. Diese gingen davon aus, dass alle Lebewesen von Natur aus der Lust zustrebten. Da aber das Gewollte immer das Gute, das von allen Gewollte aber das Beste sei, müsse die Lust als höchstes Gut angesehen werden. Auch mache sie jedes andere Gut wählenswerter, wenn sie ihm hinzugefügt werde. Genau in dieser Annahme liegt aber ein argumentativer Fehler. Wenn Lust anderen Gütern hinzugefügt werden kann, ist sie ein Gut unter mehreren. Es kann aber dann nicht mehr der Fall sein, dass alle Güter nur Mittel zu dem übergeordneten Gut der Lust sind.[300] Es darf also nicht die erlebte Lust mit dem angestrebten Glück verwechselt werden. Das angestrebte Glück ist weiterhin das höchste praktische Gut, die Lust beim Erreichen desselben allerdings nur eine nicht intendierte Nebenfolge. Diese Unterscheidung, welche auch dem Vorwurf des Egoismus fehlt, ist wichtig und nachvollziehbar. Angestrebt wird immer eine Tätigkeit, nicht aber das darauf folgende Lustempfinden. Würde man Letzteres auch ohne die Tätigkeit selbst erreichen können, wäre es nur ein leeres Gefühl. „Denn unser Streben ist nicht gesättigt, weil wir genießen, sondern wir genießen, weil das Streben gesättigt ist.“[301] Das Glücksstreben kann sich somit vernünftigerweise nicht in hedonistischer Art auf das Erleben einer Vielzahl von Lusterlebnissen richten, gleich, aus welchen Tätigkeiten sie hervorgehen. Die mit dem Vollzug einhergehende Lust ist somit also mehr eine Motivation zum Streben als ein Strebensziel. So bezieht sich die Vernunft letztlich nicht auf Genuss und Lust, sondern hat praktische

[299] Vgl. a. a. O., 92f.
[300] Vgl. Horn (1998), 215f.
[301] Rhonheimer (2001), 70.

Güter zum Ziel, „also Tätigkeiten […] über die man sich freuen kann"[302]. Lust und Unlust sind somit nicht maßgeblich handlungsleitend. Glück kann vielmehr vor allem durch entsprechende Güter erreicht werden. Diese sind neben materiellen Gütern *Qualitäten des Selbst,* also Fähigkeiten und Handlungsmöglichkeiten.[303]

Es kann also zumindest schon ausgeschlossen werden, dass das höchste Ziel in der Lust besteht. Ebenso kann ausgeschlossen werden, dass das Glück aus einem egoistischen Eigeninteresse heraus direkt angestrebt wird. Beides führt allerdings noch nicht weit genug, will man mögliche Glücksinhalte zufriedenstellend eingrenzen. Noch kann bis auf die beiden genannten jeder Inhalt als höchstes Gut gelten.

2.2.3 Zwischenergebnis: Vernunftgemäßheit als Hauptkriterium des formalen Glücksbegriffes

Glück wird somit verstanden als höchstes Ziel menschlichen Strebens, welches um seiner selbst willen und nicht als Mittel für ein höheres Ziel gewollt wird. Im Glück findet das menschliche Streben einen Endpunkt. Dabei muss unter Berücksichtigung des Kriteriums der Vernunftgemäßheit an diesem Punkt noch völlig offenbleiben, worin denn genau ein solches höchstes Ziel bestehen kann. Bislang wird nur angenommen, dass es überhaupt ein letztes Ziel menschlichen Handelns gibt, das abstrakt *Glück* genannt wird und auf das sich mit großer Wahrscheinlichkeit verschiedenste Inhalte beziehen können. Zwei naheliegende Inhalte sind das eigene Glück und die Lust. In beiden wird häufig ein Ziel allen Handelns gesehen. Beide Inhalte konnten aber auf theoretischer Grundlage ausgeschlossen werden.

Aus der Betrachtung der telelogischen Handlungstheorie als Grundlage einer Tugendlehre konnte somit ein formaler Glücksbegriff gewonnen werden, der aber nicht Gefahr läuft, relativis-

---

302 A. a. O., 71.

303 Vgl. Krämer (1998): Selbstverwirklichung, 102.

tisch zu wirken. Zwar wurden noch keine konkreten höchsten Güter identifiziert, das Kriterium der Vernunftgemäßheit bringt aber mit sich, dass eine Auswahl hinsichtlich möglicher Glücksinhalte vorgenommen werden muss. Vernunftgemäß ist zunächst einmal all das, worauf sich die menschliche Vernunft richtet. Das können aber alle möglichen Ziele sein, sofern sie von der Vernunft als das Gute erkannt wurden. Als in diesem Sinne unvernünftig kann aber schon jetzt das ziellose Zulassen des affektiven Strebens bezeichnet werden. Gerade die Ordnung der Affekte, durch die sie in den Dienst des von der Vernunft erkannten Ziels gestellt werden, macht ja den Unterschied zum Streben nicht vernunftbegabter Lebewesen aus. Untersucht werden muss, ob anhand dieses Kriteriums weitere Eingrenzungen vorgenommen werden können, ohne die Autonomie des Menschen einzuschränken. Will man nun aber vernunftgemäße Ziele benennen, um sie zur Grundlage einer Tugendlehre zu machen, wird eine Betrachtung möglicher Glücksinhalte notwendig. Diese Theorien des Guten werden im folgenden Kapitel vorgestellt. Sie wollen mit unterschiedlichen Ansätzen die Frage danach beantworten, was das Glück des Menschen ist. Es wird dabei zu überprüfen sein, ob die von den verschiedenen Theorien vorgetragenen Glücksinhalte für alle Menschen oder nur für eine bestimmte Gruppe als vernunftgemäße Ziele des Handelns dienen können. Weiter wird danach gefragt, ob mit dem Tugendbegriff auf der Grundlage der entsprechenden Glücksinhalte eine Haltung entwickelt werden kann, die zur Lösung des Klimaproblems beiträgt.

Die Frage danach, was Glück bzw. das Gute ist, bleibt bis zu diesem Punkt so offen wie wichtig. Wenn sie nicht zufriedenstellend beantwortet werden kann, bleiben Tugenden inhaltsleer und beliebig. Im Folgenden soll aber zunächst nach den Vorteilen und Grenzen der Tugend für individuelles Handeln gefragt werden. Wenn nämlich schon deutlich würde, dass die Tugend an sich für das klimarelevante Handeln des Einzelnen keinen Beitrag leistet, würde sich die Frage nach dem Guten ohnehin erledigen. Bringen Tugenden schon auf Grundlage eines formalen Glücksbegriffs ohne inhaltliche Füllung keinen Vorteil, hat ein tugendbasierter Ansatz nicht nur beim Klimaproblem keine Aussicht auf Erfolg mehr.

2.3 Tugendlehre auf Grundlage des klassischen Tugendbegriffs

2.3.1 Grundlage: Aristotelische Tugendlehre mit Mesotes-Lehre

Ethische Ansätze, die mit dem Tugendbegriff arbeiten, haben sich in allen Zeiten auf die aristotelische Tugendlehre berufen. Auch die neuen tugendethischen Ansätze beanspruchen für sich, auf einer aristotelischen Grundlage aufzubauen. Mit der Zurückweisung ihres Anspruchs als eigenständige Alternative geht aber nicht auch gleichzeitig schon eine Zurückweisung des in ihnen enthaltenen Tugendbegriffs und seiner klassischen Grundlage einher. Somit soll im Folgenden das Wesen der Tugenden in Anbindung an den klassischen Tugendbegriff näher beleuchtet werden. Im Anschluss daran soll überprüft werden, ob und welche Vorteile die Tugenden in heutiger Zeit bereithalten. Dabei bleibt die Betrachtung zunächst rein formal. Die Frage danach, was heute über die Ziele gesagt werden kann, auf die sich die Tugenden ausrichten, wird im nächsten Kapitel gestellt. Hier soll es zunächst nur darum gehen, die Eigenheiten und Wirkungsweise der Tugenden zu thematisieren, worauf immer sie auch ausgerichtet sein mögen.

Der klassische Tugendbegriff ist eng mit Aristoteles verknüpft, dessen Tugendlehre umfangreicher ausfällt als beispielsweise die sokratische oder platonische. So erstellt Aristoteles eine umfangreiche Liste von Einzeltugenden, die er in charakterliche und intellektuelle Tugenden unterteilt und ausführlich beschreibt. Dabei bezeichnet er seinen Tugendkatalog nicht als abgeschlossen, sondern als offen und erweiterbar. Ebenfalls betont er die Bedeutung des Einübens für den Tugenderwerb.[304] Tugenden sind bei Aristoteles Dispositionen, die das menschliche Glück ermöglichen. Dies basiert auf seiner Annahme, die Tugend sei die Vervollkommnung eines Seelenteils. Das Glück aber bestehe in der spezifischen Tätigkeit des Menschen, die er mit der Seelentätigkeit gemäß der Tugend gleichsetzt.[305] Die prominenteste Eigenheit der

[304] Vgl. Horn (1998), 138f.
[305] Vgl. a. a. O., 139f.

aristotelischen Tugendlehre stellt dabei die Mesotes-Lehre dar, die mit dem Begriff μεσότης verbunden ist, der die vernunftbestimmte Mitte meint. Demnach ist das tugendhafte Verhalten eines, das in der Mitte zweier Extreme liegt. Die Tugend der Sparsamkeit liegt beispielsweise in der Mitte zwischen Geiz und Verschwendungssucht, die Tugend der Tapferkeit zwischen Feigheit und Tollkühnheit.[306] So zielt die Mesotes-Lehre darauf ab, die richtige Mitte zwischen zwei Extremen in einer konkreten Handlungssituation zu finden.[307] Dabei soll die Handlungsweise gewählt werden, die dem guten Leben am meisten dient. Geht man davon aus, dass eines der Extreme einem guten Leben überhaupt nicht dienlich ist, muss das Handeln so weit in Richtung des anderen Extrems verändert werden, bis es am besten das menschliche Glück fördert, also auch nicht zu weit ins andere Extrem. Die Mitte wird hier also qualitativ verstanden.[308] Die Mitte, die dabei gemeint ist, liegt zwischen dem zu hohen und dem zu geringen Maß an Affekten. Die Betonung muss bei beiden dabei auf dem *zu* liegen, da durch dieses Wort die Relativität des Maßstabs gekennzeichnet wird. Gemeint ist nicht absolut viel oder wenig, sondern das, was abhängig von der bestimmten Handlungssituation angemessen ist. Das aber kann absolut gesehen sowohl sehr viel als auch sehr wenig sein. Es geht um den Gedanken, dass der Tugendhafte immer angemessen handelt.[309]

Das allerdings widerspricht der häufig anzutreffenden Kritik, dass Aristoteles von einer Mittelmäßigkeit spreche. Schließlich scheinen Situationen denkbar, in denen Extreme angemessen sind. So kann die Mesotes-Lehre auch im Sinne der Vernunftbezogenheit verstanden werden. Das angemessene Verhalten ist demnach das, was die Vernunft als richtig erkennt. „Als solches ist aber die Mitte jeweils das Beste […] und somit ein Extrem […].“[310] Die richtige Mitte zu finden, bedeutet also nicht, mittelmäßig, son-

[306] Vgl. Höffe (1998), 48f.
[307] Vgl. Horn (1998), 140f.
[308] Vgl. Höffe (1998), 48f.
[309] Vgl. Rhonheimer (2001), 179.
[310] A. a. O., 178.

dern angemessen zu handeln.[311] Aristoteles hat bei der Mesotes-Lehre also auch nicht in erster Linie eine angemessene Handlungsweise selbst gemeint, als vielmehr eine mittlere „Bestimmung unserer Affekte und Handlungseinstellungen“[312]. Ihm geht es also eher darum, Affekte und Handlungsbeurteilungen so auszurichten, dass eine innere Ausgeglichenheit eintritt. Durch diese innere Mitte ist der Handelnde dazu in der Lage, auch die richtige Haltung anzunehmen und angemessen zu handeln.[313] Was aber eine angemessene Haltung oder Handlung ist, kann nicht allgemein festgelegt werden. Im Gedanken der Mesotes-Lehre ist also begründet, warum auf Grundlage einer Tugendlehre keine universellen normativen Handlungsanweisungen getroffen werden können. Um eine angemessene Handlung zu bestimmen, muss nicht nur die Handlungssituation, sondern grundlegend auch der Handelnde mit seinen Fähigkeiten und Eigenschaften berücksichtigt werden. Welches konkrete Handeln aus der Tugend folgt, kann also nicht allgemein, sondern nur individuell und situativ bestimmt werden.

Der Gedanke von der vernunftbestimmten Mitte muss also immer situations- und subjektrelativ verstanden werden. So unterscheidet auch Aristoteles die arithmetische Mitte von der Mitte in Bezug auf uns. Dabei kann man die Wendung *in Bezug auf uns* entweder verstehen als Bezugnahme auf die jeweilige Handlungssituation oder als Bezugnahme auf den Handelnden als Individuum bzw. als menschliches Wesen generell. Die richtige Mitte lässt sich also nicht objektiv definieren als mittlerer Punkt zwischen zwei Extremen, sondern als das, was für den Handelnden in der jeweiligen Situation weder mangelhaft noch übertrieben ist. Dieses Verständnis von Mitte lässt sich ausschließlich relativ definieren und ist somit immer verschieden.[314] Als Beispiel führt Aristoteles die Praxis der angemessenen Diät an. So ist nur ein angemessenes Maß an sportlicher Aktivität und Nahrungsaufnah-

---

311 Vgl. Grgić (2010): Precision and Relativity in Aristotle's Account of Virtue as the Mean, 132f.

312 Horn (1998), 141.

313 Vgl. a. a. O., 140f.

314 Vgl. Grgić (2010), 133f.

me förderlich für Gesundheit und Kraft, ein zu viel oder ein zu wenig schwächen den Körper und machen ihn ungesund. Was aber das angemessene Maß ist, hängt unter anderem von gegenwärtiger Verfassung oder den Zielen ab. Zwar lassen sich körperliche Gesundheit und Tugendhaftigkeit nicht vollkommen miteinander vergleichen. Der gemeinsame Punkt und damit der Grund für das aristotelische Beispiel ist aber, dass sowohl Tugend als auch Gesundheit durch mangelhaftes oder exzessives Verhalten Schaden nehmen.[315] Eine weitere Gemeinsamkeit besteht darin, dass es trotz Berücksichtigung von Handelndem und Umständen nicht leicht ist, präzise das angemessene Handeln aufzuzeigen, da beispielsweise die Handlungsumstände komplex und veränderlich sein können. Dennoch kann nur das Treffen der Mitte das Ziel sein, da nur so tugendhaftes Handeln (bzw. erfolgreiches Herstellen von Gesundheit) erreicht werden kann.[316] Wo schon beim Beispiel der Diät viele verschiedene Faktoren eine Rolle spielen, erscheint dies bei ethischem bzw. tugendhaftem Handeln noch weitaus komplexer.[317] Um tugendhaft zu sein, muss der Mensch demnach seine Handlungen und Emotionen zur richtigen Zeit, in Bezug auf die richtigen Sachverhalte, gegenüber den richtigen Personen, in Hinblick auf die richtigen Absichten und in richtiger Weise haben.[318] Wenn somit aber letztlich nur eine oder einige wenige Handlungen und Gefühle nach dieser Definition als tugendhaft bezeichnet werden können und alle anderen nicht, wird die Schwierigkeit tugendhaften Handelns offenbar. Es ist schließlich viel wahrscheinlicher, die richtige Mitte zu verfehlen, als in Hinblick auf die genannten Faktoren vollständig richtig zu handeln oder zu fühlen.[319] Tugendhaft kann man also nicht einfach spontan oder vereinzelt sein. Ebenso wenig lassen sich Handlungsregeln formulieren, um tugendhaftes Verhalten zu beschreiben.[320] Die

315 Vgl. a. a. O., 135.
316 Vgl. a. a. O., 137.
317 Vgl. a. a. O., 138.
318 Vgl. a. a. O., 141.
319 Vgl. a. a. O., 142.
320 Vgl. a. a. O., 146.

Mesotes-Lehre wird zwar punktuell hinterfragt[321], erscheint aber insgesamt als ein hochmodernes Element der Tugendlehre. So wird an dieser Stelle deutlich, dass Tugenden nicht externe Faktoren sind, die das Handeln des Einzelnen von außen beeinflussen. Sie sind vielmehr individuelle Haltungen, die das angemessene Handeln in einer konkreten Situation hervorrufen. Sie stellen letztlich sicher, dass das Handeln gemäß dem Urteil der individuellen Vernunft erfolgt und sich nicht blind an äußeren Regeln orientiert. So wird ein situationsbezogenes, angemessenes Handeln erreicht, zu dem der Handelnde motiviert wird, weil es seiner eigenen Konstitution und seinem eigenen Urteil entspricht. Hier kann ein Anschluss an die Erkenntnisse der Motivationspsychologie hergestellt werden, die ebenfalls auf die Individualität des Handelnden und die Bedeutung der Handlungsumgebung hingewiesen hat.

Dieser Gedanke ist auch besonders für die Frage nach einer klimafreundlichen Haltung relevant. Auch hier erscheint die Vorgabe allgemein gültiger Handlungsregeln eher auf Ablehnung zu stoßen. Es besteht die Möglichkeit, dass einige Handlungsregeln bestimmte Menschen unverhältnismäßig stark einschränken, an-

---

321 So merkt beispielsweise Halbig an, dass das der Mesotes-Lehre zugrunde liegende lineare Verständnis, nach dem jede Tugend als Punkt auf einer Linie zwischen einem Zuviel und einem Zuwenig verstanden wird, nicht ausreichend sei, um konkrete Handlungsentscheidungen zu betrachten. So könne ein Handlungsurteil nicht nur im Sinne eines Zuviel oder Zuwenig unangemessen sein, sondern auch einfach schlicht falsch sein. Es gebe schließlich Handlungen, die in jeder Abstufung schlecht seien. (Vgl. Halbig [2013a], 181ff.) Hier muss allerdings daran erinnert werden, dass sich die Rede von der vernunftgemäßen Mitte eben nicht auf Handlungsurteile selbst, sondern auf die ihnen zugrundeliegenden Haltungen im Sinne innerer Ausrichtungen beziehen. Ihr Kerngedanke besteht eben nicht in der Suche nach graduellen Abstufungen, sondern im Betonen der Situations- und Subjektrelativität tugendhaften Handelns. Auch wenn die vernunftbestimmte Mitte durch komplexere Darstellungen illustriert wird, wie Halbig es vorschlägt, bleibt dieser Kerngedanke gleich. Die Rede von der Mitte soll vor allem aussagen, dass der Tugendhafte genau so handelt, wie es seiner Konstitution und der Handlungsumgebung entspricht. Wie genau und in welcher Komplexität dieser angemessene Punkt bestimmt wird, bleibt zweitrangig.

dere hingegen kaum betreffen. Entsprechend werden auch Haltungen, die mit klimafreundlichem Verhalten in Verbindung stehen, eines individuellen Ausgleichs zwischen einem Zuviel und einem Zuwenig bedürfen. Wie viel jeder einzelne in einer konkreten Situation zum Klimaschutz beitragen kann, hängt von seinen Möglichkeiten, Bedürfnissen, Fähigkeiten oder äußeren Bedingungen ab. So kann eine zu Frustration führende asketische Einschränkung des Lebens nicht dauerhaft zum Erfolg führen, weil sie nicht auszuhalten ist und unterwandert würde. Ebenso wenig kann aber eine zu geringe Achtsamkeit hinsichtlich der klimarelevanten Folgen des eigenen Handelns effektiv zum Klimaschutz beitragen. Wo aber die Grenzen zwischen Askese und Ignoranz liegen, lässt sich nach dem Kerngedanken der Mesotes-Lehre nur situations- und subjektrelativ bestimmen. Dann aber entsteht eine Haltung, die dauerhaft und mit Freude ausgeübt werden kann und somit zu einem verlässlichen, subjekt- und situationsangemessenen klimafreundlichen Handeln führt.

2.3.2 Das Wesen der Tugenden

2.3.2.1 Grundsätzliches Verständnis

Im Folgenden soll näher bestimmt werden, was genau unter einer Tugend verstanden werden kann. Die bisherigen Ausführungen haben zwar schon erste Umrisse des Tugendbegriffs aufgezeigt, diese sollen nun aber klarer bestimmt werden. Schockenhoff definiert den klassischen Tugendbegriff wie folgt:

> „Demnach besteht jede Tugend in einer Grundhaltung oder festen Einstellung des Menschen, die eine vernunftbestimmte Mitte zwischen entgegengesetzten Fehlhaltungen sucht und den Handelnden dazu befähigt, entsprechend seinem jeweiligen Vermögen die bestmögliche Leistung hervorzubringen."[322]

---

[322] Schockenhoff (2007), 68f.

Der Aspekt der Grundhaltung meint dabei, dass das tugendhafte Handeln dem Charakter eines Menschen entspringt. Tugendhaft ist man nicht aufgrund von Einzelhandlungen, sondern aufgrund einer Lebenspraxis. Der Tugendhafte verhält sich in jeder Situation gut, ohne dass er von außen dazu gedrängt werden müsste. Er will das Gute um seiner selbst willen und empfindet als Ergebnis seines guten Handelns Freude.[323] So bezieht sich die Tugend nicht auf Einzelhandlungen, da Tugenden immer ein verlässlich wiederkehrendes Verhalten beschreiben, welches nicht aufgrund einer Einzelhandlung konstatiert werden kann. Das Motiv des Handelnden lässt sich ebenfalls nicht anhand einer Einzelhandlung ablesen. Es muss aber der Tugendhaftigkeit des Akteurs entsprechen und darf nicht beispielsweise egoistisch sein.[324] Genau diese Stetigkeit ist aber entscheidend für effektives klimafreundliches Verhalten. Symbolische Einzelhandlungen sind nicht dazu in der Lage, das Klima effektiv zu schützen. Gesucht wird vielmehr eine Haltung, die durch verschiedenste Handlungssituationen hindurch und über einen langfristigen Zeitraum hinweg verlässlich klimafreundliches Handeln hervorbringt.

Der Verdacht des Egoismus liegt aber nahe, da die hauptsächliche Funktion von Tugenden darin besteht, das Glück oder Wohlergehen des Menschen zu fördern. Allerdings läge es dann ja nahe, nur um des eigenen Wohlergehens willen tugendhaft zu handeln. Ein solches Verhalten, dass im Kern auf eigene Ziele und nicht auf andere abzielt, wäre also nicht moralisch, sondern egoistisch zu nennen. Es entsteht dadurch der Vorwurf, eine Tugendlehre sei eine egoistische Ethik. Dieser Vorwurf tauchte leicht abgewandelt schon im Zusammenhang mit dem Glücksverständnis teleologischer Handlungstheorien auf. Entsprechend ähnelt sich hier auch das Argument zur Entkräftung des Vorwurfs. So handelt nur der tugendhaft, der nicht bewusst versucht, tugendhaft zu handeln. Dies nennt Swanton das „problem of indirection“[325]. Es entsteht das Paradox, dass tugendhaftes Handeln zwar dem Wohlergehen des Tugendhaften zu Gute

[323] Vgl. a. a. O., 71f.

[324] Vgl. Borchers (2001), 158.

[325] Swanton (1997): Virtue Ethics and the Problem of Indirection:, 168.

kommt, was für jeden Menschen ein hoch motivationaler Faktor sein dürfte. Dieser muss allerdings beim Handeln vollkommen ausgeblendet werden, da es nur von den richtigen Gründen (also aus sich selbst heraus) motiviert sein kann.[326]

Auch lassen sich Tugenden nicht anhand bestimmter Aktivitäten erkennen, wie schon im Zusammenhang mit der Situations- und Subjektrelativität der Mesotes-Lehre deutlich wurde. Der Tugendhafte kann sehr unterschiedlich handeln, je nachdem, was in der konkreten Handlungssituation erforderlich ist. Ähnlich verhält es sich mit den Ergebnissen tugendhafter Handlungen. Was das Resultat beispielsweise gerechten Handelns ist, hängt ebenfalls von der jeweiligen Handlungssituation und ihren Erfordernissen ab. Als feststehendes Merkmal kann lediglich gelten, dass tugendhafte Handlungen „insgesamt positiv"[327] wirken. Deutlich wird also, dass Tugenden nicht unmittelbar von außen beobachtet werden können, sondern dass die Motivation des Handelnden eine große Rolle spielt.[328] So sind Tugenden auch nicht gleichzusetzen mit natürlichen Anlagen, die wie zufällig zu einem Menschen gehören. Sie müssen vielmehr erworben werden. Der Erwerb der Tugenden vollzieht sich durch das reflektierte Lernen an Modellen. Es kommt darauf an, zwar nicht bei jeder Einzelhandlung neu reflektieren zu müssen, aber prinzipiell in der Lage zu sein, jede Handlung zu begründen.[329] Welche Haltungen aber genau als Tugenden angesehen werden können, lässt sich nur grob festlegen:

> „Als konsensfähige Explikationsplattform läßt sich lediglich ausmachen, daß Tugenden jene Verhaltensweisen und Charaktereigenschaften sind, die innerhalb einer Gemeinschaft als vorbildlich und für ein gutes Leben unabdingbar bewertet werden."[330]

---

[326] Vgl. a. a. O., 169.
[327] Borchers (2001), 159.
[328] Vgl. a. a. O., 159f.
[329] Vgl. a. a. O., 162.
[330] A. a. O., 164.

Nicht äußerliche Regeln, die sich gegen persönliche Neigungen stellen, bieten somit Orientierung, sondern ein „Ideal des Guten“[331]. Ausgerichtet an diesem Ideal handelt der Mensch aus Neigung moralisch gut und benötigt keine Normen, die sein Streben in richtige Bahnen lenken, da es ohnehin schon gut ist. Tugenden sind somit eine Beschreibung dieses Ideals des Guten.[332]

2.3.2.1.1 Tugend als Vortrefflichkeit

Außerhalb der Moralphilosophie meint der Begriff ἀρετή, *Vortrefflichkeit,* in der Antike zunächst einen meist funktionsbezogenen Bestzustand.[333] Aristoteles geht davon aus, dass jedem Lebewesen ein ἔργον, eine spezifische Tätigkeit bzw. artspezifische Neigung, zukommt, in der es nach Vollkommenheit strebt. Somit bezieht sich die Definition des Guten bei Aristoteles immer auf das jeweilige ἔργον des Lebewesens. Das ἔργον bestehe in der optimalen Tauglichkeit, die jedem Ding zukomme. So besitze alles eine spezifische Funktion oder Aufgabe, die es gut oder schlecht ausfüllen könne. Das Gute bestehe dann in der optimalen Ausführung dieser spezifischen Aufgabe.[334] Um also das Gutsein von etwas zu bemessen, müsse man Kenntnis über dessen ἔργον haben.[335]

Auch Menschen lassen sich dem aristotelischen Weltbild nach in verschiedene Funktionen unterscheiden, nach denen sich dann die Tugend bzw. Bestheit des Einzelnen definieren lässt. Allerdings findet sich bei Aristoteles die Spezifizierung, dass Menschen zwar Funktionen ausüben, dass das menschliche Leben selbst aber kein solches ἔργον hat. Es gibt ein ἔργον bei sozialen bzw. beruflichen Rollen oder Funktionen von Gegenständen, nicht jedoch im Hinblick auf eine Praxis, ein aktives Tun, wie das Leben eines ist. Was muss der Mensch dann aber für seine Praxis eines guten Le-

---

331 Schockenhoff (2007), 47.

332 Vgl. ebd.

333 Vgl. Horn (1998), 133.

334 Vgl. a. a. O., 218f.

335 Vgl. Stemmer (1998): Was es heißt, ein gutes Leben zu leben, 49f.

bens gebrauchen, wie er für das gute Schneiden ein Messer gebraucht? Aristoteles sieht hier die Seele als Gegenstand, dessen ἔργον die Praxis des (guten) Lebens sei. Da an dieser Stelle inhaltlich noch nichts gewonnen ist, muss Aristoteles weiter bestimmen, was die spezifische Eigenschaft der menschlichen Seele ist, die sie von anderen Seelen abhebt. Er kommt zur Antwort, dass dies die „Fähigkeit des Überlegens“[336] sei, weshalb ein gutes Leben folglich darin bestehe, diese Fähigkeit besonders zu realisieren. Der Mensch führt nach dieser Argumentation also dann ein gutes Leben, wenn er die ihm eigenen Fähigkeiten bestmöglich entfaltet.[337] Die dazugehörige spezifische Tätigkeit identifiziert Aristoteles auf Grundlage seiner Glückstheorie mit der Vernunfttätigkeit.[338]

Bei näherer Betrachtung wird jedoch schnell deutlich, dass nicht allen Menschen eine identische Definition des guten Lebens auf Grundlage einer als universell menschlich ausgemachten Fähigkeit aufgetragen werden kann. Vielmehr spricht die Erfahrung unterschiedlichster, gelingender Lebensentwürfe genau gegen eine solche Uniformierung. Dadurch entsteht dem ἔργον-Gedanken in der Moderne ein entscheidendes Problem, welches mit der gewandelten Anthropologie zusammenhängt. So wird das ἔργον mit dem Zweck eines Gegenstands gleichgesetzt. Das ist in Hinblick auf Werkzeuge noch unproblematisch, wird aber schwierig, wenn es darum geht, Menschen auf den Zweck ihrer beruflichen oder sozialen Rolle zu reduzieren und somit zu verzwecken.[339] Hinsichtlich der Vortrefflichkeit eines Lehrers, Polizisten oder Bäckers lässt sich eventuell noch sagen, dass dafür die an seinen jeweiligen Beruf gestellten Anforderungen erfüllt werden müssen.[340] Solche Anforderungen an das Menschsein sind weitaus schwieriger festzulegen, weshalb ein ἔργον des Menschen nicht mehr konkret benannt werden kann. Was unter den mit dem ἔργον-Begriff bezeichneten artspezifischen Neigungen verstanden werden kann, hängt

---

336 A. a. O., 51.
337 Vgl. a. a. O., 51f.
338 Vgl. Radić (2011), 17f.
339 Vgl. Stemmer (1998), 53f.
340 Vgl. a. a. O., 55.

letztlich mit den inhaltlichen Vorstellungen des menschlichen Glücks, also mit den Theorien des Guten zusammen. Nach modernem Verständnis liegt aber genau in dieser Unbestimmtheit die wesentliche Eigenschaft des Menschen. So besagt letztlich das Kriterium der Vernunftgemäßheit, dass sich der Mensch vor allem durch seine Autonomie im Handeln auszeichnet. Was auch immer den Menschen aber letztlich ausmacht, Tugenden sind die Eigenschaften, die ihm zur eigenen Vortrefflichkeit verhelfen.

2.3.2.1.2 Tugend als Haltung

Tugenden werden weiter als Haltungen verstanden, die im Menschen verortet sind. In diesem Zusammenhang stehen sie in Verbindung zum Dispositionsbegriff, der eine innere Veranlagung meint, die auf ein Handlungsziel ausgerichtet ist. Sie werden somit schon mit dem praktischen Aspekt der Tugend verbunden. Die Veranlagung vervollkommnet sich demnach erst im Tätigsein. Eine Disposition kann verstanden werden als charakterliche Prägung, die einen Ausgangspunkt für eine bestimmte Verhaltensweise darstellt. So liegt hier eine Spannung zwischen den erfahrbaren dispositionellen Ausgangspunkten und dem Ziel ihrer Vervollkommnung, die nur im Handeln erreicht werden kann.[341] Damit eine Disposition aber zur Tugend wird, muss sie sich gemäß dem Urteil der Vernunft ausrichten. Dann verursachen Dispositionen ein vortreffliches und verlässliches Verhalten. Sie sind weiterhin verantwortlich für das Erreichen eines gelingenden Lebens und prägen den Charakter in positiver Weise. Verstanden wird die Tugendhaftigkeit in ihrer Gesamtheit dann als Befähigung zum guten Leben.[342] Dass sie sich dabei von Fertigkeiten, die einen eher instrumentellen Charakter haben, unterscheiden[343], wird in einem späteren Abschnitt ausführlicher erläutert.

Die Verlässlichkeit der Tugend drückt sich allerdings nicht dadurch aus, dass der Tugendhafte immerfort bestimmte Handlungs-

---

341 Vgl. Mieth (1998): Moral und Erfahrung II, 144f.

342 Vgl. Radić (2011), 60f.

343 Vgl. Annas (1993), 49f.

muster abruft, sondern darin, dass er verlässlich die für die gegebenen Umstände richtigen Handlungsweisen auswählt. Die Gewohnheit der Tugend liegt also nicht im wiederholten Handeln, sondern in der stabilen Ausrichtung auf das Gute, welches stetig zu situativ richtigem (aber mitunter voneinander völlig verschiedenem) Handeln führt.[344] Es geht also nie um rein äußerlich beobachtbare Handlungen. Hinzukommen müssen nach aristotelischer Lehre drei innerliche Kriterien. Erstens muss ein ausreichend genaues und sachgerechtes Bewusstsein über Umstände, Art und Folgen einer Handlung beim Handelnden vorliegen. Nur wer bewusst und nicht zufällig tugendhaft handelt, verdient dafür Anerkennung. Zweitens ist eine solche bewusste Entscheidung für eine tugendhafte Handlung keine Abwägung verschiedener Handlungsalternativen, sondern eine spontane und treffsichere Entscheidung für das tugendhafte Handeln, bei der andere Handlungsalternativen zwar wahrgenommen, aber nicht mehr in die Überlegungen einbezogen werden. Das dritte aristotelische Kriterium tugendhaften Handelns ist die Charakterfestigkeit, mit der eine Handlung ausgeführt wird. Entscheidend ist somit nicht nur die bewusste und sichere Handlungswahl, sondern auch das verlässliche Auftreten eines entsprechenden Handlungsmusters, das über die Einzelhandlung hinausgeht.[345] Der Haltungsaspekt verweist somit auf ein für den Klimawandel entscheidendes Kriterium. Er begründet letztlich, wie sich Tugenden langfristig und situationsübergreifend auswirken. Durch die Ausrichtung auf das Handlungsziel des Klimaschutzes wird der Mensch dazu in die Lage versetzt, dauerhaft klimafreundliche Verhaltensmuster auszuüben. Besonders das spontane und verlässliche Wählen der richtigen Handlung ist ein entscheidendes Merkmal der Tugend.[346]

---

344 Vgl. Horn (1998), 124f.
345 Vgl. Halbig (2013a), 83f.
346 Vgl. Rhonheimer (2001), 182.

2.3.2.1.3 Tugend und Praxis

Es wird also deutlich, dass eine innere, kognitive Haltung noch nicht ausreicht. Von Tugenden kann erst gesprochen werden, wenn sich diese Haltungen auch im konkreten Handeln verwirklichen. Dieser praktische Aspekt, nach dem die Tugenden der Verwirklichung im Handeln bedürfen, ist immer zu berücksichtigen. Tugenden können ausschließlich in Bezug auf konkretes Handeln verstanden werden. Die Ausrichtung auf das Handeln beginnt dabei schon mit dem Tugenderwerb. Der Aspekt der Grundhaltung meint nämlich, dass das tugendhafte Handeln dem Charakter eines Menschen entspringt. Die Tugend fordert vom Menschen also eine Aneignung von bestimmten Charaktereigenschaften im Sinne von Handlungsdispositionen.[347] Tugend wird als eine sittliche Haltung verstanden, die auf Veranlagungen beruht und durch stetiges Handeln eingeübt und gefestigt wird, „d. h. ein durch Übung mitbewirktes und stabilisiertes Können“[348]. Wer Tugenden ein- und ausübt, trainiert seine Veranlagungen und Fähigkeiten im Idealfall bis an die Grenze seiner Möglichkeiten.[349] Die Tugend zeichnet sich nicht schon in einer theoretischen oder innerlichen Ausrichtung aus, sondern erst durch das Handeln. Der Tugendbesitz kann nicht behauptet werden, sondern entsteht erst im praktischen Handeln. Insofern ist der Tugenderwerb auch etwas anderes als ein Training. Der Schwerpunkt muss eben auf dem praktischen Vollzug einer Haltung liegen und nicht auf der Absicht des Tugenderwerbs.[350] „Aristoteles fasst die Tugend als eine durch Übung erworbene charakterliche Disposition auf. Sie ist also keine angeborene Fähigkeit, für die wir ja anders als für unsere Tugend nicht gelobt […] werden.“[351] Das aristotelische Tugendverständnis bezieht sich somit maßgeblich auf das Handeln. Die Tugend wird demnach nicht durch sittliche Erkenntnis erzeugt,

---

347 Vgl. Rippe/Schaber (1998): Einleitung, 11f.
348 Mieth (1984), 16
349 Vgl. ebd.
350 Vgl. Mieth (1998), 130.
351 Rohls (2002), 23f.

sondern letztlich nur durch tugendhaftes Handeln, welches sich auf das sittlich Richtige bezieht.[352]

Im Gegensatz zu natürlicher Entwicklung oder kognitivem Lernen muss der Mensch die Tugenden „durch das eigene Tun und Lassen: durch Übung und Gewöhnung"[353] erlernen. Dies geschieht durch das tätige Nachahmen vorbildhaften Verhaltens, welches durch Lob und Tadel sozial geprägt wird.[354] Durch das wiederholte Tun tugendhafter Handlungen bleibt es dann nicht beim Erlernen. Vielmehr nimmt man eine Haltung an, die verlässlich die entsprechenden Handlungen zum Vorschein treten lässt, wenn sie gefordert sind. Dies geht einher mit der aktiven Annahme des Verhaltens. Das tugendhafte Verhalten ist nicht etwas, das von außen auferlegt wird, sondern es wird aus freiem Willen gern getan.[355] Auf weitere Aspekte des Erwerbs von Tugenden wird in einem späteren Abschnitt ausführlicher eingegangen.

Halbig betont die Bedeutung der Praxis nochmals besonders, indem er der Tugend eine Erfolgsdimension hinzufügt. So ist das Vorliegen einer Tugend auch davon abhängig, ob das von ihr motivierte Handeln erfolgreich dazu beiträgt, die von der Tugend intendierten Ziele zu erreichen. Dem Hilfsbereiten, dessen Handeln nie eine wirkliche Hilfe darstellt, auch wenn er dies intendiert, kann nicht die Tugend der Hilfsbereitschaft zugesprochen werden. Ebenso muss sich der Großzügige darüber informieren, welche Gabe dem Bedürftigen wirklich nützt und in welchem Umfang diese getätigt werden muss. Auch hier wird also die Ausübung der Tugend daran bemessen, ob der beabsichtigte Effekt eintritt oder nicht.[356] Folglich benötigt man für die angemessene Anwendung einer Tugend verschiedene Fertigkeiten, häufig im Umgang mit anderen Menschen, um die richtigen Mittel zu besitzen, mit denen das Ziel der Tugend verwirklicht werden kann. Hier wird deutlich, warum unter der Tugend mehr verstanden wird, als

---

352 Vgl. Schmitz (1979): Tugend, 164.
353 Vgl. Höffe (2007), 130.
354 Ebd.
355 Vgl. a. a. O., 130f.
356 Vgl. Halbig (2013a), 94f.

bloße Gesinnung. Die praktische Komponente der Ausübung einer Tugend, zu der „das nichtmoralische Wissen und […] Fertigkeiten“[357] benötigt werden, nimmt im Rahmen einer Tugendlehre eine entscheidende Stellung ein. Tugenden sind somit immer auf ihre praktische Realisierung hin ausgerichtet und verbleiben nicht als Einstellung oder Haltung im Innern einer Person. Durch diesen praktischen Aspekt wird die besondere Eignung der Tugenden für das Klimaproblem deutlich. So ist es ja gerade der Kern des Problems, dass sowohl Handlungswissen und Fertigkeiten als auch in immer mehr Fällen schon eine grundsätzlich klimafreundliche Überzeugung auf kognitiver Ebene bestehen, beides jedoch keine oder nur geringe Auswirkungen auf das konkrete Handeln hat. Aus der Perspektive einer Tugendlehre wird hingegen deutlich, dass Haltungen keine bloß kognitiven Überzeugungen sind, sondern immer auf ihre Verwirklichung im Handeln drängen. Solche Haltungen sind also ein effektives Mittel für den Klimaschutz, weil sie immer auf engagiertes Handeln hinauslaufen und nie nur reine Absichtserklärungen hervorrufen. Welche Faktoren und Eigenschaften der Tugenden Einfluss auf das Handeln nehmen, wird im Folgenden betrachtet.

2.3.2.2 Handlungsrelevante Eigenschaften der Tugenden

2.3.2.2.1 Stabilität der Tugend

Eine entscheidende Eigenschaft von Tugenden kann in ihrer Stabilität gesehen werden. Charakteristisch für die Tugenden ist, dass sie nicht nur vereinzelt zutage treten, sondern, dass sie das Denken und Fühlen eines Menschen bestimmen und entsprechend dauerhaft ausgeübt werden.[358] Mit der Stabilität ist zunächst eine Zuverlässigkeit des Verhaltens gemeint. Vom Tugendhaften wird erwartet, dass er nicht nur in einer einzelnen Situation, sondern dauerhaft tugendhaft handelt. Die Tugenden als Eigenschaften

---

[357] A. a. O., 96.
[358] Vgl. Rippe/Schaber (1998), 11.

sind zeitstabil und können nicht vergessen werden, es sei denn, man richtet sich nicht mehr auf das vernunftgemäße Glück aus.[359] Eine weitere Dimension der Verlässlichkeit betrifft das stabile Handeln in unterschiedlichen Situationen. Diese Eigenschaften der Tugend sind hilfreich für die Verhaltenserwartung: Beim einmal als tugendhaft gekennzeichneten Menschen kann davon ausgegangen werden, dass er auch in Zukunft tugendhaft handelt und auch in anderen Kontexten als in solchen, in denen seine Tugend schon zutage getreten ist. Das beinhaltet gerade auch Handlungskontexte, in denen besondere Schwierigkeiten überwunden werden müssen. In solchen Situationen wird der Tugendhafte als fähiger angesehen, die anstehenden Hindernisse zu überwinden. Hier sind allerdings keine externen, sondern interne Schwierigkeiten gemeint, also solche inneren, affektiven Hindernisse, die den Handelnden vom Entschluss zur Tat abhalten. Gerade solche Handlungen, die eine große Überwindung gekostet haben, sind Ausweis der Tugend des Handelnden.[360]

Die Stabilität und Robustheit der Tugenden führt gerade dazu, dass sie als gewichtige Charaktermerkmale angesehen werden: „[…] will man zum Ausdruck bringen, was für ein Mensch jemand ist, wird man ihn entscheidend durch seine Tugenden und Laster charakterisieren."[361] Die Bewunderung für die Tugenden aber rührt daher, dass sie durch einen längeren Prozess von der Person erworben werden, sie also für ihre Ausbildung und Ausübung selbst verantwortlich ist. Ihr Wert wird auch aus den Anstrengungen abgeleitet, die für ihren Erwerb notwendig waren. Zu einer Charakterveränderung, die der Erwerb von Tugenden ja bedeutet, reicht eine singuläre Entscheidung nicht aus. Vielmehr müssen im Nachgang dieser Entscheidung verschiedene, langwierige innerliche Anstrengungen unternommen werden, um tatsächlich den Charakter zu verändern.[362] Dabei erleichtert die Stetigkeit tugendhaften Handelns den Tugenderwerb aber auch. Durch die wieder-

---

[359] Vgl. Halbig (2013a), 96f.

[360] Vgl. a. a. O., 98.

[361] A. a. O., 99.

[362] Vgl. a. a. O., 99f.

holte Einübung der Tugenden werden anfängliche Widerstände weichen und das tugendhafte Handeln wird immer leichter, je mehr die Tugend kultiviert wird.[363] Diese innerlichen Widerstände hängen vor allem mit affektiven Strebungen zusammen, die sich nicht auf das vernunftgemäße Gute ausrichten.

2.3.2.2.2 Tugenden und Affekte

Entscheidend für den Erwerb und die praktische Realisierung von Tugenden ist somit die Kultivierung der Affekte. Sie erfolgt durch die praktische Vernunft, die sich nicht gegen die natürlichen Neigungen stellt, sondern diese so prägt, dass sie dem Guten entsprechen. Die natürlichen Neigungen müssen somit nicht immer gegen die Vernunft gerichtet sein, sondern können – ihre Kultivierung vorausgesetzt – diese unterstützen.[364] Dazu kann auch gehören, Emotionen bewusst, also aus Gründen, zuzulassen und auszuleben. Dann aber ist man letztlich nicht einfach der Emotion erlegen, sondern hat sich für sie rational entschieden. Erst derjenige also, der seine Gefühle kontrollieren kann und ihnen nicht stets nachgibt, kann als tugendhaft angesehen werden.[365] Es geht nicht um die Ausschaltung sämtlicher Emotionen, sondern darum, ihnen einen angemessenen Einfluss auf das Handeln einzuräumen. Anhand der Tugend des Maßes kann gezeigt werden, dass es das Ziel der Tugend ist, Gefühle in eine „Ordnung, die dem guten Leben dient"[366], zu integrieren. Als Ergebnis einer Kultivierung steht schlussendlich eine „Stabilität des emotionalen Lebens"[367], durch die die Gefühle an der Vernunft ausgerichtet werden.[368] Nicht gemeint ist also ein Zustand vollständig gebändigter Affekte, in dem ausschließlich die Vernunft handlungsleitend ist. Dieser Vorstellung der Konkurrenz zwischen Vernunft und Affekt stellt

363 Vgl. Schockenhoff (2007), 74.
364 Vgl. ebd.
365 Vgl. Schuster (2004): Gefühle und ethische Tugenden, 376.
366 A. a. O., 378.
367 A. a. O., 379.
368 Vgl. ebd.

die antike Tugendlehre den Gedanken der Harmonie zwischen ihnen gegenüber. Wenn Affekt und Vernunft übereinstimmen, ist der Tugendhafte zum richtigen Handeln motiviert und tut dies sogar gern.[369] An dieser Stelle offenbart sich eine der Stärken der Tugendlehre im Vergleich zur Pflichtenethik. Vergleicht man einen Menschen, der eine gute Handlung gern und aus Neigung ausführt mit jenem, der dies nur aus Pflicht tut, wird der moralische Wert der Handlung des ersten höher sein. Er muss nicht durch Normen von außen dazu gebracht werden, moralisch zu handeln, sondern tut dies von sich aus.[370]

Gerade diese affektive Dimension der Tugenden wird vom Menschen als positiv wahrgenommen. „Zum runden Glück gehört, daß man sich an der Art, wie man handelt, erfreut: Man tut das Richtige gern und empfindet insofern Lust."[371] Diese Art der Zustimmung ermöglicht dann, über das Geforderte hinauszugehen und eine „Mehrleistung der Moralität"[372] zu erbringen. Dieses Hinzukommen von Lust entsteht allerdings nur nach und nach und nicht direkt in Anbindung an das Handeln. Hinzukommen müssen die Überzeugung, dass das Handeln richtig ist, eine volle Konzentration darauf und letztlich eine Ausrichtung des Lebens auf die Zustimmung zu den jeweiligen Tugenden. Auch hier ist also der Aspekt der Stetigkeit von Tugenden entscheidend.[373] Tugenden wirken sich nicht auf einer rein kognitiven Ebene aus, sondern beeinflussen auch die Emotionen und Neigungen eines Menschen. Wenn die Affekte auf das Gute ausgerichtet sind, erfährt der Tugendhafte Freude an der Ausübung der Tugend. In gegensätzlicher Perspektive bedeutet das aber auch, dass eine tugendhafte Handlung keine negativen Emotionen auslöst. Löst eine Handlung negative Emotionen aus, kann sie nicht als tugendhaft bezeichnet werden. Das ist dann ein Indiz dafür, dass sich die innere Ausrichtung des Strebens nicht in tugendhafter Harmonie be-

---

369 Vgl. Horn (1998), 124f.
370 Vgl. Schockenhoff (2007), 74.
371 Höffe (2007), 132.
372 Ebd.
373 Vgl. a. a. O., 133f.

findet. Teile des Strebens sind demnach nicht auf das Gute ausgerichtet und lösen dadurch innere Konflikte und Widersprüche aus.[374] Allein pragmatisch ist es nur schwer vorstellbar, dass jemand verlässlich richtig handelt, wenn seine Affekte sich gegen solches Handeln sträuben. Ein Verhalten kann aber nicht tugendhaft genannt werden, wenn es zwar richtig ist, es aber mit negativen Affekten einhergeht. Das würde dem Verständnis der Tugend als affektive Ausrichtung auf das Gute widersprechen. Das Handeln mag zwar angemessen sein, solange die hinter dem Handeln stehende Einstellung es aber nicht ist, kann nicht von Tugend gesprochen werden.[375] Hier wird die Verbindung zum Kriterium der Vernunftgemäßheit deutlich, nach dem die Einbindung der Affekte in die Ordnung der Vernunft erfolgen muss. Tugenden sind also Eigenschaften, die eine Integration menschlicher Affekte in das vernunftgemäße Streben des Menschen nach Glück unterstützen. Eine Ausrichtung der Affekte auf das Vernunftgemäße macht also die motivationale Kraft der Tugendlehre aus, welche somit aus dem Zusammenspiel von Tugend und Affekt erwächst. Ein solches Zusammenspiel ist aber vielfach im Zusammenhang mit dem Klimaproblem noch nicht vorhanden. Häufig richten sich die affektiven Neigungen gerade gegen das, was vernünftigerweise als klimafreundlich angesehen werden müsste, was sich am Konsumverhalten vielfach ablesen lässt. Wenn aber eine entsprechende Haltung die menschlichen Affekte so ordnen könnte, dass sie ein klimafreundliches Verhalten unterstützen, würde es dem Einzelnen leichter fallen, dieses spontan und vor allem gern umzusetzen. Durch eine klimafreundliche Haltung entstünde somit nicht das Problem, dass die Appelle zum Klimaschutz als äußerlich und einschränkend wahrgenommen werden.

---

374 Vgl. Halbig (2013a), 88f.

375 Vgl. a. a. O., 90.

2.3.2.2.3 Unterscheidung zwischen Tugend und Fertigkeit

Fertigkeiten sind ähnlich wie Tugenden dazu in der Lage, das konkrete Handeln zu beeinflussen. Beides sind innere Qualitäten des Menschen, die praktische Relevanz besitzen. Dennoch müssen Tugenden und Fertigkeiten unterschieden werden. Zu nennen sind vier Aspekte, die den Unterschied zwischen Tugenden und Fertigkeiten verdeutlichen. So haben Tugenden erstens eine höhere Reichweite, da sie nicht wie Fertigkeiten an einen bestimmten Bereich gebunden sind, sondern sich auf den Menschen als solchen beziehen. Eine Fertigkeit bezieht sich immer auf die Ausübung einer bestimmten, komplexen Tätigkeit, für die eine bestimmte Technik notwendig ist. Tugenden hingegen können sich auf verschiedene Tätigkeiten in gleicher Weise beziehen.[376]

Ein zweiter Unterschied besteht darin, dass eine erworbene Tugend anders als die erworbene Fertigkeit stets ausgeübt werden muss. Bei einer Fertigkeit ist es möglich, sich trotz ihres Besitzes bewusst gegen ihre Anwendung zu entscheiden. Da Tugenden aber nur praktisch wirksam werden und ihren Wert auch erst aus ihrer Ausübung erhalten, müssen sie in gegebenen Situationen auch zur Anwendung kommen. Die Tugend verhilft schließlich nicht nur zur Erkenntnis des Guten, sondern motiviert auch zu entsprechendem Handeln. Ohne diese motivationale Funktion liegt aber keine Tugend im eigentlichen Sinne vor. Die bewusste Verweigerung einer Fertigkeit spricht nicht gegen deren Besitz. Die bewusst unterlassene Realisierung einer Tugend hingegen kommt einer bewussten Abkehr vom Guten gleich, was den Besitz der entsprechenden Tugend ausschließt.[377]

Drittens unterscheiden sich Fertigkeiten und Tugenden in der Möglichkeit des Vergessens. Eine Tugend lässt sich nicht verlernen. Sie kann zwar dann abhandenkommen, wenn sich die Ausrichtung des Menschen nicht mehr auf das Gute richtet, jedoch ist dann nicht die Tugend vergessen worden. Sie wird nur nicht weiter

376 Vgl. a. a. O., 74.

377 Vgl. a. a. O., 74f.

benötigt. Ein Vergessen, obwohl weiter auf das Gute hingestrebt wird, ist nicht möglich, anders als bei Fertigkeiten, wo eben diese Möglichkeit sehr wohl besteht.[378]

Fertigkeiten unterscheiden sich viertens von Tugenden darin, dass ihnen kein intrinsischer Wert zukommt. Sie besitzen einen instrumentellen Wert zur Ausübung bestimmter Tätigkeiten und sind in dieser Hinsicht wertvoller, je leichter sie diese Tätigkeit ermöglichen und damit verbundene Schwierigkeiten umgehen. Der Wert der Tugend hingegen ist intrinsisch, sie lassen sich nicht auf ihren Nutzen für etwas reduzieren.[379]

Die Ursache für diese an verschiedenen Punkten auftretenden konkreten Unterschiede besteht im Zusammenhang von Wille und Fertigkeit. Grundsätzlich sind Handlungen immer darauf ausgerichtet, ein gesetztes Ziel zu erreichen. Verfehlt jemand mit seiner Handlung das zuvor gesetzte Ziel, obwohl er von der Richtigkeit der Handlung fälschlicherweise überzeugt gewesen ist, spricht man von einem Irrtum.[380] Diese Erkenntnis ist in Bezug auf eine einzelne Handlung relativ unspektakulär. Interessanter wird sie, wenn man das Glück als höchstes Ziel des Strebens ansieht. Dann nämlich kann man davon ausgehen, dass kein Mensch bewusst falsch handeln will. Was das Glück ist und wie es erlangt werden kann, darüber können jedoch falsche Annahmen getätigt werden. Ein Irrtum des Menschen in Bezug auf das, was er wirklich will, ist also möglich.[381] Erst also, wenn wir „wollen, was wir nicht wollen“[382], erhält das falsche Handeln moralische Relevanz und wird folglich mit Begriffen wie „Verirrung, Schuld, Verbrechen, Bosheit“ [383] bezeichnet, und nicht mehr als Irrtum.

So entsteht auch die Unterscheidung zwischen dem bewussten und dem unbewussten Fehler: „Bei handwerklichen und technischen Fähigkeiten sei der freiwillige Fehler besser als der unfrei-

---

378 Vgl. a. a. O., 76f.
379 Vgl. a. a. O., 77f.
380 Vgl. Spaemann (1993), 16.
381 Vgl. a. a. O., 16f.
382 A. a. O., 17.
383 Ebd.

willige, bei den Tugenden (in unserem Sinne) sei es umgekehrt."[384] Beherrscht man so eine handwerkliche Fertigkeit, übt sie aber absichtlich falsch aus, wird dadurch das Können der Fertigkeit nicht beeinträchtigt. Tugendhaft ist allerdings erst der, der weiß, wie er gemäß einer Tugend handeln muss und dies dann auch absichtsvoll tut.[385] In der Kunst oder Technik geht es um einzelne Zwecke, die mit einer bestimmten Handlung erreicht werden sollen. Ein bewusster Fehler kann hier zum Beispiel ein vom Handelnden erkanntes Problem verdeutlichen oder bei einem Stilbruch zu einem Ausdruck höherer Kunstfertigkeit führen. Moralisch relevante Handlungen haben hingegen das gute Leben als Ganzes zum Zweck. Wenn Menschen aber nach diesem Glück streben, wäre ein moralisch falsches Handeln hinderlich zum Erreichen des Zwecks und somit ein Selbstwiderspruch.[386] Bei der Beurteilung von Handlungen wiegt die moralische Ebene so auch immer stärker. Es kann jemand sehr gut im Erreichen einzelner Zwecke sein. Sind diese Zwecke aber dem guten Leben für ihn und andere abträglich, wird er kaum Lob für seine Könnerschaft erhalten.[387]

An dieser Unterscheidung von Fertigkeiten und Tugenden wird nochmals der ganzheitliche Charakter der Tugenden und ihr Bezug auf das menschliche Glück deutlich. Sie sind eng mit der Intentionalität des Strebens verbunden und haben dadurch nicht nur Auswirkungen auf begrenzte Handlungsbereiche, sondern auf den gesamten Lebensvollzug, der vom Streben nach dem Guten geprägt ist. Die Tugend wirkt sich also situationsübergreifend und dauerhaft auf das Handeln aus und ist eng mit dem menschlichen Streben nach Glück verknüpft.

2.3.2.2.4 Möglichkeit des graduellen Vorliegens von Tugenden

Häufig taucht die Frage auf, ob Tugenden nur in ihrer Vollkommenheit auftreten oder ob es auch abgeschwächte Stufen der Tu-

---

384 Foot (1998), 77.
385 Vgl. ebd.
386 Vgl. Spaemann (1993), 19.
387 Vgl. ebd.

gend gibt. „Kann jemand, der über die Tugend des Mutes verfügt, mehr oder weniger mutig sein, oder bezeichnet bereits das Verfügen über die Tugend einen Endpunkt, der keine weitere Steigerung mehr zulässt […]?“[388] Wenn Tugenden nur in ihrer Vollkommenheit als solche angesehen werden können, ist es so gut wie unmöglich, je tugendhaft zu werden. Das verhindert aber noch nicht, dass Tugenden als anzustrebende Ideale angesehen werden können, da sie durch ihren Idealcharakter Orientierung bieten. Sie bieten dem Streben auch dann einen Zielpunkt, wenn es sie nie erreicht.[389] Eine andere Position geht davon aus, dass Tugenden als sogenannte „Schwellenbegriffe“[390] verstanden werden können und dann in vollem Umfang vorliegen, wenn eine bestimmte Schwelle überschritten wurde. Damit ist ein Vergleich der Tugend zwischen verschiedenen Personen denkbar, der im Falle von Idealen logisch nicht möglich wäre.[391] Aus dem Gebrauch von Tugendbegriffen kann aber geschlossen werden, dass diese zu den Schwellenbegriffen gezählt werden müssen, da ja beispielsweise der Mut verschiedener Personen miteinander verglichen werden kann, ohne dass dabei jemandem der Mut vollkommen abgesprochen wird.[392] Diese Annahme lässt sich auch mit dem Tugenderwerb begründen. So geht die Tugendlehre davon aus, dass jemand, der nicht tugendhaft ist, am Beispiel eines Tugendhaften lernen kann und dadurch in der Lage ist, moralisch richtig zu handeln. Das gelingt allerdings nur dann, wenn Tugendhaftigkeit graduell vorliegen kann. Ohne dies wäre man nicht in der Lage, sich vorzustellen, wie ein tugendhafter Mensch handeln würde, den man als Beispiel annimmt. Man kann sich schließlich alle möglichen Handlungen vorstellen. Ohne eine Ahnung davon, was Tugenden sind, kann man jedoch nicht sinnvoll zwischen den verschiedenen Alternativen wählen. Der Wahl eines angemessenen Vorbilds liegt also schon eine moralische Wertentscheidung zugrunde, die ohne

---

[388] Halbig (2013a), 101f.
[389] Vgl. a. a. O., 102.
[390] A. a. O., 103.
[391] Vgl. ebd.
[392] Vgl. a. a. O., 103f.

einen gewissen Grad an ethischer Kompetenz nicht denkbar ist.[393] Auch hinsichtlich der Bezogenheit auf das menschliche Glück ist es notwendig, dass Tugenden nicht ein zu erreichendes Ideal sind, sondern schon ab einem mehr oder weniger bestimmten Grad der Vollkommenheit als solche angesehen werden können. Andernfalls können Tugenden nur zum Glück für „die wenigen Vollkommenen"[394] beitragen. Die Möglichkeit des graduellen Vorliegens von Tugenden impliziert, dass sie nicht schon natürlicherweise vollumfänglich im Menschen vorkommen, sondern schrittweise erworben werden müssen.

2.3.2.2.5 Erwerb von Tugenden

Der Erwerb von Tugenden hängt mit Erziehung zusammen. Diese Erziehung ist aber keine theoretische, sondern basiert maßgeblich auf Vorbildlernen. Auch Aristoteles ist äußerst skeptisch hinsichtlich der theoretischen Lehrbarkeit von Tugenden. Die Einsicht in das vernünftigerweise Gebotene könne nur durch Erfahrung und eine ausgebildete praktische Vernunft erlangt werden. Theoretisch gelehrt werden könne sie schon allein deshalb nicht, weil sie immer situationsbezogen sei.[395] Diese Einsicht, dass Tugenden nicht direkt gelehrt und gelernt werden können, gilt auch gegenwärtig.[396]

Aus der Perspektive moderner Pädagogik kann ebenfalls nicht davon ausgegangen werden, dass Tugenden im Sinne eines Besitzes erworben werden können. Der Besitz muss hier vielmehr im Sinne einer konstanten praktischen Anwendung der Tugenden verstanden werden. Nur wer tugendhaft handelt, besitzt Tugenden. Sie sind keine statischen menschlichen Eigenschaften, auf die nach Belieben zugegriffen werden kann. Die Bezeichnung eines Menschen als tugendhaft drückt nur eine aus vergangenen Erfahrungen gewonnene Zukunftserwartung aus. Diese Erwartung ist aber

---

[393] Vgl. Borchers (2001), 307.
[394] Halbig (2013b): Tugend und Glück, 154.
[395] Vgl. Pleines (2005), 327.
[396] Vgl. a. a. O., 328.

immer mit Unsicherheit behaftet, weil Tugenden eben keine starren Eigenschaften sind. Die Grundhaltungen eines Menschen und die Ausrichtung seines Strebens sind vielmehr veränderbar. Tugendbildung ist also nie abgeschlossen.[397] So ist für moderne pädagogische Tugendansätze zu bedenken, dass ein normativer Charakter bei der Tugendvermittlung vermieden werden muss.[398] Die Vielzahl der Tugendkataloge vermittelt den Eindruck, dass aus Tugenden objektivierbare Handlungsmuster folgen, die vermittelt und angewendet werden können. Das nimmt den Tugenden aber ihren Charakter von Haltungen und verhindert auch aus pädagogischer Perspektive jegliche Dialogoffenheit.[399] Die ausschließlich kognitive Vermittlung bestimmter moralischer Vorstellungen, die vom Lernenden nur aufgenommen werden, verursacht keine moralische Erkenntnis und entsprechendes Handeln.[400]

Eine planvolle Tugendbildung im Sinne der Vermittlung bestimmter, inhaltlich ausformulierter Grundhaltungen oder Eigenschaften entspricht weder dem hier zugrunde gelegten Tugendverständnis noch grundlegenden Erkenntnissen der Moralpädagogik. Moral entsteht nicht aus der abstrakten Kenntnis eines Tugendkanons, „sondern im reflektierenden Urteil auf Moral anläßlich von Handlungen“[401]. Der Charakter eines Menschen bildet sich nicht durch eine von außen kommende Erziehung, sondern „im Umgang mit der natürlichen und sittlichen Welt von selbst“[402]. Aussagen über das richtige Handeln sind also nicht lehrbar, weil sie immer Bezug auf eine konkrete Handlungssituation nehmen müssen und deshalb nicht allgemeingültig sind. Gerade die Wahl konkreter Mittel zum Erreichen des Glücks lässt sich nicht festlegen und demnach nicht theoretisch lehren.[403] So bleibt es immer die Aufgabe der praktischen Vernunft, in einer konkreten Hand-

---

397 Vgl. Hoyer (2005b): Tugend und Erziehung, 251.
398 Vgl. Velthaus (2006): Die Fraglichkeit der Moralerziehung, 421f.
399 Vgl. a. a. O., 422.
400 Vgl. a. a. O., 407.
401 Ladenthin (2001): Ethik und Bildung, 109.
402 Pleines (2005), 316.
403 Vgl. Pleines (1985): Ist Tugend lehrbar?, 201f.

lungssituation die jeweils angemessene Handlung zu wählen und sich damit selbst ein Gesetz zu geben.[404] Tugenden sind also nicht in dem Sinne lehrbar, dass ihre Sinngehalte beschrieben und unterrichtet werden. Durch die abstrakte Bestimmung, was beispielsweise gerecht und klug ist, und eine damit verbundene Aufforderung, sich diese so beschriebenen Eigenschaften anzueignen, wird eine Veränderung des Strebens auf das Vernunftgemäße hin eher nicht erfolgen. Tugendbildung geplant und direkt zu intendieren, scheint somit keinen Erfolg zu versprechen.

Beim Tugenderwerb muss gerade der praktische Charakter der Tugenden betont werden. Tugendvermittlung geschieht nicht theoretisch, sondern beim gemeinsamen Handeln. Jeder Einzelne kann dann aber in die Rolle eines Vorbilds kommen. Der Tugenderwerb hat immer mit Beziehung und Kommunikation zu tun. Es ist möglich, die Qualitäten eines Menschen und sein gutes Handeln zu erkennen, wenn man mit ihm in Kontakt steht. Indem man das Handeln eines solchen Vorbilds nicht nur rein kognitiv anerkennt, sondern praktisch mitvollzieht, erschließt sich der Sinn dieses Handelns. Der Lernende öffnet sich dabei dem Handeln eines solchen Vorbilds in erster Linie aus Zuneigung, erkennt dann aber selbstständig die Haltungen, die diesem Handeln zugrunde liegen.[405] „Vor der Liebe zur Gerechtigkeit steht also die Liebe zu Personen, die Gerechtigkeit ausüben und uns darüber aufklären, was das Gerechte ist."[406]

In diesem Sinne kann das Lernen am Vorbild sogar als optimale Lernform angesehen werden, weil zwar von außen ein Einfluss auf den Lernenden ausgeübt wird, dieser sich aber selbstbestimmt zu dem Einfluss verhalten und ihn für sich aufnehmen kann. Was gutes Handeln ist, wird nicht anhand von äußerlichen Regeln deutlich, sondern durch selbstständige Erkenntnis.[407] Jemand wird aber zum Vorbild durch seine Tugendhaftigkeit, die sich aus seinem Verhalten ablesen lässt und die anziehend und

---

404 Vgl. a. a. O., 208.
405 Vgl. Stachel/Mieth (1978): Ethisch handeln lernen, 87.
406 Rhonheimer (2001), 191.
407 Vgl. Stachel/Mieth (1978), 88.

nachahmenswert wirkt. Dadurch, dass man sich von einem solchen Vorbild anziehen lässt, erkennt man, wie das eigene Verhalten entsprechend der Tugendhaftigkeit ausgerichtet werden kann.[408] So können anhand von Beispielen eigene Erfahrungen und Erwartungen reflektiert und anhand dessen die eigene Identität weiterentwickelt werden.[409] Es geht dabei jedoch nicht um das Vorleben und Nachahmen vorbildhafter Handlungen. Aufgrund der Subjektrelativität der Tugenden können sie auch in Handlungen erkannt werden, die beispielsweise nicht allgemein anerkannten Normen entsprechen und dadurch auf den ersten Blick nicht als vorbildhaft gekennzeichnet würden.[410]

Das Lernen am Vorbild darf also nicht als Imitation beispielsweise eines besonders verdienstvollen Handelns verstanden werden, sondern als aktiver Wandel der eigenen Ausrichtung.[411] Durch die im interpersonalen Prozess stattfindende Ausrichtung des Strebens findet gleichzeitig eine Beförderung der praktischen Vernunft statt. Durch die vernunftgemäße Ordnung der Affekte wird das wahrhaft Gute immer besser erkannt. Die Herausbildung einer eigenverantworteten praktischen Vernunft geschieht dann in letztendlicher Loslösung von der Autorität und führt so zu einer autonomen Persönlichkeit.[412] Auch in der Entwicklung des Kindes hat der Prozess der Rollenübernahme eine große Bedeutung für die Ausbildung des Charakters und der eigenen Identität. Durch die Identifizierung des Kindes mit seinen Bezugspersonen und die dadurch entstehende Außenperspektive erfolgt eine bewusste Orientierung für das eigene Handeln. Insofern kann auch hier nicht von einer Imitation gesprochen werden, da das Kind nicht einfach die Perspektive seiner Bezugspersonen übernimmt, sondern sie in Beziehung zur eigenen Perspektive stellt.[413] „Den Rollenerwartungen der Erwachsenen kann sich das Kind auch verwei-

---

408 Vgl. a. a. O., 88f.
409 Vgl. Ladenthin (2001), 106.
410 Vgl. Lücking (1993): Verbindlichkeit ohne System, 133f.
411 Vgl. Stachel/Mieth (1978), 88f.
412 Vgl. Rhonheimer (2001), 191f.
413 Vgl. Velthaus (2006), 413.

gern und gerade das nicht tun, was sie von ihm erwarten."[414] Im Laufe der moralischen Entwicklung des Kindes findet dann eine Verallgemeinerung der Perspektive der Bezugspersonen statt, aus der dann eigenständige normative Aussagen entstehen.[415]

Ebenfalls darf das Vorbild nicht vorgegeben, sondern muss vom Lernenden selbst gewählt werden. Eine solche Vorgabe würde vielmehr als einschränkende Aufforderung empfunden, das Verhalten des vorgegebenen Vorbilds möglichst exakt nachzuahmen.[416] Eine solche Nachahmung ist eben auch nicht im Sinne eines Vorbildlernens. Trotz einer Orientierung am Vorbild ist ein eigenständiges Entwickeln der eigenen Haltung notwendig. Die Erkenntnisse, die aus der Orientierung am Vorbild erwachsen können, sind so allgemein und abstrakt, dass eine je individuelle Konkretisierung notwendig ist.[417] Nicht konkretes Verhalten soll nachgeahmt werden, sondern die allgemeine Ausrichtung, die es verursacht: „Es gilt ‚das Grundsätzliche' an Vorbildern zu erfassen und das Zufällige beiseitezulassen."[418] Das Vorbildlernen ist demnach mit vernünftiger Einsicht verbunden.[419] So verstanden ist Nachahmung keine Kopie, sondern eine eigenständige und individuelle Wiederholung des Nachzuahmenden.[420]

> „Die Rekonstruktion der Praxis [...] kann nur so die Perspektive des Tätigen wiederholen, daß sie aus der spezifischen Befangenheit dieses Tätigen heraustritt und den Vollzug gleichsam von außen sieht, d. h. die Tätigkeit nicht einfach imitiert, sondern reflektiert. Interpretation kopiert das Interpretierte nicht einfach, sie wiederholt es anders."[421]

---

414 Ebd.

415 Vgl. a. a. O., 413f.

416 Vgl. Stachel/Mieth (1978), 99.

417 Vgl. a. a. O., 99f.

418 A. a. O., 100.

419 Vgl. a. a. O., 101.

420 Vgl. Ladenthin (2001), 105.

421 Buck (1981): Hermeneutik und Bildung, 27.

Insofern kann man das Vorbild als Modell verstehen, das die erkannte Wirklichkeit abbildet. Der Fokus beim Modell liegt auf einer strukturellen Abbildung der Wirklichkeit, durch die diese diskutierbar wird. In diesem Verständnis bezieht sich ein Vorbildlernen dann aber auf „das Modell als Verhaltensmuster“[422], nicht auf ein zu imitierendes konkretes Verhalten.[423] Das wird gerade bei der Betrachtung der vielfältigen Elemente deutlich, die beim Vorbild- oder Modelllernen eine Rolle spielen. So ist ein Modell hinsichtlich seiner konkreten Ausprägungen auch moralisch kritisierbar. Mittels dieser Kritik aber kann das Prinzip erkannt werden, dass hinter dem Konkreten steht. Es kann außerdem als Ganzes erfasst und so als Symbol und Abbild verstanden werden. Daraus entsteht aber eine Aufforderung zu entsprechendem Verhalten. Die Entwicklung konkreten Verhaltens erfolgt aber nicht

---

[422] Stachel/Mieth (1978), 102.

[423] Dieses Verständnis des Modelllernens muss somit von Theorien aus dem Bereich der Lernpyschologie wie der Theorie des sozial-kognitiven Lernens von Bandura abgegrenzt werden. Grundsätzlich geht auch diese Theorie davon aus, dass der Mensch an Modellen lernen kann, wobei damit alle Erscheinungsformen menschlichen Verhaltens gemeint sein können. Es brauche also keine realen Personen für das Modelllernen. Auch symbolische Modelle „wie mündliche oder schriftliche Instruktionen, Bilder, Charaktere eines Buches, […] Charaktere in Cartoons oder Filmen“ (Lefrançois [2006]: Psychologie des Lernens, 312.) würden sich für das Modelllernen eignen. Es bestehen allerdings Unterschiede hinsichtlich bedeutender Theorieelemente. So werden ethische Aspekte als Bedingung für ein Modell nicht betrachtet. Es wird lediglich ein mindestens gleicher sozialer Status des Modells vorausgesetzt. (Vgl. Winkel/Petermann [2006]: Lernpsychologie, 194.) Der Besitz „hochentwickelter Fertigkeiten und Kompetenzen“ (Lefrançois [2006], 313.) sei hingegen nicht notwendig. Vor allem aber baut dieser Ansatz auf einem Lernen durch Imitation auf, bei dem es um reine Reproduktion des beobachteten Verhaltens, nicht aber um dessen individuelle Aneignung geht. (Vgl. Winkel/Petermann [2006], 197.) Dazu wird letztlich keine Einsicht in den Handlungssinn oder die hinter der Handlung stehende Ausrichtung des Strebens benötigt, sondern vor allem „motorische und physische Fähigkeiten und möglicherweise auch einige verbale und intellektuelle Kapazitäten“ (Lefrançois [2006], 314).

unmittelbar aus der Anschauung eines Vorbilds, sondern aus kognitiven und praktischen Prozessen des Erprobens und Anwendens. Dadurch ermöglicht Vorbildlernen eine Übertragung des Erlernten auf andere Handlungssituationen, in denen selbstständig das richtige Verhalten gemäß der Erkenntnisse aus dem Modell angewendet werden kann.[424]

> „Aus dem Aufforderungscharakter und dem Charakter des Exemplarischen, der Vorbild und Modell zu eigen ist, ergibt sich der Charakter des Nachvollzugs beziehungsweise des Mitvollzugs von Vorbildern und Modellen [...].“[425]

Nach der anfänglichen Änderung der inneren Ausrichtung durch den Impuls des Vorbilds wird es zur stetigen Aufgabe des Lernenden, diese Ausrichtung zu festigen und auszubilden. Tugenden werden letztlich erst erworben, indem wiederholt bestimmte, tugendhafte Handlungsweisen mit der Intention gewählt werden, das jeweils Gute zu erreichen. Die Veränderung geschieht innerlich. Es ändern sich nicht unmittelbar äußere Handlungsweisen. Sie werden nur indirekt durch die innerlich ablaufende Änderung der affektiven und kognitiven Ausrichtung beeinflusst.[426] Der Mensch ist frei darin, durch Gewöhnung und Ausbildung eine zweite, charakterliche Natur zu schaffen, die durch Tugenden geprägt ist. Durch sie ist er in der Lage, das Richtige in einer gegebenen Situation zu erkennen und zu tun.[427] Die bloße Aneignung gewohnheitsmäßiger Verhaltensweisen statt der Veränderung des Charakters ist nicht effektiv, da sie die Unterschiedlichkeit der jeweiligen Handlungssituationen missachtet. Ausgehend von der Erkenntnis des allgemein Guten wird schließlich das richtige Handeln im Konkreten gewählt.[428]

---

[424] Vgl. Stachel/Mieth (1978), 102f.
[425] A. a. O., 104.
[426] Vgl. Rhonheimer (2001), 187.
[427] Vgl. Brumlik (2002), 30f.
[428] Vgl. Rhonheimer (2001), 186f.

Durch diese Überlegungen wird klarer, welche Aufgabe der Pädagogik bei der Vermittlung von Tugenden zukommen kann, wenn die theoretische Vermittlung inhaltlich ausformulierter Tugenden nicht gemeint ist. Tugenderwerb und -vermittlung erfolgen auf einer Ebene persönlicher Beziehung und Kommunikation. Die Aufgabe der Pädagogik kann dann aber darin bestehen, Räume für solche Beziehungen zu schaffen und Vorbilder anzubieten, für oder gegen die sich die Lernenden dann entscheiden können. Die Annahme eines tugendhaften Menschen als Vorbild bleibt ebenso wenig planbar wie eine daraus folgende entsprechende Ausrichtung des Strebens. Dennoch erhöht sich die Wahrscheinlichkeit dafür, dass Lernende vom Vorbildcharakter eines Menschen angezogen werden, je häufiger und intensiver sie mit möglichen Vorbildern in Kontakt kommen. Da aber die persönliche und emotionale Zuneigung zum Vorbild eine Voraussetzung für Modelllernen darstellt, können Impulse zur anfänglichen Übernahme von Tugenden nur schwer geplant werden und bleiben der elterlichen Erziehung weitestgehend vorbehalten.

Einen größeren Beitrag zum Tugenderwerb kann die Pädagogik aber leisten, wenn es darum geht, die anfanghaft vorhandenen Tugenden durch wiederholtes Tun einzuüben und zu festigen. So müssen schädliche Bedingungen, die das Handeln hemmen, vermieden werden. Gefördert werden muss vielmehr eine Umgebung, in der der Lernende zum Handeln ermutig und darin bestärkt, nicht überfordert, sondern ernst genommen wird.[429] Grundsätzlich geht es dabei um die Gestaltung geeigneter Handlungssituationen für moralisches Lernen:

> „Wenn Sittlichkeit im Vollzug lernbar ist, dann fragt es sich, wie dieser Vollzug pädagogisch gestaltet sein soll – denn es muß ja eine Differenz geben zwischen der Sittlichkeit als gültigem Akt im sozialen Umfeld einerseits und andererseits dem Vollzug sittlichen Urteilens mit dem Ziel, durch den Vollzug erst zur Ur-

429 Vgl. Zyska (1975): Motiv und Motivation in ihrer Bedeutung für wertorientiertes Handeln, 149f.

> teilsfähigkeit zu gelangen. Lernen von Sittlichkeit und sittliches Handeln können nicht identisch sein, weil man nicht schon sittlich handeln kann, wenn man es erst durch dieses Handeln lernen soll."[430]

Die Pädagogik muss demnach Möglichkeiten zum spielerischen oder beispielhaften Handlungsvollzug schaffen, damit außerhalb realen Handelns moralisches Handeln eingeübt werden kann.[431] Dazu können Situationen erzeugt werden, in denen bestimmte Haltungen erprobt und praktisch ausgeübt werden. Anhand solchen Beispielhandelns können Reflexionen bezüglich der eigenen Haltung erfolgen, wodurch diese weiter ausgebildet werden kann. Durch das tugendhafte Handeln in der Übungssituation kann außerdem eine Vorbereitung auf neue Handlungssituationen erfolgen, in denen dann auch spontan tugendhaft gehandelt wird. Vor allem aber kann ein so eingeübtes tugendhaftes Handeln als glücksfördernd verstanden werden. Eine Aufgabe der Pädagogik besteht also darin, Möglichkeiten und Räume für das Streben nach Glück zu schaffen.[432] Bildung erhält die Aufgabe, dem Menschen ein richtig verstandenes Glück zu eröffnen. „Bildung soll Glücksmöglichkeiten eröffnen, Glücksempfänglichkeit, eine Verantwortung für das eigene Glück."[433] Die Motivation zum Handeln kann also nur vermittelt werden, indem über dessen letzte Ziele, also über dessen Bedeutung für das Glück des Menschen reflektiert wird.[434] Wer erkennt, dass er durch die Tugend dem höchsten Ziel seines Strebens näher kommt, wird sich um den Tugenderwerb aus eigenem Antrieb heraus bemühen. Diese Glücksrelevanz der Tugenden für das eigene Leben beispielhaft erfahrbar werden zu lassen, wird zur Aufgabe von Pädagogik.

Die Vermittlung von Tugenden muss somit durchweg praktisch erfolgen und ist daher weniger planbar als beispielsweise die Ver-

---

430 Ladenthin (2001), 71.
431 Vgl. a. a. O., 72f.
432 Vgl. Hoyer (2005b), 249.
433 Brumlik (2002), 79.
434 Vgl. Ladenthin (2001), 73f.

mittlung von theoretischem Wissen. Der Veränderungsprozess der inneren Ausrichtung muss letztlich von jedem Einzelnen eigenständig vollzogen werden. Eine von außen erfolgende Steuerung wird den Erwerb einer solchen Haltung nicht erreichen können. Sie kann aber Impulse anhand von Beispielen und Vorbildern geben, die zu einer Änderung der inneren Ausrichtung beitragen können. Vor allem kann sie durch das Erzeugen von beispielhaften Handlungssituationen die innere Festigkeit und äußere Anwendungskompetenz der Tugenden erhöhen. Ihr Hauptaugenmerk muss aber darauf liegen, die hinter den einzelnen Haltungen liegenden Sinngehalte in ihrer Bedeutung für das eigene Glück erfahrbar werden zu lassen.

2.3.3 Vielfalt der Tugenden – Einzeltugenden und Tugendkataloge

Tugenden treten in der Regel in Form von Tugendkatalogen auf, die diverse Einzeltugenden beinhalten. Ein definitiver Tugendkatalog, der allgemein anerkannt wird, besteht allerdings nicht. Vielmehr richten sich viele Tugendkataloge an der klassischen Darstellungsform der Kardinaltugenden aus oder basieren auf einer Unterteilung in intellektuelle und ethische Tugenden. Gleichzeitig entstehen neue bzw. aktualisierte Tugendlisten.

Neben diesen Ansätzen gibt es aber auch Positionen, die nicht von Einzeltugenden ausgehen, sondern *die Tugend* als umfassendes und nicht weiter zu differenzierendes Charaktermerkmal verstehen. Ein solcher Ansatz vermeidet verschiedene Schwierigkeiten von Tugendkatalogen, beispielsweise die Frage nach Tugendkonflikten oder nach der Abgeschlossenheit bestimmter Tugendlisten und würde einer dezidierten Klimatugend eher widersprechen. Wie müssen also Tugenden verstanden werden?

2.3.3.1 Einheit der Tugenden?

Die antike Tugendlehre geht von einer Einheit der Tugenden aus. So sind Tugendkataloge keine Listen grundverschiedener Fähigkeiten, sondern beschreiben letztlich eine Charaktereigenschaft, die in verschiedenen Tugenden realisiert ist. Die Einzeltugenden können somit voneinander unterschieden werden, stehen aber nicht für sich, sondern sind Teil einer übergeordneten Tugendhaftigkeit. Geeint werden die Einzeltugenden demnach durch Weisheit oder Klugheit.[435] Eine abgeschwächte Version dieser Einheitsthese geht hingegen davon aus, dass zwar alle Einzeltugenden für sich, aber in wechselseitiger Abhängigkeit zueinander stehen. Der Besitz einer Einzeltugend ist demnach an den Besitz aller weiteren Tugenden gebunden. Die Einzeltugenden werden dann nicht als Teil der Klugheit verstanden, sondern als deren spezifizierte Ausprägungen. „Daraus folgt, daß es unmöglich sein soll, daß jemand tapfer, aber zugleich habgierig und geizig ist."[436] Außerdem wird dadurch vermieden, dass ein Konflikt zwischen Einzeltugenden denkbar ist. Aus dieser Sichtweise wird besonders der ganzheitliche Charakter der Tugend betont: „Bei der tiefgreifenden Einstellungsänderung, die mit dem Tugenderwerb gemeint ist, soll es sich um den Erwerb einer einzigen, konsistenten, ja sogar homogenen Haltung handeln."[437] Hier wird nochmals die Unterscheidung zwischen Tugend und Fähigkeiten deutlich. So stellen Fähigkeiten jeweils isolierte Einheiten dar, die zwar untereinander verknüpft sein können, aber nicht müssen. Aufgrund des Zusammenhangs der Tugenden mit der Ausrichtung des Willens auf das Gute besteht zwischen ihnen hingegen eine innere Verbundenheit. Allerdings darf man *die Tugend* deshalb nicht gleich nur als einzelne Eigenschaft wahrnehmen, sondern muss auch die Einzeltugenden in den Blick nehmen.[438] Diese werden aber nicht als losgelöst voneinander, sondern als einheitliche Gruppe betrachtet.[439] Für eine angemessene Betrachtungsweise der Tugenden muss man also über die verschiedenen begrifflichen Implikationen hinaus die Elemente herausstellen, die zur Einheit der Tugenden führen.[440]

---

[435] Vgl. Horn (1998), 131.
[436] A. a. O., 132.
[437] Ebd.
[438] Vgl. Halbig (2013a), 29f.
[439] Vgl. a. a. O., 31.
[440] Vgl. a. a. O., 32f.

Sowohl in der klassischen Tugendlehre als auch in moderner Tugendethik wird von einer Mehrzahl an Einzeltugenden ausgegangen. Diese werden aber nicht als isoliert voneinander verstanden. Die einzelnen Tugenden sind vielmehr aufeinander bezogen und bilden in ihrer Summe eine Einheit, ohne dabei unterschiedslos zu werden. Das löst zumindest die Frage nach Tugendkonflikten auf. Geht man von einem inneren Zusammenhang der Einzeltugenden untereinander aus, kann ein Tugendkonflikt nicht aufkommen, da ein Widerspruch einzelner Tugenden nicht möglich ist. Gewährleistet wird diese innere Einheit der Einzeltugenden bei der praktischen Anwendung durch die Tugend der Klugheit, auf deren besondere Rolle im weiteren Verlauf eingegangen wird. Zunächst soll aber ein Blick auf die Gestalt konkreter Tugendkataloge und die Frage nach ihrer Abgeschlossenheit geworfen werden.

2.3.3.2 Schwierigkeiten definitiver Tugendkataloge

Versucht man, einen Katalog von Einzeltugenden aufzustellen, besteht ein erster Einteilungsversuch in der Unterscheidung zwischen substanziellen Tugenden und strukturellen Tugenden. Wo sich substanzielle Tugenden, die auch als Primärtugenden bezeichnet werden, auf bestimmte Grundgüter, also letztlich auf das Gute beziehen und anhand der Bezugsgüter unterschieden werden können, beziehen sich strukturelle Tugenden nicht auf bestimmte Güter. Bei ihnen werden keine unmittelbaren Handlungsgründe genannt, da der Bezug auf ein bestimmtes Ziel fehlt. Diese auch als Sekundärtugenden bekannten Tugenden bestehen beispielsweise in „Pünktlichkeit, Ordnungsliebe, Sparsamkeit und Fleiß“[441]. Diese Tugenden können sowohl für gute als auch für schlechte Ziele eingesetzt werden. Die moralische Bewertung erfolgt hier anhand der Zwecke, nicht anhand der Tugenden.[442] Der Dieb, der mit großem Fleiß den Besitz anderer entwendet, wird nicht aufgrund seiner Tugendhaftigkeit gelobt werden. Aus diesem Grund

[441] Höffe (2007), 128.
[442] Vgl. Höffe (1998), 46f.

stehen die instrumentellen Tugenden als Sekundärtugenden immer hinter den moralischen Tugenden „wie Hilfsbereitschaft, Tapferkeit, Gerechtigkeit, auch Toleranz“[443]. Das sind Tugenden, die „zum Menschen als Menschen gehören“[444]. Sie sind in sich gut und können nur für Gutes eingesetzt werden. Schließlich besteht der eigentliche Wert der Tugenden ja in der Ausrichtung auf das Gute, wohingegen strukturelle Tugenden auch zu bösen Ziele angewendet werden können.[445] Der Wert der strukturellen Tugenden bemisst sich also letztlich an ihrer Ausrichtung auf substanzielle Tugenden und daran, in welchem Maß diese gefördert werden.[446] Es ist somit keine angemessene Verwendung des Tugendbegriffs, wenn bei der Frage nach dem Tugendbesitz der Fokus vor allem auf diesen moralisch unbestimmten Sekundärtugenden liegt. Ein solcher Tugendbegriff ist mangels einer Ausrichtung auf das Gute inhaltsleer und moralisch irrelevant. Allerdings ist eine klare Grenze zwischen primären und sekundären Tugenden nicht ohne Weiteres zu ziehen, da letztlich die primären Tugenden nur mit Hilfe sekundärer Tugenden verwirklicht werden können.[447]

Grundsätzlich erscheint das Vorhaben aber nahezu unmöglich, einen definitiven Tugendkatalog vorzulegen. So kann zwar zwischen sekundären Fähigkeiten und Tugenden anhand des Bezugs auf das Gute unterschieden werden, eine darüber hinausgehende definitive Nennung eines abgeschlossenen Tugendkatalogs erscheint weder möglich noch hilfreich. Sinnvoller ist eher eine

[443] A. a. O., 47.

[444] Höffe (2007), 129.

[445] Streng genommen muss hier auf eine methodische Unsauberkeit hingewiesen werden. Die Benennung der verschiedenen moralischen Tugenden und ihre Begründung setzen ein materiales Verständnis des Glücks voraus. Durch die Nennung der konkreten Tugenden wird also eine Ausnahme vom formalen Charakter bei der Darstellung des Tugendbegriffs gemacht. Diese Verwendung von allgemein als Tugendwörtern angesehenen Begriffen dient aber letztlich nur dazu, die Abgrenzung von Sekundärtugenden zu veranschaulichen, und soll noch keine Aussage über mögliche inhaltliche Gehalte des Tugendbegriffs darstellen.

[446] Vgl. Halbig (2013a), 154f.

[447] Vgl. Radić (2011), 64f.

Strukturierung aller denkbaren Tugenden auf Grundlage der Kardinaltugenden[448] Klugheit, Gerechtigkeit, Mut und Besonnenheit. Praktisch müssen damit die möglichen Tugenden, die als inhaltlich gefüllte Ausrichtungen auf das Glück verstanden werden, unter diese vier Oberbegriffe eingeordnet werden.[449] Dabei müssen die Einzeltugenden als Spezifikationen der grundsätzlicheren Kardinaltugenden angesehen werden.[450] Dadurch kann letztlich einer normativen Beliebigkeit entgangen werden, die durch eine Einteilung in höchst spezialisierte Bereichstugenden entsteht, die an einzelne Situationen gebunden sind. Eine solche entspricht letztlich auch nicht dem Wesen der Tugend, das ja unter anderem in der situationsunabhängigen Stabilität und Verlässlichkeit besteht.[451] Will man an verschiedenen Einzeltugenden festhalten, reicht eine bloße Aufzählung nicht aus. Durch ihre Einordnung unter die Kardinaltugenden wird jeder Einzeltugend eine Richtung vorgegeben, anhand derer sich ihr eigener Wert erläutert. Die Kardinaltugenden geben also einen Grundwert vor, der in verschiedener Art und Weise spezifiziert werden kann. Gleichzeitig kann der Wert einer Einzeltugend am Maßstab der ihr übergeordneten Kardinaltugend überprüft werden.[452] Das erscheint zwar als praktikables Vorgehen, das dabei helfen kann, konkrete Tugenden zu kategorisieren. Allerdings ist es im Grunde nur ein formales Verfahren, dessen inhaltliche Füllung von der Definition einer Liste von Kardinaltugenden abhängt.[453]

---

448 Die Kardinaltugenden als strukturierende Oberbegriffe aller möglichen Einzeltugenden wollen ein ganzheitliches Bild menschlicher Vortrefflichkeit abgeben, das alle wesentlichen Merkmale des Menschen berücksichtigt. Damit liegt ihnen ebenfalls eine spezifische Theorie des Guten zugrunde, auf die im Zusammenhang mit den Theorien des Guten eingegangen wird. An dieser Stelle stellt auch ihre Nennung eine Ausnahme vom formalen Charakter der Betrachtung dar, die aber notwendig ist, um mögliche innere Strukturmerkmale konkreter Tugendkataloge zu illustrieren.

449 Vgl. Halbig (2013a), 166.

450 Vgl. a. a. O., 168.

451 Vgl. a. a. O., 172f.

452 Vgl. a. a. O., 173f.

453 Vgl. a. a. O., 174f.

Im Rahmen der Literatur zur Tugend tauchen regelmäßig verschiedene Einzeltugenden auf. Häufig sind sie an den klassischen Kardinaltugenden orientiert. Nicht selten aber lassen sich auch Tugendkataloge finden, die diese vier grundlegenden Tugenden erheblich erweitern und sehr umfangreich und spezialisiert wirken. Hier besteht aber die Gefahr, die Vielfalt der Einzeltugenden zu wenig zu beschränken.[454] Die Gefahr, die durch eine solche Erweiterung droht, besteht in einer „entscheidenden Verarmung unserer ethischen Praxis"[455]. Die schiere Masse an dann legitimen Tugenden würde nämlich verhindern, dass eine Person oder eine Handlung als insgesamt tugendhaft (also durch Besitz bzw. Anwendung aller möglichen Tugenden ausgezeichnet) bezeichnet werden kann. Unter solchen Voraussetzungen wären Tugendkataloge immer unabgeschlossen, die Idee eines Tugendideals müsste aufgegeben werden.[456] Eine beliebige Erweiterung der Tugendkataloge scheint also nicht hilfreich zu sein. Vielmehr bedarf es bei der inhaltlichen Formulierung von Tugenden eines Kriteriums, das die Einheit der Tugenden auch dann bewahrt, wenn neue Einzeltugenden hinzukommen. So werden Tugenden durch die Ausrichtung auf das Gute geeint. Nun wurde das Gute aber in formaler Hinsicht mit dem Kriterium der Vernunftgemäßheit bestimmt. Ob und wie ein Tugendkatalog erweitert werden kann, hängt also nach wie vor davon ab, ob die neuen Elemente dem formalen Kriterium der Glücksbezogenheit im Sinne der Vernunftgemäßheit entsprechen. Somit besteht die grundsätzliche Möglichkeit, Tugendkataloge inhaltlich zu erweitern. Grenzen werden einer Erweiterung aber durch das Glücksverständnis gesetzt. Letztlich hängt also auch die inhaltliche Ausgestaltung von Tugendkatalogen davon ab, auf welchen Begriff des Guten Bezug genommen wird. Das lässt sich erklären, wenn man die Tugend als die Ausrichtung des Strebens auf das Gute versteht. Demnach sind die Einzeltugenden dann inhaltliche Präzisierungen des allgemeinen Strebens auf das Gute hin. Sie geben Auskunft darüber, wie in ver-

---

[454] Vgl. a. a. O., 142.
[455] A. a. O., 145.
[456] Vgl. a. a. O., 145f.

schiedenen Bereichen eine solche Ausrichtung aussieht. Dadurch wird der Gedanke der inneren Einheit der einzelnen Tugenden verständlicher. Der Zusammenhang zwischen ihnen besteht in der Ausrichtung auf das Gute, die inhaltlichen Ausprägungen und Schwerpunkte aber werden durch die einzelnen Tugenden deutlich gemacht. Weiterhin lässt sich aus diesem Verständnis eine prinzipielle Offenheit für neue Tugenden ableiten. Die Ausrichtung auf das Gute kann eben nicht nur in bisher bekannter Weise auftreten, sondern auch im Zusammenhang mit neueren Problemstellungen und Handlungsbereichen. Die Einteilung in intellektuelle und sittliche Tugenden findet hingegen auf einer strukturellen Ebene statt und hilft, das Wesen und die Funktion der Tugend anschaulich zu machen.

2.3.3.3 Intellektuelle und sittliche Tugenden

Aristoteles unterteilt die Primärtugenden in sittliche und intellektuelle bzw. Verstandestugenden. Sie werden auch als vernunftbezogene und irrationale (dianoetische und ethische) Tugenden bezeichnet.[457] Verstandestugenden richten sich nach klassischer Lehre auf theoretische und praktische Erkenntnis aus. Sie sind Grundlage des tugendhaften Handelns, ohne die weder die Erkenntnis des Guten noch die Erkenntnis des angemessenen Handelns möglich sind.[458] Unter sittlichen Tugenden werden die entsprechenden Haltungen verstanden, die das Handeln beeinflussen. Sie beschreiben die verschiedenen Ausprägungen eines Charakters und werden durch die Urteile der Vernunft über das Ziel des Strebens beeinflusst.

2.3.3.3.1 Intellektuelle Tugenden

Intellektuelle Tugenden sind nicht inhaltlich, sondern funktional geprägt. Ihnen fällt die Aufgabe zu, das jeweils Richtige zu erken-

---

[457] Vgl. Rohls (2002), 23.
[458] Vgl. Höffe (1998), 47.

nen und in der jeweils speziellen Situation praktisch umzusetzen. Gemeint sind hier die (theoretische) Weisheit, also die Erkenntnis des Richtigen, und die (praktische) Klugheit, die situationsgemäße Anwendung des als richtig Erkannten.[459] Eine Tugend ist demnach mehr als ein theoretisches Wissen darum, was zu tun ist. Vielmehr wird mit dem Tugendbegriff die durch Wissen und Erfahrung gewonnene Fähigkeit beschrieben, konkrete Handlungsweisen optimal auszuüben. Der Tugendhafte weiß nicht nur, was allgemein richtig ist, sondern weiß dies in jeder Situation und handelt dann auch entsprechend verlässlich. Die Voraussetzung für ein solches in jeder Situation jeweils angemessenes, spezifisches Handeln ist die Tugend.[460]

2.3.3.3.1.1 Weisheit

Eine Bindegliedfunktion zwischen den Absichten und den Handlungen hat die Tugend der Weisheit.[461] Die Weisheit ermöglicht, allgemein menschliche, gute Ziele zu erkennen. Gemeint ist somit eine Beschäftigung mit dem guten Leben als solchem, nicht mit beliebigen Teilzielen. Unter Weisheit kann somit die „Erkenntnis der letzten und höchsten Ursachen"[462] verstanden werden. Der Weise erkennt das Gute und setzt sich solche Ziele, die mit dem wahrhaft Guten übereinstimmen. Weisheit kann entsprechend auch nicht mit Intelligenz gleichgesetzt werden, sodass Weisheit grundsätzlich von jedem Menschen erlangt werden kann.[463] Durch die Weisheit gelingt es dem Menschen, seine Ziele sinnvoll zu ordnen. Als Maßstab werden dann die guten Ziele herangezogen, die der Weise erkannt hat.[464] So ist die Weisheit zwar nicht ausreichend, um tugendhaftes Handeln umzusetzen, da für dieses zwingend auch eine gute Absicht erforderlich ist. Allerdings

---

[459] Vgl. Rhonheimer (2001), 171f.
[460] Vgl. a. a. O., 172.
[461] Vgl. Schockenhoff (2007), 75f.
[462] Rhonheimer (2000): Die sittlichen Tugenden, 109.
[463] Vgl. Foot (1998), 75.
[464] Vgl. ebd.

kann mit der Weisheit die Werthaltigkeit einzelner Ziele bestimmt und eine Rangfolge verschiedener Ziele erstellt werden.[465] Die Umsetzung dieser Ziele hingegen hängt mit der Tugend der Klugheit zusammen.

2.3.3.3.1.2 Klugheit

Mit der Klugheit wird klassischerweise die Fähigkeit beschrieben, situativ die angemessene Handlung zu wählen. Mit ihr werden die vorhandenen Haltungen und Handlungsziele in konkreten Situationen fortwährend in praktische Handlungen umgesetzt.[466] „Während die Charaktertugenden für die Grundausrichtung auf das Glück verantwortlich sind, sorgt die intellektuelle Tugend, die Klugheit, unter Voraussetzung der Grundausrichtung für deren situationsgemäße Konkretisierung."[467] Das Hauptmerkmal der Klugheit ist somit nicht das Erkennen des Guten, sondern seine Umsetzung. Bei der Erkenntnis des Guten, also bei der moralischen Grundausrichtung ist sie auf die Charaktertugenden angewiesen, die die Affekte kultivieren. Klugheit bei Aristoteles kann somit verstanden werden als richtige Praxis.[468] Sie bezieht sich anders als Intelligenz oder Schläue notwendig auf die ethischen Tugenden und steht im Einklang mit ihnen.[469] Insofern nimmt sie innerhalb der Tugendlehre eine Sonderstellung ein. Zur Auswahl einer angemessenen Handlung gehört schließlich auch, die entsprechenden Fähigkeiten zu wählen und anzuwenden, die in einer bestimmten Situation gefordert sind. Mit der Klugheit ist allerdings nicht einfach nur die Fähigkeit gemeint, ein möglichst effektives Mittel zu wählen, um zu einem Ziel zu gelangen. Einer solchen Fähigkeit fehlt vielmehr die Ausrichtung auf das Gute bzw. das Vernunftgemäße, da unter reinen Effizienzgesichtspunkten auch schlechte Mittel gewählt werden können. Klugheit ist folglich

465 Vgl. Schockenhoff (2007), 75f.
466 Vgl. Höffe (1998), 47.
467 A. a. O., 60.
468 Vgl. a. a. O., 60f.
469 Vgl. Müller (1998): Was taugt die Tugend?, 26.

die Fähigkeit, nach vernunftgemäßen Aspekten geeignete Handlungen zu wählen: „Die wahre Tugend der Klugheit intendiert jene Ziele, die für das Leben als Gesamtes, als menschliches Leben von Bedeutung sind."[470] Als letztes Ziel intendiert sie, das gesamte menschliche Streben gemäß der Vernunft auszurichten. Es geht also darum, dass sowohl das Ziel als auch die Mittel einer Handlungswahl gut sein sollen.[471] Die Fähigkeit der Klugheit meint also die Ausrichtung des Handelns ausschließlich gemäß der Vernunft. Weder natürliche Neigungen noch moralische Normen bestimmen das Handeln, sondern die innere Erkenntnis des für den Menschen Guten und des in der Situation angemessenen Handelns.[472] So ist die „Ausdifferenzierung und [...] Stabilisierung von Gründen, die unser Fühlen und Denken, unser Tun und Lassen dauerhaft bestimmen sollen"[473], die Aufgabe der Klugheit. Letztlich ist es somit die Tugend der Klugheit, die eine Lösung für das Motivationsproblem bietet. Bei wem diese Fähigkeit ausgeprägt ist, der richtet sein Handeln immer nach dem aus, was er als das Gute erkannt hat. Sie ist maßgeblich für den praktischen Charakter der Tugend, die eben nicht nur in innerer Einstellung, sondern im Handeln sichtbar wird. Gelangt der Kluge zu der praktischen Erkenntnis, dass es gut ist, das Klima zu schützen, wird er sein Handeln auf dieses Ziel ausrichten und Mittel wählen, mit denen dieses Ziel verwirklicht werden kann. Eine genauere inhaltliche Bestimmung der Klugheit, die über diese grobe Illustration anhand des Klimaproblems hinausgeht, wird bei ihrer Betrachtung im Zusammenhang mit den Kardinaltugenden auf der Grundlage eines erweiterten Glücksverständnisses erfolgen.

2.3.3.3.2 Sittliche Tugenden

Unter sittlichen Tugenden werden die Vollkommenheit und damit das vernunftgemäße Streben verstanden. Die verschiedenen Ein-

---

470 Rhonheimer (2001), 199.
471 Vgl. a. a. O., 199f.
472 Vgl. a. a. O., 201.
473 Müller (1998), 102.

zeltugenden entsprechen den verschiedenen Strebevermögen immer dann, wenn sie gemäß der Vernunft ausgerichtet sind.[474] „Tugend ist also nicht bloß eine innere Einstellung oder Grundhaltung. […] Vielmehr ist sie innere Harmonie des Menschen und aller seiner Strebungen mit der Vernunft.“[475] Wenn nämlich alle Strebevermögen wie Wille und Leidenschaften an der Vernunft ausgerichtet sind, entsteht ein einheitliches Streben in die Richtung des Vernunftgemäßen. Das wahrhaft Vernunftgemäße wird erkannt und realisiert, störende Einflüsse bestehen nicht mehr. Vielmehr unterstützen Emotionen und Affekte den Willen motivational in seinem Streben nach dem Vernunftgemäßen, da das richtige Handeln als positiv, lustbringend wahrgenommen wird. Durch die so hergestellte Übereinstimmung der Affekte mit der Vernunft wird vom Handelnden das Gute zuverlässig erkannt und umgesetzt. Es wird vermieden, dass etwas als richtig erkannt, dann aber anders gehandelt wird. Insofern motivieren Tugenden affektiv zum Tun des Richtigen.[476]

Die sittlichen Tugenden bestehen somit in verschiedenen inhaltlichen Ausrichtungen des menschlichen Strebens. Sie haben insgesamt die Funktion, dieses Streben auf das Gute auszurichten. Insofern sind sie die „Vortrefflichkeit dessen, was ein Mensch gewöhnlich tut und wozu er aufgrund seiner Dispositionen geneigt ist“[477]. Die sittlichen Tugenden stellen dann aber das Element dar, welches zwischen Streben und Vernunft vermittelt und das Streben auf das Gute hinordnet. Dabei sind verschiedene Tugenden für verschiedene Strebevermögen zuständig. Um eine Harmonie zwischen Strebungen und Vernunft praktisch werden zu lassen, bedarf es aber, wie gezeigt wurde, der Klugheit, welche in das vernunftgemäße Streben integriert ist und angemessene Handlungsentscheidungen verursacht.[478] Die sittlichen Tugenden haben somit eine wichtige Funktion für das tugendhafte Handeln. Dennoch können sie ohne die

---

474 Vgl. Rhonheimer (2001), 173f.
475 A. a. O., 174.
476 Vgl. a. a. O., 175.
477 Rhonheimer (2000), 108.
478 Vgl. a. a. O., 111f.

Tugend der Klugheit keine Wirkung entfalten, da durch sie erst die Frage nach dem konkreten Handeln geklärt werden kann.[479] Eine inhaltliche Bestimmung der sittlichen Tugenden muss an dieser Stelle offenbleiben. Bis zu diesem Punkt kann nicht mehr als ihre formale Eigenschaft aufgezeigt werden, die unterschiedlichen menschlichen Strebevermögen gemäß dem von der Vernunft benannten Guten auszurichten. Worin genau die sittlichen Tugenden bestehen, hängt maßgeblich von der Bestimmung des Guten ab. Erst dadurch kann eine Aussage getroffen werden, worauf sich das Streben ausrichten soll und welche Haltung für diese Ausrichtung benötigt wird. Hier war es zunächst das Ziel, den strukturellen Unterschied der inhaltlich geprägten sittlichen Tugenden von den formalen intellektuellen Tugenden zu verdeutlichen. Dabei sollte besonders die zentrale Rolle der Klugheit deutlich werden. Ihre Bedeutung ist gleichbleibend hoch, egal auf welche Vorstellung vom Guten Bezug genommen wird, da sie für das Handeln entscheidend ist. Da Tugenden immer erst im Handeln wirksam werden, ist die richtige Handlungswahl einer der wichtigsten Aspekte der Tugend. Diese Handlungswahl aber wird durch die Klugheit bestimmt. Der Kluge weiß, welche Handlung auf Grundlage welcher sittlichen Tugend gewählt werden muss und wie sie in richtiger Weise ausgeübt wird. Erst durch die Klugheit wird also verlässliches und angemessenes Handeln möglich. Dabei ist die Klugheit angewiesen auf die Weisheit und die sittlichen Tugenden. Ohne zu wissen, was ein gutes Ziel ist und ohne eine Ausrichtung allen Strebens auf dieses Ziel kann eine angemessene Handlung schließlich nicht gewählt werden.

2.3.4 „Macht Tugend glücklich?" – Der Zusammenhang von Tugend und Glück

Um zum Handeln zu motivieren, muss aus dem Tugendbesitz ein Vorteil für den Einzelnen erwachsen. Da das tugendhafte Handeln durchaus dazu führen kann, dass der Tugendhafte kurzfristige,

---

[479] Vgl. a. a. O., 113.

deutlich spürbare Nachteile aus seinem Handeln erhält, braucht es einer langfristigen Kompensation, die einen Anreiz zum tugendhaften Handeln setzt. Die Bezogenheit der Tugend auf das als höchstes Gut und letztes Handlungsziel verstandene Glück legt nahe, dass der Tugendbesitz glücklich macht. Das Verhältnis von Tugend und Glück ist aber komplex und umstritten. Vor allem die Frage, ob Tugenden eine hinreichende Bedingung zum Erlangen des Glücks sind, wird kontrovers diskutiert. Zur Klärung des Verhältnisses von Tugend und Glück ist es hilfreich, danach zu fragen, worin der Wert der Tugenden besteht und ob der Tugend ein intrinsischer Wert zukommt.

2.3.4.1 Instrumenteller Charakter der Tugenden

Grundsätzlich muss nochmals darin erinnert werden, dass einer Tugend ihr Wert erst in Verbindung mit ihrer gelingenden Umsetzung zukommt. Nur wenn sich eine Tugend praktisch realisiert, wird sie Bewunderung erfahren, nicht aber ausschließlich aufgrund ihres Umsetzungspotenzials.[480] Versteht man die Tugenden weiter als den Weg, das gute Leben zu erlangen, speist sich ihr Wert nicht aus selbst heraus, sondern aus ihrer Förderlichkeit für das Glück. Der Wert der Tugend ist somit immer bezogen auf den Wert der Güter, die sie erstrebt.[481]

In diesem Zusammenhang kann auf Positionen verwiesen werden, die „Tugenden als intrinsisch wertvolle Einstellungen zu anderen intrinsischen Werten […] verstehen“[482]. Demnach können Tugenden nicht als eigenständige Werte angesehen werden, sondern sie erhalten ihren Wert aus den Zielen, auf die sie sich beziehen. Ihr Wert entsteht somit erst in einem zweiten Schritt und bezieht sich auf die Angemessenheit einer Haltung zu einem praktischen Gut, die mit einem Tugendbegriff ausgedrückt wird. Mit dieser Ansicht aber wird die Frage nach dem Wert weiter aufgefächert in eine Frage nach dem Wert der praktischen Güter und

---

480 Vgl. Halbig (2013a), 46f.

481 Vgl. a. a. O., 48f.

482 A. a. O., 50.

eine Frage nach dem Wert der Einstellungen zu ihnen. Die Güter, auf die sich die Tugenden beziehen, müssen unabhängig von Tugendkategorien bestehen. Das bedeutet, dass ihre Bewertung nicht von der Einstellung zu oder dem Umgang mit ihnen abhängt. Diesen Gütern kommt dann also ein intrinsischer Wert zu.[483] Die Bezogenheit der Tugenden auf das Gute definiert also auch ihren eigenen Wert. Ihr Besitz und ihre Ausübung sind kein Selbstzweck. Sie stehen immer vielmehr im Dienst des Guten. Deutlich wird das vor allem an der oben vorgenommenen Unterscheidung zwischen primären und sekundären Tugenden. Den sekundären Tugenden kommt deshalb kein eigener Wert zu, weil sie sich auf alle möglichen Güter und Ziele beziehen können. Über den *Tugendbold,* der eine große Zahl an Sekundärtugenden besitzt und ausübt, kann aus ethischer Perspektive noch nichts gesagt werden, da erst klar werden muss, ob er diese Tugenden auch zum Erreichen des Guten nutzt. Erst die primären Tugenden, die sich auf einen Begriff des Guten beziehen, wurden als moralisch relevant vorgestellt. Der Wert der Tugend entsteht also nicht aus sich heraus, sondern aus den Zielen ihrer Ausrichtung.

2.3.4.2 Relevanz der Tugenden für das menschliche Glück

Entscheidend für die Tugend ist somit ihre Relevanz für das menschliche Glück im Sinne des vernunftgemäßen Guten. Im Unterschied zum Schicksalsglück ist das hier gemeinte Erfüllungsglück[484] Resultat eines tätigen Lebensvollzugs, der auf ein vernunftgemäßes Ziel ausgerichtet ist.[485] Hier muss allerdings eine Differenzierung hinsichtlich des Glücksbegriffs vorgenommen werden. Bislang wurde das Glück im Sinne der teleologischen Handlungstheorie als das Streben auf das formale Glück im Sinne des letzten Ziels allen Strebens verstanden. Allerdings geht es bei der Frage nach Glück nicht nur um das Verfolgen eines endgültigen Letztziels, worin auch immer es bestehen mag, sondern eben

---

483 Vgl. a. a. O., 50f.

484 Vgl. die Unterscheidung in der Fußnote 273, Kapitel 2.

485 Vgl. Fenner (2007): Das gute Leben, 145f.

auch um den Lebensvollzug im Sinne eines ständigen Bejahens des eigenen Tuns, das in einen größeren Sinnzusammenhang eingebettet ist. Die Stabilität der Tugend verursacht letztlich nicht nur vernunftgemäße Einzelhandlungen, sondern einen verlässlichen vernunftgemäßen Lebensvollzug, also ein gutes Leben. Durch ein solches gutes Leben wird aber ein volles Glück noch nicht erreicht. Hinzukommen muss die eigene Wahrnehmung des Lebens als ein gutes. Erst durch diese emotionale Komponente entsteht ein volles Glück.[486] Es besteht somit kein Automatismus, der vom Besitz der Tugend automatisch zum Glück führt.[487] Es lässt sich kein gutes Leben sinnvoll denken, dass nicht auch positiv wahrgenommen wird.[488] Ein guter bzw. tugendhafter Lebensvollzug muss letztlich immer eine affektive Komponente enthalten, durch die das tugendhafte Leben auch insgesamt als gut empfunden wird. Nur so lassen sich kurzfristige Nachteile ausgleichen, die dem Tugendhaften beispielsweise durch Verzicht zugunsten des Wohls anderer entstehen könnten. Für die inhaltliche Bestimmung des Glücks muss also bedacht werden, dass nur solche Inhalte in Frage kommen, die, richtet jemand sein Handeln auf sie aus, auch als positiv empfunden werden. Das darf allerdings nicht im hedonistischen Sinne verstanden werden, nach dem es um kurzfristige Lusterfahrung geht. So meint der Begriff des guten Lebens ein solches, dass insgesamt als gut und wählenswert angesehen wird und innerhalb dessen Glückserfahrungen nur einer von mehreren Bestandteilen sind. Das ist auch die intuitive Erfahrung jedes Menschen, dass er nicht ausschließlich oder vor allem Glückserfahrungen oder Lust anstrebt, sondern ein insgesamt gutes Leben.[489]

Ohne ein tugendhaftes Handeln lässt sich letztlich auch kein gutes Leben vorstellen. Es ist nicht denkbar, dass ein schlechter Mensch eine wirkliche Zufriedenheit mit seinem Leben und echtes Glück empfindet.[490] Foot führt ein historisches Beispiel aus der

---

[486] Vgl. a. a. O., 144f.

[487] Vgl. Halbig (2013a), 40f.

[488] Vgl. a. a. O., 249f.

[489] Vgl. a. a. O., 246f.

[490] Vgl. Foot (1997c): Tugend und Glück, 216f.

Zeit des Nationalsozialismus an, bei dem Menschen, die an ihren Überzeugungen festhielten und sich den Forderungen der Nazis widersetzten, dies mit ihrem Leben bezahlten. Hier hat das Festhalten an den Überzeugungen jegliche Aussicht auf ein als glücklich erfahrenes Leben verhindert. Sie differenziert hier aber und spricht davon, diese Personen hätten nur in einer Hinsicht ihr Glück geopfert, in einer anderen hingegen nicht.[491] So ist zwar offensichtlich, dass diese Menschen die Möglichkeit aufgaben, „etwas von den großen und kleinen guten Dingen des Lebens zu erleben“[492]. Es wäre aber Quelle großen Unglücks für diese Menschen gewesen, wenn sie sich für ihr Einknicken ein Leben lang hätten schämen müssen. Diese Form von Glück oder Unglück fällt aber nicht in die Kategorie von Genuss. Ein solches Unglück hat vielmehr die Kraft, das Erleben des Menschen unabhängig von der Qualität eines Erlebnisses zu prägen. So kann beispielsweise eine Tätigkeit während ihrer Ausübung als genussvoll empfunden werden, weil man sich über die Tätigkeit oder das Erreichen eines Ziels freut. Gleichzeitig kann man sich über etwas in seinem Leben freuen oder nicht freuen. Dann aber ist keine Beschränkung auf eine Zeitspanne gegeben. Vielmehr empfindet man diese Art von Freude auch dann, wenn man abgelenkt ist oder schläft. „Sagt man von jemandem, er sei über etwas unglücklich, so steht dem nicht entgegen, daß er oder sie in diesem Augenblick schläft oder mit etwas anderem beschäftigt ist.“[493] Die Objekte eines solchen Glücks oder Unglücks haben demnach auch eher einen Bezug auf das gesamte Leben. Wenn aber jemand über etwas Grundsätzliches in seinem Leben glücklich oder unglücklich ist, verändert dies auch seine spezielleren Empfindungen in konkreten Situationen und Erfahrungen. Dann aber müssen das Bereuen und die Scham berücksichtigt werden, wenn man davon spricht, im obigen Beispiel hätten die Personen ihr Glück geopfert. So kann man anzweifeln, ob diese Menschen jemals wieder Glück hätten empfinden können, während sie den Verrat an ihren Idea-

---

491 Vgl. a. a. O., 219f.

492 A. a. O., 220.

493 A. a. O., 221.

len bereuten. Die Scham über die eigene Inkonsequenz kann ein so großes Unglück bedeuten, dass das Empfinden von Glück unmöglich wird.[494] Allerdings ist es nicht einmal notwendig, das zukünftige, unter den Folgen der Handlung stehende Leben zu berücksichtigen. Vielmehr erscheint einem Menschen mit einer entsprechenden Haltung bzw. Tugend schon „das Bewußtsein, etwas Beschämendes zu tun“[495], als so großes Hindernis, dass ein Verraten dieser inneren Ausrichtung unmöglich wird, auch wenn dies große Opfer bedeutet. Für die Menschen im Beispiel erschien es also überhaupt nicht so, als würden sie ihr Glück opfern. Schließlich hatten sie schon in dem Wissen, ihre Ideale verraten zu müssen, keine Aussicht auf ein glückliches Leben mehr.[496] Es ist also zwar denkbar, dass auch der Schlechte situativ Glück empfindet. Auf ein gesamtes Leben bezogen muss ein Mensch aber vollkommen schamlos sein, da ihm nur dann keine negativen Kosten entstehen. Eine solche vollkommene Schamlosigkeit ist aber nur äußerst selten zu beobachten.[497]

Tugenden müssen also als notwendige Bedingung für ein als glücklich empfundenes Leben angesehen werden. Die aristotelische Tugendlehre gesteht allerdings auch anderen grundlegenden materiellen und immateriellen Gütern einen hohen Stellenwert zu. Für das aristotelische Glücksverständnis sind also nicht nur innere, sondern auch äußere Güter entscheidend, in denen die Grundvoraussetzungen für die Möglichkeit des Glücks gesehen werden. Bestimmte soziale und materielle Güter sind notwendig, damit jemand überhaupt glücklich werden kann.[498] Zum Erreichen des Glücks müssen demnach immer auch passende Umstände hinzukommen. Durch sie allein ist das Glück zwar nicht erreichbar. Allerdings können zu viele unglückliche Umstände das Glück verhindern.[499] So sind Tugenden zwar wichtig für ein gutes Leben, die-

---

494 Vgl. a. a. O., 221f.
495 A. a. O., 222.
496 Vgl. a. a. O., 222f.
497 Vgl. a. a. O., 223.
498 Vgl. Horn (1998), 78f.
499 Vgl. Brumlik (2002), 118f.

ses ist ohne Güter wie Gesundheit, soziale Anerkennung oder einen grundlegenden materiellen Besitz aber nicht denkbar.[500] Deutlich wurde das am obigen Beispiel. Durch die Hinrichtung der sich widersetzenden Menschen wurde ihnen jegliche Möglichkeit auf ein weiteres Streben nach Glück und auf weitere Glückserfahrungen genommen. Da aber ein Verrat an ihren Überzeugungen ein unwiderrufliches Abweichen des Strebens auf das Gute hin bedeutet hätte, entstand erst das Dilemma, durch das im Ergebnis ein glückliches Leben unmöglich wurde. Es wird aber deutlich, dass solche grundlegenden äußeren Güter ebenfalls eine notwendige Bedingung für das Glück darstellen. „Sogar das Leben des Tugendhaften kann unglücklich ausfallen, Tugend ist nicht hinreichend für das Glück. Es bedarf […] äußerer Güter zum Glück […].“[501]

Für die Wahrnehmung des Lebens als gut bzw. glücklich bestehen folglich zwei notwendige Bedingungen. Ohne das tugendhafte Handeln ist ein Streben auf das vernunftgemäße letzte Ziel nicht möglich. Die Tugend besteht ja letztlich in der Ausrichtung des Strebens auf dieses Ziel. Ohne sie sind also nur Lusterfahrungen denkbar, die zwar möglicherweise kurzfristig positiv wahrgenommen werden, für ein gutes Leben, welches insgesamt bejaht werden kann, aber offenbar nicht ausreichend sind. Vielmehr kann es sämtliche Glückserfahrungen verhindern, wenn man von der eigentlichen Ausrichtung des Strebens auf das Gute hin abweicht. Das wird noch einmal deutlich, wenn man sich den hier zugrunde gelegten formalen Glücksbegriff in Erinnerung ruft. Glück wird verstanden als das Vernunftgemäße, weil menschliches Handeln als frei und vernünftig gekennzeichnet wird. Ohne schon bestimmte inhaltliche Ziele der Vernunft zu nennen, wird deutlich, dass der Mensch schon aus Eigeninteresse die Güter fördern will, die ihm seine Autonomie im Handeln ermöglichen. Diese Güter sind aber keine äußerlichen Güter, sondern immanente Handlungsfolgen, die durch das Handeln selbst erreicht werden und den Men-

---

[500] Vgl. Borchers (2001), 165.

[501] Halbig (2013a), 264.

schen verändern. Die Tugenden sind aber genau jene Fähigkeiten, durch die eine solche Vortrefflichkeit des Handelnden erreicht werden kann und die ihn in seinem Streben auf das letzte Ziel fördern. Wenn der Mensch auf Ziele zustrebt, die er als gut erkannt hat, wird er auch sein Handeln als gut ansehen. Durch die Übereinstimmung seines Handelns mit seinem Selbstbild und seinen Überzeugungen wird er dies als beglückend wahrnehmen.[502] Tugenden als Ausrichtung des Strebens auf das Gute sind also konstitutiv für das Glück. Sie verändern den Menschen hin zum Guten, indem sie ihn seinem letzten Ziel näherbringen und so zu einem guten Leben beitragen. Weil der Handelnde das weiß oder zumindest implizit wahrnimmt, wird das tugendhafte Handeln als glücksbringend empfunden, auch dann, wenn daraus situative Nachteile entstehen können. Die Gewissheit, gemäß der eigenen Ausrichtung auf das Gute zu handeln, kann materielle Nachteile somit ausgleichen. Hier kann besonders hinsichtlich des Klimawandels eine neue Perspektive eröffnet werden. So wurde im ersten Kapitel deutlich, dass eine Einschränkung und Veränderung der gegenwärtigen Konsum- und Lebensweise zwingend erforderlich für eine Reduzierung der Treibhausgasemissionen sind. Eine Haltung, die dem Klimaschutz dient, wird also auf den ersten Blick Einschränkungen des eigenen (materiellen) Wohls vermuten lassen, indem beispielsweise die Mobilität eingeschränkt wird oder Verzicht auf bisherige Lustempfindungen beispielsweise beim Konsum oder bei der Ernährung geübt werden muss. Diese vermeintlichen Einschnitte sind aber letztlich unerheblich, wenn der Klimaschutz als vernunftgemäßes Ziel angesehen werden kann. Dann nämlich werden die Einschränkungen und der Verzicht als Teil des Strebens auf das Gute hin verstanden und somit als glücksbringend wahrgenommen. Alternativen zum bisherigen Lebensstil würden vom Menschen dann vielmehr aus Eigeninteresse angestrebt. Klimafreundliches bzw. tugendhaftes Verhalten ist dann aber eine notwendige Bedingung zum Glück, was eine hohe Motivation zu entsprechendem Handeln hervorrufen kann. Es

---

[502] Vgl. Baechler (1992), 35f.

darf allerdings das Vorhandensein äußerer Güter als notwendige Glücksbedingung in Hinblick auf eine klimafreundliche Haltung nicht übersehen werden. Würde sie die Lebensgrundlagen des Menschen oder andere Grundgüter gefährden, zu denen auch ein gewisses Maß an Lusterfahrungen gehören dürfte, würde sie nicht zum Glück des Menschen beitragen. Eine zu radikale Ausrichtung, die beispielsweise im Klimaschutz das einzige Gut sieht, wäre also abzulehnen. Da aber die größte Zahl von äußeren Gütern unterschiedliche Gestalten annehmen kann, muss aus der zweiten Bedingung keine Abschwächung klimafreundlichen Handelns folgen. Vielmehr kann daraus eine Verstärkung der Bemühungen resultieren, nach alternativen klimafreundlichen Gütern zu suchen. Wie genau eine klimafreundliche Haltung zum Glück des Menschen beitragen kann, wird auf der Grundlage einer inhaltlichen Glücksvorstellung im fünften Kapitel exemplarisch verdeutlicht.

2.3.5 Vorteile einer Einbeziehung des Tugendbegriffs in ethische Betrachtungen – Was leistet der Tugendbegriff im Bereich der Ethik?

Es wurde bislang deutlich, dass eine eigenständige Tugendethik, die auf eine Anbindung an andere ethische Modelle verzichtet, nicht ausreicht. Bei der Betrachtung der Tugendlehre auf Grundlage des klassischen Tugendbegriffs wurde aber gezeigt, dass die Rede von der Tugend als solche deshalb noch nicht überholt ist. Vielmehr konnten verschiedene Anknüpfungspunkte an das aktuelle Klimaproblem aufgezeigt werden. Das Einbinden des Tugendbegriffs in eine moderne Moraltheorie erscheint somit möglich und sinnvoll. Wo genau die Vorteile einer Erweiterung moralischer Betrachtungen durch den Tugendbegriff liegen, soll im Folgenden nochmals konkretisiert werden.

2.3.5.1 Erweiterung der Moraltheorie

Der Tugendbegriff erweitert demnach die Ethik um ein ganzheitliches Element, bei dem verschiedene Dimensionen menschlichen Handelns Berücksichtigung finden.[503] So erweitert er den Bereich der Moraltheorie, indem er „Fragen der Handlungstheorie, der rationalen Wahl, der Affekttheorie und […] Fragen des sozialen, kulturellen und historischen Kontexts“[504] mit einbezieht, statt sich nur auf den Aspekt der richtigen Einzelhandlung zu beziehen. Weiterhin können auch moralisch relevante Phänomene, die nicht vom Handlungsbegriff erfasst werden, betrachtet werden, ebenso wie die Bedingungen des Tugenderwerbs. Durch die Betonung des Handlungskontexts ist darüber hinaus eine Verknüpfung individuellen und gesellschaftlichen Handelns denkbar. Schließlich sind gesellschaftliche Verhältnisse bedeutsam für Möglichkeiten und Grenzen, die das Handeln des Einzelnen bestimmen. Das Handeln des Einzelnen wird somit also nicht mehr isoliert und rein theoretisch betrachtet. Es werden vielmehr so viele Aspekte und Faktoren wie möglich einbezogen, durch die eine bestimmte Handlungsentscheidung zustande kommt.[505] In welcher konkreten Art und Weise Tugenden vom Individuum angenommen und ins konkrete Handeln einbezogen werden, hängt schließlich von verschiedenen situations- und subjektbezogenen Faktoren ab. So spielen das Naturell und die Kompetenzen des Individuums oder die konkrete Lage, in der es sich befindet, eine Rolle bei der Frage, welches Verhalten als tugendhaft gilt.[506] Die Betonung der Individualität und Kontextualität moralischen Entscheidens ist somit sinnvoll, da diese in der Realität eben auch nicht eindimensional ist, sondern durch verschiedene Faktoren beeinflusst wird.[507] Hier zeigt sich nochmals die große Stärke der Situations- und Subjektrelativität, welche in der Mesotes-Lehre begründet ist.

---

[503] Vgl. Halbig (2013a), 352f.

[504] Horn (1998), 118.

[505] Vgl. a. a. O., 117f.

[506] Vgl. Höffe (2007), 135.

[507] Vgl. Honecker (1998), 181.

Durch ihren Bezug auf letzte Ziele gehen Tugenden außerdem über die Bewertung deontologischer Kriterien der Pflichtgemäßheit hinaus. So sind bestimmte Handlungen gerade deshalb lobenswert, weil sie über die Pflicht hinausgehen und der Tugendhafte dadurch noch mehr Engagement zeigt, als es von der Pflicht gefordert wird.[508] Somit ist der Tugendbegriff geeigneter, um den moralischen Wert im Gegensatz zur bloßen Richtigkeit einer Handlung zu beurteilen, insofern hier auch die Motive und Affekte des Handelnden berücksichtigt werden. Weiterhin hilft die Orientierung an Tugenden bei der moralischen Entwicklung. Diese richtet sich dann nicht an „einer in einem Katalog abstrakter Pflichten fixierten Minimalmoral“[509] aus, sondern an tugendhaften Vorbildern, die in ihrem Handeln die mit den Tugenden verbundenen Güter erfahrbar werden lassen.

2.3.5.2 Einbezug der handelnden Person

Weiterhin sind Tugenden eng mit der Perspektive der handelnden Person verbunden, insofern sie als persönliche Vollkommenheiten verstanden werden, für die die Person auch verantwortlich ist. Tugenden prägen den Charakter, da sie sowohl zeitlich wie situativ stabil dem Menschen zur Verfügung stehen. Ein Verlust der Tugend nach einiger Zeit ist nicht zu erwarten. Sie prägen den Charakter ganzheitlich und berücksichtigen auch die Ebene der Affekte. Eine solche tiefe Integration in die Persönlichkeit eines Menschen ist eine Stärke der Tugenden.[510] „Sie erlauben es, über die bloße Konstatierung des Vorliegens von richtigen bzw. falschen Handlungen […] hinauszugehen.“[511] Sie können mehr aussagen als ein Werturteil, indem sie charakteristisches Verhalten benennen, das in unterschiedlichen Situationen zum Ausdruck kommt. Zudem bietet der Tugendbegriff einen Einblick in menschliches Handeln und lässt nicht nur die Ziele des Handelns, sondern auch

[508] Vgl. Halbig (2013a), 362f.
[509] A. a. O., 365.
[510] Vgl. a. a. O., 359.
[511] A. a. O., 360.

dessen Art und Weise beurteilbar werden.[512] So besteht in der Frage nach den Motiven einer Handlung bislang eine Lücke philosophischer Forschung, die erst mit Aufkommen der neueren Tugendethiken wieder beachtet wird.[513]

Ein weiterer Vorteil des Tugendbegriffs ist, dass mit ihm auch das Alltagshandeln des Menschen in den Blick genommen werden kann. Hier besitzen andere moderne Ansätze nur wenig Aussagekraft, da sie sich häufig auf spezialisierte Problemfälle konzentrieren. Diese bedürfen zwar einer differenzierten Handlungsorientierung, treten aber im alltäglichen Handeln nicht häufig auf. Die alltägliche Lebensführung wird vom Tugendbegriff hingegen in den Blick genommen. Die Ausrichtung auf ein höchstes Ziel erfordert, nicht nur in komplizierten Einzelfragen richtig zu handeln, sondern stetig. Das Streben auf ein solches Ziel hin beinhaltet dann auch kleine, scheinbar unbedeutende Handlungsentscheidungen, die entsprechend getroffen und überprüft werden müssen.[514] Somit wird auch hier die Bedeutung des Handelns anerkannt. Haltungen beziehen sich als Dispositionen immer auf Handlungen in konkreten Anforderungssituationen. Sie gehen über einen guten Willen insofern hinaus, als dass sie zum situationsgemäß richtigen Handeln befähigen und eine Verlässlichkeit im Handeln ermöglichen.[515] Ihren Ausdruck finden Tugenden also in Handlungen, die nicht in einer klinischen Laborumgebung, sondern inmitten konkreter, alltäglicher Handlungssituationen ausgeübt werden. Auch sind nicht nur äußere Variablen für eine konkrete Handlungsentscheidung bedeutsam, sondern ganz entscheidend auch die Person des Handelnden und sein Verhältnis zu sich selbst. „Daraus folgt umgekehrt, daß sich in Handlungen immer auch offenbart, wer jemand ist und sein will […].“[516] So geht eben nicht jeder Handlung eine bewusste Reflexion voraus, vielmehr handelt man einen Großteil der Zeit routiniert und

512 Vgl. ebd.
513 Vgl. Brumlik (2002), 46f.
514 Vgl. Horn (1998), 120.
515 Vgl. Brumlik (2002), 51.
516 A. a. O., 144.

damit unbewusst. Ein solches Verhalten muss dann auf Dispositionen und Haltungen zurückgeführt werden, was einen Schluss auf die jeweiligen Tugenden des Handelnden und damit auf seinen Charakter ermöglicht.[517]

2.3.5.3 Moralische Motivation

Die Betrachtung der Perspektive der handelnden Person ermöglicht, den Bereich moralischer Motivation näher zu beleuchten, der bei anderen modernen Ansätzen eher unberücksichtigt bleibt. So führt die Bestimmung oder Begründung moralischen Handelns eben noch nicht dazu, dass dieses auch tatsächlich in die Tat umgesetzt wird. Es braucht vielmehr noch zusätzlich ein „Ausführungsprinzip“[518], das den Impuls zum tatsächlichen Handeln gibt und für das „Einübung, affektives Lernen“[519] notwendig sind. Ein solches Prinzip ist aber im Tugendbegriff vorhanden. Tugenden richten sich an Vorbildern und Handlungsidealen aus, die eingebettet in ein gelungenes Leben ein Beispiel der Ausübung einer Tugend abgeben. Hier wird besonders die Verbindung zwischen der Tugend und der Erfahrung von Glück relevant. Wer erfährt, dass das tugendhafte Handeln Teil eines guten Lebens ist, erkennt dessen Vorzüge und wird motiviert, ebenfalls so zu handeln. Die Erkenntnis, dass man durch das tugendhafte Handeln dem eigenen Persönlichkeitsideal näher kommt, kann also handlungsauslösend sein.[520] Dieser Mechanismus geht über das hinaus, was eine Eigennutzorientierung als Motivationsfaktor leisten kann. Rein am Eigennutz orientierte Menschen haben dann keine Motivation, moralisch zu handeln, wenn sie keine Sanktionen zu fürchten haben, weil die nutzenbringenden unmoralischen Handlungen beispielsweise unbemerkt bleiben. Sucht man nach dem maximalen Nutzen für sich selbst, können sowohl moralische als auch unmoralische Handlungen zum Ziel führen. Moralisches Handeln müsste somit

[517] Vgl. a. a. O., 143f.
[518] Horn (1998), 119.
[519] Honecker (1998), 180.
[520] Vgl. Horn (1998), 119.

extern durch Regeln und Sanktionen gesichert werden. Aus der Perspektive der Tugendlehre besteht der Nutzen aber vor allem in einer Annäherung an das Gute, die eben nur mit tugendhaften Handlungen erreicht werden kann. Da eine solche Annäherung im Innern der Person stattfindet, ist beispielsweise die Möglichkeit ausgeschlossen, dass eine nicht tugendhafte Handlung unbemerkt bleibt. Schließlich ist sich der Handelnde seines Handelns und der Bewertung seiner Handlungen in der Regel bewusst. Dann aber kann er nur ein Interesse daran haben, stetig und verlässlich tugendhaft zu handeln, um so sein Glück weiter anzustreben. Da der Handelnde aber in diesem Sinne konstant überprüft, ob sein Handeln dem vernunftgemäßen Guten entspricht, besteht nicht die Möglichkeit, zu täuschen. Sanktionen im Sinne einer Entfernung vom Guten treten unmittelbar und unausweichlich nach einer nicht tugendhaften Handlung ein:

> „Letzten Endes verbirgt sich hinter einer Theorie der Tugenden mit ihrer Betonung des Glücksanspruchs der Individuen jedoch nichts anderes als die alte materialistische Einsicht, daß umfassende Gerechtigkeit nur dann eintreten wird, wenn die Individuen sie als Teil ihres Glücks verstehen.“[521]

Genau hier liegt aber der mit entscheidendste Vorteil, der den Tugendbegriff für die Lösung des Motivationsproblems beim Klimaschutz relevant werden lässt. Sollte gezeigt werden können, dass der Klimaschutz mit einem Begriff des vernunftgemäßen Glücks in Einklang gebracht werden kann, würde der Einzelne klimafreundliches Verhalten als glücksfördernd ansehen und aus eigenem Interesse ausüben.

2.3.5.4 Tugenden als Leitbilder nach Mieth

Neben den Vorteilen, die die Tugenden für die Betrachtung des individuellen Handelns haben, kann trotz des Scheiterns einer eigen-

---

[521] Brumlik (2002), 56.

ständigen Tugendethik an gesellschaftlichen Fragestellungen mit Mieth eine gesellschaftlich relevante und normativ kraftvolle Funktion der Tugend entwickelt werden. Tugenden verstanden als Haltungsbilder gehen der Frage nach, welche Einstellung oder Haltung der Mensch in einem bestimmten Erfahrungsbereich einnimmt. Entwickelt werden dadurch positive Wertbilder, die zu erreichen es bestimmter Handlungen bedarf. Wenn aber Klarheit besteht über die Wert- und Haltungsbilder innerhalb eines Erfahrungsbereiches, ist die Bestimmung des richtigen Handelns vielfach unproblematisch. Sollten doch Schwierigkeiten auftreten, können diese beispielsweise mit deontologischen Vorgaben gelöst werden. Grundsätzlich aber werden die Einzelhandlungen ohne externe Vorgaben, sondern durch die entwickelte innere Haltung bzw. Tugend bestimmt.[522] Mieth zeigt hier einen Ansatz, bei dem die Prioritäten umgekehrt wurden. Hier wird die normative Ethik zur Gehilfin einer Tugendlehre, die nur noch dann notwendig ist, wenn strittige Fragen auftauchen, deren Lösung sich nicht aus dem jeweiligen Haltungsbild ergibt.

Insofern schließt sich Mieth Schmitz an, der im Tugendbegriff eine Möglichkeit sieht, das sittlich Richtige inhaltlich zu bestimmen und somit über die vorherrschenden formalen Ansätze hinauszugehen. Diese sind schließlich immer an konkrete Frage- und Problemstellungen gebunden und können über die formalen Kriterien des richtigen Urteils hinaus keine allgemeingültigen Aussagen treffen. Normative Ethik wird dadurch zur Hilfswissenschaft in fremden Bereichen wie Medizin oder Recht, die immer dann angefordert wird, wenn es zu „Grenzfallproblematiken"[523] kommt, also zu moralischen Fragen, die mit den Mitteln der Bereichswissenschaft nicht beantwortet werden können. Das geschieht aber auf Kosten der Formulierung eigenständiger Aussagen über inhaltliche Leitbilder gesellschaftlichen Handelns, die schon im Vorfeld moralischen Problemstellungen entgegenwirken können.[524] Solche Leitbilder können in einem Dreischritt mithilfe

[522] Vgl. Mieth (1984), 54.
[523] A. a. O., 56.
[524] Vgl. a. a. O., 55f.

des Tugendbegriffs formuliert werden.[525] So weist die Tugend in einem ersten Schritt auf bereits bestehende gesellschaftliche Haltungsbilder hin, die schon immer bestehen. Es muss also zunächst eine Analyse dessen erfolgen, was innerhalb einer Gesellschaft an moralischen Leitbildern vorgefunden werden kann. Das bietet einen „Ausgangspunkt […], um […] über die Frage der inhaltlich sittlichen Haltung in bestimmten Lebensbereichen“[526] zu reflektieren. Diesen real existierenden Haltungsbildern ist in einem zweiten Schritt das „allgemein sittliche Leistungsvermögen“[527] entgegenzustellen, also zu prüfen, zu welchen alternativen Haltungsbildern der Mensch an sich in der Lage wäre. Das kann im Sinne einer Utopie verstanden werden, also als eine Zukunftsvision, deren Grundlage das allgemein menschliche sittliche Potenzial ist.[528] Entsprechend stellt Mieth heraus, dass die Tugendlehre das sittliche Richtige nicht beschließt, sondern auffindet.[529] Anhand der Tugenden kann in einem dritten Schritt auch ein „Optimum persönlicher Verwirklichung – d. h. die Erfüllung der speziellen Interessen und Motivationen“[530] einer Person beschrieben werden. Tugenden geben als Idealbild einen Maßstab des Handelns an und können dadurch das sittlich Richtige bestimmen.[531] So muss das Richtige in jeder Handlungssituation neu gefunden werden. Zu einer Handlungsentscheidung gehören aber verschiedenste Faktoren, die immer nur jeweils individuell neu bewertet werden können.[532] Insgesamt tragen die Tugenden dazu bei, dass der Mensch „eine inhaltliche Vorstellung von dem, was er als ‚gut‘ ansehen kann“[533], erhält. Weiterhin kann das sittliche Leistungsvermögen des Menschen anhand von Tugenden dargestellt werden,

525 Vgl. Schmitz (1979), 162.
526 Mieth (1984), 56f.
527 A. a. O., 56.
528 Vgl. a. a. O., 56f.
529 Vgl. a. a. O., 58.
530 Schmitz (1979), 166f.
531 Vgl. a. a. O., 177.
532 Vgl. a. a. O., 178.
533 A. a. O., 182.

was die Vorstellung des Guten näher bestimmt. Als solche dauernd aktualisierte Idealbilder beschreiben Tugenden, was der Mensch in seiner Vollkommenheit sittlich leisten kann.[534] Die Tugend wirkt sich dann aber nicht mehr vornehmlich auf die Handlung, sondern auf die Person als Ganze aus. Gerade der dritte Schritt nimmt dann Bezug auf das Individuelle, auf den Einzelnen, seine Bedingungen und Möglichkeiten sowie auf die Situation, in der er handelt. Ausgehend von den bestehenden Verhältnissen und einem Idealbild menschlichen Seins können in der jeweils konkreten Situation inhaltliche Aussagen über das Richtige getroffen werden.[535] Mieth entwirft hier eine normative Tugendlehre. Ausgehend vom Guten entwickelt sie gesellschaftlich relevante normative Aussagen. Das tut sie allerdings nicht in der Form von Regeln bzw. Rechtspflichten, sondern in Form von Leitbildern. Sie beansprucht keine universelle Gültigkeit, im Sinne einer moralischen Pflicht, sich auf das Leitbild hin auszurichten. Durch die Diskrepanz zwischen dem faktisch Vorgefundenen und dem menschlichen Potenzial entsteht aber ein Anspruch, dieses Potenzial auch auszunutzen. Dieser Ansatz zeigt, dass es anhand des Tugendbegriffs möglich ist, kollektive Haltungen zu analysieren und ihnen Alternativen entgegenzustellen, die dann als Maßstab des Handelns dienen. Auf diese Weise entsteht hinsichtlich des Klimawandels die Möglichkeit, einen Wandel der gesellschaftlichen Kultur hervorzurufen. Indem durch die Beschreibung und das Vorleben klimafreundlicher Haltung dem Menschen die Diskrepanz zwischen seiner eigenen real gelebten Haltung und diesen äußersten Möglichkeiten deutlich wird, wird er dazu motiviert, seine eigene Haltung in Richtung des äußerst möglichen Haltungsbilds zu verändern.

---

[534] Vgl. ebd.

[535] Vgl. Mieth (1984), 58.

2.3.6 Zwischenergebnis: Potenzial und Vorteile des klassischen Tugendbegriffs

Die Betrachtung verschiedener Eigenheiten des Tugendbegriffs konnte verschiedene Anknüpfungspunkte zur Frage nach klimafreundlicher Haltung verdeutlichen. So lösen Tugenden ein stabiles, verlässliches und dauerhaftes Handeln aus, das den Menschen zur Vortrefflichkeit führt und den Urteilen seiner Vernunft entspricht. Besonders entscheidend ist dabei, dass unter der Tugend nicht bloß eine innere Einstellung verstanden wird. Der Besitz einer Tugend wirkt sich immer praktisch aus und verursacht entsprechendes Handeln. Dabei entsteht eine ganzheitliche Betrachtungsweise, die sowohl die Ausrichtung des Strebens, des Wollens und der Affekte umfasst. So ergibt sich die innere Einheit der verschiedenen Einzeltugenden, deren inhaltliche Ausgestaltung von ihrem Bezug auf einen bestimmten Begriff des Guten abhängt. Durch ihre Eigenschaft als notwendiges Mittel zum Erfahren von Glück sind sie in der Lage, Einschränkungen hinsichtlich äußerer Güter auszugleichen. Dadurch motivieren sie den Einzelnen zu einem vernunftgemäßen Verhalten, ohne dass eine externe Regulierung notwendig wäre. Sie werden ebenfalls ohne starre normative Vorgaben, sondern praktisch im zwischenmenschlichen Handeln erworben und durch wiederholte Anwendung eingeübt.

Ein besonderer Vorteil besteht in der Subjektrelativität des Tugendbegriffs, die in der aristotelischen Mesotes-Lehre begründet ist. Der Vorwurf normativer Kraftlosigkeit, der das Fehlen verbindlicher Handlungsanweisungen kritisiert, beschreibt letztlich die große Stärke des Tugendbegriffs. Aufgrund der Individualität und Autonomie des Menschen erscheint es zumindest innerhalb einer stabilen Gesellschaftsordnung, die ungerechtes Verhalten sanktionieren kann, höchst wirksam, statt auf starre allgemeine Vorgaben und Regeln auf das individuelle Streben des Menschen nach Glück und Vortrefflichkeit zu bauen. Wer tugendhaftes Verhalten als Weg zum Glück ansieht, wird dazu motiviert sein, dieses Verhalten unter Hinzunahme all seiner Besonderheiten und Fähigkeiten auszuüben. So kann gerade in pluralistischen Gesellschaften ein vielfältiges, motiviertes und wirkungsvolles Engagement entstehen, bei dem durch das Zusammenspiel unterschiedlichster Individuen eine Veränderung hin zum Guten erreicht wird. Dass daraus auch gesellschaftliche Veränderungen resultieren können, zeigt das Verständnis der Tugenden als Haltungsbilder.

Wenn klimafreundliche Haltungen mit diesem klassischen Tugendbegriff in Einklang gebracht werden können, wären dessen Vorteile in hohem Maße dazu geeignet, individuellen und kollektiven Klimaschutz voranzubringen. Die Stabilität und Langfristigkeit der Haltungen würden den für das Klima relevanten Betrachtungszeiträumen entsprechen. Gerade der Vorteil, dass mit dem Tugendbegriff auch alltägliches Handeln in den Blick genommen werden kann, ist für klimafreundliche Haltungen entscheidend, die wirkungsvoll Einfluss auch auf scheinbar unbedeutende Haltungen nehmen würden. Dabei würden sie den Menschen ganzheitlich und nicht nur hinsichtlich seiner äußerlich beobachtbaren Handlungen hin zu mehr Klimafreundlichkeit verändern, was sich fortlaufend praktisch auswirken würde. Das klimafreundliche Handeln würde vom Einzelnen dann als glücksbringend erfahren und wäre so mit positiven Emotionen verbunden. Eine klimafreundliche Haltung würde somit bewirken, dass sich der Einzelne verlässlich, von sich aus, gern und gemäß der eigenen Möglichkeiten langfristig klimaschützend verhält.

2.4 Ergebnissicherung: Tugenden als wirksame Mittel zum Erreichen des Guten

Beim Tugendbegriff handelt es sich um einen alten, aber nicht um einen überholten Ansatz. Zwar bestehen gravierende Unterschiede in den anthropologischen Voraussetzungen zwischen der antiken Tugendtradition und modernen Versuchen, die Tugend neu zu beleben. Auch scheint der Versuch einer Tugendethik, sich als eigenständige Alternative neben Deontologie und Utilitarismus zu positionieren, nur wenig Aussicht auf Erfolg zu haben. Unter der Voraussetzung, dass beispielsweise für Fragen gesellschaftlichen Zusammenlebens oder für ethische Einzelfallproblematiken weiterhin normative Ansätze und formale Verfahren benötigt werden, und auf der Grundlage einer teleologischen Handlungstheorie können aber verschiedene Stärken der Tugenden identifiziert werden, die diesen Ansatz auch für das Motivationsproblem beim Klimaschutz interessant werden lassen.

Die Annahme, das Glück sei das höchste und letzte Ziel des Handelns, nach dem jeder Mensch strebt, bleibt zunächst offen für jegliche Inhalte. Eine ebenfalls formale Begrenzung erfährt dieser Glücksbegriff durch das Kriterium der Vernunftgemäßheit, welches einen groben Rahmen vorgibt, der inhaltlich höchst unterschiedlich ausgestaltet werden kann. Vom Vorwurf einer Bevormundung bei der Bestimmung des Glücks wird dieses Verständnis nicht getroffen, da der Mensch auf Grundlage seines autonomen Vernunfturteils die letzten Ziele seines Handelns frei wählt. Dieses Glücksverständnis maßt sich also nicht an, zu wissen, worin das Glück eines jeden Menschen besteht. Es schließt lediglich auf einer sehr allgemeinen und grundlegenden Ebene wenige Ziele aus, die dem Glück nicht dienlich sind. Der Rückbezug auf diesen Glücksbegriff und die damit verbundene Handlungstheorie zusammen mit dem Zugeständnis, dass für universelle normative Aussagen andere ethische Ansätze herangezogen werden müssen, ermöglicht, den Tugendbegriff vor dem Hintergrund eines modernen Welt- und Menschenbildes gesprächsfähig zu halten. Tugend wird dann verstanden als Ausrichtung des Strebens gemäß der Vernunft. So lässt sich der notwendige Bezug der Tugend auf das Gute mit dem Gedanken der freien Wahl von Glücksinhalten verbinden.

Dann aber zeigen sich Stärken der Tugend, die normativen Ansätzen fehlen. Die Stabilität der Tugend gewährleistet verlässliches Handeln, dass sich auch dann auf das Gute ausrichtet, wenn schlechteres Handeln kurzfristige Vorteile bieten würde und Sanktionen dafür nicht zu befürchten wären. Durch diese Bezogenheit auf das Glück fallen situative Kosten tugendhaften Handelns weniger stark ins Gewicht. Gerade in Hinblick auf das Klimaproblem wird das relevant. Die aus einer klimafreundlichen Haltung entstehenden möglichen Einschränkungen in materieller Hinsicht werden dadurch unerheblich, dass sich diese Haltung als hilfreich für das persönliche Streben nach dem Guten erweist und dadurch als glücksbringend wahrgenommen wird. Die auf Grundlage einer solchen Haltung angemessenen Einzelhandlungen, mögen sie auch mit erheblichen Einschränkungen oder Veränderungen des bisherigen Lebensstils verbunden sein, werden gern ausgeübt. Durch diese affektive Komponente der Tugend wird das richtige Handeln als beglückend und freudvoll empfunden. Tugend meint eine Schulung der affektiven Strebungen, die sich dann auf solche Ziele richten, auf die sich auch die Vernunft richtet. Es besteht beim Tugendhaften kein Widerspruch zwischen dem Vernünftigen und dem Gewollten, sondern vielmehr eine innere Harmonie des Wollens. Auch der Erwerb der Tugend durch Vorbildlernen ermöglicht in der Moralpädagogik einen neuen Ansatz des Lernens. Die Orientierung an starken Vorbildern ermöglicht ein tieferes Verständnis des Handelns als eine schematische Ausrichtung an Regelsätzen. Indem jemand vorbildhaftes Verhalten als Leitbild seines eigenen Handelns übernimmt, erlangt er eigene Handlungskompetenz, die nicht nur in vorgegebenen Situationen Anwendung finden, sondern auch in unbekannten Kontexten wirksam werden kann. Gerade diese Möglichkeit, auf Grundlage der Tugend auch in unbekannten Handlungskontexten spontan und verlässlich zu handeln, zeichnet die Tugendlehre aus. Dafür ist besonders die Tugend der Klugheit als Element praktischer Vernunft höchst bedeutsam. Sie ermöglicht eine angemessene Wahl der Mittel, die zum einen effektiv zum Ziel führen, zum anderen aber ebenfalls auf das Ziel bzw. das Gute ausgerichtet sind.

Eine Tugendlehre betrachtet das Handeln somit ganzheitlich und bezieht vor allem die Person des Handelnden mit ein. Sie bleibt nicht auf der Ebene äußerlich beobachtbarer Handlungen stehen, sondern bezieht affektive Komponenten, die Motive und die Verfassung des Handelnden mit ein. So gibt sie nicht nur auf praktischer, sondern auch auf theoretischer Ebene einen differenzierten Einblick in menschliches Handeln und Entscheiden. Für einen effektiven Klimaschutz sind aber eine solch differenzierte Betrachtung des Handelns auf theoretischer Ebene sowie ein solch verlässliches und kompetentes Handeln auf praktischer Ebene unverzichtbar. Nur wenn theoretisch nachvollzogen werden kann, aufgrund welcher Zusammenhänge der Mensch eine Handlungsentscheidung trifft und wie sich seine praktischen Einstellungen entwickeln und verändern, können beispielsweise effektive pädagogische Maßnahmen angesetzt werden. So bietet das Vorbildlernen, welches in der alltäglichen Kindeserziehung ohnehin schon eine große Rolle spielt, die Möglichkeit, eine dauerhafte Ausrichtung auf klimafreundliches Handeln zu verursachen. Ist Klimaschutz zumindest als Zwischenziel beim Streben nach Glück verinnerlicht, kann dessen Glücksrelevanz handfeste Nachteile kompensieren, die durch Verzicht oder Veränderung z. B. bei Konsum oder Mobilität entstehen. Eine solche Ausrichtung bei einer ausreichend großen Zahl an Menschen würde also durch eine Veränderung der gesellschaftlichen Kultur die schwierigen politischen Prozesse beim Klimaschutz unterstützen und Bemühungen der Zivilgesellschaft befördern.

In formaler Hinsicht bieten Tugenden also verschiedene Vorteile hinsichtlich moderner Herausforderungen wie der des Klimaschutzes. Es lohnt sich somit, einen auf dem Tugendbegriff basierenden Ansatz auch dann weiterzuverfolgen, wenn der Versuch einer eigenständigen Tugendethik scheitert. Gleichwohl ist noch nicht erwiesen, dass Tugenden in einem modernen Handlungskontext tatsächlich wirksam werden können. Der große Vorteil der Glücksbezogenheit von Tugenden stellt nämlich gleichzeitig die größte Schwierigkeit eines solchen Ansatzes dar. Ohne ein angemessenes Verständnis vom Guten als Bezugspunkt bleiben Tugenden nämlich inhaltlich leer und besitzen überhaupt keine Aussagekraft für die konkrete Praxis. Am Beispiel der Tugendethik wurde aber schon deutlich, dass Tugenden am Begriff des Guten scheitern können. Dieser darf weder zu beliebig, noch zu eng formuliert sein, um eine möglichst allgemein anschlussfähige Gültigkeit der Tugend zu ermöglichen. Aus diesem Grund wurde bislang ausschließlich ein formaler Begriff des Guten mit einem äußerst groben Rahmen in Gestalt des Kriteriums der Vernunftgemäßheit verwendet. Das brachte allerdings mit sich, dass die Vorstellung konkreter Tugenden bislang ausbleiben musste. Im folgenden Kapitel muss also der Frage nachgegangen werden, welche Glücksinhalte sich als höchstes Ziel vernunftgemäßen Strebens und damit als Bezugspunkt für die Tugend eignen. Verschiedene Autoren sehen in der Herstellung dieses Zusammenhangs ein lohnenswertes Vorhaben.[536] Je nach Inhalt des Glücks werden unterschiedliche Fähigkeiten bzw. Tugenden benötigt, um es zu erreichen. Die Auswahl einer Konzeption des Guten beeinflusst also auch die Zusammensetzung und Ausgestaltung eines Tugendkatalogs. Es wird zwar nicht das Ziel dieser Arbeit sein, abschließend einen vollständigen Tugendkatalog zu entwickeln. Dennoch sollen einige Schwerpunktsetzungen beispielhaft vorgestellt werden, die dann für die Anwendung auf das Klimaproblem herangezogen werden können.

Auf Grundlage moderner Anthropologie ist es nicht möglich, konkrete Aussagen über das Glück des Menschen mit universellem Anspruch zu tätigen. Theorien des Guten sind also nicht in der Lage, eine genaue Vorstellung vom Glück für jeden Menschen verbindlich vorzuschreiben. Solche Versuche würden dem Kriterium der Vernunftgemäßheit widersprechen, das ja gerade von der freien Tätigkeit der Vernunft ausgeht. Die menschliche Autonomie muss also zwingend eine zentrale Rolle in jeder vernunftgemäßen Theorie des Guten einnehmen. Gefragt werden kann aber danach, ob es Vorstellungen vom Glück gibt, die unter Wahrung der Autonomie bestimmte Inhalte oder Rahmenbedingungen beschreiben, von denen plausibel angenommen werden kann, dass sie Zustimmung von sehr vielen Menschen erfahren. Sollten sie gefunden werden können und gleichzeitig ein klimafreundliches Verhalten fördern, würde sich die Möglichkeit einer Anwendung der Tugendlehre mit den hier genannten Vorteilen und Einschränkungen auf die Herausforderung des Klimawandels ergeben.

---

536 Eine solche Ansicht vertritt u. a. Baechler (vgl. Baechler [1992], 48), aber auch Halbig, der für sich die Frage nach Inhalten des Guten und Grundgütern allerdings bewusst ausklammert (vgl. Halbig [2013a], 54).

Kapitel 3: Ziele der Tugenden: Theorien des Guten

Die Frage nach dem Glück bzw. dem guten Leben hat eine lange philosophische Tradition, die unterschiedlichste Antworten hervorgebracht hat. Verschiedene bedeutsame Antwortrichtungen sollen im Folgenden daraufhin betrachtet werden, ob sie sich als Bezugspunkt einer Tugendlehre unter modernen Bedingungen eignen. Die meisten Ansätze stimmen darin überein, dass sie sich inhaltlich auf einer recht allgemeinen Ebene bewegen. Sie beanspruchen für sich in gewisser Hinsicht alle, universell für jeden Menschen gültig zu sein. Ob dieser Anspruch aufrecht erhalten werden kann, gilt es ebenfalls zu prüfen. Ansonsten unterscheiden sich die Konzeptionen aber deutlich in Inhalt und Methodik.

Individualistische Theorien definieren das Gute vor allem anhand formaler Kriterien und betonen die Bedeutung des Einzelnen. Objektivistische Theorien versuchen, mit empirischer Methodik allgemein menschliche Güter, Bedürfnisse und Fähigkeiten zu ermitteln, die bei allen kulturellen und historischen Unterschieden zu jedem Menschen gehören. Weiterhin bestehen aber auch Ansätze, die sich auf relativ konkrete bzw. spezialisierte Inhalte beziehen und diese als letztes Ziel ansehen. Vermutet werden kann, dass sie mit geringerer Wahrscheinlichkeit einen universellen Anspruch erheben können, als die ersten beiden Richtungen. Die Interpretation der Glückslehre des Thomas von Aquin läuft auf offene Rahmenbedingungen für verschiedenste vernunftgemäße Güter hinaus. Es wird danach zu fragen sein, ob eine Konzeption des Guten und welche am plausibelsten als Bezugspunkt einer Tugendlehre dienen kann bzw. ob es Elemente des Guten gibt, die in allen Konzeptionen vorkommen und von denen man annehmen kann, dass sie für viele Menschen Relevanz besitzen.

3.1 Individualistische Theorien des guten Lebens – Wünsche, Ziele und Selbstverwirklichung

Aus moderner Perspektive liegt es nahe, die Autonomie des Einzelnen auch bei der Frage nach dem Glück als höchstes Prinzip anzusehen. Die Übergabe der Verantwortung an das Individuum bei der Suche nach dem eigenen Glück ist zunächst sicher begrüßenswert. Unterstützung können dann aber nur formale Kriterien bieten. Eine solche Sichtweise ist auch innerhalb populärwissenschaftlicher Literatur im Trend. Der Buchmarkt bringt eine Fülle an Lebens- und Selbsthilferatgebern hervor, die unter dem Stichwort der Selbstverwirklichung häufig eine grenzen- und bindungslose Freiheit propagieren, die die Präferenzen des Individuums verabsolutiert. An dieser Stelle kann auf die Diskussion über den Freiheitsbegriff nicht näher eingegangen werden. Es soll aber überprüft werden, welche Folgen ein individualistisch verstandener Glücksbegriff für das Handeln hat. Auf eine nähere Behandlung eines glückstheoretischen Hedonismus wird dabei verzichtet, welcher Glück als individuell erfahrenes Lustempfinden versteht.[1] Diese Position konnte schon vom bisher erarbeiteten formalen Glücksbegriff ausgeschlossen werden, da sie ausschließlich ein situatives und subjektives Empfindungsglück kennt. Glück wird in diesem Zusammenhang nicht verstanden als höchstes Ziel und weist keine Verbindung zu Vernunft oder Handeln auf.[2] Letztlich lässt sich das Glücksverständnis der Hedonisten nicht von triebhaft-sinnlichem Lustempfinden unterscheiden, bei dem sämtliche Ziele und Formen des Glücks nur noch als austauschbare Mittel bzw. Ursachen gesehen werden.[3] Diese Unterschiedslosigkeit menschlicher Ziele besteht bei Wunschtheorien nicht.[4]

---

[1] Vgl. Fenner (2003): Glück, 254.
[2] Vgl. a. a. O., 256.
[3] Vgl. a. a. O., 258.
[4] Vgl. a. a. O., 287.

3.1.1 Wunschtheorien: Reflexionen über die Wünsche des Menschen

Wunschtheorien gehen davon aus, dass jeder Mensch Wünsche hat, diese werten und reflektieren kann und die Verwirklichung einiger dieser Wünsche aktiv anstrebt. Eine solche Verwirklichung ist jedoch nur in Interaktion mit der eigenen Umwelt möglich.[5] Damit die Wünsche ihrem Besitzer allerdings nicht schaden, sondern wirklich einen Beitrag zu einem guten Leben leisten, müssen gewisse formale Kriterien erfüllt sein. Grundsätzlich kann ein Wunsch nur dann dem eigenen guten Leben dienlich sein, wenn er in irgendeiner Beziehung zum Wünschenden steht. Abstrakte Wünsche, die das eigene Leben nicht beeinflussen oder von deren Erfüllung bzw. Nichterfüllung der Wünschende nicht einmal erfährt, haben keinen Einfluss auf die Gestaltung oder Wahrnehmung des eigenen Lebens.[6]

Die Informiertheit eines Wunsches ist somit ein zentrales Kriterium. So lässt sich beobachten, dass nicht jede Erfüllung eines Wunsches automatisch zu einem Gefühl der Zufriedenheit führt. Das kann vor allem auf kognitive Diskrepanzen zurückgeführt werden. So besteht die Möglichkeit, dass Informationen, deren Kenntnis einen Wunsch weniger wünschenswert machen würde, ausgeblendet werden. Wird man mit ihnen aber dann konfrontiert, wenn der Wunsch in Erfüllung geht, wird offenbar, dass man von ihm besser Abstand genommen hätte. Ebenfalls kann ein Hindernis darin bestehen, dass die eigentlichen Motive eines Wunsches nicht reflektiert oder ausgeblendet werden. Wenn nach der Wunscherfüllung Möglichkeit zur Reflexion vorhanden ist und erkannt wird, dass der Wunsch aus schlechten Motiven heraus gehegt wurde, tritt ebenfalls keine Zufriedenheit ein.[7] Ein Wunsch muss somit frei von „inneren Zwängen, von verzerrenden psychischen Faktoren […], von tieferliegenden, verabscheuungswürdigen Motiven […] oder einem unangebrachten Unterle-

---

[5] Vgl. Fenner (2007), 61.

[6] Vgl. a. a. O., 62.

[7] Vgl. Stemmer (1998), 62.

genheitsgefühl“[8] sein. Nur dies ermöglicht letztlich die Freiheit des Wünschens.[9]

Ein uninformiertes, „blindes Wollen“[10] muss demnach als schlecht angesehen werden. Daraus ergibt sich die permanente Aufgabe, das Zustandekommen eines Wunsches und alle mit ihm verbundenen Aspekte daraufhin zu reflektieren, ob man mit ihnen einverstanden ist. Sonst besteht die Gefahr, dass eine bestimmte, relevante Information übersehen wird, die den Wunsch abschwächen würde.[11] Auch ein Gefühl der Zufriedenheit kann nicht als eindeutiger Indikator dafür angesehen werden, dass ein aufgeklärtes Wollen vorgelegen hat. Schließlich eröffnen sich nicht zwangsläufig mit der Erfüllung eines Wunsches alle Informationen, die im Vorfeld der Wunscherfüllung im Dunkeln geblieben sind. Solange diese aber weiter verborgen bleiben, hindert den Wünschenden nichts daran, zufrieden über die Erfüllung seines Wunsches zu sein. Zufriedenheit ist somit lediglich ein notwendiger, aber kein hinreichender Indikator für aufgeklärtes Wollen.[12] Sicherheit kann immer nur dahingehend geschaffen werden, was man nicht will, immer nämlich dann, wenn man anhand von neu erhaltenen Informationen einen bestimmten Wunsch nicht mehr hegt. Man kann jedoch nie mit Sicherheit sagen, dieses oder jenes könne mit Bestimmtheit gewollt werden, da immer die Möglichkeit besteht, dass eine relevante Information noch im Dunkeln ist, die dieses Wollen verhindern würde.[13] In der Informiertheit eines Wunsches kann man also letztlich ein formales Kriterium zur Bewertung des guten Lebens sehen. Je aufgeklärter und reflektierter die Anforderungen sind, die an ein Leben gestellt werden, desto eher kann man von einem guten Leben sprechen, wenn es diese Anforderungen erfüllt: „Dein

---

8 Fenner (2003), 291.
9 Vgl. a. a. O., 290f.
10 Stemmer (1998), 62.
11 Vgl. a. a. O., 62f.
12 Vgl. a. a. O., 63f.
13 Vgl. a. a. O., 69f.

Wollen sollte, was immer du vom Leben willst, aufgeklärt und nicht blind sein."[14]

Es ist aber nicht sinnvoll, irgendeinen Wunsch zu hegen. Vielmehr sind Wünsche deshalb relevant, weil zuvor eine subjektive Wertung erfolgt ist „durch das Urteil, dass der ersehnte Zustand oder Umstand tatsächlich für unser Leben ‚gut' sei."[15] Sich etwas zu wünschen, impliziert, dass man dieses auch als wertvoll für sich selbst erachtet. Zur konkreten Handlungsorientierung ist aber ein Maßstab unbedingt notwendig, der es erlaubt, die Angemessenheit eines Wunsches einzuordnen. Hier kann ein Abgleich innerhalb des sozialen Umfelds des Wünschenden hilfreich sein. Stellt sich die Frage, ob ein Wunsch als wertvoll angesehen werden kann, besteht die Möglichkeit, auf Erfahrungen anderer Menschen zurückzugreifen, deren ähnlicher Wunsch schon in Erfüllung gegangen ist, auch wenn diese Erfahrungen nie vollkommen identisch mit den eigenen sein werden.[16] Eine Überprüfung der den Wünschen zu Grunde liegenden Wertvorstellungen gelingt danach im Dialog mit anderen.[17] Gleiches gilt letztlich auch für die Überprüfung der Informiertheit eines Wunsches. Verzerrte oder uninformierte Wünsche lassen sich letztlich nur dann vermeiden, wenn die Perspektiven Außenstehender wahrgenommen und berücksichtigt werden.[18] Eine solche intersubjektive Prüfung übersteigt aber einen reinen Subjektivismus, was ein erstes Anzeichen dafür ist, dass es vom Einzelnen unabhängige Faktoren geben muss, mit denen nach dem Glück gefragt werden kann.[19] Klar ist allerdings auch, dass eine intersubjektive Überprüfung zwar möglicherweise eine erhöhte Handlungsorientierung bietet, allerdings keine universelle Gültigkeit. Wie schon bei MacIntyre gesehen, kann die soziale Übereinkunft keine Grundlage für eine universelle Gültigkeit bieten. Die hier geforderte Prüfung im Dialog wird außerdem

---

[14] A. a. O., 65.
[15] Fenner (2007), 64f.
[16] Vgl. a. a. O., 65f.
[17] Vgl. a. a. O., 66f.
[18] Vgl. Fenner (2003), 297.
[19] Vgl. a. a. O., 299f.

nicht einmal durch formale Kriterien reguliert, die zumindest den Prozess der Verständigung beschreiben. Wünsche bleiben bislang also nicht viel mehr als spontaner Ausdruck affektiven Strebens, die vor allem am formalen Kriterium der Informiertheit gemessen werden und sich im Falle von Handlungsunsicherheit einer sozialen Überprüfung stellen können.

3.1.2 Zieltheorien: Planung und Strukturierung menschlichen Wünschens und Handelns

3.1.2.1 Erweiterung der Wunsch- zur Zieltheorie

Eine Steigerung der Komplexität von Wunschtheorien erfolgt durch die Erweiterung zur Zieltheorie. Tritt man nämlich den Versuch an, möglichst viele Wünsche zu hegen und in Erfüllung gehen zu lassen, ist man schnell mit einer Vielzahl unterschiedlichster, sich teils widersprechender Wünsche konfrontiert. Unter Berücksichtigung der eigenen Gefühle können Wünsche aber zueinander in Beziehung gesetzt und hierarchisiert werden, wobei nach inhaltlichen, aber auch nach temporären Gesichtspunkten unterschieden werden muss. Bezieht sich eine solche Ordnung von Wünschen nicht auf ein konkretes Ziel, sondern auf das eigene Leben allgemein, kann man auch von einer Lebenskonzeption sprechen.[20] Eine solche Konzeption, die nicht zwingend sprachlich artikuliert werden muss, kann helfen, Gefühle und Wünsche so zu ordnen, dass möglichst wenige Enttäuschungen oder Wunschkonflikte auftreten. Zudem hilft sie dabei, Reflexionen über sich selbst anzustellen und so zu einem besseren Selbstverständnis zu gelangen.[21]

Sucht man nach Kriterien zur Sortierung der Wünsche, kann man die Intensität des Bedürfnisses nach Erfüllung des jeweiligen Wunsches oder eine zeitliche Dringlichkeit anführen. Hat man al-

[20] Vgl. Steinfath (1998): Selbstbejahung, Selbstreflexion und Sinnbedürfnis, 76f.

[21] Vgl. a. a. O., 78f.

lerdings das Kriterium des guten Lebens im Blick, sind eher zeitstabile, identitätsstiftende Faktoren entscheidend. Dabei kann eine Unterscheidung zwischen Wünschen erster Ordnung, die auf der Ebene von Affekten gebildet werden, und Wünschen zweiter Ordnung hilfreich sein. Diese zeichnen sich dadurch aus, dass sie auf einer Metaebene auf Wünsche erster Ordnung bezogen sind. „Wer einen Wunsch zweiter Ordnung hat, wünscht sich, dass er bestimmte Wünsche erster Ordnung hat, andere nicht.“[22] Solche Wünsche – Fenner bezeichnet sie als „Ideale“[23] – formen und ordnen die Wünsche erster Ordnung, führen also im weiteren Sinne zur Ausbildung einer Haltung in Bezug zu den eigenen Wünschen. Allein diese Wünsche sind jedoch entscheidend, wenn es um die Verwirklichung eines guten Lebens geht, weil nur sie langfristig das eigene Handeln und Selbstbild prägen können.[24] Nicht praktikabel ist also eine Wunschtheorie, der es ausschließlich darum geht, eine möglichst große Zahl auftretender Wünsche in Erfüllung gehen zu lassen. Vielmehr ist zunächst eine Reflexion notwendig, ob der jeweilige Wunsch dem guten Leben dienlich ist. Außerdem ist ein reflektiertes Ordnen und Kultivieren der affektiv auftretenden Wünsche im Dienste der eigenen Ideale notwendig. Die Erfüllung dieser Wünsche zweiter Ordnung wird dann aber nicht nur erhofft, sondern aktiv angestrebt, zum Beispiel, indem man auf die Erfüllung einiger spontaner Wünsche erster Ordnung verzichtet. Dann ist es aber sinnvoller, hier von Zielen und nicht mehr von Wünschen zu sprechen.[25]

Der Unterschied zwischen Zielen und Wünschen liegt in ihrem Bezug zur Realität. So beziehen sich Wünsche auf einen theoretischen, unter Umständen nicht realisierbaren Idealzustand. Ziele hingegen beziehen sich auf die Realität, vor allem in der Form, dass sie auf Realisierbarkeit angelegt sind. Während man einen Wunsch nur hegt und seine Erfüllung lediglich herbeisehnt, motivieren Ziele dazu, ihre Umsetzung aktiv zu planen und voran-

[22] Fenner (2007), 67.
[23] A. a. O., 68.
[24] Vgl. ebd.
[25] Vgl. a. a. O., 69.

zutreiben. Sie sind somit handlungsleitend.[26] Da ein solches zielstrebiges Handeln aber immer auch das Erreichen der Ziele im Blick hat, ergibt sich ein gutes Leben durch das Erreichen einer möglichst großen Zahl selbst gesteckter Ziele. Glück wird dann definiert als das Erreichen aller selbstgesetzten Ziele. Dadurch entsteht eine langfristige Perspektive, die das Leben ganzheitlich in den Blick nimmt. Wenn Ziele nicht nur kurzfristig ausgerichtet sind, sondern den Blick auf das gesamte Leben oder größere Lebensabschnitte richten, können Unter- und Teilziele eingeordnet und auf das langfristige Ziel ausgerichtet werden.[27] Dabei müssen auch Ziele ähnlich den Wünschen eine gewisse Beschaffenheit aufweisen, um einem guten Leben dienlich zu sein. So wird in psychologischen Studien zwar nahegelegt, möglichst konkrete und kurzfristige Ziele würden das subjektive Wohlbefinden erhöhen. Mit Blick auf das gute Leben als Ganzes verfehlen sie aber ihre Wirkung, wenn es darum geht, das Leben zu strukturieren und Orientierung zu bieten, weshalb unkonkrete, langfristige Ziele ebenfalls gebildet werden sollen.[28] Dennoch ist der Hinweis der Psychologie insofern richtig, als dass eine ausschließliche Konzentration auf langfristige, unkonkrete Ziele einen wichtigen Motivationsfaktor verhindert – die Kontrollmöglichkeit und die Möglichkeit von Rückmeldungen. Um das Leben als positiv wahrnehmen zu können, braucht man Rückmeldungen darüber, ob man sich seinem Ziel bzw. Teilzielen erfolgreich nähert und es somit gelingt, die langfristigen Ziele zu realisieren. Dadurch entsteht die Gewissheit, die Herausforderung der Zielerreichung kontrollieren und aktiv und selbstständig bewältigen zu können.[29] Ob ein Ziel dem guten Leben dienlich ist, hängt allerdings vor allem davon ab, ob es seinen Wert aus sich selbst oder aus äußeren, mit ihm verbundenen Faktoren bezieht. Wertvoller sind dabei intrinsische Ziele, die um ihrer selbst willen gewählt werden, also einfach, weil der Handelnde an der jeweiligen Tätigkeit Gefallen findet. Handlungen,

---

[26] Vgl. a. a. O., 60f.
[27] Vgl. a. a. O., 71.
[28] Vgl. a. a. O., 71f.
[29] Vgl. a. a. O., 72.

die sich auf äußere Ziele richten, sind jedoch nicht generell dem guten Leben hinderlich, da sie immer als Instrumente für höher liegende Güter oder (intrinsische) Ziele dienen.[30] Das Erreichen abstrakter Endziele erfordert in der Regel die Umsetzung diverser Zwischenziele in einem langfristigen Prozess. In dessen Vollzug kann es aber immer dazu kommen, dass neue Ziele erreicht werden müssen, die aus vorherigen entstehen, dass Ziele nicht erreicht werden oder dass äußere Umstände eine Anpassung der Vorgehensweise notwendig machen. Lebenskonzeptionen müssen somit immer den Vollzugscharakter des Lebens berücksichtigen.[31]

Gefährlich wird es hingegen, wenn eine Verabsolutierung äußerer Ziele stattfindet. Konzentriert sich ein Mensch ausschließlich auf das Erreichen eines solchen äußeren Ziels, besteht die Möglichkeit, dass er (wie beispielsweise bei der Anhäufung von Reichtum) nie ein Ende findet und so immer dem Ziel hinterherläuft.[32] Der entgegengesetzte Extremfall ist jemand, der sein absolut gesetztes, extrinsisches Ziel erreicht und daraufhin mangels eines neuen Ziels jeglichen Antrieb verliert und in eine Depression verfällt.[33] In Anbetracht der Handlungsrealität muss aber festgestellt werden, dass eine saubere Trennung zwischen extrinsischen und intrinsischen Zielen nur in der Theorie funktioniert. Vielmehr sind beispielsweise im Bereich beruflicher Tätigkeiten meist mehrere Ziele miteinander verbunden, die sowohl extrinsischen als auch intrinsischen Charakter haben. Einen Beruf übt man im Optimalfall schließlich nicht nur aus, um seinen Unterhalt zu sichern (wenn auch dies häufig ein sehr starker Motivationsfaktor ist), sondern eben auch, weil man Freude an seiner beruflichen Tätigkeit findet und diese selbst schätzt.[34] Entsprechend kann schon der Prozess der Zielerreichung Zweck sein und dadurch eine eigene Werthaltigkeit besitzen. Nicht erst der berufliche Erfolg, beispielsweise die Beförderung auf eine zuvor begehrte Position, macht ein Ziel aus, sondern schon das

30 Vgl. a. a. O., 75f.
31 Vgl. Steinfath (1998), 81f.
32 Vgl. Fenner (2007), 75f.
33 Vgl. a. a. O., 78.
34 Vgl. a. a. O., 77f.

Tätigsein auf dem Weg dorthin. Beruflicher Erfolg entsteht häufig gerade da, wo eine Arbeit mit Freude ausgeführt und als beglückend erfahren wird.[35] Um das Leben bejahen zu können, sind also Wünsche nicht hinreichend. Zwar sollte ein gutes Leben eines sein, das man sich in großen Teilen auch so gewünscht hat. Gleichzeitig gibt es aber auch Elemente, die affektiv als positiv empfunden werden, auch wenn sie nicht aktiv gewollt, sondern ohne eigenes Zutun erfahren werden. Steinfath plädiert somit für eine „doppelte Selbstbejahung“[36], also ein Leben, das gut ist, weil sowohl die Lebensziele als positiv wahrgenommen werden, als auch im Vollzug positive Gefühle entstehen. Beide Ebenen hängen vielmehr zusammen, als dass sie sich wechselseitig bedingen. Ein erreichter Wunsch ist verbunden mit positiven Gefühlen und als solche sind positive Gefühle auch Wunschobjekt, in dem Sinne, dass sie angestrebt werden.[37] Eine Zieltheorie des guten Lebens muss also auch immer schon den Prozess der Zielerreichung im Blick haben und ihr eine eigene Werthaltigkeit zumessen. Diese Öffnung der Werthaltigkeit hin zur Zielerreichung wird durch eine Konzentration der Aufmerksamkeit auf die Handlung selbst erreicht.[38]

Die Zieltheorie stellt also nicht einzelne Ziele nebeneinander, sondern eröffnet eine langfristige Perspektive auf das gesamte Leben oder längere Lebensabschnitte. Einige Ziele sind langfristig angelegt und erfordern das Erreichen einer Vielzahl von Unterzielen und das Ausüben vielfältiger Anstrengungen und Planungen. Solche weitreichenden Ziele helfen dabei, kurzfristige Ziele und aufkommende Wünsche einzuordnen und zu hierarchisieren. Je weitreichender solche Ziele sowohl zeitlich als auch vom Umfang der betroffenen Lebensbereiche sind, desto relevanter sind sie für ein gutes Leben. Beispiele hierfür sind berufliche oder familiäre Pläne oder Fragen nach einer konsistenten persönlichen Lebensführung.[39] Solche eher allgemeinen Lebensziele können dann im

---

35 Vgl. Steinfath (1998), 82.

36 A. a. O., 83.

37 Vgl. a. a. O., 83f.

38 Vgl. Fenner (2007), 78f.

39 Vgl. a. a. O., 80f.

Laufe der Zeit durch das Setzen und Verfolgen konkreterer Unterziele genauer bestimmt und gestaltet werden. Dies birgt den Vorteil, dass die Unterziele in einen Gesamtzusammenhang eingeordnet werden. Hier findet eine selbstständige Gestaltung des Lebens statt, die dem Ganzen eine Sinnebene verleiht, wodurch dem Menschen ein Zuwachs an Willensfreiheit gegeben wird. Er gestaltet sein Leben aktiv nach seinem Willen und reagiert nicht bloß auf äußere Umstände.[40] Der Sinn eines Lebens liegt danach in der Ausrichtung und Verbundenheit „aller Ereignisse mit Blick auf ein letztes Ziel“[41]. Elemente wie die Ausrichtung auf höher liegende Ziele, das Anstreben instrumenteller Ziele und die Notwendigkeit von positiven Erfahrungen während des Tätigseins verweisen auf den teleologischen Charakter dieser Theorie des Guten. Parallelen zur teleologischen Handlungstheorie und zum klassischen Glücksbegriff sind klar zu erkennen. Der entscheidende Unterschied zum klassischen Verständnis liegt allerdings darin, dass hier nicht von der Ausrichtung auf ein allen Menschen gemeines letztes Ziel ausgegangen wird. Zwar werden von Vertretern subjektiver Theorien des Guten beispielhaft Ziele im beruflichen oder familiären Bereich genannt, die sicher für eine große Zahl von Menschen plausibel sind. Sie geben diese aber gerade nicht als konkrete Inhalte vor, sondern bestehen darauf, dass der Mensch die Ziele seines Strebens selbstständig und frei wählt. Eine materiale Festlegung auf mögliche letzte Ziele wird ausdrücklich vermieden.

3.1.2.2 Materiale Eingrenzungen möglicher Ziele

Allerdings bestehen auch im Bereich individualistischer Theorien Überlegungen zu einer stärkeren Eingrenzung möglicher Glücksinhalte. So sieht Wolf die oben angesprochene Sinnebene in der Beschäftigung „mit lohnenswerten Vorhaben“[42] verortet. Die Bezeichnung eines Vorhabens als lohnenswert nimmt aber unweiger-

---

[40] Vgl. a. a. O., 82f.
[41] Fenner (2003), 365.
[42] Wolf (1998): Glück und Sinn, 170.

lich Bezug auf ein Werturteil, das „zumindest teilweise unabhängig von den unbegründeten Präferenzen oder Glücksempfindungen sein soll“[43]. Bei der Frage, ob das eigene Leben sinnerfüllt sei, reiche es nicht aus, nach Spaß oder freier Wahl der Tätigkeiten zu fragen, sondern nach dahinter liegenden Kriterien. Ebenfalls könne beobachtet werden, dass Menschen intuitiv zwischen sinnhaften und sinnentleerten Betätigungen unterscheiden und dabei ein grober Konsens bestehe. Dieser sei insofern gegeben, als dass sinnhafte Vorhaben in der Regel mit Wünschen höherer Ordnung verbunden seien.[44] Eine aktive Beschäftigung mit etwas kann nach Wolf also dann sinnhaft genannt werden, wenn sie sich auf etwas Wertvolles beziehe. „Sinn entsteht, wenn subjektive Anziehung mit objektiver Attraktivität zusammentrifft.“[45] Als Grundlage von Aussagen darüber, worin genau eine solche objektive Attraktivität besteht, geht sie vom Vorhandensein eines *Common Sense* über eine einigermaßen stabile Werthierarchie verschiedener Vorhaben aus.[46] Dass ein Unterschied zwischen lohnenswerten und wertlosen Vorhaben bestehe, könne sie allerdings nicht eigenständig auf theoretischer Ebene beweisen. Ohne diesen Unterschied sei aber das Konzept eines sinnhaften Lebens unbrauchbar, da dann jedes Vorhaben und jedes Leben gleich sinnhaft wären.[47] Diese Grundlage bietet also noch keine Möglichkeit, eine Eingrenzung bezüglich bestimmter Glücksinhalte vorzunehmen. Dennoch wird deutlich, dass eine rein individuelle und maßstabslose Wahl letzter Ziele zu einem Relativismus führen würde, nach dem jegliches Ziel als gut anerkannt werden müsste. Wie Wolf anmerkt, würde eine bewertende Unterscheidung von Handlungsweisen oder Lebensvollzügen dann aber unmöglich werden. Einen Versuch inhaltlicher Begrenzung, die sich mit der Offenheit eines subjektivistischen Ansatzes verbinden lässt, unternimmt Seel mit seinem Konzept der freien Weltbegegnung. Er sieht ebenfalls nicht die

---

[43] A. a. O., 171.
[44] Vgl. a. a. O., 172f.
[45] A. a. O., 174.
[46] Vgl. a. a. O., 175f.
[47] Vgl. a. a. O., 176f.

Möglichkeit, nach einem für alle Menschen gültigen Sinn des Lebens zu fragen. Dennoch könne innerhalb individueller Auffassungen vom Sinn des Lebens nach einem allgemeingültigen Element gesucht werden. Entscheidend sei dabei die Qualität des Lebensvollzugs, der in einem guten Leben als lohnenswert empfunden werden müsse.[48] Demnach sei die Wahrnehmung des eigenen Lebens als ein gutes Leben an die Möglichkeit gebunden, sich frei zu den Situationen des Lebens zu verhalten. Nicht die Qualität der Situationen selbst sei also entscheidend, sondern die Qualität des individuellen Verhaltens zu ihnen. Das nennt Seel die Möglichkeit der freien Weltbegegnung, die seiner Auffassung nach die Sinnhaftigkeit eines Lebens ausmacht.[49] Anhand des Spielraums, den ein Mensch bei der Begegnung mit der Welt bzw. den Situationen seines Lebens habe, lasse sich ausmachen, ob ein Leben ein gutes oder ein schlechtes sei. Je mehr Möglichkeiten ein Lebewesen habe, den Vollzug seines Lebens gemäß seinen Fähigkeiten und Präferenzen zu gestalten, desto besser sei sein Leben.[50] Die Möglichkeit der freien Weltbegegnung sei dann der universelle Faktor, den alle Lebewesen miteinander teilten.[51] Entscheidend bleibt hier also die Möglichkeit, seine Ziele frei zu wählen und selbstständig zu handeln. Eine Erweiterung von Seels individualistischem Ansatz erfolgt aber durch die Nennung von vier Dimensionen eines guten Lebens. Diese sind *Arbeit, Interaktion, Spiel* und *Betrachtung.*[52] In ihnen soll das Element der freien Weltbegegnung realisiert werden können. Genannt werden somit Dimensionen menschlichen Lebens, die es dem Einzelnen ermöglichen, sich frei zu den Situationen des Lebens zu verhalten. Die Einbindung der Dimensionen verschiebt den Schwerpunkt der ansonsten subjektivistischen Theorie. So werden die Dimensionen des menschlichen Lebens als Bedingung der Möglichkeit freien Handelns angesehen. Seel grenzt sich dadurch sowohl von Positionen ab, die

[48] Vgl. Seel (1998): Freie Weltbegegnung, 279.
[49] Vgl. a. a. O., 280.
[50] Vgl. a. a. O., 281.
[51] Vgl. a. a. O., 284.
[52] Vgl. Seel (1995), 139.

eine radikale Unabhängigkeit und Selbstbestimmung einfordern, als auch von solchen, die sich ausschließlich auf die Verfügbarkeit äußerer Güter richten. Vielmehr geht es um einen Handlungsspielraum, der freie Entscheidungen ermöglicht, sodass nicht jegliches Handeln durch die gegebenen Umstände determiniert wird.[53] Er legt bei seiner Liste Wert auf Unvollständigkeit. Sie umfasse lediglich Minimalbedingungen für ein gutes Leben.[54] Gelingende *Arbeit* finde demnach dort statt, wo eine Handlung sich produktiv auf externe Zwecke richte. Sie sei deshalb eine Grunddimension menschlichen Lebens, weil sie häufig als Mittel zur Wunscherfüllung diene. So könne zwar die Arbeit an sich nicht gewünscht sein. Werde jedoch das Produkt der Arbeit angestrebt (sei es ein konkretes Objekt handwerklicher Arbeit oder ein den Lebensunterhalt sicherndes Gehalt), werde sie zum wichtigen Bestandteil des guten Lebens.[55] *Interaktion* werde als selbstzweckhafter, wechselseitiger Dialog zwischen zwei Personen verstanden.[56] Interaktion in diesem Sinne sei also nicht zweckgerichtet, sondern besitze Eigenwert. Dieser Eigenwert, die dialogische Erschließung der Welt im Sinne neuer Meinungen, Standpunkte oder neuen Wissens und das Erzeugen von Gemeinschaft machten die Bedeutung der Interaktion für das gute Leben aus.[57] Das *Spiel* als dritte Dimension habe im Gegensatz zur Arbeit keinen externen Zweck, sondern sei vollständig selbstzweckhaft. Besonders sein Unterschied zu allen anderen Zusammenhängen und Tätigkeiten gebe dem Spiel seinen eigenen Wert.[58] Als letzte Dimension seiner Liste führt Seel die Dimension der *Betrachtung* an. Mit der Betrachtung gemeint sei „ein selbstzweckhaft denkendes oder anschauendes Verweilen bei den Gegenständen dieser Betrachtung“[59]. Ausgeschlossen seien also Tätigkeiten, die ein Produkt hervorbringen würden,

---

[53] Vgl. Fenner (2003), 334f.

[54] Vgl. Seel (1995), 140f.

[55] Vgl. a. a. O., 146f.

[56] Vgl. a. a. O., 151.

[57] Vgl. a. a. O., 156.

[58] Vgl. a. a. O., 159f.

[59] A. a. O., 165.

aber auch solche Tätigkeiten, die sich nicht auf ein externes Objekt beziehen würden, beispielsweise die Meditation.[60] Die Betrachtung (beispielsweise beim Blick aus dem Fenster) biete eine Unterbrechung des Strebens und somit eine Form von Erholung und Erfahrung von Augenblicksglück.[61]

Seels Wunsch- und Zieltheorie wird hier in Form einer Güterliste inhaltlich ausgestaltet. Sie will jedoch nicht universale menschliche Grundgüter oder -fähigkeiten benennen, sondern bleibt am Individuum und seinen Wünschen orientiert. Sie stellt somit einen Versuch dar, ein universalistisches Element in eine individuelle Theorie des guten Lebens zu integrieren. Zwar bleibt letztlich weiterhin dem Individuum und seinen Wünschen überlassen, wie sich das gute Leben konkretisiert. Durch die vier menschlichen Grundvollzüge wird aber der Rahmen festgelegt, in dem das Individuum frei wählen kann. So kann der Mensch zwar seinen Wünschen gemäß leben, er sollte dies aber in verschiedenen Dimensionen tun können und dabei möglichst selbstbestimmt agieren. Ebenfalls sollte ihm in allen Dimensionen die Möglichkeit offenstehen, der Welt zu begegnen und sie kennenzulernen.

Dieser Ansatz bedeutet aber schon eine inhaltliche Festlegung, welche von Vertretern individualistischer Ansätze nicht mitgetragen würde. Es werden hier ja durchaus konkrete Tätigkeitsbereiche als glücksrelevant vorgegeben, auch wenn keine konkreten Handlungen genannt werden und gleichzeitig die Handlungsfreiheit des Individuums betont wird. Letztlich werden so zwar keine konkreten Glücksinhalte vorgeschrieben. Der Einzelne bleibt auch aus dieser Perspektive alleinverantwortlich dafür, was er als Ziel seines Strebens ansieht. Allerdings läuft der Ansatz nicht auf eine radikale Ungebundenheit hinaus. Dieses methodische Vorgehen, bei dem die Autonomie des Einzelnen berücksichtigt, aber gleichzeitig durch offene Rahmenbedingungen eingegrenzt wird, erscheint als denkbarer Mittelweg. Seels Konzept der Weltbegegnung bewegt sich demnach allerdings außerhalb rein individualis-

---

[60] Vgl. a. a. O., 165f.
[61] Vgl. a. a. O., 169.

tischer Ansätze. Bei diesen Ansätzen wäre die Eingrenzung möglicher Glücksinhalte nicht auf der Grundlage materialer Aussagen möglich. Sie könnte also lediglich durch formale Kriterien vorgenommen werden. Eines dieser Kriterien ist die Informiertheit, welche von den Wunsch- auf die Zieltheorien übertragen wird.

3.1.2.3 Intersubjektive Überprüfung individueller Zielsetzungen

So muss der Mensch überprüfen, ob seine individuelle Vorstellung vom Glück ein wahres Glück bzw. ein wirklich erstrebenswertes Ziel darstellt oder ob dieses Ziel nur scheinbar gut ist. Ein scheinbares Glück kann nur so lange bejaht werden, wie man es nicht durchschaut.[62] Um der Gefahr zu entgehen, Illusionen zu erliegen, die zu Enttäuschungen führen können, müssen die individuellen Glücksinhalte möglichst informiert sein.[63] Als Instrumente zur Überprüfung einer Lebenskonzeption dienen zum einen die Frage nach kognitiven Defiziten und zum anderen der intersubjektive Dialog. Eine Lebenskonzeption soll auf einer möglichst großen Informationsbasis über Selbst und Welt basieren, um nicht aufgrund falschen oder nicht ausreichenden Wissens fehlzulaufen.[64] Um aber möglichst aufgeklärt über die eigene Lebenssituation zu sein, kommt der Mensch als soziales Wesen nicht umhin, diese im Dialog von anderen prüfen zu lassen und somit auch offen für Kritik von außen zu sein. Nur so kann einem möglichen Selbstbetrug entgangen werden, bei dem das Bewusstsein Fakten günstig verzerrt oder auslässt.[65] Auch hier geht es nicht darum, einen universalen Konsens zu erzielen. Inhaltliche Unterschiede in Lebenskonzeptionen unterschiedlicher Menschen sind schließlich so lange wünschenswert, wie die Konzeptionen nicht auf falschen Voraussetzungen beruhen. Die intersubjektive Überprüfung erfolgt also ebenfalls auf einer formalen, nicht auf einer inhaltlichen Ebene.[66]

---

[62] Vgl. Steinfath (1998), 85.
[63] Vgl. a. a. O., 78f
[64] Vgl. a. a. O., 86f.
[65] Vgl. a. a. O., 88f.
[66] Vgl. a. a. O., 89f.

Ein Wollen in Bezug auf das Leben kann jedoch niemals vollständig aufgeklärt sein. So fehlt beispielsweise die Erfahrung, wie sich ein erwünschter Zustand oder ein Lebensziel anfühlt. Diese Erfahrung kann sich logischerweise erst mit dem Erreichen dieses Ziels einstellen. Zwar sind die Berichte anderer hilfreiche Orientierungspunkte, das subjektive Empfinden einer bestimmten Berufstätigkeit oder einer privaten Situation kann allerdings erst im Vollzug einsetzen.[67] Zudem lässt sich nie sagen, dass ein Wollen vollständig selbstbestimmt ist. Zwar kann man versuchen, fremde Einflüsse von selbstbestimmtem Wollen zu trennen. Aufgrund der Vielzahl aller Einflüsse muss man aber davon ausgehen, zumindest unbewusst von außen beeinflusst worden zu sein und somit nie vollständig selbstbestimmt wünschen zu können. Vielmehr wird auch die eigene Persönlichkeit, das eigene Selbst durch verschiedene äußere Einflüsse mitgeprägt, sodass nie eindeutig zwischen Fremd- und Selbstbestimmung unterschieden werden kann. „Was man heute für etwas Eigenes hält, kann sich morgen, nach besserem Kennenlernen der eigenen Person, als etwas entpuppen, das auf einen äußeren Einfluß zurückgeht […].“[68] Das Wollen, bezogen auf das Leben, ist also nie vollkommen, sondern prinzipiell immer ein Stück weit blind. Man ist somit zwar in der Pflicht, sein Wollen möglichst umfangreich zu reflektieren. Allerdings ist das keine Garantie dafür, dass man nicht doch unbeabsichtigt etwas will, dass man in Anbetracht noch weitergehender Informationen nicht gewollt hätte. Ein möglichst aufgeklärtes Wollen ist somit immer noch in der Gefahr, kein gutes Leben hervorzubringen.[69] Eine inhaltliche Bestimmung des guten Lebens kann auf der Grundlage subjektivistischer Theorien des Guten also nicht abgegeben werden. Sie beschränken sich bewusst auf das formale Kriterium des aufgeklärten Wollens, welches aber auch eigene Begrenzungen besitzt. So ist es kein Patentrezept, nur möglichst viel Reflektiertheit über Genese und Gegenstand seines Wollens zu erreichen. Schließlich besteht immer die Gefahr eines kognitiven

[67] Vgl. Stemmer (1998), 65f.
[68] Vgl. a. a. O., 67.
[69] A. a. O., 68f.

Defizits und somit eines Wollens, dass man unter Kenntnis weiterer Informationen nicht gewollt hätte. Letztlich benötigt es also auch immer glückliche Umstände, damit ein Leben zu einem guten Leben wird. So kann man schließlich nicht von einem guten Leben sprechen, wenn sich in ihm zwar Wünsche erfüllen, man diese im Nachhinein aber bereut.[70] Diese Erkenntnis deckt sich mit den Betrachtungen des klassischen Glücksbegriffs im Zusammenhang mit der Tugend. Weder Informiertheit noch Tugend können als hinreichend für das Erreichen von Glück angesehen werden. Inhaltlich bringt somit auch das Kriterium der Informiertheit keinen zusätzlichen Erkenntnisgewinn. Die Frage danach, worin das Glück des Menschen inhaltlich gesehen werden kann, bleibt weiter unbeantwortet. Letztlich können alle möglichen Ziele nach hinreichender Reflexion als erstrebenswert angesehen werden. Genau diese Offenheit ist ja der Kern subjektivistischer Ansätze. Für die Frage nach tugendhaftem Handeln oder nach einer inhaltlichen Bestimmung von Tugenden kann auf dieser Grundlage allerdings nichts gewonnen werden. Ob der Schutz des Klimas also als Glücksinhalt angesehen werden kann, bleibt hier der individuellen Wahl des Einzelnen überlassen. Es würde sich also keine Aussage darüber treffen lassen, ob Klimaschutz von vielen Menschen als Teilziel ihres Strebens übernommen wird, weil Vorhersagen über die autonomen Entscheidungen auf theoretischer Ebene nicht getroffen werden können. Eine klimafreundliche Haltung wäre auf dieser Grundlage zwar individuell denkbar, allerdings nur bei Einzelpersonen, die Klimaschutz ohnehin als Teil ihres Glücks ansehen. Ein gesellschaftlicher Wandel kann auf dieser Grundlage aber nicht erwartet werden.

---

[70] Vgl. a. a. O., 71f.

3.1.3 Selbstverwirklichung: Populäres Schlagwort bei der Suche nach Glück

Im Bereich individueller Theorien des Guten gibt es des Weiteren Ansätze, die das Schlagwort der Selbstverwirklichung ins Spiel bringen und auf den ersten Blick attraktiv erscheinen. Allgemein bedient das Konzept der Selbstverwirklichung den gegenwärtigen Zeitgeist, der sich in vielfältiger Ratgeberliteratur zu diesem Thema niederschlägt, welche sich auch unter dem Begriff der *Lebenskunst* sammelt.[71] Ihre Attraktivität bezieht diese literarische Gattung aus ihrer Eigenheit, normative Aussagen im Stile von Vor- und Ratschlägen zu formulieren und so bewusst unverbindlich zu bleiben. „Sie machen keine Vorschriften, sondern unterbreiten Sinnofferten, von denen Gebrauch machen kann, wer meint, dass sie für das Erreichen eigener Ziele hilfreich sind."[72] Der Anspruch dieser Ansätze ist, Aussagen darüber treffen zu können, was es innerhalb der heutigen Gesellschaft bedeutet, Mensch zu sein, einen eigenen Lebensweg zu entwickeln und diesen gegenüber verschiedensten Anforderungen von außen zu verteidigen.[73]

Die erste Ausprägung des Selbstverwirklichungskonzepts weist eine gewisse Nähe zur klassischen Tugendlehre auf. Die Tugenden verstanden als Vortrefflichkeit zielen analog zu dieser Richtung des Selbstverwirklichungskonzepts auf die möglichst optimale Entfaltung menschlicher Fähigkeiten und Eigenheiten.[74] Im Anschluss an den aristotelischen Gedanken ist ein Verständnis der Selbstverwirklichung entwickelt worden, dass auf den „Prozess der optimalen Entfaltung der menschlichen Potentialitäten, d. h. seiner Bedürfnisse, Fähigkeiten und Begabungen"[75] ausgerichtet ist. Das zu verwirklichende *Selbst* kann gedeutet werden als „das Insgesamt von angeborenen natürlichen Kräften und Fähigkeiten,

[71] Vgl. Höhn (2014), 39.
[72] A. a. O., 43.
[73] Vgl. a. a. O., 39.
[74] Vgl. Fenner (2007), 92.
[75] Ebd.

die auf Entwicklung hin angelegt sind“[76]. In diesem Zusammenhang fällt die sprachliche Eigenheit des Selbstverwirklichungsbegriffs auf, nach der davon ausgegangen werden muss, dass das Selbst noch nicht verwirklicht ist und „nur der Möglichkeit nach“[77] existiert. „Das zwingt zu dem Umkehrschluß, daß man so, wie man gerade ‚wirklich‘ ist, alles andere ist als man ‚selbst‘.“[78] Es muss dann also danach gefragt werden, was über die angeborenen und zu verwirklichenden Kräfte und Fähigkeiten ausgesagt werden kann. Dann allerdings ist man dazu gezwungen, sich auf einen Lebensentwurf festzulegen, auf dessen Entfaltung man hinarbeitet.[79] Aus dieser Perspektive entsteht aber eine inhaltliche Nähe zu antiker Anthropologie, die heute nicht mehr haltbar ist. Die Vorstellung, menschliche Entwicklung laufe nach einem vorgegebenen biologischen Programm ab, verkennt das Wesen und die Autonomie des Menschen. So kann der Mensch seine natürlichen Strebungen kontrollieren und abwägen und in seiner Entwicklung durch Erziehung von außen beeinflusst werden. Auch lässt das Vorhandensein natürlicher Eigenschaften noch keine Schlussfolgerungen auf deren guten oder schlechten Gebrauch zu. Den Menschen auf seine Anlagen zu reduzieren, würde die geistige Dimension vernachlässigen, die unbestritten zur menschlichen Entwicklung gehört: „Sobald wir nämlich den Selbstverwirklichungsprozess bewertend und regulierend kontrollieren, handelt es sich nicht mehr um ein potentiell vorhandenes Selbst, das auf ‚natürliche‘ Weise entfaltet wird.“[80] Auch ist es heute nicht mehr möglich, den Aspekt der Selbstverwirklichung lediglich auf die beiden aristotelischen Dimensionen menschlicher Vortrefflichkeit in Form der geistigen bzw. ethisch-politischen Existenz zu beschränken.[81] Eine Form der Selbstverwirklichung, die nur als Entfaltung schon

---

[76] Ebd.
[77] Thomä (2003): Vom Glück in der Moderne, 275.
[78] Ebd.
[79] Vgl. a. a. O., 275f.
[80] Fenner (2007), 93.
[81] Vgl. a. a. O., 94f.

vorhandener Anlagen verstanden wird, wäre somit nicht mit moderner Anthropologie zu vereinbaren.

In der anderen Ausprägung des Selbstverwirklichungsansatzes wird aus diesen Gründen das aristotelische ἔργον durch je individuelle Wünsche und Ideale ersetzt. Dadurch entstehen Tendenzen, die sich nur noch auf die individuelle Selbstentfaltung beziehen.[82] In diesem Zusammenhang wird Selbstverwirklichung vor allem verstanden als radikales Ausleben individueller Neigungen und Fähigkeiten und als Betonung der Besonderheit des Individuums. Diese Entwicklung wird befördert durch die gegenwärtigen gesellschaftlichen Rahmenbedingungen, die darauf ausgerichtet sind, dass der Einzelne frei nach selbstgesetzten Zielen und losgelöst von möglichst vielen Bindungen handeln kann.[83] Das vollständige Fehlen von Orientierung hinsichtlich eines allgemein menschlichen Entwicklungsziels befördert aber eine Ziellosigkeit bei der Verwirklichung des Selbst.[84] Angesichts dieses drohenden Relativismus fragt Fenner: „Doch geht infolge radikalisierter Individualisierung […] nicht letztlich das ‚Selbst' verloren, das es eigentlich zu aktualisieren gibt?"[85] Allerdings kann bezweifelt werden, dass eine solche radikal individualistische Konzeption in theoretischer wie praktischer Hinsicht überhaupt tragfähig sein kann.[86] Die Rede von der Selbstverwirklichung ist letztlich eine Antwort auf den Verlust verbindlicher Aussagen über den Menschen. Dadurch nämlich tritt das Individuum in Form des Selbst an die Stelle allgemeinmenschlicher Aussagen. Der Mensch als solcher wird nur noch in seiner Individualität wahrgenommen.[87]

> „Ohne eine kritische Absicherung und breite anthropologische Fundierung kann die oft behauptete Lebensnähe von Lebenskunstentwürfen keine existenzielle Tiefe beanspruchen. Ohne

---

[82] Vgl. a. a. O., 96.
[83] Vgl. Fenner (2003), 466f.
[84] Vgl. Fenner (2007), 95f.
[85] A. a. O., 96.
[86] Vgl. Höhn (2014), 40.
[87] Vgl. ebd.

> die Anbindung an die Ethik bleiben meist nur Ratschläge im Rang von Kalendersprüchen und Binsenweisheiten übrig."[88]

Auch der Ertrag dieser Ansätze wird vermutlich eher gering ausfallen. So ist die Verwirklichung des Selbst aufgrund fehlender normativer Kriterien und Ziele letztlich ein unendliches Streben ohne die Aussicht auf Erfüllung. Es geht einher mit einer Geringschätzung des Wirklichen, das nur als Hemmnis der Verwirklichung wahrgenommen wird: „Der Anspruch auf Selbstverwirklichung erweist sich damit als ein Verdikt gegen die eigene Gegenwart [...]. Man verrennt sich in dem Gefühl, einstweilen unverwirklicht zu sein, auf das wahre, eigene Leben noch zu warten und pflegt einen ganz unsinnigen dégout [sic!] gegen das, was man schon ist."[89]

Das Konzept der Selbstverwirklichung bietet in keiner der beiden Ausprägungen einen Vorteil gegenüber den bisherigen individualistischen Ansätzen. Entweder beruht die Rede von der Selbstverwirklichung auf unzeitgemäßen Grundlagen oder sie wird in gleicher Weise vom Vorwurf des Relativismus getroffen, wie die Zieltheorien auch. Da man nicht von vorhandenen Anlagen im Menschen ausgehen kann, die auf ihre Entfaltung warten, bleiben inhaltliche Aussagen auch hier wieder nur an das individuelle Urteil gebunden. Mehr noch vernachlässigen diese Ansätze mit ihrer Ausrichtung auf ein zukünftig verwirklichtes Selbst die Möglichkeit gegenwärtiger Glückswahrnehmung.

3.1.4 Zwischenergebnis: Wünsche und Ziele in individueller Relativität

Die subjektivistischen Ansätze bleiben inhaltlich unbestimmt. Ihr Verdienst kann darin gesehen werden, die teleologische Handlungstheorie unter modernen Bedingungen neu ausformuliert zu haben. Das Setzen und Erstreben von miteinander in Beziehung

---

[88] A. a. O., 43.
[89] Thomä (2003), 276.

stehenden Zielen kommt so auch in der klassischen Teleologie vor. Sie wird hier erweitert durch zusätzliche formale Bedingungen, die die Güte der Ziele definieren. Allerdings können diese Überlegungen nichts zu einer inhaltlichen Füllung des Glücksbegriffs beitragen. Das bislang erarbeitete Kriterium der Vernunftgemäßheit ähnelt im Kern den hier vorgestellten Ansätzen. Alle Wünsche und Ziele entspringen der subjektiven Setzung des Individuums bzw. der freien Wahl der Vernunft. Dann aber ist genau das wahrhaft gut, was der Einzelne dafür hält. Würde hierin die einzige Antwort auf die Frage nach dem Guten bestehen, würde das zu einem Relativismus führen, bei dem all das als Tugend gilt, was dem Individuum hilft, seine selbstgesetzten Ziele zu erreichen. Hier konnte auch das formale Kriterium der Informiertheit von Wünschen und Zielen keine nennenswerte Eingrenzung möglicher Glücksinhalte hervorbringen. Der Verdienst der Zieltheorien besteht sicher darin, aus moderner philosophischer Perspektive das menschliche Handeln auf teleologischer Grundlage näher zu betrachten und vor allem die Bedeutung der Autonomie des Einzelnen zu betonen. Sie können allerdings nur bedingt als Grundlage dazu dienen, eine klimafreundliche Haltung hervorzurufen. Wenn sich der Mensch seine Ziele so setzt, dass die zu ihnen hinführenden Handlungen das Klima schädigen, gibt es auf Grundlage der subjektivistischen Theorien nur geringe Möglichkeiten zum Gegensteuern. Letztlich bleibt es hier eine individuelle Entscheidung, ob Klimaschutz betrieben wird, oder nicht. Möglich wäre auf dieser Grundlage lediglich der Hinweis auf gewisse Grundbedingungen, die das freie Wählen von Zielen und das Handeln auf sie hin überhaupt erst ermöglichen. So braucht es zum Erreichen des individuell gewählten Guten eben doch auch förderliche Umgebungsbedingungen, zu denen ein intaktes Klima mit hoher Wahrscheinlichkeit zählt. Das ist aber zu wenig aussagekräftig, um darauf konkretere Überlegungen zu klimafreundlichen Haltungen aufzubauen. Wenn aber ein solcher subjektivistischer Ansatz als Grundlage einer Tugendlehre nicht ausreicht, lohnt eventuell die Betrachtung objektivistischer Theorien, die weitaus umfangreichere materiale Aussagen treffen.

3.2 Objektivistische Theorien des Guten

Die in der Antike noch vorhandene Möglichkeit, objektive Aussagen über menschliches Glück zu treffen, ging in der Moderne verloren, was zum Aufkommen der individualistischen Theorien des Guten und auf dieser Grundlage zu einem Relativismus hinsichtlich der Bestimmung menschlichen Glücks führte. Dem wollen objektivistische Theorien entgegenwirken. Sie versuchen, mit empirischer Methodik zu allgemeinen Aussagen über das menschliche Glück zu gelangen. Konkret benennen sie dabei anthropologische Güter, die „wesensmäßige menschliche Bedürfnisse, Fähigkeiten oder Eigenschaften, die zu einem guten menschlichen Leben notwendig dazugehören sollen“[90], darstellen. Sollte dieses Vorhaben gelingen, wären diese Ansätze für eine Tugendlehre besonders interessant. Sie würden dann auf empirischer Grundlage Ziele oder Zwischenziele benennen können, auf die sich jeder Mensch ausrichtet. Die Ausrichtung des Strebens auf das Glück würde die jeweiligen Güter immer berücksichtigen. Sie würden eine konstitutive Funktion für menschliches Glück einnehmen. Auf einer solchen Grundlage wäre es dann aber möglich, konkrete Tugenden zu formulieren, die für das Handeln jedes Menschen Gültigkeit besäßen. Eine Tugendlehre auf dieser Grundlage wäre also in der Lage, verbindliche normative Aussagen darüber zu treffen, mit welcher Haltung bzw. Ausrichtung des Strebens das Handeln des Menschen erfolgen könnte.

Bei der Suche nach universellen Gütern ist zunächst der Rückgriff auf materielle Güter naheliegend. Umfangreichere Güterlisten beziehen sich darüber hinaus auf weitere, immaterielle Grundgüter. Sie bestimmen Elemente im Leben eines Menschen, ohne die er ein solches nicht oder nicht gut führen kann. Martha Nussbaum wandelt diesen Ansatz ab und fragt nicht nach grundlegenden Gütern, sondern nach Grundfähigkeiten, die jedem Menschen zukommen müssen, damit sein Leben gelingen kann. Im Folgenden soll überprüft werden, ob solche universellen anthropologi-

[90] Fenner (2007), 104.

schen Güter gefunden und als Grundlage für eine Tugendlehre unter modernen Bedingungen herangezogen werden können. Gleichzeitig darf nicht die Gefahr übersehen werden, bei der Formulierung allgemeiner Aussagen über das menschliche Glück die Autonomie des Menschen zu vernachlässigen. Eine zu klare Vorgabe von Glücksinhalten würde letztlich eine zu große Nähe zum antiken Glücksbegriff darstellen und müsste deshalb aus guten Gründen zurückgewiesen werden.

3.2.1 Macht Geld glücklich? – Grenzen der Glücksrelevanz und grundsätzliche Notwendigkeit materieller Güter

Im Zusammenhang mit Gütertheorien des Guten ist zu prüfen, ob das Glück nicht auch in materiellen Gütern und Wohlstand zu finden ist. Eine solche Logik ist in westlichen Industriegesellschaften schließlich häufig anzutreffen. Danach führen mehr materielle Güter zu einem höheren Glück, was Glück quantifizierbar werden lässt. Wichtig wird dann nicht mehr etwas Inneres, wie beispielsweise das Erreichen von Zielen, sondern ein äußerer, mess- und herstellbarer Wert: „Wenn man sich heute in der Werbewelt und der Unterhaltungsindustrie umsieht, stellt man fest, dass das Glück als Letztziel des guten Lebens überall als sozialtechnologische Strategie im Einsatz ist.“[91]

Ob eine solche konsum- und produktionsorientierte Glücksphilosophie, wie sie vielfach im Marketing auftaucht, tatsächlich bestehen kann, muss hinterfragt werden. So droht in diesem Zusammenhang die Gefahr eines Freiheitsverlusts. Da das Glück immer abhängig von der Güter produzierenden Industrie ist, kann diese beliebig Spielregeln vorgeben, denen gefolgt werden muss. Auf welchem konkreten Wege man sein Glück erreicht, kann man also nicht mehr frei wählen, sondern wird durch die Konsumgüterindustrie vorgegeben. Zudem legen Studien nahe, dass ein ständiges Streben nach neuen Gütern dem persönlichen Glücksempfinden

[91] A. a. O., 106.

eher abträglich ist.[92] Weiterhin tritt in soziologischen Studien ein „Unzufriedenheitsdilemma bzw. Zufriedenheitsparadox"[93] auf. Damit ist die Tatsache gemeint, dass das subjektive Zufriedenheitsempfinden nicht langfristig mit dem Lebensstandard (also der steigenden Häufung materieller Güter) steigt. Menschen mit einem deutlich niedrigeren Lebensstandard, beispielsweise in Entwicklungsländern, geben ähnliche Zufriedenheitswerte an, wie Menschen in Industriestaaten. Offenbar sind für die Lebenszufriedenheit andere Faktoren entscheidender: „Ein Leben, das zwar reich ist an materiellen Gütern, aber nicht bejaht werden kann und keine innere Erfüllung mit sich bringt, scheint das Prädikat ‚gut' […] kaum zu verdienen."[94] Hierfür gibt es mehrere Ursachen. Nach dem „Grundgesetz der Gewöhnung"[95] schwindet die Freude an neu Erworbenem mit der Dauer seines Gebrauchs. Je länger ein Gegenstand genutzt wird, desto weniger neue Reize bietet er. Diese werden nur durch neuere Gegenstände gesetzt, weshalb wieder aufs Neue konsumiert werden muss. Hier entsteht also ein Teufelskreis: Ohne fortgesetzten Konsum immer höherwertigerer Güter bleiben Belohnungsreize aus und stellt sich Glück nicht mehr ein.[96] Weiterhin muss angemerkt werden, dass materielle Güter niemals einen intrinsischen Wert haben, sondern immer nur dadurch wertvoll werden, dass der Mensch mit ihnen interagiert. Ein Gegenstand ist für das persönliche Glücksempfinden nicht relevant, wenn dieser nur gelagert und nicht benutzt wird. Erst der Gebrauch der Güter macht diese wertvoll.[97] Entscheidend ist somit nicht der materielle Wert, sondern der Nutzen, den man aus einem Gut ziehen kann. Aus dieser Logik heraus ist das Anstreben materieller Güter nicht sinnvoll, da als Ziel immer nur Höherliegendes genommen werden kann, das durch die materiellen Güter realisiert wird.[98]

---

92 Vgl. a. a. O., 107f.
93 A. a. O., 108.
94 Ebd.
95 Ebd.
96 Vgl. a. a. O., 109.
97 Vgl. Fenner (2003), 310.
98 Vgl. Fenner (2007), 112.

Schon das aristotelische Glücksverständnis legt aber nahe, dass materiellen Gütern dennoch eine gewisse Bedeutung zukommt: „Die Lebensbedingungen können derart schlecht sein, dass ein gutes menschliches Leben nicht mehr möglich ist und die Betroffenen ins Unglück stürzen."[99] Zu behaupten, Menschen die in absoluter Armut leben müssen, könnten eine ähnliche Lebenszufriedenheit entwickeln wie wohlhabende Menschen, scheint dann doch kontraintuitiv zu sein. Allerdings wird mit der zitierten Formulierung ein Schwerpunkt gesetzt. So steigt das Glück zwar nicht zwangsläufig mit dem Lebensstandard. Fällt dieser aber unter eine bestimmte Schwelle, nimmt die Aussicht auf Glück sicher ab. Diese Schwelle wird dann erreicht, wenn elementare Grundbedürfnisse mangels materieller Möglichkeiten nicht mehr befriedigt werden können. In solchen Situationen akuter Not ist eine aktive Lebensgestaltung nicht möglich, da sie vollständig vom Bedürfnis nach den fehlenden Grundgütern blockiert wird.[100] Um diese Schwelle zu bestimmen, fragt Seel nach der Möglichkeit temporärer Glückszustände: „Wo (wenigstens) episodisches Glück sich einstellen kann, da ist auch ein minimaler (und wie immer gefährdeter) Raum eines guten Lebens offen"[101]. So können drei Bedingungen dafür genannt werden, dass die Möglichkeit für ein gutes Leben nicht schon von vornherein erlischt. Diese sind eine relative Sicherheit, Gesundheit und Freiheit. Selbst bei nur eingeschränktem Vorliegen dieser Faktoren ist ein gutes Leben sogar noch denkbar. Erst wenn Bedrohung, Krankheit und Unfreiheit so dominant werden, dass sie „eine minimale Verlässlichkeit der menschlichen Lebenswelt"[102] zerstören, kann von einem guten Leben nicht mehr ausgegangen werden. Ab wann diese Faktoren aber eine schädliche Dominanz erreichen, ist wiederum Sache der subjektiven Empfindung. Trotz dieser Relativierung besteht jedoch ein Konsens, dass Sicherheit, Gesundheit und Freiheit gewährleistet sein müssen, auch wenn die Gewichtung und inhalt-

---

[99] A. a. O., 109.
[100] Vgl. a. a. O., 109f.
[101] Seel (1995), 83.
[102] A. a. O., 84.

liche Ausgestaltung dieser Begriffe Interpretationsspielräume offenlässt.[103] Dass oberhalb dieser Schwelle aber Zufriedenheitsempfinden auch bei niedrigem Lebensstandard möglich ist, liegt auch daran, dass die Bewertung der eigenen Lebenssituation häufig durch den Vergleich mit anderen Mitgliedern der eigenen Gesellschaft erfolgt. Wenn man also ähnlich viel oder mehr materielle Güter besitzt als der gesellschaftliche Durchschnitt, ist dies in der Regel zufriedenstellend. Ob allerdings beispielsweise in Entwicklungsländern die dortige Gesellschaft als Bezugsgröße herangezogen werden sollte oder ob nicht dazu die Industriestaaten dienen sollten, kann hinterfragt werden.[104]

Es zeigt sich somit, dass materielle Güter zwar keinen intrinsischen Wert besitzen, aber aufgrund ihres instrumentellen Werts dennoch eine hohe Bedeutung für das gute Leben haben. So sollte sich zwar das menschliche Streben nicht auf den Konsum von materiellen Gütern beschränken, allerdings sollten Konsumentscheidungen der eigenen Vorstellung vom Glück und den eigenen Zielen angepasst werden. Verfolgt man beispielsweise ein bestimmtes berufliches Ziel, ist es ratsam, nach Möglichkeit alle zur Verfügung stehenden Güter (bspw. Literatur, technische Ausrüstung, Mobilität) zu beschaffen, mittels derer berufliche Kompetenzen erhöht werden können. Materielle Güter sind somit zum einen grundlegend notwendig, um ein Mindestmaß an Lebensstandard herzu-

---

[103] Vgl. a. a. O., 85f.

[104] Vgl. Fenner (2007), 110f. Dass in der gegenwärtigen Migrationsbewegung nach Europa für viele Flüchtende auch existenzielle Armut ein starkes Fluchtmotiv darstellt, zeigt einerseits die große Not, in der viele Menschen leben müssen, andererseits aber auch, dass bei Menschen aus ärmeren Gesellschaften eine realistische Einschätzung ihres Lebensstandards vorherrscht. In einer globalisierten Welt weichen innergesellschaftliche Bezugsgrößen immer mehr auf. Der in den westlichen Industrienationen vorherrschende Wohlstand lässt sich schlicht nicht verstecken. Dass Menschen aus bedeutend ärmeren Ländern dann aber die hiesigen Verhältnisse und nicht die allgemeine Armut ihrer unmittelbaren Umgebung als Bezugsgröße nehmen, ist nachvollziehbar und kann nicht verwundern, zumal sie eben oft unter der genannten Schwelle leben, die elementare Grundgüter gewährleistet.

stellen. Zum anderen nutzen sie als Instrumente zum Erreichen höherer Ziele.[105] Dem Versprechen der Konsumgüterindustrie, dass das Glück käuflich sei, muss aber eine klare Absage erteilt werden.

3.2.2 Bestimmung menschlicher Grundbedürfnisse und Grundgüter am Beispiel der maslowschen Bedürfnistheorie

Neben materiellen finden sich weitere Güter, die zum Erreichen eines guten Lebens beitragen können. Objektive Güterlisten hängen demnach häufig mit menschlichen Grundbedürfnissen zusammen. Dadurch unterscheiden sich diese objektiven Güter von solchen, die auf subjektiven Bedürfnissen beruhen und lediglich einen spontanen, individuellen Wunsch repräsentieren. Als Grundbedürfnisse werden solche verstanden, die alle Menschen zu allen Zeiten aufgrund der menschlichen Natur haben. Trotz dieses universellen Charakters der Bedürfnisse sind die sich aus ihnen ergebenden Güter immer in ihrer konkreten Gestalt zeit- und ortbedingt. Ein Mensch, der in einer gemäßigten Klimazone lebt, hat beispielsweise andere Ansprüche an sein Obdach, als jemand, der am Polarkreis lebt. Ebenso entwickeln verschiedene Kulturen unterschiedliche Möglichkeiten, das Bedürfnis nach Nahrung zu stillen. Die Bedürfnisse als solche bleiben allerdings stets identisch, lediglich die Antworten auf sie unterscheiden sich.[106]

Vor allem innerhalb der Psychologie existieren vielfältige Versuche, menschliche Grundbedürfnisse zu bestimmen. Da diese Listen häufig recht spezifizierte Bedürfnisse benennen, bestehen kontroverse Diskussionen über einzelne Grundbedürfnisse. Eine definitive Liste menschlicher Grundbedürfnisse kann somit nicht gefunden werden. Einigkeit gibt es nur hinsichtlich der physiologischen Grundbedürfnisse, ohne deren Befriedigung keine sekundären Bedürfnisse entwickelt werden können.[107] Im Folgenden soll

---

105 Vgl. a. a. O., 114f.
106 Vgl. a. a. O., 116.
107 Vgl. a. a. O., 119f.

mit der *maslowschen Bedürfnispyramide* exemplarisch eine Bedürfnistheorie vorgestellt werden. Maslow gilt als prominentester Vertreter einer psychologisch geprägten Grundbedürfnistheorie. Seine Liste von menschlichen Grundbedürfnissen erstellt er auf der Grundlage klinischer Erfahrungen und formuliert für sie den Anspruch, „den bekanntesten klinischen wie auch experimentellen und beobachteten Tatsachen“[108] zu entsprechen.

Innerhalb der Bedürfnisse nimmt er dabei eine Kategorisierung vor. Als die „grundlegenden Bedürfnisse“[109] fungieren dabei ausschließlich physiologische Bedürfnisse. Bei einer näheren Betrachtung der einzelnen Bedürfnisse bzw. Triebe muss allerdings eingeräumt werden, dass eine genaue Festlegung einer konkreten Liste auf der Grundlage neuerer empirischer Erkenntnisse nicht mehr möglich ist.[110] Diese Bedürfnisse können aber als die „mächtigsten unter allen“[111] angesehen werden. Eine mangelhafte Befriedigung dieser Bedürfnisse wird somit immer die stärkste Motivation zum Handeln auslösen, gleich welche Motivationen noch bestehen. „Jemandem, dem es an Nahrung, Sicherheit, Liebe und Wertschätzung mangelt, würde wahrscheinlich nach Nahrung mehr als nach etwas anderem hungern.“[112] Physiologische Bedürfnisse haben also die Kraft, alle anderen Bedürfnisse auszuschalten und alles Handeln an sich zu binden. Die Dominanz kann sogar so weit gehen, dass sämtliche Lebensplanungen und Wünsche der Befriedigung des entsprechenden Mangels angepasst werden.[113] Die Befriedigung dieser physiologischen Bedürfnisse stellt somit die Grundlage allen weiteren Strebens dar. Ohne das Vorhandensein entsprechender physiologischer Grundgüter findet ein Streben auf weitere Güter hin nicht statt. Neben Grundbedürfnissen nennt Maslow auf der nächsten Stufe der Bedürfnispyramide Sicherheitsbedürfnisse, zu denen er die Bedürfnisse nach „Sicherheit;

---

108 Maslow (1977): Motivation und Persönlichkeit, 74.
109 Ebd.
110 Vgl. a. a. O., 74f.
111 A. a. O., 76.
112 Ebd.
113 Vgl. a. a. O., 76f.

Stabilität; Geborgenheit; Schutz; Angstfreiheit; […] nach Struktur, Ordnung, Gesetz, Grenzen; Schutzkraft; und so fort“[114] zählt. Auch diese sind in der Lage, den menschlichen Körper – wenn auch in schwächerem Ausmaß – zu dominieren und das Denken des Menschen fast vollständig zu bestimmen.[115] Das lässt sich besonders bei der Beobachtung von Kleinkindern erkennen. Hier kann eine Erschütterung der Sicherheitsbedürfnisse massive Auswirkungen auf das Wohlbefinden und das zukünftige Verhalten des Kindes haben.[116] Ebenfalls ist die kindliche Vorliebe für Routinen und Rituale ein Ausdruck des Sicherheitsbedürfnisses. Die Konfrontation mit neuen Reizen oder Erfahrungen löst vielmehr „Alarm- oder Angstreaktionen“[117] aus, weshalb diese durch Routinen vermieden werden. Gleiches gilt aber auch für Erwachsene, die lediglich gelernt haben, ihre äußerlichen Reaktionen besser zu kontrollieren, aber dennoch eine ähnliche Bedürfnisstruktur aufweisen.[118] Auf der nächsthöheren Stufe liegen die „Bedürfnisse nach Zugehörigkeit und Liebe“[119]. Diese treten in den Fokus, wenn die Bedürfnisse der beiden darunter liegenden Stufen befriedigt sind. So hat der Mensch ein Bedürfnis nach freundschaftlichen und liebevollen Beziehungen zu anderen Menschen, das alle nachrangigen Bedürfnisse verdecken kann. Ein Versagen dieser Bedürfnisse ist vielmehr „der häufigste Kern der Fälle schlechter Anpassung und auch schwerer Pathologie“[120]. Die nächste Stufe bilden die „Bedürfnisse nach Achtung“[121]. Jeder Mensch hegt den Wusch nach Wertschätzung seiner Person durch sich und andere. Eine Unterteilung dieser Bedürfnisse nach Achtung kann in selbstreferentielle Bedürfnisse nach „Stärke, Leistung, Bewältigung und Kompetenz, Vertrauen angesichts

[114] A. a. O., 79.
[115] Vgl. ebd.
[116] Vgl. a. a. O., 79f.
[117] A. a. O., 81.
[118] Vgl. ebd.
[119] A. a. O., 85.
[120] A. a. O., 86.
[121] A. a. O., 87.

der übrigen Welt und Unabhängigkeit und Freiheit“[122] und in Bedürfnisse nach „einem guten Ruf oder nach Prestige […], nach Status, Berühmtheit und Ruhm, nach Dominanz, Anerkennung, Aufmerksamkeit, Bedeutung, Würde oder Wertschätzung“[123], welche die Achtung anderer ausdrücken, vorgenommen werden. Selbstachtung führt zu positiven Gefühlen des Selbstvertrauens, das Versagen von Selbstachtung hingegen zu Gefühlen der Minderwertigkeit.[124] Das höchste Bedürfnis, das dann eintritt, wenn alle weiteren Bedürfnisse befriedigt sind, ist das „Bedürfnis nach Selbstverwirklichung“[125]. Jeder hat das Bedürfnis danach, das zu sein, was er sein kann, was also seinen Neigungen, Fähigkeiten und Möglichkeiten entspricht.[126] Grundbedingung dafür ist aber die Erfüllung aller vorherigen Bedürfnisse.[127] Weiterhin nennt Maslow kognitive Bedürfnisse, genauer das „Verlangen nach Wissen und Verstehen“[128], die er ebenfalls mit empirischen Beobachtungen von höheren Lebewesen, historischen Betrachtungen und psychologischen Untersuchungen gesunder und kranker Menschen begründet.[129] Außerdem führt er die „ästhetischen Bedürfnisse“[130] an, über die allerdings keine empirischen Befunde vorliegen, die aber bei „einigen Personen“[131] nachgewiesen werden können.

In ihrem Auftreten folgen die Bedürfnisse im tatsächlichen Leben aber nicht der angegebenen logischen Reihenfolge. So ist es nicht der Fall, dass zunächst ein Bedürfnis vollständig befriedigt sein muss, bevor ein weiteres auftritt. Es ist wirklichkeitsnäher, „in den Begriffen abnehmender Prozentsätze der Befriedigung auf

---

122 Ebd.
123 Ebd.
124 Vgl. a. a. O., 87f.
125 A. a. O., 88.
126 Vgl. a. a. O., 88f.
127 Vgl. a. a. O., 89.
128 A. a. O., 91.
129 Vgl. a. a. O., 92f.
130 A. a. O., 95.
131 Ebd.

dem Weg hinauf in der Hierarchie der Vormächtigkeit“[132] zu sprechen. Eine teilweise Befriedigung reicht somit auch für das Auftreten eines weiteren Bedürfnisses aus. Die genannten Bedürfnisse haben ferner häufig einen unbewussten Charakter.[133] Die Liste der Bedürfnisse wird zwar als kulturell geprägt verstanden. „Doch machen Anthropologen allgemein die Erfahrung, daß Menschen auch in verschiedenen Gesellschaften einander weit mehr gleichen, als man aus dem ersten Kontakt mit ihnen annehmen würde, und daß diese Ähnlichkeit zunimmt, je besser man sie kennt.“[134] Die vorgestellte Liste versteht sich somit zwar als entwicklungsoffen und unabgeschlossen, vertritt aber den Anspruch universeller Gültigkeit. Auf die Frage nach Glücksinhalten nennt sie auf der Grundlage empirischer Beobachtungen verschiedene anthropologische Grundgüter. Zwischen ihnen besteht eine Hierarchie, nach der physiologische, dann soziale und letztlich individuell-kognitive Bedürfnisse aufeinander aufbauen. Wem die genannten Güter zumindest in Teilen zukommen, hat eine Aussicht auf ein gutes Leben. Wer nach seinem Glück strebt, sollte sich auf die genannten Grundgüter ausrichten. Charakteristisch dabei ist jedoch, dass hier vor allem eine negative Handlungsanleitung geboten wird. Gezeigt wird zunächst kein konstruktiver Lebensentwurf, sondern die Faktoren, die zu vermeiden sind, weil sie von einem guten Leben abhalten.[135] Die Gütertheorie wird dadurch also nicht vom Vorwurf getroffen, die Autonomie des Menschen zu wenig zu berücksichtigen. Sie benennt letztlich Bedingungen für die Möglichkeit, sich eigene Ziele zu setzen und diese anzustreben. Damit steht sie in Analogie zum aristotelischen Glücksbegriff, der ebenfalls die Notwendigkeit passender äußerer Bedingungen für das Glück kennt. Obwohl aber keine letzten Ziele genannt werden, bietet die Gütertheorie eine umfangreichere Grundlage für eine Tugendlehre. So kommen die einzelnen Güter dem Menschen

---

132 A. a. O., 98.

133 Vgl. a. a. O., 99.

134 Ebd.

135 Vgl. Bayertz (2013): Empirische Antworten auf philosophische Fragen?, 44.

nicht ausschließlich von außen zu, sondern er kann sie in gewissem Maße selbst anstreben. Eine inhaltliche Bestimmung des formalen Glücksbegriffs muss also die genannten Güter zumindest in Grundzügen berücksichtigen, worin auch immer sie sonst bestehen mag. Das letzte Ziel und somit das höchste der Güter bleibt zwar die individuelle Selbstverwirklichung, alle weiteren Güter müssen aber als notwendige Mittel mit angestrebt werden. Bei der Frage nach der Ausrichtung der Tugenden geben sie entsprechend einen Rahmen vor. Vernunftgemäß ist auf Grundlage dieses Ansatzes das, was die grundlegenden Bedürfnisse des Menschen so weit befriedigt, dass er nach dem Gut der Selbstverwirklichung streben kann. Gütertheorien nennen somit auf empirischer Grundlage Rahmenbedingungen, innerhalb derer ein gutes Leben stattfinden kann. Da aber gerade die Befriedigung grundlegender Bedürfnisse durch die Folgen des globalen Klimawandels bedroht sind, ist klimafreundliches Verhalten eines der Elemente, die für ein gutes Leben notwendig sind. Allerdings muss nochmals daran erinnert werden, dass die konkrete Ausgestaltung der Grundgüterliste hinterfragt werden kann, auch wenn sie empirisch begründet ist und intuitiv plausibel erscheint. Maslow selbst stellt sie als kulturell geprägt und unabgeschlossen vor. Ob sie also wirklich alle notwendigen Güter umfasst oder an manchen Stellen gar zu umfangreich ist, kann diskutiert werden. Hier wird ein Grundproblem materialer Ansätze deutlich, welches im folgenden Abschnitt noch stärker zu Tage tritt. Da eine allgemeingültige Bestimmung menschlichen Glücks unter modernen Bedingungen nicht mehr möglich ist, können so gut wie alle materialen Glücksinhalte angezweifelt werden. Das beeinträchtigt die Möglichkeit, Tugenden an ihnen auszurichten. Je konkreter die Güterlisten ausformuliert werden, desto angreifbarer werden sie hinsichtlich der Auswahl und der Methodik ihrer Gewinnung. Das hat aber zur Folge, dass es keine zwingenden Gründe gibt, sein Streben auf sie auszurichten. Dann aber kann die Ausrichtung auf sie nicht mehr mit dem universellen Charakter der Güter begründet werden, sondern ist abhängig von der individuellen Wahl des Einzelnen. Dass die konkreten Güter als universelle Grundlage einer Tugendlehre angenommen werden können, die für jeden Menschen Gültigkeit besitzt, muss also bezweifelt werden. Eine Liste menschlicher Grundbedürfnisse und -güter darf folglich nicht zu differenziert und umfangreich ausfallen, um einen universellen Anspruch vertreten zu können. Wo genau die Schwierigkeiten in diesem Punkt liegen, wird in der Auseinandersetzung mit Nussbaum nochmals deutlicher, die allerdings versucht, eine höhere inhaltliche Offenheit zu gewährleisten.

3.2.3 Fähigkeiten-Ansatz von Nussbaum

Ähnlich konstitutiv wie grundlegende Bedürfnisse werden nämlich sogenannte Grundfähigkeiten angesehen, deren Besitz und Ausübung ein Lebewesen zu einem Menschen macht.[136] Als Grundlage einer Tugendlehre erscheint Nussbaums Ansatz besonders interessant, weil sie ausdrücklich Bezug auf die aristotelische Philosophie nimmt und daher Anknüpfungsmöglichkeiten für den klassischen Tugendbegriff naheliegend erscheinen. Sie setzt bei der Suche nach Merkmalen an, die allen Menschen gemein sind, unabhängig von „Traditionen und kulturellen Verschiedenheiten“[137]. Diese sieht sie als Grundlage für eine globale, interkulturelle Verständigung an, die mit einer fortschreitenden Globalisierung der Welt immer notwendiger wird.[138] Dabei verfolgt sie einen anderen Schwerpunkt als Maslow, dessen Liste vor allem als Grundlage für therapeutische Zwecke dient. Sie entwickelt ein Konzept von menschlichen Grundfunktionen, die ihrer Ansicht nach das Leben eines Menschen ausmachen. Dies geschieht vor allem zu dem Zweck, im Anschluss auf Grundlage dieser Funktionen politische Konsequenzen einfordern zu können, mit denen konkrete Rahmenbedingungen für menschliches Leben verbessert werden können.[139] Dabei grenzt sie sich von politischen Bemühungen für eine egalitäre Güterverteilung ab. Diese haben für sie keine aus-

[136] Vgl. Fenner (2007), 123.
[137] Borchers (2001), 187.
[138] Vgl. a. a. O., 189.
[139] Vgl. Nussbaum (1998a): Menschliches Tun und soziale Gerechtigkeit, 207.

reichende Wirkung, da Güter an sich keinen Wert besitzen. Wie schon bei der Betrachtung materieller Güter deutlich wurde, ergibt sich dieser erst „im Kontext der funktionalen Bedürfnisse eines jeden Menschen“[140]. Somit ist nicht eine Verteilung an sich schon ausreichend. Sie muss es den Menschen vielmehr ermöglichen, „in bestimmter konkreter Weise zu leben und zu handeln“[141]. Von dieser Position aus unternimmt Nussbaum den Versuch, eine Liste menschlicher Grundfähigkeiten zu entwickeln. Sie macht es sich dabei zum ersten Grundsatz, eine hohe Anbindung an die Lebenswirklichkeit der betreffenden Menschen und gleichzeitig einen objektiven Anspruch interkultureller Gültigkeit zu erzielen.[142] Die Grundfrage ihrer Überlegung lautet also:

> „Welche Formen des Tuns und Seins konstituieren die menschliche Lebensform und heben sie von anderen tatsächlichen oder vorstellbaren Lebensformen wie denen von Tieren und Pflanzen einerseits und von den unsterblichen Göttern der Mythen und Legenden andererseits ab […]?“[143]

3.2.3.1 Grundlegende Erfahrungsbereiche als Ausgangspunkt – inhaltliche und methodische Aspekte

Die Feststellung, dass sich jeder Mensch zu gewissen Lebensbereichen wie dem Tod oder dem eigenen Körper verhalten muss, egal ob richtig oder falsch, stellt den Ausgangspunkt der Suche nach Grundfähigkeiten dar. Das grundlegendste Merkmal menschlichen Lebens ist dabei die Sterblichkeit, die alle anderen Aspekte des Lebens mitprägt. Der Tod wird generell als negativ wahrgenommen. Zwar gibt es Situationen, in denen er anderen Alternativen vorgezogen wird, dennoch löst er immer Trauer oder Angst aus.[144]

---

140 Nussbaum (2012a): Die Natur des Menschen, seine Fähigkeiten und Tätigkeiten, 94.
141 A. a. O., 95.
142 Vgl. a. a. O., 119f.
143 Nussbaum (2012b): Menschliche Fähigkeiten, weibliche Menschen, 187.
144 Vgl. a. a. O., 190f.

Als zweites Merkmal führt Nussbaum den menschlichen Körper an, an dem es zwischen den Menschen mehr Gemeinsamkeiten als Unterschiede gibt. Dieser ermöglicht und begrenzt menschliches Handeln. Die Erfahrung des Körpers und der Umgang mit ihm ist zwar durchaus kulturell geprägt, allerdings nur in gewissem Rahmen, denn „der Körper selbst, der in seinen Ernährungs- und anderen damit zusammenhängenden Erfordernissen nicht kulturbedingt ist, setzt den potentiellen Erfahrungen und Wertsetzungen Grenzen […]“[145]. Zu den unbestrittenen Merkmalen des Körpers gehört ferner das Bedürfnis nach Nahrung und Flüssigkeit, welches zwar auf unterschiedliche Weise gestillt werden kann, sich im Kern aber aufgrund des physiologischen Stoffwechsels dennoch ähnelt. Ebenfalls ergibt sich aufgrund der menschlichen Physiologie ein Bedürfnis nach Schutz vor äußeren Einflüssen, das durch Kleidung und Behausung gedeckt werden kann. Auch das sexuelle Verlangen stellt ein dem Körper zugehöriges Bedürfnis dar, welches zwar weniger dringend als die zuvor genannten ist, aber dennoch zum menschlichen Leben mehr oder weniger gehört. Als letztes Merkmal menschlicher Körperlichkeit kann die Mobilität des Menschen genannt werden. Der Körper ermöglicht eine dem Menschen eigene und durch die Gestalt seines Körpers konstituierte Form der Fortbewegung, welche vom Menschen grundsätzlich als positiv bewertet wird.[146]

Neben diesen körperbezogenen Erfahrungsbereichen besteht im Empfinden von Freude und Schmerz ein weiteres Merkmal menschlichen Lebens. Diese positiven und negativen Erfahrungen sind zwar in ihrem Ausdruck kulturell geprägt, gehören grundsätzlich aber zum Leben des Menschen. Ferner besitzt der Mensch kognitive Fähigkeiten der Wahrnehmung, der Vorstellung und des Denkens. Zwar kann nicht ohne Weiteres daraus gefolgert werden, dass ein Verlust dieser Fähigkeiten ein menschliches Leben verhindert, allerdings ist eine menschliche Gesellschaft, in der kognitive Fähigkeiten überhaupt nicht vorhanden sind, nicht denk-

---

[145] A. a. O., 191.

[146] Vgl. a. a. O., 191f.

bar.[147] Die frühkindliche Entwicklung erscheint als weiterer Punkt auf der Liste. Sie unterscheidet sich kulturell stark, allerdings gibt es bedeutsame Gemeinsamkeiten hinsichtlich der Struktur und der Erfahrungen, die in dieser Phase gemacht werden.[148] Die praktische Vernunft, die eine zentrale Stellung einnimmt, ist ein weiteres Merkmal des menschlichen Lebens. So sind die Planung des Lebens, das Verfolgen eigener Ziele, das Urteilen und freie Handeln etwas, das jedem Menschen zukommt.

Ebenfalls nennt Nussbaum die Verbundenheit mit anderen Menschen als etwas, das alle Menschen erfahren und in der Regel als positiv wahrnehmen: „Wir leben mit anderen und bezogen auf andere und betrachten ein Leben, das diese Verbundenheit mit anderen nicht kennt, nicht als lebenswert."[149] Eine Verbundenheit gibt es aber auch mit anderen Lebewesen und der Natur. So gehört es zur menschlichen Erfahrung, eingebettet zu sein in ein komplexes System verschiedener Lebewesen, die es zu respektieren gilt. „Ein Geschöpf, das Tiere wie Steine behandeln würde und nicht zu der Einsicht fähig wäre, daß es zwischen ihnen einen Unterschied gibt, wäre uns wahrscheinlich zu fremd, um wirklich als ein Mensch zu gelten. Gleiches würde auf ein Wesen zutreffen, das in keiner Weise für die Natur empfänglich wäre."[150] Ebenfalls zählt sie Humor und Spiel zu den menschlichen Grunderfahrungen. Es gibt hier zwar wieder große Unterschiede in den konkreten Formen, die Erfahrung von Lachen und Spielen ist aber so grundlegend, dass sie zu einem menschlichen Wesen gehört. Ein weiterer Aspekt auf Nussbaums Liste ist die Erfahrung des Getrenntseins und die damit verbundene Selbstwahrnehmung der eigenen Individualität. Zwar besteht Verbundenheit zwischen den Menschen, aber letztlich ist jeder Mensch für sich und nicht unabdingbar an einen anderen Menschen gebunden.[151] Als letzten Punkt nennt sie das starke Getrenntsein. Dieser Punkt meint die

---

147 Vgl. a. a. O., 193.
148 Vgl. a. a. O., 193f.
149 A. a. O., 194.
150 A. a. O., 195.
151 Vgl. ebd.

Einzigartigkeit jedes Menschen, durch die ein Leben niemals ganz identisch mit einem zweiten sein kann.[152]

Die Inhalte dieser Liste ergeben sich aus „einer großen Vielfalt des Selbstverständnisses der Menschen in vielen Zeiten und an vielen Orten; aus den Geschichten, die die Menschen sich erzählen, wenn sie sich fragen, was es denn heißt, als ein Wesen mit bestimmten Eigenschaften zu leben, die es von den übrigen Lebewesen in der Welt der Natur abheben, aber auch mit bestimmten Grenzen, die sich aus der Zugehörigkeit zur Welt der Natur ergeben“[153]. Besondere Bedeutung haben dabei „Mythen und Geschichten, die dem Menschen einen Platz im Universum zwischen den ‚Tieren‘ einerseits und den ‚Göttern‘ andererseits zuweisen“[154]. Die Untersuchung beruht dabei also auf einer Sammlung wertender Vorstellungen vom Menschsein innerhalb diverser kultureller Zusammenhänge. Ihre Objektivität soll die Liste aus der möglichst repräsentativen Zusammenstellung und Diskussion unterschiedlichster subjektiver Anthropologievorstellungen gewinnen.[155] Als erstes Ergebnis ihrer Untersuchung formuliert Nussbaum die Erkenntnis, dass über verschiedene allgemein anthropologische Vorstellungen Einigkeit unter den Menschen herrscht. „Das ist nicht überraschend, da sie sich gegenseitig als Mitglieder derselben Art erkennen, heiraten, Kinder miteinander haben und so weiter – und sich nicht zuletzt solche Geschichten ohne große Vermittlungsschwierigkeiten erzählen können.“[156] Mit ihrer Liste will Nussbaum somit ausdrücklich keine metaphysischen Wahrheiten, sondern solche grundlegenden Erfahrungen benennen, die die Menschheit im Laufe ihrer Geschichte machen und sprachlich reflektieren konnte. Allerdings könne aus diesen geschichtlichen Erfahrungen ein Kernbegriff des Menschlichen gewonnen werden, der über zeitliche und örtliche Grenzen hinweg Gültigkeit besitze. Durch den Bezug auf die menschliche Erfah-

---

152 Vgl. a. a. O., 196.
153 Nussbaum (1998a), 208.
154 Nussbaum (2012b), 188.
155 Vgl. Fenner (2007), 130.
156 Nussbaum (2012b), 188.

rung entfällt die Notwendigkeit biologischer oder naturalistischer Vorannahmen. Der Begriff menschlicher Biologie wird vielmehr nur mittelbar durch die Erfahrung in die Konzeption aufgenommen. Solche Vorannahmen werden also nur insofern berücksichtigt, als dass sie als unverzichtbar für ein Leben erfahren werden. „Das Ergebnis dieser Untersuchung besteht also nicht in der Erstellung einer Liste wertneutraler Fakten, sondern in der Entwicklung einer normativen Konzeption.“[157] Ebenfalls wird die Liste offen für neue Erfahrungen oder Veränderungen gestaltet, sodass sie nicht abgeschlossen ist. Bei der Liste wird weiterhin davon ausgegangen, dass die konkreten Punkte „bis zu einem gewissen Grad von verschiedenen Gesellschaften unterschiedlich konstruiert werden“[158], dass es aber eine ausreichende Überschneidung gibt, um zu einem politischen Konsens zu gelangen.[159] Diese offene und erweiterbare Liste stellt die Grundlage für die Entwicklung bestimmter Grundfähigkeiten dar. Sie zielt also auf Handlungen innerhalb der genannten Erfahrungsbereiche ab, die gut für den Menschen sind und die jedem Menschen ermöglicht werden sollten.[160]

3.2.3.2 Ableitung menschlicher Grundfähigkeiten aus den Erfahrungsbereichen

Entsprechend werden Grundfähigkeiten dann als die Absicht verstanden, sich in diesem Bereich richtig zu verhalten, „worin dies auch immer bestehen mag“.[161] Gefragt wird dabei nach unterschiedlichen, „konkurrierende[n] Spezifikationen“[162] einer Fähigkeit, also danach, worin konkret das angemessene Verhalten besteht. Anhand einer menschlichen Fähigkeit lassen sich also menschliche Lebensbedingungen sowie Möglichkeiten, sich zu

---

[157] A. a. O., 189.
[158] A. a. O., 190.
[159] Vgl. a. a. O., 189f.
[160] Vgl. Nussbaum (1998b), 154f.
[161] A. a. O., 120.
[162] Schockenhoff (2007), 123.

einem Lebensbereich zu verhalten, miteinander vergleichen.[163] Bezüglich der Ermöglichung dieser Fähigkeiten unterscheidet Nussbaum dabei zwischen einer ersten Stufe, auf der überhaupt von einem menschlichen Leben gesprochen werden kann. Diese ist aber noch nicht das Ziel von Bemühungen, das Ausüben der Fähigkeiten zu ermöglichen. Hier muss vielmehr eine weitere Schwelle erreicht werden, ab der von einem guten menschlichen Leben gesprochen werden kann.[164] Hinter dieser Überlegung steht der aristotelische Gedanke der Vortrefflichkeit.[165]

Aus den Bereichen der Sterblichkeit und der Körperlichkeit leiten sich die „Fähigkeit, ein menschliches Leben von normaler Länge zu leben“[166], die „Fähigkeit, sich guter Gesundheit zu erfreuen“[167] und die „Fähigkeit, unnötigen Schmerz zu vermeiden“[168] ab. Dass diese Faktoren Bedingungen dafür sind, ein gutes Leben und Freude zu erfahren, ist zunächst nicht kontrovers. Schwierig wird allerdings eine Bestimmung des Grades an Gesundheit, der für ein gutes Leben notwendig ist. So kann man nicht erst bei vollständiger Schmerzfreiheit und Gesundheit von einem guten Leben ausgehen, da diese in der Realität fast nicht vorkommen. Ein

---

163 Vgl. Nussbaum (1998b), 124f.

164 Vgl. Nussbaum (2012b), 197.

165 Dieser Ansatz ermöglicht in positiver Weise ein politisch-gesellschaftliches Engagement, welches Menschen ein gutes oder zumindest menschliches Leben ermöglichen soll. Nussbaum bleibt allerdings so konsequent, dass sie anhand der Ausübungsmöglichkeit von Fähigkeiten beispielsweise bei bestimmten schwerstbehinderten Kindern oder bestimmten Zuständen am Lebensende nicht von einem menschlichen Leben ausgeht. (Vgl. a. a. O., 198f.) Auch wenn sie aus dieser Unterscheidung keine Schlussfolgerungen für den Umgang mit solchen Menschen ziehen will, widerspricht diese Unterteilung in menschliches und nicht menschliches Leben dem Gedanken unverlierbarer Menschenwürde. An dieser Stelle geschieht die konsequente Umsetzung des Fähigkeiten-Ansatzes mit zu wenig Augenmaß und zu weitgehend. Sie muss somit gerade aus einer christlichen Perspektive an dieser Stelle zurückgewiesen werden.

166 A. a. O., 200.

167 Ebd.

168 Ebd.

Schmerz bzw. körperliches Leiden, der das gesamte Leben dominiert, verhindert allerdings ein gutes Leben. Wenn das Denken und Handeln des Menschen nur durch den Schmerz bestimmt ist, kann er seine Kraft nicht mehr der Verwirklichung seiner Ziele und Ausbildung seiner Fähigkeiten widmen. Hier wird also noch keine Fähigkeit, sondern eine Grundbedingung für alle weiteren Fähigkeiten beschrieben. Ab wann ein körperliches Leiden aber so dominierend ist, dass es das Denken und Handeln bestimmt, hängt von der individuellen Verfassung jedes Einzelnen ab und lässt sich also nicht genau bestimmen.[169] Die Liste der Grundfähigkeiten bezieht sich allerdings nur zu einem kleinen Teil auf physiologische Aspekte. Aus der Erfahrung kognitiven Tätigseins wird die Fähigkeit abgeleitet, „seine Sinne und seine Phantasie zu gebrauchen, zu denken und zu urteilen“[170]. Im Unterschied zu Tieren zeichnet sich der Mensch dadurch aus, dass er kulturell gebundenen Tätigkeiten nachgeht und sich intellektuell bzw. denkerisch betätigt. Voraussetzungen, um diese Fähigkeit auszubilden, sind beispielsweise eine angemessene Bildung sowie strukturell günstige Bedingungen, um kulturell tätig zu werden.[171] Die Erfahrung der Verbundenheit mit anderen wird in der „Fähigkeit, Beziehungen zu Dingen und Menschen außerhalb unser selbst einzugehen“[172], wiedergegeben. Dabei geht es vor allem um die Art und Weise der Interaktion selbst. Eine solche Fähigkeit muss also die Ausbildung einer Kommunikationskultur beinhalten. Darüber hinaus umfasst sie moralische Grundfähigkeiten wie Empathiefähigkeit oder Gerechtigkeitssinn. Entscheidendes Merkmal der sozialen Interaktion ist dabei der Dialog mit dem Ziel, sich gegenseitig verstehen zu können und Erfahrungen miteinander abzugleichen.[173] Ein weiterer Faktor menschlichen Lebens ist das Ausüben einer „Arbeit und politische[r] Mitbeteiligung“[174] als Teil der

---

169 Vgl. Fenner (2007), 124.
170 Nussbaum (2012b), 200.
171 Vgl. Fenner (2007), 124f.
172 Nussbaum (2012b), 201.
173 Vgl. Fenner (2007), 125.
174 Ebd.

„Fähigkeit, eine Vorstellung des Guten zu entwickeln“[175]. Für ein gutes Leben ist es demnach entscheidend, sich für Zwecke zu engagieren, die zunächst nicht die eigenen sind. In einem zweiten Schritt dient dieses Engagement allerdings zumindest im Rahmen beruflicher Tätigkeiten zur Sicherung des Lebensunterhaltes. Gleichwohl kann auch unentgeltliche Arbeit einem guten Leben dienlich sein. Entscheidender als die Entlohnung ist nämlich, ob sowohl die Zwecke, als auch die Arbeit an sich für gut befunden und gern und somit freiwillig ausgeübt werden. Alle Formen fremdbestimmter Arbeit, gar Zwangsarbeit, sind einem guten Leben somit nicht dienlich. Schwierig sind ebenfalls solche Tätigkeiten, denen wie beispielsweise bei der Fließbandarbeit zunächst ein übergeordneter Sinnzusammenhang fehlt, oder die gesellschaftlich nicht anerkannt sind.[176] Zum menschlichen Tun gehört aber ebenfalls die Erfahrung von Humor und Spiel, aus der die „Fähigkeit, zu lachen, zu spielen, sich an erholsamen Tätigkeiten zu erfreuen“[177] abgeleitet wird. Darin gefasst werden alle Tätigkeiten, die keinem äußeren Zweck dienen, sondern um ihrer selbst, aus Freude an ihrer Ausübung ausgeführt werden. Sie bilden einen Gegensatz zur auf Nützlichkeit ausgerichteten Erwerbsarbeit und bieten somit eine Phase der Erholung. Dabei richten sie sich ganz auf die Gegenwart und folgen eigenen, selbstgesetzten Regeln, die sich von den Regeln der Alltagswelt abheben. Spielerisches Handeln gibt durch die Freude und das Selbstvertrauen neue Kraft für das Alltagshandeln und dient als Ausgleich für das berufliche Handeln.[178] Die Verbundenheit mit der Natur drückt sich in der „Fähigkeit, in Verbundenheit mit Tieren, Pflanzen und der ganzen Natur zu leben und sie pfleglich zu behandeln“[179] aus.

Wahrscheinlich die zentrale Fähigkeit in Nussbaums Liste ist die „Fähigkeit, sein eigenes Leben und nicht das eines anderen zu

---

[175] Nussbaum (2012b), 201.
[176] Vgl. Fenner (2007), 126.
[177] Nussbaum (2012b), 201.
[178] Vgl. Fenner (2007), 126f.
[179] Nussbaum (2012b), 201.

leben"[180], mit der nichts anderes als die Erfahrung praktischer Vernunft angesprochen ist. Ein menschliches Leben liegt also nur dann vor, wenn es selbstbestimmt ist, wenn sich der Mensch frei, bewusst und begründet für eine bestimmte Art, zu leben, entschieden hat. Dazu braucht es einen Schutz gegen „Eingriffe in besonders persönlichkeitsbestimmende Entscheidungen wie Heiraten, Gebären, sexuelle Präferenzen, Sprache und Arbeit"[181]. Diese Fähigkeit ist dann auch die zentrale, um alle anderen Fähigkeiten und Güter in ein Verhältnis zueinander zu setzen und aus ihnen einen Lebensplan zu erstellen. Die praktische Vernunft also spielt, auch wenn sie als eine Fähigkeit unter anderen genannt wird, eine „architektonische Sonderrolle"[182]. Sie auszubilden, ist eine komplexe, herausfordernde Aufgabe, die durch viele Faktoren beeinflusst ist, aber nur in sozialer Interaktion mit Mitmenschen gelingen kann.[183] Auch diese Liste nennt zwar verschiedene grundlegende Faktoren eines guten Lebens, wird aber ebenfalls nicht von dem Vorwurf getroffen, eine konkrete inhaltliche Füllung des Glücksbegriffs vorzuschreiben. Dadurch, dass die praktische Vernunft besonders hervorgehoben wird, bleibt auch hier offen, worauf sich der Einzelne letztlich in seinem Streben ausrichtet. Dennoch werden konkrete Fähigkeiten benannt, die nach Ansicht Nussbaums zu einem guten Leben gehören und die somit beim Streben nach Glück Berücksichtigung finden müssen.

3.2.3.3 Philosophische Einordnung und gesellschaftliche Konsequenzen der Liste

Nussbaums Ansatz ist stark durch ihr politisches Engagement geprägt. Ihre Fähigkeiten-Liste zielt direkt auf die politische Forderung ab, „weltweit Umstände zu schaffen, unter denen sich menschliches Leben überhaupt erst als gutes entfalten kann"[184].

---

[180] Ebd.
[181] Ebd.
[182] Fenner (2007), 128.
[183] Vgl. ebd.
[184] Scherer (1993): Das menschliche und das gute menschliche Leben, 906.

So konzipiert sie ihren Katalog menschlicher Fähigkeiten als Gradmesser für die Lebensqualität innerhalb einer Gesellschaft. Damit bildet sie eine Gegenposition zum Liberalismus, da die Ausbildung von menschlichen Grundfähigkeiten nur durch (staatliche) Erziehung und Gewährung weitreichender Rechte gewährleistet werden kann.[185] Ihre Theorie richtet sich weiterhin gegen utilitaristische Glückstheorien, die den gesellschaftlichen Gesamtnutzen über das Wohlergehen des Einzelnen stellen, sowie gegen politische Ansätze, die Lebensqualität ausschließlich am Pro-Kopf-Einkommen eines Landes bemessen wollen. Hauptsächlich richtet sich Nussbaums Theorie aber gegen den Relativismus, der von der Unvergleichbarkeit verschiedener Kulturen ausgeht und somit die Kritik an anderen Gesellschaften unmöglich macht.[186]

Die Fähigkeitenliste ist zwar inhaltlich bestimmt, allerdings so offen formuliert, dass Ergänzungen, Änderungen und Interpretationsmöglichkeiten bestehen.[187] Zwar soll mit der Liste die Gestalt menschlichen Lebens mittels verschiedener Fähigkeiten beschrieben werden. Dies geschieht aber bewusst vage, um kulturelle und individuelle Unterschiede zuzulassen.[188] Vielmehr ist ein Diskurs zwischen verschiedenen Kulturen über die konkreten Fähigkeiten notwendig, die innerhalb eines Erfahrungsbereichs gefordert sind. So ist durch den Rahmen, der mit dem Definieren eines Erfahrungsbereichs gewonnen ist, noch nichts über die Suche nach einer konkreten Fähigkeit in diesem Bereich gesagt. Dass diese aber nur dann erfolgreich ist, wenn eine einzige Antwort gefunden wird, ist nicht zwingend. Schließlich wäre ja auch schon etwas gewonnen, wenn man Aussagen darüber treffen kann, welches Verhalten in einem Erfahrungsbereich nicht angemessen ist. Bei einem interkulturellen Diskurs über die angemessenen Fähigkeiten geht es also nicht zwangsläufig darum, nur eine gültige Antwort zu finden. Zwei unterschiedliche Handlungen oder Traditio-

[185] Vgl. ebd.
[186] Vgl. a. a. O., 907.
[187] Vgl. Nussbaum (1998a), 209.
[188] Vgl. a. a. O., 208.

nen können denselben Zweck erfüllen.[189] Mehr noch ist diese Offenheit, die durch das zweischrittige Verfahren ermöglicht wird, gerade der Vorteil des Ansatzes. So spielt die konkrete historisch-gesellschaftliche Situation eine entscheidende Rolle bei der Frage nach dem Richtigen. Ein Diskurs innerhalb des gesetzten Rahmens kann also nur dann erfolgreich sein, wenn man die Andersartigkeit anderer Antworten ernst nimmt und ihnen zunächst eine Berechtigung einräumt. Erst dann kann ein produktiver Austausch über Gemeinsamkeiten und Unterschiede entstehen und so ein Diskurs auf Augenhöhe stattfinden. Ausgehend von einem offenen und veränderbaren Bild des Guten kann ein Vergleich verschiedener Vorstellungen stattfinden. Kommt man dabei zum Schluss, dass eine Moralvorstellung dem Guten mehr dient, als die andere, kann man diese nicht einfach der anderen Gesellschaft überstülpen. Vielmehr müssen für eine wirkliche Veränderung immer der konkrete Kontext mit einbezogen und die überlegene Vorstellung ihm angepasst werden.[190] Hierin zeigt sich eine hohe Variabilität des Ansatzes. Er arbeitet nicht mit starren, unveränderlichen Regeln, sondern kann auf Veränderungen reagieren. Gleichzeitig bleibt aber auch seine Objektivität gewahrt, da die Suche nach dem Richtigen an sich nicht aufgegeben wird, wenn sie neuen Umständen angepasst werden muss.[191] Eine Diskussion über kulturelle Unterschiede sollte nach Nussbaum geleitet sein vom Prinzip der Verbundenheit unter den Menschen sowie von der praktischen Vernunft. Letzterer kommt dabei die Aufgabe zu, die einzelnen Grundgüter untereinander je individuell abzuwägen.[192] Nussbaum legt also lediglich Minimalstandards fest und lässt dem Menschen weiterhin die individuelle Freiheit, zwischen Gütern zu wählen, bestimmte Güter besonders anzustreben und andere zu vernachlässigen. Hierin besteht die Rolle der praktischen Vernunft als architektonische Grundfähigkeit. Sie sichert die Willensfreiheit des Menschen und lässt ihn zwischen den ver-

---

189 Vgl. Nussbaum (1998b), 139f.
190 Vgl. a. a. O., 144f.
191 Vgl. a. a. O., 145.
192 Vgl. Borchers (2001), 190.

schiedenen Fähigkeiten gewichten. Für diese Offenheit spricht auch die Tatsache, dass durch die allgemeine Formulierung der Fähigkeiten kulturelle und historische Unterschiede zugelassen werden. So wird beispielsweise nicht vorgeschrieben, wie die Arbeit oder die Erholung auszusehen haben, denen der Mensch nachgehen soll. In Konsequenz stellt die Liste es dem Menschen sogar frei, wie viel Engagement er beispielsweise darauf verwendet, zu arbeiten oder zu spielen. Die Gewichtung bleibt schließlich der praktischen Vernunft überlassen. Es geht Nussbaum also eher darum, sicherzustellen, dass jeder Mensch die Möglichkeit hat, alle seine Fähigkeiten nach seinem Willen auszuüben und weiterzuentwickeln. Ihre Absicht ist es weniger, den Einzelnen zu einem bestimmten Verhalten zu bewegen, als vielmehr, Rahmenbedingungen in allen Kulturen weltweit einfordern zu können, die jedem Menschen ein gutes Leben im Sinne der Grundfähigkeiten ermöglichen.[193] Hahn schlägt als Übersetzung ihrer *capabilities* dann auch statt *Fähigkeiten* den genaueren Begriff der *Entwicklungsmöglichkeiten* vor.[194] So beschreibt die Liste nicht tatsächliche Handlungen, sondern potenzielle Fähigkeiten und lässt damit schon einen Handlungsspielraum zu.[195] Politische Konsequenz soll nicht sein, dass Menschen zu bestimmten Handlungsweisen gezwungen werden, sondern die Vergewisserung, dass alle Menschen die Möglichkeit haben, ihren Grundfunktionen entsprechend zu handeln.[196] Nussbaum weist darauf hin, dass eine auf Grunderfahrungen des Menschen basierende Fähigkeitenliste so allgemein ausfällt, dass die konkreten Spezifikationen der einzelnen Fähigkeiten höchst verschieden und kulturell geprägt realisiert werden können.[197] Des Weiteren wird durch die zentrale Position der praktischen Vernunft innerhalb der Liste deutlich, dass in Nussbaums Theorie der Mensch als selbstständig entscheidendes Wesen wahrgenommen und die Entscheidungsfähigkeit zentral ihm abverlangt

---

193 Vgl. Fenner (2007), 132f.

194 Vgl. Hahn (2009): Globale Gerechtigkeit, 113.

195 Vgl. Nussbaum (2012a), 95.

196 Vgl. Nussbaum (1998a), 217.

197 Vgl. Nussbaum (2012a), 123f.

wird.[198] Daraus lässt sich ableiten, dass die zentralste Grundfähigkeit, die ein Gemeinwesen allen Menschen bereitstellen muss, die praktische Vernunft im Sinne der Handlungsfreiheit ist. Aufgabe eines Staates ist demnach nicht eine schematische Befriedigung menschlicher Grundbedürfnisse, sondern die Ermächtigung zu eigenverantworteter und individuell gestalteter Befriedigung dieser Bedürfnisse.[199] Gerade aber relativistische Positionen, die Nussbaum für ihre materialen Elemente kritisieren, erreichen das Gegenteil ihres Anliegens. Durch ihren Verzicht auf normative Setzungen unterstützen sie einen ungerechten Status quo. So wird schließlich unter Verweis auf die Relativität kultureller oder traditioneller Gegebenheiten verhindert, ungerechte Zustände zu kritisieren: „Unter der Flagge einer modischen Opposition gegen den ‚Essentialismus' versammeln sich alte religiöse Tabus, die Bequemlichkeit des verwöhnten Ehemannes, Unwissenheit, ungleiche medizinische Versorgung und vorzeitiger Tod."[200]

3.2.3.4 Grenzen des Fähigkeiten-Ansatzes: Kritik an Inhalt und Methodik der Fähigkeiten-Liste

Die methodische Herleitung der Fähigkeitenliste birgt allerdings Ansatzpunkte für Kritik. Nussbaum beruft sich nicht mehr auf externe allgemeingültige Wahrheiten (wie bspw. die Existenz eines allmächtigen Gottes). Stattdessen versucht sie, allgemeine Aussagen aus einem innermenschlichen Standpunkt heraus zu gewinnen und arbeitet deshalb mit Selbstaussagen verschiedener Menschen zu verschiedenen Zeiten und Orten.[201] Insofern sie auf greifbare Dokumente als Quellen zurückgreift, ist ihr Universalismus empirischer Natur. Daran kann aber kritisiert werden, dass die konkrete Auswahl und Analyse der Quellen, auf die Nussbaum sich beruft, in keinem ihrer Werke transparent und umfänglich offengelegt werden. „Dies erstaunt um so mehr, als Nussbaum

198 Vgl. Nussbaum (1998a), 218.
199 Vgl. Nussbaum (2012a), 128f.
200 Nussbaum (2012b), 181.
201 Vgl. Scherer (1993), 908.

die Stärke ihres Ansatzes gerade darin sieht, daß er sich auf eine breite Materialbasis stützt und ‚historically sensitive' ist."[202] Ohne eine genauere Beschreibung ihres Vorgehens oder eine Dokumentation der verwendeten Quellen lässt sich aber nicht transparent nachvollziehen, auf welcher Grundlage genau ihre Liste zustande gekommen ist.[203]

Das grundsätzliche Problem der Vorgehensweise besteht darin, dass es unmöglich ist, sämtliche Selbstaussagen zu sämtlichen Zeiten und Orten zu berücksichtigen, was eine Auswahl der Quellen unvermeidbar werden lässt. Das spricht aber gegen den universellen Anspruch des Ansatzes, zumal Nussbaum keine Angaben zu ihren Auswahlkriterien gibt. Auch gibt sie keine Auskunft, wie aus der Vielzahl unterschiedlichster Quellen ein einheitliches Menschenbild gewonnen wird. Um dies zu erreichen, müssen schließlich auch Schwerpunktsetzungen und Auslassungen erfolgen. Dabei folgt sie bei der Auswahl ihrer Quellen stark einschränkenden Kriterien, indem sie nach eigenen Angaben vorrangig Sagen und Mythen verwendet. Ob aber die Berufung auf eine einzige Quellenart wirklich einen empirischen Universalismus begründen kann, kann angezweifelt werden. So gibt es schließlich viele andere Quellen menschlicher Selbstreflexion, die weniger gestaltet und dadurch viel unmittelbarer sind.[204] Die Vorfestlegungen finden also schon bei der Auswahl der Quellen statt, von einer neutralen Auswahl kann nicht gesprochen werden. Ebenso sind die Maßstäbe, mit denen die ausgewählten Quellen zu einem einheitlichen Bild zusammengefügt werden, stark durch Nussbaum selbst vorgeprägt. Dabei nimmt sie das Kriterium der Reflektiertheit zum Ausgangspunkt ihrer kritischen Prüfung verschiedener Selbstaussagen. Sie versucht, diese danach zu bewerten und zu sortieren, ob sie widerspruchsfrei und in sich konsistent sind.[205] Hier kann aber bezweifelt werden, dass ein solches Kriterium der Reflektiertheit ausreicht, um innerhalb der heterogenen Quellenlage

[202] Ebd.
[203] Vgl. Fenner (2007), 131.
[204] Vgl. Scherer (1993), 908.
[205] Vgl. a. a. O., 909.

genug Übereinstimmungen herstellen zu können, mit denen ein universales Menschenbild konstruiert werden kann. Gerade im Bereich eines interkulturellen Austauschs ist unsicher, ob Nussbaums Annahme zutrifft, es könne eine international anerkannte Übereinstimmung gefunden werden, die nicht bloß auf westlichen Maßstäben beruhe. Insbesondere im Dialog verschiedener Kulturen lassen sich wohl nur wenige, allgemeine bzw. selbstverständliche Punkte finden, die von allen Menschen als Kernpunkte eines guten Lebens angesehen werden können. Es bleibt somit letztlich nur die Alternative zwischen einer Minimalkonzeption des guten Lebens, die keine inhaltliche Aussagekraft besitzt, und einer inhaltlich stärker festgelegten Konzeption, deren Anspruch auf Universalität jedoch bezweifelt werden kann.[206]

Dem Vorwurf, kulturelle Unterschiede zu ignorieren, begegnet Nussbaum mit der Vagheit ihrer Liste, durch die Spezifizierungen möglich bleiben. So gibt es auf die menschlichen Grundfunktionen in unterschiedlichen Gesellschaften unterschiedliche Reaktionen. Spezifizierungen erscheinen auch deshalb als sinnvoll, weil aufgrund unterschiedlicher Rahmenbedingungen auch unterschiedliche Antworten auf die menschlichen Grunderfahrungen notwendig sind. Kulturelle Unterschiede sind somit nicht nur durch Präferenzentscheidungen, sondern auch durch Sachzwänge bestimmt.[207] Aus diesem Zweifel an einem universellen Konsens kann noch nicht der relativistische Schluss gezogen werden, dass Beobachtungen oder Weltanschauungen nicht miteinander verglichen werden könnten und somit in jedem Fall als gleichwertig angesehen werden müssten. Vielmehr ist für die Kritik einer bestimmten gesellschaftlichen Tradition eine Analyse der Weltanschauung und des Begriffssystems der kritisierten Gesellschaft notwendig. Dadurch erlangt man die Fähigkeit, die Traditionen unter Berücksichtigung der begrifflichen Unterschiede mit anderen Auffassungen zu setzen. Kritische Anfragen entstehen zumeist ohnehin schon innerhalb der entsprechenden Gesellschaften.[208]

---

[206] Vgl. a. a. O., 910.
[207] Vgl. Nussbaum (1998a), 216f.
[208] Vgl. Nussbaum (1998b), 146f.

Des Weiteren hält Nussbaum das Problem unterschiedlicher Weltanschauungen für nicht so virulent, wie ihre Kritiker. So könne man leicht die Erfahrung machen, dass der Austausch mit anderen Kulturen im Bereich grundlegender Erfahrungen besonders gut gelinge. So könne trotz aller Unterschiede ein grundlegendes Verständnis für den anderen aufgebaut werden.[209] Bedeutsam ist also die politische Intention der Fähigkeiten-Liste. In dieser pragmatischen Hinsicht ist es zweitrangig, ob die von Nussbaum angeführten Fähigkeiten auf theoretischer Ebene einwandfrei begründet werden können:

> „Der im 20. Jahrhundert angemessene Weg, politische Intentionen zu verfolgen, scheint mir an der in prominenter Weise zuletzt von Richard Rorty vertretenen Forderung nicht vorbei zu kommen, daß die Einsicht in die letztendliche Unbegründbarkeit der eigenen Überzeugungen keinen Hinderungsgrund dafür darstellen muß, dennoch ‚unerschrocken' für sie einzustehen."[210]

Wenn auch ein universeller Anspruch des Fähigkeiten-Ansatzes nicht begründet werden kann und wenn auch einige Punkte auf der Liste strittig erscheinen, kann der Ansatz auf der Grundlage eines christlich-abendländischen Welt- und Menschenbildes als gut bewertet werden und es lassen sich gute Gründe dafür finden, so vielen Menschen wie möglich eine Ausübung der genannten Fähigkeiten zu ermöglichen, sodass sie zu einem guten Leben beitragen. Auf einer pragmatischen Ebene besteht somit die Möglichkeit, dass Nussbaums Ansatz für gesellschaftliches Engagement wirksam sein kann. Da hier aber nach einer Theorie des Guten als Grundlage einer Tugendlehre gesucht wird, ist die Kritik an der empirischen Methodik des Ansatzes ernst zu nehmen, durch die universelle Aussagen über das Gute nicht einwandfrei getroffen werden können. Das wird bei der inhaltlichen Betrachtung der

---

209 Vgl. a. a. O., 148f.

210 Scherer (1993), 920.

Fähigkeitenliste deutlich. So kann schon die inhaltliche Festlegung auf konkrete menschliche Erfahrungsbereiche hinterfragt werden. Diese Auswahl der verschiedenen Bereiche scheint durch Vorannahmen geprägt und nicht so repräsentativ für die menschliche Existenz, wie Nussbaum angibt.[211] Scherer macht dies an konkreten Beispielen fest:

> „Man fragt sich, wieso beispielsweise Werte wie ‚Kultur und Wissenschaft' fehlen, wohingegen ‚Bindung zur Natur' als Wert fungiert [...] wieso z. B. im Bereich ‚Natur' die Fähigkeit zur Bindung zur Natur und nicht die gegenteilige Fähigkeit zur Distanzierung von Natur ausgezeichnet wird."[212]

An dieser Stelle kann sicher diskutiert werden, ob nicht beispielsweise Kultur und Wissenschaft unter anderen Punkten wie dem Genuss freudvoller Erfahrungen oder kognitiven Fähigkeiten zu finden sind oder ob eine Bindung zur Natur wirklich einen so geringen Wert hat, wie Scherer suggeriert. Klar ist aber, dass über die einzelnen inhaltlichen Punkte sehr wohl diskutiert werden kann, was die Kritik am Fähigkeiten-Ansatz unterstützt. Die Liste und ihre einzelnen Punkte scheinen aus verschiedenen Perspektiven auf Zustimmung und Ablehnung gleichermaßen stoßen zu können.

3.2.4 Zwischenergebnis: Objektivistische Theorien des Guten als hoch plausible Grundlage einer Tugendlehre

Objektivistische Theorien des Guten machen umfangreichere Angaben zu konkreten Glücksinhalten als subjektivistische Ansätze. Sie tun das in Form von Listen mit Gütern oder Fähigkeiten, die für ein gutes Leben notwendig sind und somit in das individuelle Glücksstreben aufgenommen werden müssen. Die Ansätze bean-

---

[211] Vgl. Fenner (2007), 131.
[212] Scherer (1993), 912.

spruchen für sich, Faktoren zu benennen, die für jedes menschliche Leben entscheidend sind. Sie eignen sich insofern als Grundlage einer Tugendlehre, als dass sie verbindliche Auskunft über die Inhalte des formalen Glücksbegriffs bieten. Auf dieser Grundlage könnten materiale Beschreibungen einzelner Tugenden vorgenommen werden. Durch die Benennung der konkreten Glücksinhalte wird nämlich deutlicher, was genau unter der Vernunftgemäßheit menschlichen Strebens zu verstehen ist. Die vorgestellten Ansätze von Maslow und Nussbaum verlieren außerdem auch unter modernen Bedingungen nicht ihre Berechtigung. Beide berücksichtigen mit dem Gut der Selbstverwirklichung bzw. der zentralen Fähigkeit der praktischen Vernunft die Autonomie des Menschen und schreiben kein letztes Ziel des menschlichen Strebens vor. Die übrigen Güter bzw. Fähigkeiten sind allerdings dennoch notwendig für das Streben nach Glück. Sie können letztlich als Rahmenbedingungen verstanden werden, innerhalb derer das individuelle Glücksstreben ablaufen muss. Ohne die verschiedenen Grundgüter und -fähigkeiten ist es aus der Perspektive dieser Ansätze nicht möglich, ein von der Vernunft gewähltes letztes Ziel zu erreichen. Das bedeutet jedoch nicht, dass sie nur einen rein instrumentellen Charakter besitzen würden. Im Zusammenhang mit der zentralen Stellung der praktischen Vernunft verweist Nussbaum darauf, dass die Gewichtung der einzelnen Güter durch die praktische Vernunft erfolgt, was es möglich machen würde, eines der Einzelgüter auch als letztes Ziel frei zu wählen. Eine externe Vorgabe konkreter Ziele erfolgt bei beiden Ansätzen ausdrücklich nicht.

Die beiden vorgestellten Listen ähneln sich zwar inhaltlich, weisen aber dennoch hinsichtlich der einzelnen Güter bzw. Fähigkeiten Unterschiede auf. So sind die Listen hinsichtlich ihrer Systematik, ihrer Schwerpunktsetzungen und der Formulierung der Einzelgüter in gewissem Maße verschieden. Daran wird aber das hauptsächliche Problem objektivistischer Ansätze deutlich. Aufgrund der empirischen Natur ihrer Gewinnung sind konkret ausformulierte Güterlisten immer hinsichtlich ihrer Zusammensetzung und ihrer Schwerpunkte angreifbar. Der universelle Anspruch muss zwangsläufig daran scheitern, dass sich empirische

Erkenntnisse immer nur auf einen begrenzten Beobachtungsgegenstand beziehen können und daher immer Gefahr laufen, bestimmte Aspekte außer Acht zu lassen. Der Hinweis der Autoren, ihre Listen seien erweiterbar und entwicklungsoffen, zeigt, dass ihnen diese methodische Einschränkung selbst bewusst ist. So ist es in der Regel leicht möglich, einzelne konkrete Güter oder Fähigkeiten begründet zurückzuweisen oder zu hinterfragen. Das gelingt zwar nicht bei physiologischen Aspekten. Je spezieller die einzelnen Punkte aber werden, desto mehr Angriffsfläche besteht. Beide Listen können sowohl hinsichtlich ihrer Methodik als auch ihres Inhalts hinterfragt werden. Ebenso können ihnen alternative Güterlisten gegenübergestellt werden, die ebenfalls einen universellen Anspruch erheben. Dass aber ein einzelner Ansatz gefunden werden kann, der seinen universellen Anspruch einlöst und damit alle übrigen Ansätze überflüssig macht, erscheint unwahrscheinlich.

Die beiden vorgestellten Listen stellen jeweils eine gute Grundlage dar, um menschliches Verhalten zu erläutern bzw. gesellschaftliches Engagement für eine effektive Verbesserung des Lebensstandards vieler Menschen zu erreichen, das nicht nur an materieller Verteilung ausgerichtet ist. Sie bieten sich grundsätzlich auch als Bezugspunkte einer Tugendlehre an. Da sie überwiegend intuitiv nachvollziehbare Güter beinhalten, stellen sie eine inhaltliche Füllung des Glücksbegriffs dar, die von einer sehr großen Zahl an Menschen übernommen werden kann. Gleichzeitig zeigen sie die Notwendigkeit klimafreundlichen Verhaltens auf, weil die einzelnen Punkte der Listen durch den Klimawandel bedroht werden. Insofern sind die objektivistischen Theorien des Guten als taugliche Grundlage einer Tugendlehre anzusehen und können eine klimafreundliche Haltung bei vielen Menschen begründen. Wer sich mit den einzelnen Punkten der vorgestellten Listen identifizieren kann, wird motiviert dazu sein, die entsprechenden Güter unter anderem durch Klimaschutz zu bewahren oder zu erreichen. Allerdings stellen die objektivistischen Theorien des Guten keine universelle Antwort auf die Frage nach menschlichem Glück dar. Es ist theoretisch möglich, dass Menschen nicht in allen Inhalten notwendige Rahmenbedingungen sehen und sie entsprechend auch nicht zur Grundlage einer Haltung machen. Zwar bleibt dadurch unbestritten, dass hier Rahmenbedingungen für das Streben nach Glück benannt werden konnten, die für sehr viele Menschen eine hohe Plausibilität besitzen. Aufgrund der möglichen Kritikpunkte sollte aber der Versuch unternommen werden, nach einer Theorie des Guten zu suchen, die eine noch höhere Plausibilität besitzt, als es bei den objektivistischen Theorien des Guten schon der Fall ist. Zunächst sollen aber zwei weitere Vorstellungen vom Glück betrachtet werden, die einen solch universellen Anspruch zwar nicht vertreten, aber dennoch einen Beitrag zur Frage nach klimafreundlichen Haltungen leisten können.

3.3 Konkrete Inhalte als letztes Ziel

Es lassen sich auch Theorien des Guten denken, die sich nicht auf anthropologische Güter, sondern auf speziellere Glücksinhalte richten. Sie fragen dann nicht nach Vorstellungen vom Glück, die möglichst allgemein zustimmungsfähig sind, sondern bieten jeweils konkrete Inhalte als mögliche Ziele menschlichen Strebens an. Diese Ziele sind zwar nicht verbindlich, besitzen aber das Potenzial, als Teil einer individuellen Vorstellung vom Glück angesehen zu werden.

Im Folgenden sollen zwei mögliche letzte Ziele, die im Kontext dieser Arbeit naheliegen und von nicht wenigen Menschen als Teil ihres Glücks angesehen werden, vorgestellt und auf ihre Relevanz für das Klimaproblem überprüft werden. So kann erstens mit der im englischsprachigen Bereich aufkommenden Richtung der Umwelttugendethik (*Environmental Virtue Ethics,* kurz *EVE*) der Schutz und die Teilhabe an der Natur als das höchste Ziel des Menschen bestimmt werden. Aus theologischer Perspektive liegt es zweitens nahe, Gott als letztes Ziel des Menschen anzusehen. So verfährt unter anderem die Tugendlehre des Thomas von Aquin. Zu prüfen ist, welche Relevanz dieses jeweilige Verständnis vom Guten für das Klimaproblem besitzt.

3.3.1 Environmental Virtue Ethics (EVE)

Die im englischsprachigen Raum verortete Forschungsrichtung der *Environmental Virtue Ethics* stellt eine anwendungsorientierte Variante einer Tugendethik dar, die sich mit aktuellen Fragestellungen beschäftigt. Sie wird als Teilbereich einer philosophischen Debatte über Umweltethik verstanden und stellt einen neuen Ansatz dar, der sich durch eine eigenständige Sichtweise auszeichnet. Grundlage der *EVE* ist die aristotelische Tugendlehre. Umwelttugendethik verbindet also den Tugendbegriff mit einer eigenständigen umweltorientierten Glückskonzeption, die beide auf die außermenschliche Natur ausgerichtet sind.[213] Sie macht sich also speziell zum Ziel, Tugenden zu entwickeln, die einen Bezug zur Umwelt aufweisen und sie zu einer Komponente guten Lebens machen.[214]

3.3.1.1 Bedeutung des Handelnden innerhalb der Umwelttugendethik

Die Anfänge der Umwelttugendethik werden von ihren Vertretern häufig auf das Werk *Ideals of human excellence and preserving natural environments* von Thomas Hill Jr. aus dem Jahr 1983 zurückgeführt. Er entwickelt dort einen neuen Ansatz der Umweltethik, indem er die umweltethische Debatte unter eine zentrale Frage stellt. Er diskutiert nicht das Für und Wider von für die Natur bedrohlichen Handlungen, sondern fragt: „What sort of person would want to do what they propose?“[215] Dadurch wird der Fokus also ähnlich wie bei anderen tugendbasierten Ansätzen von der Handlung hin zum Akteur verschoben. Auf diesem Gedanken aufbauend entwickelte sich die Umwelttugendethik als ein Teilbereich der Umweltethik, der von vielen Rezipienten als gewinnbringend angesehen wird. Vorteile des Ansatzes sind seine Fähigkeit, Tugenden inhaltlich im Sinne einer Umweltethik zu for-

213 Vgl. Hull (2005): All About EVE, 90.
214 Vgl. Holly (2006): Envrionmental Virtue Ethics, 393.
215 Hill (2005): Ideals of Human Excellence and Preserving Natural Environments, 50.

mulieren und so Handlungen besser zu beschreiben. Gerade die Betrachtung des Handelnden bringt Vorteile. Handlungen sind zwar regulierbar und können verboten werden, sie sind jedoch nur die Symptome von dahinterliegenden Charakterzügen, die eben nicht so einfach reguliert werden können.[216] Es gibt viele Handlungen, die zwar keine unmoralischen Konsequenzen nach sich ziehen oder an sich nicht unmoralisch sind. Sie können aber dennoch auf ein charakterliches Defizit des Handelnden schließen lassen und sind von daher zu verurteilen.[217] Eine solches Defizit hat aber das Potential, sich auch in anderen Lebens- und Handlungsbereichen niederzuschlagen. So kann bei Menschen, die die Natur zerstören, beispielsweise eine gewisse Ignoranz, eine engstirnige Sicht oder die fehlende Fähigkeit, die richtigen Dinge als wichtig zu erachten, vermutet werden.[218] Andererseits reagieren Menschen auf die Erkenntnis, dass sie nur ein kleiner Teil des großen Ganzen der Natur sind, mit einer gewissen Demut der Natur gegenüber.[219] Eine solche Erkenntnis ist jedoch nicht rein kognitiv zu fassen.[220] Wie jemand in Bezug auf die Umwelt handelt, wird maßgeblich durch seine Haltung zu ihr bestimmt. Wer die Umwelt vor allem als Ressourcenspeicher für eigene Produktionsvorhaben ansieht, wird sie entsprechend behandeln. Notwendig wird somit eine Haltung zur Natur, die von solchen Paradigmen abrückt. Neben der Tatsache, dass eine so gewandelte Haltung viel zum Umweltschutz beitragen würde, hätte sie auch für jeden Einzelnen, der diesen Haltungswandel vollzieht, bedeutende Vorteile, weil eine positive Haltung zur Natur das eigene Leben bereichert. „Those who possess it are better off than those who do not, for they are able to find reward, satisfaction, and comfort from their relationship with nature."[221] Wie aber die Haltung theoretisch zu fassen ist, die einen umweltfreundlichen Charakter ausmacht,

---

[216] Vgl. Sandler (2005): Introduction: Environmental Virtue Ethics, 2.
[217] Vgl. Hill (2005), 50.
[218] Vgl. a. a. O., 50f.
[219] Vgl. a. a. O., 52.
[220] Vgl. a. a. O., 52f.
[221] Sandler (2005), 3.

lässt sich mit dem Glücksverständnis der Umwelttugendethik erklären.

3.3.1.2 Das Glücksverständnis der Umwelttugendethik

Vertreter der *EVE* versuchen herauszustellen, dass eine Liebe zur Natur ein hauptsächlicher Inhalt des Glücks ist und als ein höchstes Ziel des Strebens angesehen werden kann.[222] Dieser Grundansatz einer Umwelttugendethik, den Glücksbegriff mit umweltrelevanten Inhalten zu füllen, wird von verschiedenen Autoren genutzt. Das soll vor allem als Alternative zu hedonistisch-materiellen Glücksvorstellungen dienen und aufzeigen, dass materielle Werte nicht letztgültige Bedeutung haben. Dies geschieht im Gegensatz zu anderen Ethikansätzen mit einer positiven Grundhaltung. Nicht Verbote und konkurrierende Ansprüche stehen im Vordergrund, sondern die Vision eines bereichernden Miteinanders zwischen Mensch und Umwelt. Nur ein solches kann nämlich eine Nachhaltigkeit garantieren, die auf langfristige Effekte ausgelegt ist und nicht versucht, mit kurzfristigem Aktionismus immer neu entstehende Probleme zeitweilig zu lösen.[223] Umweltschutz ist demnach aus Sicht der Umwelttugendethik ein zentrales Kriterium für ein gutes Leben. Auf aristotelischer Grundlage kann das Gut der Betrachtung des Schönen und Wundervollen als bedeutsam für ein gutes Leben angesehen werden. Da dieses in der Umwelt zu finden ist, ermöglicht ihr Schutz das gute Leben.[224] So ist die Naturerfahrung ein Bestandteil des guten Lebens vieler Menschen[225], weshalb

---

[222] Vgl. Hull (2005), 93.

[223] Vgl. Cafaro (2010): Environmental Virtue Ethics Special Issue: Introduction, 4.

[224] Vgl. Hull (2005), 99f.

[225] Dies ist übrigens kein exklusiver Gedanke der Umwelttugendethik. So erinnert Papst Benedikt XVI. in seiner Botschaft zum Weltfriedenstag 2010 an die „vielsagende Tatsache […], daß sehr viele Menschen Ruhe und Frieden finden und sich erneuert und gestärkt fühlen, wenn sie in enger Berührung mit der Schönheit und mit der Harmonie der Natur sind“ (Papst Benedikt XVI. [2011], 103).

eine Gesellschaft ihren Mitgliedern die Bedingungen schaffen sollte, die Natur zu erleben.[226] Ein solches Naturerleben kann Einfluss auf die Stimmung des Menschen nehmen. So werden die verschiedenen Jahreszeiten mit ihren Wetterveränderungen und den daraus resultierenden Naturphänomenen mit Stimmungen assoziiert. Diese Assoziationen fügen der eigentlichen, schon im Menschen vorhandenen Stimmung eine weitere Dimension hinzu. Überschneiden sich Naturstimmung und aktuelles Befinden, kann dies selbst in großer Traurigkeit einen Moment der Glückserfahrung auslösen.[227] Die Natur hat somit nicht nur einen materiellen Rohstoffwert, sondern besitzt weitere Güter, beispielsweise einen positiven Einfluss auf die Gesundheit und eine der Natur innewohnende Ästhetik.[228] Solche Güter haben demnach das Potenzial, „Tugenden des Naturumgangs“[229] erwachsen zu lassen.[230] Diese prägen den Lebensstil einer Person dann im besten Falle so, dass seine „Haltungen, Wahrnehmungsweisen und Praktiken“[231] umweltfreundlich sind. Zwar ist es nicht möglich, Lebensstile zu moralisieren, jedoch ist es im Zusammenhang mit Massenproduktion und -konsum ebenso wenig möglich, sie als reine Privatsache zu behandeln, da aus der Summe vieler ähnlicher Lebensstile gravierende Folgen für die Natur entstehen.[232] Eine Einstellung, die den Schutz der Natur befördert, erhält diese nicht-materiellen Güter eben nicht nur für andere, sondern auch für sich selbst. Sie sind für das Individuum aber nur dann verfügbar, wenn es eine positive und offene Einstellung zur Natur hat. Ein Mensch, der der Natur gegenüber ignorant ist, wird in ihr keine Schönheit entdecken, ihm bleiben die Güter der Natur somit verschlossen. Umwelttugend zu entwickeln, ist somit im eigenen Interesse des Handelnden, da er nur so die Möglichkeit erhält, sein Leben durch die

[226] Vgl. Meyer (2002): Der Schutz der Natur und das gute Leben, 173f.
[227] Vgl. a. a. O., 177f.
[228] Vgl. Ott (2010): Umweltethik zur Einführung, 85ff.
[229] A. a. O., 95.
[230] Vgl. a. a. O., 94f.
[231] A. a. O., 96.
[232] Vgl. a. a. O., 97f.

Natur zu bereichern.[233] Hier wird also ausgehend vom Charakter der Natur als Glücksinhalt besonders das Eigeninteresse des Menschen betont, die Natur zu achten.

3.3.1.3 Formulierung neuer und Aktualisierung bestehender (Umwelt-)Tugenden und Laster

Aus dieser Orientierung an der Natur als Bestandteil eines guten Lebens entwickelt die Umwelttugendethik verschiedene spezialisierte Tugenden. Dabei gibt es zwei verschiedene Vorgehensweisen. So kann man erstens aus der Tradition bekannte Tugenden auf das *neue* Problem des Umweltschutzes anwenden oder zweitens versuchen, gänzlich neue Tugenden zu beschreiben.[234] So ist es möglich, verschiedene Handlungen in Bezug auf die Umwelt klassischen Lasterbegriffen zuzuordnen. Beispielsweise kann die exzessive Konsumkultur als Auswuchs von Gier und Zügellosigkeit angesehen werden, der Genuss von industriell hergestelltem Fleisch als mitleidslos gegenüber den dort eingesetzten Tieren. Ebenfalls kann beschrieben werden, wie einige Laster durch andere verschärft werden. Stolz und Eitelkeit können den Menschen an der Erkenntnis seiner weiteren Laster hindern, genauso wie Unehrlichkeit und Selbstbetrug eine Verhaltensänderung erschweren und bestehende Probleme marginalisieren.[235] Viele Zustände und Handlungsweisen, die in der Umweltethik als schlecht klassifiziert werden, sind somit mit Lasterbegriffen gut beschreibbar. Eine Vermeidung solcher Laster würde folglich die grundlegende Verhaltensänderung herbeiführen, die von der Umweltethik her gefordert ist. Die entsprechende Änderung der individuellen Haltungen würde letztlich Mensch und Natur zugutekommen und viele der heutigen Umweltprobleme lösen.[236] Als eine zentrale Tugend kann die *richtige Demut* genannt werden, mit der eine angemessene Einschätzung der eigenen Position in der natürlichen

[233] Vgl. Sandler (2005), 4f.
[234] Vgl. Hursthouse (2007), 155.
[235] Vgl. a. a. O., 156f.
[236] Vgl. a. a. O., 157.

Ordnung gemeint ist und die sich gegen das Laster der Arroganz richtet, die eine nicht zu rechtfertigende Machtposition des Menschen vorgibt. Letztlich würde eine solche richtige Demut dazu führen, dass die Menschheit eine anthropozentrische Perspektive aufgibt und sich verstärkt als Teil der Natur wahrnimmt. Damit einher geht dann die Erkenntnis, dass es dem Menschen nicht gegeben ist, über die Natur zu herrschen und zu verfügen, wie es ihm gefällt.[237] Eine weitere klassische Tugend, die gerade hinsichtlich des Klimaproblems Relevanz besitzt, ist das Mitleid. Es ist die Handlungsdisposition, die ins Spiel kommt, wenn anderen Menschen Leid zugefügt wird. Es ist aber möglich, die Tugend des Mitleids auch auf Umweltkontexte anzuwenden. Ähnlich verhält es sich mit vielen weiteren schon bekannten Tugenden,[238] wie beispielsweise den Tugenden des Respekt und der Klugheit. Respekt meint dabei die Anerkennung des Werts und der eigenen Ziele anderer Lebewesen. Unter Klugheit kann ein weltoffenes, langfristiges Eigeninteresse, dass nicht auf kurzfristige Befriedigung aus ist, sondern Ziele höherer Ordnung verfolgt und gleichzeitig die eigenen Grenzen anerkennt, verstanden werden.[239] Frasz bringt den Begriff der Offenheit ins Spiel, und definiert ihn in aristotelischer Tradition als Mitte zwischen den Lastern der Arroganz und der falschen Bescheidenheit. So verhindert Arroganz die Möglichkeit einer bereichernden Naturerfahrung, da Natur vom Arroganten nur als Ressourcenquelle wahrgenommen wird, die für eigene Zwecke ausgenutzt werden kann. Diese Arroganz wirkt sich natürlich auch auf alle weiteren Bereiche seines Lebens aus und verhindert so Beziehungen, die seinem Leben eine höhere Qualität geben können. Das Gegenteil der Arroganz ist aber falsche Bescheidenheit. Sie besteht darin, eigene bzw. menschliche Bedürfnisse zu gering zu schätzen. Die Offenheit als Mitte dieser Extreme ist hingegen ein bewusstes Leben als Teil dieser Welt mit einer positiven Einstellung gegenüber der Umwelt und den Mitmenschen.[240] Ein solcher Über-

237 Vgl. a. a. O., 157f.

238 Vgl. Sandler (2005), 3f.

239 Vgl. Hull (2005), 91f.

240 Vgl. a. a. O., 95f.

blick über umweltethische Anwendungsmöglichkeiten klassischer Tugenden und Laster zeigt auf, dass in dieser Vorgehensweise eine gute Möglichkeit besteht, moralischen Fortschritt zu erreichen und den Problemen der Umweltethik näherzukommen.[241]

Eine andere Herangehensweise der Umwelttugendethik beschäftigt sich damit, neue Tugenden zu entwickeln, die speziell auf die Umweltproblematik zugeschnitten sind. So entwickelt Hull eine Tugend der „good ecocitizenship"[242]. Sie berücksichtigt die Verbindung zwischen gutem Leben und einer positiven Einstellung zur Umwelt und zeichnet sich durch die Erkenntnis aus, dass die Natur andere als materielle Güter bereitstellt, die das Glück befördern. Dennoch verzichtet der Inhaber dieser Tugend nicht vollständig auf materielle Güter, da diese einen Teil seines guten Lebens ausmachen, insofern sie seine grundlegenden Bedürfnisse befriedigen.[243] Auf der Grundlage einer solchen, mehrschichtigen Tugend kann ein Maßstab für Abwägungen gewonnen werden, der in konkreten Konfliktsituationen hilfreich ist.[244] Hulls Tugend befördert somit ein vom Umweltgedanken geleitetes Glücksstreben. Thompson entwickelt in kritischer Auseinandersetzung mit der gegenwärtigen Konsumkultur die Tugend der radikalen Hoffnung. Damit gemeint ist die Hoffnung auf ein Wiederaufleben der Kultur in einer zukünftigen, noch unbekannten Form. Es benötigt eine Tugend der Vorstellungskraft, die neue Formen der Kultur und des Lebens ersinnt, die unter radikal veränderten Umständen auf dieser Welt sinnvoll gelebt werden können. Die radikale Hoffnung stärkt dabei das Vertrauen darauf, dass sich solche neuen Konzepte erdenken lassen und die Situation der (kulturellen) Krise überwunden werden kann.[245] Er vertritt dabei einen „natural goodness approach"[246], nach dem der Maß-

[241] Vgl. Hursthouse (2007), 158.
[242] Hull (2005), 103.
[243] Vgl. a. a. O., 103f.
[244] Vgl. a. a. O., 106f.
[245] Vgl. Thompson (2010): Radical Hope for Living Well in a Warmer World, 50.
[246] Ebd.

stab des Guten eng mit der Lebensform der Spezies Mensch zusammenhängt. Menschen, die Umwelttugenden besitzen, erkennen die Güter der Natur und besitzen Handlungsdispositionen, die sie zu einem guten Umgang mit ihnen führen. Thompson sieht zwei Ebenen, auf denen seine Tugend der radikalen Hoffnung fruchtbar werden kann: Zum einen kann durch den anthropogenen Klimawandel das Gut einer vom Menschen unberührten Natur verloren gehen, zumindest dann, wenn der Klimawandel so heftige Veränderungen in der Natur auslöst, dass alle Ökosysteme verändert werden. Für den Zeitraum des gegenwärtigen Übergangs in eine sich so verändernde Welt hilft eine radikale Hoffnung dabei, sich weiter für Umweltschutz einzusetzen und Umwelttugenden zu entwickeln. Auch ist radikale Hoffnung auf eine andere Form des Guten hilfreich dabei, nicht zu sehr von materialistischen Glückskonzeptionen vereinnahmt zu werden. So wird man sich mit großer Wahrscheinlichkeit selbst eingestehen müssen, dass man selbst als Teil der konsumorientierten Gesellschaft erhebliche Veränderungen gerade in alltäglichen Verrichtungen in Kauf nehmen müsste, um den Anforderungen des Klimaschutzes wirklich gerecht zu werden. Das konsequent gegen gesellschaftliche und soziale Kräfte umzusetzen, benötigt Kraft, die sich aus der radikalen Hoffnung speisen lassen würde, dass es eine neue Konzeption des Guten ist, an der man dann mitwirkt. Letztlich muss aus einer bestehenden Kultur heraus ein Gegenentwurf entstehen, der deutlich mehr einem einfachen Leben zugetan ist. Thompson formuliert diese Hoffnung wie folgt:

> „For the sake of improving the prospects of future generations to flourish, we must have radical hope that good human lives do not require the material conditions and amount of energy required to support contemporary standards of living.“ [247]

In ausdrücklicher Abwendung von materialistischen Güterkonzeptionen fordert Thompson mit seiner Tugend der radikalen

---

[247] A. a. O., 52.

Hoffnung letztlich das Erstreben eines Begriffs des Guten, der eng mit der menschlichen Natur in Verbindung steht. In seinem Kontext ist damit aber ein naturnahes Leben, also eine Rückbesinnung auf die Rolle des Menschen als Teil der Natur gemeint.

Hursthouse sieht die Aspekte des ästhetischen Erlebens von Natur und der Dankbarkeit ihr gegenüber bislang noch nicht von klassischen Tugenden abgedeckt. Ausgehend von Überlegungen zum Staunen in der Natur, fragt Hursthouse, ob nicht eine richtige Haltung zum Staunen als Tugend angesehen werden kann, die die Laster der Angst und der Wut gleichzeitig begrenzen könnte. Die Tugend des Staunens ist dann dafür verantwortlich, dass der Mensch in richtiger Weise über die richtigen Objekte aus richtigen Gründen staunt und dann entsprechend handelt.[248] Eine solche Tugend findet sie unter dem Begriff *Respekt für die Natur,* der von Paul W. Taylor eingeführt wurde. Er geht unter diesem Begriff davon aus, dass jedes Lebewesen einen eigenen Wert besitzt. Diesen auf die lebende Natur beschränkten Begriff erweitert Hursthouse aber. So kommt bei Taylor lebloser Natur oder unbelebten Ökosystemen, beispielsweise dem Klima, demnach kein besonderer Wert zu. Eine solche Trennung zwischen Lebewesen und unbelebter Natur scheint aber nicht sinnvoll, da beide Aspekte nur im engen Wechselspiel zueinander existieren können. Auch der Respekt vor und die Bewunderung der unbelebten Natur gehören zu einem Grundzug umweltfreundlicher Haltung.[249]

Der Versuch, neue Tugenden zu formulieren, ist allerdings nicht leicht umsetzbar. Es geht schließlich nicht nur darum, eine Handlungsdisposition zu beschreiben. Vielmehr muss die Funktionsweise der Tugend beispielsweise im Zusammenspiel mit anderen Tugenden oder die Auswirkungen auf Emotionen und Handlungsgründe beachtet werden. Es muss also mehr eine Charaktereigenschaft in ihrer Ganzheit beschrieben werden, als lediglich eine Handlungsdisposition.[250] Eine solche Tugend müsste dann so erdacht werden, dass sie Teil einer moralischen Erziehung sein und

---

[248] Vgl. Hursthouse (2007), 161.
[249] Vgl. a. a. O., 166f.
[250] Vgl. a. a. O., 160.

in Vorbildern sichtbar werden kann. Die Konzeption einer neuen Tugend ist somit hochkomplex und nicht einfach zu leisten.[251]

3.3.1.4 Vermittlung von Umwelttugenden

Am Beispiel von Umwelttugenden lässt sich gut verdeutlichen, wie die Vermittlung von Tugenden praktisch ablaufen kann und was mit dem Begriff des Vorbildlernens in heutiger Zeit gemeint ist. Eine solche Haltung, die den Eigenwert von Natur (oder Mensch) anerkennt, kann nicht über Nacht angeeignet werden, indem man die Haltung kognitiv durchdringt, sie für gut befindet und sich bewusst entscheidet, diese nun einzunehmen. Es ist vielmehr ein ganzheitlicher Charakterwandel notwendig, der alles Fühlen, Wahrnehmen und Handeln beeinflusst. Die bewusste Herbeiführung eines solchen Wandels scheint jedoch utopisch zu sein, erst recht, wenn sie nur auf einer theoretischen Grundlage geschieht. Die Aneignung von Tugenden hingegen läuft durch Vorbild- und Anwendungslernen ab. Diese Formen der Aneignung erscheinen realitätsnaher als eine rein kognitive Haltungsannahme.[252] Durch das vorbildhafte Vorleben des Respekts vor der Natur können schon Kindern Gründe gezeigt werden, jedweder Natur ihren eigenen Wert einzuräumen. Statt einer theoretischen Vermittlung ist es sinnvoller, durch vorbildhaftes Handeln Wege zu zeigen, wie mit der Natur interagiert werden kann. Eine Tugend des Respekts für die Natur kann so praktisch und intuitiv vermittelt werden.[253] Das Staunen, das durch solches Erleben ausgelöst wird, zeigt, dass hier ein Vermittlungsprozess stattgefunden hat, durch den das Kind das Lebewesen nun als wertvoller ansieht. Eine solche Vermittlung von Haltungen gegenüber der Natur erscheint effektiver, als die akademische Diskussion über graduelle Wertunterschiede und die Begründbarkeit intrinsischer Werte der Natur.[254] Durch Bildungsprozesse innerhalb der Natur, die vor allem über sinnliche Erfah-

[251] Vgl. a. a. O., 160f.
[252] Vgl. a. a. O., 163f.
[253] Vgl. a. a. O., 166f.
[254] Vgl. a. a. O., 165.

rungen stattfinden, kann „man ein gebildetes, kultiviertes Wertschätzen von Umweltqualitäten und Naturzuständen lernen, einüben und schulen“[255]. Durch das Vorbildlernen können weiterhin verstärkende Aspekte eintreten, die durch Multiplikatoren ausgelöst werden. Tugendhaftes Verhalten eröffnet die Möglichkeit, dass andere diesem Beispiel folgen. Das steigert dann die Wirksamkeit individueller Handlungen. Zwar kann man nicht davon ausgehen, dass ein wiederholt klimafreundliches Handeln eine bedeutsame Auswirkung auf globale Probleme hat, noch, dass sich alle anderen ein Beispiel daran nehmen. Da aber eben doch die Möglichkeit besteht, dass ein vorbildhaftes Verhalten übernommen wird, ist eine Umwelttugendethik durch den Aspekt des Vorbildlernens geeignet dafür, selbstverstärkende Effekte auszulösen und somit die Wirksamkeit individuellen Verhaltens zu erhöhen.[256]

3.3.1.5 Zwischenergebnis: Environmental Virtue Ethics – nicht universell, aber sehr hilfreich

Der Ansatz, die Umwelt als höchstes Gut anzusehen, erscheint auf den ersten Blick reizvoll. Würde jeder Mensch die Bewahrung und Erfahrung von Natur und Klima als höchstes Ziel all seines Strebens ansehen, wären individuelles und gesellschaftliches Handeln vollständig auf Umwelt- und Klimaschutz ausgerichtet. Eine Abkehr von Konsumorientierung, fossiler Energiegewinnung und die damit verbundenen wirtschaftlichen und materiellen Einbußen und Veränderungen des individuellen Lebenswandels würden nicht als Kosten wahrgenommen. Die Anerkennung des Werts der Natur ist dabei keine reine Wunschvorstellung. Individuelle, gesellschaftliche und politische Bemühungen zum Schutz der Umwelt zeigen, dass viele Menschen in der Natur nicht bloß eine Rohstoffquelle sehen, sondern sie als wertvoll anerkennen. Es konnten ebenfalls konkrete Anknüpfungspunkte genannt werden, die die Natur als wichtigen Faktor

---

[255] Ott (2010), 81.

[256] Vgl. Sandler (2010): Ethical Theory and the Problem of Inconsequentialism, 178.

eines guten Lebens erscheinen lassen. Auf dieser konkreten Grundlage konnte mit der Umwelttugendethik gezeigt werden, was es bedeutet, eine umwelt- bzw. klimafreundliche Haltung zu entwickeln, auszuleben und durch vorbildhaftes Handeln weiterzuverbreiten. Gerade auch der Blick auf die konkreten Tugenden zeigt, dass entsprechende Haltungen sich nicht ausschließlich zugunsten der Umwelt auswirken, sondern auch für ihren Besitzer verschiedene Vorteile bieten. Vor allem wurde aber deutlich, dass die Weitergabe von Haltungen durch Vorbilder keine unreflektierte Nachahmung bedeutet. Anhand sinnlicher Erfahrungen wird dem Lernenden eine Haltung vielmehr in der Weise vermittelt, dass er durch das Handeln des Vorbilds Einsicht in die Werthaftigkeit der Umwelt erhält und diese in seinem zukünftigen Handeln konsequent berücksichtigt.

Der Ansatz kann verstanden werden als eine eingehendere Betrachtung eines möglichen anthropologischen Guts, welches ja auch beispielsweise in Nussbaums Fähigkeitenliste auftaucht. Den objektivistischen Ansätzen wird aber zuzustimmen sein, dass andere anthropologische Grundgüter, die grundlegendere Interessen und Bedürfnisse des Menschen abbilden, insgesamt einen höheren Stellenwert einnehmen und somit eine höhere Zustimmung erfahren dürften. Dem stimmen in der Regel auch die Vertreter der *EVE* zu, die im Wert der Natur selten das einzige, sondern häufig nur ein besonders hohes Ziel menschlichen Strebens sehen. Insofern sind auch sie darum bemüht, einen Ausgleich zwischen menschlichen Bedürfnissen und dem Schutz der Natur zu finden. Es bestehen hier aber die gleichen Hürden, die alle inhaltlich gehaltvollen Glücksbegriffe teilen und die im vorherigen Kapitel beleuchtet wurden. Gerade das recht spezielle Gut der Natur bietet, wie bei der Kritik an Nussbaum gesehen, durchaus eine gewisse Angriffsfläche.

Das bedeutet aber nicht, dass die Natur kein geeignetes Ziel menschlichen Strebens darstellt. Anhand der Bedeutung, die sie für das menschliche Glück besitzen kann, wurde deutlich, dass das Gegenteil der Fall ist. Es erscheint überaus lohnenswert, die Natur, ihre Erfahrung und ihren Schutz in eine individuelle Glückskonzeption aufzunehmen. Das Gut der Natur als einzige

Grundlage einer Tugendlehre anzunehmen, erscheint aber etwas verkürzt und würde weitere grundlegende Bedürfnisse und Eigenschaften des Menschen aus dem Blick lassen. Dazu wäre ein ganzheitlicheres Verständnis menschlichen Glücks sinnvoller, wie es bei den objektivistischen Theorien entwickelt wurde. Die Beschäftigung mit der Umwelttugendethik macht aber deutlich, dass ein tugendbasierter Ansatz gerade in Hinblick auf Umwelt- und Klimafragen Vorteile in der Anwendung mit sich bringt und darüber hinaus geeignet ist, den Erwerb klimafreundlicher Haltungen zu befördern.

3.3.2 Gott als Ziel und Ursache – theologische Tugenden

Bei pragmatischer Betrachtung der bislang genannten konkreten Glücksinhalte wurde deutlich, dass diese eine gute Aussicht darauf haben, von einer großen Mehrheit anerkannt zu werden. Dass viele anthropologische Grundgüter der objektiven Ansätze oder die Natur als erstrebenswerte Ziele gelten, wird von vielen Menschen geteilt. Die damit verbundenen Güter sind häufig in individuelle Glückskonzeptionen integriert. Das wird beispielsweise schon daran deutlich, dass viele dieser Güter institutionell abgesichert und wertgeschätzt sind, beispielsweise durch die Erklärung der Menschenrechte oder durch internationale Abkommen zum Umwelt- und Klimaschutz. Diese institutionelle Wertschätzung gilt auch für die Möglichkeit, autonom eigene Ziele und Wünsche zum Inhalt seines Glücks zu erklären. Die Zustimmung, die diese Institutionen erfahren, drückt sich unter anderem im breiten, weltweiten Engagement der Zivilgesellschaft für diese Themen aus.

Diese Zustimmung besteht innerhalb der Gemeinschaft der Christen im Hinblick darauf, Gott als vollkommensten Inhalt des Glücks und letztes Ziel des Handelns anzusehen. Auch hier lässt sich zwar philosophisch ein universeller Anspruch nicht begründen, da eine Glaubensaussage zwingende Bedingung für dieses Verständnis ist. Mit dem Glauben an Gott als Grundvoraussetzung erscheint es aber höchst zustimmungsfähig, ihn als Inhalt des

Glücks anzusehen, auf das der Mensch im Letzten hinstrebt. Aus dieser theologischen Perspektive heraus kann dann auch gefragt werden, was unter der Ausrichtung des Menschen auf Gott verstanden werden kann. Thomas von Aquin spiegelt diese Glaubensüberzeugung, nach der Gott der Grund und das Ziel aller Existenz ist, im Konzept der theologischen Tugenden wider. Es beschreibt die wechselseitige Ausrichtung von Gott und Mensch in verschiedener Hinsicht und gibt Auskunft über ihre praktischen Konsequenzen. Auf dieser Grundlage soll reflektiert werden, welche Auswirkungen es auf das klimarelevante Verhalten des Menschen hat, wenn man ihn in einer solchen Beziehung zu Gott sieht.

3.3.2.1 Theologische Tugenden als Ausrichtung auf Gott

Die theologischen Tugenden leitet Thomas aus den drei christlichen Grundvollzügen *Glaube, Hoffnung* und *Liebe* ab. Dass er sie als Tugenden charakterisiert, ist seiner aristotelischen Grundlage und seinem Gottesbild geschuldet. Sollen diese Grundvollzüge mit Leichtigkeit und Spontaneität ausgeführt werden, müssen sie als charakterliche Eigenschaften verstanden werden. Dass sich eine christliche Existenz in dieser Weise vollzieht, ist aber für ihn deshalb zwangsläufig, weil ja auch die sittlichen Tugenden leicht und spontan umgesetzt werden. Wenn aber die theologischen Tugenden nicht zurückgestellt werden sollen, müssen sie ebenfalls die Eigenschaften des Leichten und Spontanen aufweisen.[257] So wie sich die moralischen Tugenden auf die von der Vernunft gesetzten höchsten Ziele ausrichten, sind die theologischen Tugenden mit einer Ausrichtung auf Gott hin verbunden. Dieser Neuorientierung misst Thomas eine durch und durch praktische Bedeutung zu.[258] Sie ersetzt dabei aber nicht die natürliche Ausrichtung auf das Vernunftgemäße. Die theologischen Tugenden müssen also im Einklang mit den übrigen Tugenden stehen. Hinsichtlich des göttlichen Handelns gibt es keinen Unterschied zwi-

[257] Vgl. Pesch (1974): Die bleibende Bedeutung der thomanischen Tugendlehre, 373f.

[258] Vgl. Schockenhoff (1987), 294f.

schen der Vollkommenheit seiner Gestaltung der Natur und seines Gnadenhandelns.[259]

Thomas sieht nämlich die theologischen Tugenden begründet in der Gnade Gottes, die als die von Gott gewählte Gemeinschaft des Menschen mit Gott in Liebe beschrieben werden kann.[260] Sie beschreiben dann „die menschliche Vollendung des Lebensvollzuges aus der Gnade Gottes“[261]. Die theologischen Tugenden werden somit als Geschenke der Gnade verstanden, die dem sittlichen Handeln in der Anerkennung Gottes seinen tiefsten Sinn verleihen. Gleichwohl haben sie aber nicht nur die Funktion der Gottesverehrung, sondern können auch eine Veränderung im Menschen bewirken. Der Mensch ist somit nicht nur passiver Empfänger, sondern muss diese Veränderung aktiv durch sein Handeln hervorrufen. Sie werden somit zwar von der Gnade her geschenkt, aber vom Menschen entfaltet.[262] Durch die Eigenheit der Gnade sind die theologischen Tugenden auf die individuelle Person bezogen, aber auf die anderen ausgerichtet. Sie werden zunächst im Einzelnen verortet, übersteigen diesen dann aber. So wird der Glaube beispielsweise nicht als im Menschen verbleibende Tugend verstanden, sondern geht aus dem Glaubenden heraus auf andere über. Auch die Liebe kommt zwar vom Innersten des Menschen her, wird aber erst am anderen sichtbar. Die theologischen Tugenden sind also nicht einfach Qualitäten des Handelnden, sondern haben darüber hinaus noch eine beziehungsstiftende Funktion.[263] In theoretischer Hinsicht füllen die theologischen Tugenden eine Leerstelle des aristotelischen Tugendbegriffs, auf den Thomas sich ja vielfach bezieht. Thomas und Aristoteles stimmen zwar darin überein, dass die natürliche Ausstattung des Menschen für ein moralisches Handeln unzureichend ist, weshalb es der Tugenden bedarf.[264] Den Erwerb die-

---

259 Vgl. a. a. O., 295.

260 Vgl. Pesch (1987): Die Theologie der Tugend und die theologischen Tugenden, 238.

261 Pesch (1974), 376.

262 Vgl. Mieth (1984), 170f.

263 Vgl. a. a. O., 171.

264 Vgl. Schockenhoff (2007), 162.

ser Tugenden bindet Aristoteles dabei aber an tugendhaftes Handeln. Er hält ein solches Handeln aber auf Dauer nur bei einem tugendhaften Menschen für möglich, was zu einer zirkulären Argumentation führt.[265] So bleibt hier die Frage nach dem Anfang des tugendhaften Tuns offen: „Was befähigt einen [beispielsweise; F.S.] ungerechten Menschen dazu, einen neuen Anfang zu setzen und die erste einer langen Reihe gerechter Taten zu vollbringen?“[266] Diese Frage, die bei Aristoteles offenbleibt, beantwortet Thomas, indem er einen Schritt weitergeht und das Begründungsdefizit moralischen Handelns nur durch eine Befähigung von außen, von Gott, für behebbar beschreibt.[267] Wenn aber eine solche göttliche Grundlage vorhanden ist, würde das die Motivation zu moralischem Handeln nochmals steigern und somit den Erwerb der Tugenden stärker voranbringen.

3.3.2.2 Theologische Tugenden als eingegossene Tugenden

Schon verdeutlicht wurde, dass die theologischen Tugenden mit der Gnade Gottes in Zusammenhang stehen. Sie unterscheiden sich dabei also von den übrigen Tugenden, die dem Menschen ja vor allem durch Einübung des tugendhaften Handelns zukommen. So sind sie etwas von Gott auf den Menschen Zukommendes. Sie werden als eingegossene Tugenden dem Menschen vielmehr mit der „Gnade selbst, aus der alles gelebte Gottesverhältnis kommt,“[268] geschenkt. Eingegossen sind die theologischen Tugenden deshalb, weil sie nicht natürlicherweise dem Menschen zukommen, wie das Streben nach Glück. Damit sie aber dann als fester Habitus verstanden werden können, braucht es die Tat Gottes.[269] Thomas beschreibt, wie diese von außen kommenden eingegossenen Tugenden das Handeln des Menschen beeinflussen können. Die Gnade Gottes dringt demnach ins Innerste des

[265] Vgl. a. a. O., 158.
[266] Ebd.
[267] Vgl. a. a. O., 162.
[268] Pesch (1974), 376.
[269] Vgl. Pesch (1987), 239.

Menschen, in seine Antriebe, vor und verändert ihn so in seinem Wesen. Letztlich ist somit das Erlangen einer neuen Haltung gemeint, die das Streben des Menschen auf Gott hin ausrichtet.[270] Das geschieht in der Weise, dass Gott durch die Gnade „Glaube, Hoffnung und Liebe als eingegossene Tugenden schenkt, die ihn [den Menschen; F.S] auf das Ziel seiner äußersten Vollendung lenken“[271]. Durch die Gnade wird dem Menschen also ein neues, bis in die Antriebskräfte reichendes Können verliehen, welches ihn auf die Schau Gottes als letztes Ziel ausrichtet.[272] Da dieses Können dem Menschen nicht von Natur aus zukommt, können sie ihm nur durch das göttliche Handeln zukommen.[273] Die theologischen Tugenden werden also nicht im Modus der Einübung, sondern der „Teilhabe an Gottes ungeschaffener Liebe“[274] vergrößert und gefestigt. Der Begriff des Eingegossenseins der theologischen Tugenden betont vor allem ihre Angewiesenheit auf das Handeln Gottes. Sie sind auch nicht wie die übrigen Tugenden feste, nach ihrem Erwerb kaum verlierbare Dispositionen.[275] Somit können die theologischen Tugenden nicht durch Einübung erworben werden, „schon gar nicht so, daß ein Erfolg dieses Trainings Bedingung für Gottes Gnade wäre“[276]. Zudem können die Gnade und die aus ihr hervorgehenden theologischen Tugenden nicht im Sinne eines Besitzes verstanden werden. So ist die Gnade nicht etwas Gegenständliches, Besitzbares. Sie wird nicht geschaffen, sondern entsteht durch die Liebe Gottes erst im Menschen. Sie ist demnach die Wirkung im Menschen, welche durch Gottes Liebe ausgelöst wird.[277] Entsprechend sind auch die theologischen Tugenden nicht im Besitz des Menschen, sondern entstehen als Wirkung der Liebe Gottes, die bis in das In-

---

270 Vgl. Schockenhoff (2007), 163.
271 A. a. O., 164.
272 Vgl. a. a. O., 165.
273 Vgl. a. a. O., 166.
274 A. a. O., 168.
275 Vgl. Schockenhoff (1987), 321.
276 Pesch (1974), 377.
277 Vgl. a. a. O., 378.

nerste des Menschen vordringt. „An diese unausgesetzte Liebe Gottes bleibt [...] alles gebunden, was die geschöpfliche Gnadenwirklichkeit ausmacht.“[278]

Der Begriff des Glücks wird dann nicht nur im Sinne eines guten Lebens in dieser Welt verstanden, sondern reicht über den Tod hinaus hin zur Gemeinschaft mit Gott. Zu betonen ist, dass die menschlichen Fähigkeiten durch die Angewiesenheit auf das göttliche Handeln nicht unwichtig werden. Sie erfahren vielmehr eine Ausrichtung auf die Gemeinschaft mit Gott hin und werden in dieser Weise zur Vollkommenheit gebracht.[279]

> „Die eingegossenen Tugenden verleihen dem menschlichen Handlungsvermögen zwar eine spontane Hinneigung zu den entsprechenden Akten der Hilfsbereitschaft, Großzügigkeit oder des Verzeihens, aber es bleibt die Aufgabe der erworbenen moralischen Tugenden, im geduldigen Einüben des entsprechenden Tuns die Widerstände zu überwinden, die sich ihm vor allem im Anfang entgegenstellen.“[280]

Die Ausrichtung erfolgt somit nicht ohne eigenes Zutun. Die göttliche Gnade entspricht eher einem Ausgangspunkt, von dem aus der Mensch durch Tun und Einüben seine Tugenden ausbilden muss. „Nur der Erstanstoß, die initiale Befähigung zum Guten wird von Gott unmittelbar gewirkt; für die Durchsetzung und dauerhafte Verankerung dieses neuen Könnens nimmt er die natürlichen Kräfte des Menschen in Dienst.“[281] Das Handeln Gottes erfährt seine Antwort dann also im guten Handeln des Menschen, das durch die eingegossenen Tugenden erst zur Vollendung geführt werden kann.[282] Der Mensch weiß, dass sein Handeln durch die Gnade in Richtung seiner Vollendung läuft. Letztlich geben die eingegossenen Tugenden somit eine Orientierung vor, der zu

[278] A. a. O., 380.
[279] Vgl. Schockenhoff (2007), 167.
[280] A. a. O., 167f.
[281] A. a. O., 168.
[282] Vgl. Schockenhoff (1987), 320f.

folgen dann Aufgabe des praktischen Handelns ist.[283] Sie sind also letztlich der Ausgangspunkt und die Begründung allen guten Handelns. Gott als Inhalt menschlichen Glücks anzusehen, hat somit bedeutsame praktische Auswirkungen. Das menschliche Streben nach Vervollkommnung und Glück im Sinne der Ausbildung und Ausübung von Tugenden bleibt zwar eine entscheidende Bedingung zum Erreichen des letzten Ziels. Wenn aber Gott als dieses letzte Ziel erkannt wird, geht es nicht mehr um ein eindimensionales Hinstreben auf das Ziel. Vielmehr muss dann von einer dialogischen Wechselbeziehung ausgegangen werden, die von Gott ausgeht. Der Unterschied zu anderen möglichen Inhalten des formalen Glücksbegriffs besteht also fundamental darin, dass Gott dem Menschen in seinem Streben entgegenkommt und ihm dadurch Orientierung und Festigkeit verleiht. Indem Gott dem Menschen die eingegossenen Tugenden eröffnet, gibt er einen Hinweis darauf, welche Ausrichtung der Mensch benötigt, um sein Glück zu erreichen. Der Mensch bleibt weiterhin aktiv Handelnder und Entscheidender, sein letztes Ziel aber muss er sich nicht mehr selbst setzen, sondern erkennt es mit der Tugend des Glaubens.

3.3.2.3 Glaube

3.3.2.3.1 Erkenntnis und Offenbarung Gottes

Im Glauben entsteht eine grundsätzliche und dauerhafte Ausrichtung auf ein bestimmtes Lebenskonzept und eine bestimmte Weltsicht. Insofern kann der Glaube die „Rolle als das gesamte moralische Leben innerlich durchformende Kraft“[284] übernehmen. Diese Ausrichtung erfolgt dabei auf Gott hin.[285] In Gott als der höchsten Wahrheit muss somit der Zielpunkt allen Erkenntnisstrebens gesehen werden, welches auf Erden nicht erreicht werden kann. Erst in einer alles umfassenden, universalen Wahrheit kann

---

[283] Vgl. a. a. O., 326.
[284] Schockenhoff (2007), 180.
[285] Vgl. Schockenhoff (1987), 355.

sich das menschliche Streben nach Erkenntnis erfüllen. Diese höchste Wahrheit aber ist der Gegenstand der Tugend des Glaubens.[286] Mieth bezeichnet den Glauben daher auch als „Wirkeinheit mit Gott“[287].

Der Glaube, verstanden als Tugend, bedeutet demnach eine grundsätzliche und vollständige Ausrichtung „der gesamten menschlichen Existenz, die diese von Grund auf prägt“[288]. In ihm wird besonders der Geschenk- bzw. Gnadencharakter der theologischen Tugenden betont. Um aber den Eindruck zu vermeiden, der Mensch gerate dadurch in die Rolle eines passiven Empfängers, soll nochmals an den Dialogcharakter der theologischen Tugenden erinnert werden. Das Wirken Gottes besteht vor allem im ersten Impuls, der diese Ausrichtung ermöglicht. Ihre tätige und dauerhafte Umsetzung hingegen bleibt trotz der göttlichen Gnade Aufgabe des Menschen. Der anfängliche Impuls zu dieser sich dann vollziehenden Ausrichtung kann also nicht in Form einer sich wiederholenden Suchbewegung erworben, sondern nur als Geschenk Gottes angenommen werden.[289] Deutlich wird dadurch aber, dass die grundsätzliche Befähigung zu dieser Ausrichtung schon im Menschen vorhanden ist:

> „So setzt der Glaube die sittliche Ansprechbarkeit des Menschen voraus. Es ist nicht wahr, daß man die Verpflichtung zur Menschlichkeit erst dann einsehen kann, wenn man bereits an Gott glaubt. Zwar gilt […] von unserer Verantwortung in der Welt, daß sie ohne Gott nicht sein kann. Aber man […] kann sittliche Verpflichtung erkennen, noch bevor man sie als Gottes Anspruch erfaßt.“[290]

Durch den Glauben und die damit verbundene Ausrichtung auf Gott wird dem sittlichen Handeln und den übrigen Tugenden erst

---

[286] Vgl. a. a. O., 356f.
[287] Mieth (1984), 172.
[288] Schockenhoff (2007), 181.
[289] Vgl. ebd.
[290] Knauer (1986): Unseren Glauben verstehen, 217f.

eine weiterführende Bedeutung zugesprochen. Es wird dadurch ein Zielpunkt des Glücksstrebens geschaffen, durch den dieses zu einem Ende gelangen kann:

> „Die Funktion des Glaubens für das moralische Leben besteht deshalb zu allererst darin, dass dieser den Menschen durch ein Zusammenspiel seiner intellektuellen, volitiven und affektiven Fähigkeiten dauerhaft und fest auf die Gemeinschaft mit Gott ausrichtet, die sein Verlangen nach Glück erfüllen kann."[291]

Darin besteht aber eine wesentliche Erkenntnis für das Problem moralischer Motivation. „Der christliche Glaube bringt streng genommen keine anderen Gebote mit sich als die, die ohnehin bereits mit dem Menschsein mitgegeben sind."[292] Die Ausrichtung auf die Gemeinschaft mit Gott als letztes Ziel allen Strebens birgt somit eine besondere motivationale Kraft, da durch sie moralisches Handeln als Hinstreben auf das Glück verstanden wird.

3.3.2.3.2 Praktische Dimension des Glaubens

Die theologische Tugend des Glaubens wird zwar in erster Linie der theoretischen Erkenntnis zugeordnet. Dennoch beinhaltet die mit dem Glauben verbundene Ausrichtung auf Gott auch praktische Implikationen. So lässt sich der Glaube nicht reduzieren auf theoretische Erkenntnis oder sprachliche Bekenntnisse, sondern muss im konkreten Handeln durchscheinen.[293] Durch die Erkenntnis des letzten Ziels wird gleichzeitig auch das Streben und Wollen des Menschen auf dieses Ziel hin ausgelöst. Das Handeln des Menschen erhält durch den Glauben also einen Sinnhorizont, indem es von ihm als „bereits jetzt anhebende Antizipation der eschatologischen Vollendung"[294] verstanden wird. So ist sein Handeln letztlich als Vorgriff auf seine Vollendung zu verstehen:

---

[291] Schockenhoff (2007), 182.
[292] Knauer (1986), 217.
[293] Vgl. Schockenhoff (2007), 185f.
[294] Schockenhoff (1987), 416.

> „Indem der Mensch sich, vom Licht des Glaubens erleuchtet und von dem in seine Natur eingeschriebenen göttlichen Instinkt geführt, in einem Akt, der seine ganze Existenz zusammenfaßt und zum Grundakt seiner sittlichen Selbstverfügung wird, der ewigen Wahrheit Gottes zukehrt, ist ihm der Weg seines Heiles eröffnet und in seiner antizipatorischen Struktur erschlossen."[295]

Durch die Ausrichtung allen Strebens auf das letzte Ziel hin erscheint die Aussicht auf „ewiges, unzerstörbares Glück"[296]. Sie lässt Sinn- und Wertorientierungen entstehen, die prägend für das Handeln sind. Worin diese bestehen, wird mittels der weiteren theologischen Tugenden deutlich. Schon vorweg genommen werden kann aber, dass die sich von Gott her ergebende Orientierung durch die Tugend der Liebe ein Denken durchbrechen kann, dass in Umwelt und Klima nur nutzbare Ressourcen erkennt. Gleichzeitig kann die Tugend der Hoffnung die Menschen, die sich für den Schutz des Klimas bereits einsetzen, vor Überforderung und Hilflosigkeit bewahren. Die Ausprägung dieser beiden Tugenden hängt aber davon ab, wie stark ausgebildet die erste Tugend des Glaubens ist, wie sehr sich der Mensch also auf Gott ausrichtet. Erst der Glaube, der von Gott geschenkt und vom Menschen beantwortet wird, begründet die Tugenden der Hoffnung und der Liebe.[297]

3.3.2.4 Hoffnung

3.3.2.4.1 Natürliche Hoffnung des Menschen

Die Hoffnung ist bei Thomas zunächst ein spezifisch menschliches Vermögen, welches heute häufig mit dem Begriff der Transzendenz beschrieben wird. Der Mensch kann seine Existenz gedanklich übersteigen und Erkenntnis über die konkrete Wirklichkeit

[295] A. a. O., 416f.
[296] Schockenhoff (2007), 188.
[297] Vgl. Mieth (1984), 171f.

hinaus gewinnen. Auch sein Handeln ist nicht rein pragmatisch auf unmittelbare Ziele ausgerichtet, sondern auf das letzte Ziel des Guten schlechthin. Seinem Wesen nach ist der Mensch demnach auf das Unendliche ausgerichtet, kann dies aber aufgrund seiner Begrenztheiten nicht einlösen. „Dieses Spannungsverhältnis zwischen der unbegrenzten Offenheit und den endlichen Erfüllungen menschlicher Sehnsucht macht die paradoxe Grundsituation des Menschen aus.“[298] Hoffnung hängt dabei wesentlich mit einem Übersteigen zeitlicher Gegebenheiten im Sinne eines Vorgriffs auf die Zukunft zusammen. Außerdem übersteigt der Hoffende seine eigenen Grenzen und richtet sich auf Gemeinschaft aus.

Die Hoffnung richtet sich auf ein als positiv beurteiltes, zukünftiges Gut aus. Dieses Gut muss unter den real gegebenen Möglichkeiten erstrebt werden können, obwohl sein Erlangen mittels der Überwindung von Schwierigkeiten und Widerständen erfolgen kann.[299] Die eigentliche Tätigkeit der Hoffnung besteht aber im aktiven Anstreben des erhofften Guts. Dieses „Sich-Ausstrecken“[300] ist verbunden mit einer Freude auf die erhoffte, zukünftige Erfüllung, die im Akt des Hoffens schon als gegenwärtig vorgestellt wird. Neben diesem Gefühl der Nähe zum erhofften Gut wird aber auch gleichzeitig die noch bestehende Distanz dazu wahrgenommen, weshalb die Hoffnung „auch den Zug des Durchstehens und Sich-zur-Wehr-Setzens gegenüber der Versuchung zur Resignation“[301] beinhaltet. Es entsteht dabei eine Wechselseitigkeit, bei der die Erfahrung der Ausdauer und der Standhaftigkeit angesichts von Widerständen die Zuversicht stärkt, das Erhoffte zu erreichen. Die Erfahrung des Fortschreitens zum Ziel hingegen verstärkt nochmals die Freude der Hoffnung und die Stärke des Strebens.[302] Neben dem Aspekt des Strebens nach dem Ziel beinhaltet die Hoffnung bei Thomas aber auch den Aspekt der Erwartung. Diese wird verstanden als gelassenes Ausschauhalten nach

---

298 Schockenhoff (2007), 197.
299 Vgl. Schockenhoff (1987), 421f.
300 A. a. O., 423.
301 A. a. O., 424.
302 Vgl. a. a. O., 423f.

dem ersehnten Gut und nach den Wegen, wie dies zum Hoffenden gelangt. Dieses Erwarten wird als besondere Form der Hoffnung verstanden, welche das Element einer festen Zuversicht einbringt. Das Erwarten beschränkt sich dabei nicht nur auf eine Ausschau nach dem erhofften Gut, sondern auch nach möglichen Hilfestellungen durch andere, besonders dann, wenn dieses Gut nicht aus eigener Kraft erreicht werden kann. So ist ein Erwarten, welches auf die Hilfe eines anderen vertraut, umfangreicher als ein reines Hoffen, welches nur auf die eigenen Kräfte setzt.[303] „Erwarten ist so mehr als reines Hoffen; es wird zum qualifizierten Hoffen, zum leidenschaftlichen Ausgriff der Seele, in dem die Hoffnung erst ganz zu sich selber findet."[304]

3.3.2.4.2 Eschatologische Dimension der theologischen Tugend der Hoffnung

Im Sinne einer absoluten Hoffnung übersteigt die theologische Tugend der Hoffnung aber noch weitergehend jegliche temporalen Zusammenhänge und richtet sich auf Gott aus.[305] Das Gut der Hoffnung ist also „die noch verborgene Wirklichkeit des Reiches Gottes"[306]. Sie gibt eine Perspektive auf die Überwindung von Ungerechtigkeit und Unfrieden. Die christliche Hoffnung richtet sich also auf das in Jesus Christus angebrochene Heil aus, dessen Vollendung noch aussteht.[307] Christliche Hoffnung zeichnet sich vor allem dadurch aus, dass sie mit Jesus Christus eine geschichtliche Verankerung erfahren hat. Dadurch, dass hier schon angebrochen ist, worauf sich die Hoffnung richtet, hat der Mensch einen konkreten Anlass, ein Vertrauen in ihre Erfüllung zu entwickeln. Weiterhin begründet sie sich nicht auf menschlichen Leistungen, sondern in einer bereits erfolgten Tat Gottes. Die Hoffnung auf das Erreichen des letzten Ziels steht deshalb allen Menschen leistungs-

[303] Vgl. a. a. O., 426f.
[304] A. a. O., 427.
[305] Vgl. a. a. O., 421f.
[306] Schockenhoff (2007), 195.
[307] Vgl. a. a. O., 199f.

unabhängig offen.[308] Das Ziel der Hoffnung kann ohnehin nicht vom Menschen selbst erreicht werden, sondern nur durch Gottes Hilfe.[309] Insofern muss vor allem der Aspekt der Erwartung betont werden, aus der die Zuversicht auf die Macht Gottes erwächst. Diese Erwartung gibt ihm Orientierung in seinem Handeln und lässt ihn das Unvollendete aushalten. Er wird zur aktiven und zuversichtlichen Bewegung auf sein Ziel ermutigt, erkennt aber seine Begrenztheit im Wissen darum, dass er es aus eigener Kraft nicht erreichen kann, sondern nur durch das Handeln Gottes.[310] Insofern wird Gott als die Ursache und das Ziel der Hoffnung zugleich verstanden.[311] So wie er im Sinne der ersten Wahrheit das Objekt des Glaubens ist, wird er für die Hoffnung das Ziel, in dem sie die Vollendung erwartet. Dem Menschen selbst ist dieses Ziel aber eben nicht erkenntlich. Er benötigt dazu die von Gott gegebene Hoffnung, die ihm die Zuversicht verleiht, zu ihm zu gelangen. Diese Zuversicht auf ein Kommendes begleitet den Menschen aber schon in diesem Leben, indem Gott ihn innerhalb der Endlichkeit schon auf die Unendlichkeit hoffen lässt.[312] Durch die aus dieser Erwartung erwachsende Gelassenheit wird der Mensch aber frei in seinem Handeln und steht nicht mehr unter dem Zwang, nur auf die eigenen Kräfte vertrauen zu müssen. So ermöglicht die Hoffnung auf die Gemeinschaft mit Gott, schon das Kommende vorauszuahnen und aktiv die Gegenwart daraufhin mitzugestalten.

3.3.2.4.3 Hoffnung als Motivation für die Gegenwart

Einer solchen Hoffnung wird in der Gegenwart aber immer weniger Bedeutung zugemessen. So besteht zum einen eine starke Konzentration auf Reales und Faktisches, mit der „Illusion und Resignation“[313] vermieden werden sollen. Zum anderen wird ein

---

[308] Vgl. a. a. O., 200f.
[309] Vgl. Schockenhoff (1987), 432f.
[310] Vgl. a. a. O., 434f.
[311] Vgl. a. a. O., 436f.
[312] Vgl. a. a. O., 438f.
[313] Mieth (1984), 172.

Ausweichen vor Hoffnung betrieben, welches in verschiedensten Formen auftritt: „vom Konsumismus über Gleichgültigkeit, Apathie und unbewußten Zynismus (nur keine Beschäftigung mit weitreichenden Problemen!) bis hin zum zerstreuenden Engagement für alles, was die Illusion des Machens und Erledigens erhält“[314]. Unwesentliches wird vorangetrieben und dabei eine Veränderung wesentlicher Missstände unter Hinnahme der Opfer ignoriert. Es geht für viele darum, einen für sie bequemen *Status quo* aufrecht zu erhalten, ohne sich um gesellschafts-, friedens, verteilungs- oder umweltpolitische Fragestellungen wesentlich zu kümmern. Ohne Hoffnung aber ist vernünftiges Handeln darauf beschränkt, Nutzenabwägungen zu treffen. Das aktive Anstreben eines höchsten Ziels oder Ideals, welches sich nicht in unmittelbarer Zukunft befindet, wird unterlassen. Die zentralen Probleme der Menschheit werden ohne Hoffnung vielmehr aus dem Alltag verdrängt und spielen darin keine wesentliche Rolle. Es wird sogar im Gegenteil all das skeptisch betrachtet, was den gegenwärtigen *Status quo* nicht anerkennt und diesen verändern will.[315]

Vor allem muss die Hoffnung von der Illusion unterschieden werden, die eine falsche Erwartung meint. Eine solche trifft letztlich nur Voraussagen auf der Basis der Gegebenheiten. Solche Illusionen sehen einen Teil der Realität als die ganze Realität an und ziehen daraus vermeintliche Rückschlüsse für die Zukunft. Dann aber wird die Gelassenheit, die durch die Erwartung das Handeln frei macht, ins Gegenteil verkehrt und zu einer abwartenden Untätigkeit. Wer davon ausgeht, dass er aus der Realität schon erkennt, wie sich die Zukunft ausgestaltet, hat keine Motivation mehr, die Zukunft aktiv zu verändern. Falsche Erwartungen, die das Gegenwärtige und nicht das Kommende zur Grundlage haben, sind also gerade für das Entwickeln moralischer Motivation kontraproduktiv. Die Hoffnung hingegen verweigert sich in der Regel einem solchen Bezug auf die Realität. Sie tritt eher kontrafaktisch auf und ist überraschend in ihren Aussagen. Sie erhofft besonders in existen-

---

[314] Ebd.

[315] Vgl. a. a. O., 172f.

ziellen Notsituationen nicht eine Weiterentwicklung der Realität, sondern eine radikale Veränderung der gegenwärtigen Lage. Ihr geht es nicht um durch Fakten abgesicherte Prognosen oder Wahrscheinlichkeiten. Eine Grundbedingung von so verstandener Hoffnung ist demnach Vertrauen, welches keiner Anhaltspunkte in der Gegenwart bedarf. Es wird also ein Vertrauen auf menschliche Möglichkeiten benötigt, die eine Veränderung des Gegebenen hervorbringen können. Hoffnung richtet sich demnach immer auf die Überwindung beklagenswerter Realität und nicht auf ihre Fortsetzung. Nur durch diesen Willen zur Veränderung des Gegebenen aber kann menschliche Entwicklung entstehen.[316] Der Gegenstand der Hoffnung ist schon in dieser Welt „bereits vorgebildet und vorentworfen"[317]. Durch diese Form der Hoffnung wird also nicht im Sinne einer Jenseitssehnsucht die gegenwärtige Welt als Gegenteil des Erhofften verstanden. Vielmehr ist dieses Ziel schon in der Gegenwart anzustreben, allerdings im Wissen, dass seine Vollendung noch aussteht.[318] Die Hoffnung richtet sich zwar insgesamt auf ihr eschatologisches Ziel aus, behält aber in der Erfüllung alltäglicher Hoffnungen in dieser Welt eine Anbindung an das Gegenwärtige.[319] Nicht erst die letzte, sondern auch die vorletzte Erfüllung des Menschen wird somit von der Hoffnung erfasst. Auch Papst Franziskus sieht in der Hoffnung eine Quelle der Motivation zur Veränderung: „Die Hoffnung lädt uns ein zu erkennen, dass es immer einen Ausweg gibt, dass wir immer den Kurs neu bestimmen können, dass wir immer etwas tun können, um die Probleme zu lösen."[320] Hinsichtlich der Klimafrage werden die Deutschen Bischöfe noch konkreter. Sie leiten aus dem Glauben die Möglichkeit ab, „eine Kraft der Hoffnung, der Freude und des Friedens [zu] schöpfen, die zu Umkehr und verantwortlichem Handeln befähigt […]"[321]. Aus der Hoffnung auf das Reich Gottes heraus ist die Kirche, aber auch

---

[316] Vgl. a. a. O., 174f.
[317] Schockenhoff (2007), 201.
[318] Vgl. a. a. O., 201f.
[319] Vgl. a. a. O., 202.
[320] Papst Franziskus (2015), LS 61.
[321] Sekretariat der Deutschen Bischofskonferenz (Hg.) (2007), 70.

jeder Mensch dazu befähigt, „den langen und schwierigen Weg zu intergenerationeller Gerechtigkeit beharrlich zu gehen“[322].

Die zeitlichen Güter sind im Gegensatz zur Hoffnung auf das Reich Gottes bei Thomas aber dennoch nur die sekundären Objekte der Hoffnung. Das vernunftgemäße weltliche Glück ist nur eine Vorstufe zur jenseitigen Vollendung und somit nur ein sekundäres Objekt der Hoffnung. Die zeitlichen Güter stellen vielmehr Mittel zum Zweck der ewigen Seligkeit dar. In ihnen kann sie bildhaft entschlüsselt werden.[323]

> „Die kleine Münze der vielen Hoffnungen des Lebens als Angeld auf die große Vollendung Gottes schätzen und werten zu lernen, das ist die Rolle, in die Thomas die theologische Tugend der Hoffnung gegenüber den natürlichen Hoffnungsversuchen des Menschen einweist. Jedes geschaffene Gut, nach dem die Erwartung des Menschen auslangt, trägt eine Ähnlichkeit mit dem ungeschaffenen Gut an sich, so daß die Hoffnung ihre eigenen Erfüllungen als Gleichnis und Symbol der ewigen Vollendung zu lesen vermag.“[324]

Durch ihre Ausrichtung auf das letzte Ziel ermöglicht es die Hoffnung also, konkrete Güter und Ziele zu relativieren und einzuordnen. „Aus der Bindung an Gott, auf dessen Macht die Hoffnung baut, erwächst die Freiheit gegenüber allem.“[325] Diese Relativierung betrifft weiterhin alle anderen menschlichen Erfahrungen, was zu Geduld und Gelassenheit gegenüber allen Herausforderungen und Nöten führt. Sie hat dadurch also einen unmittelbaren Effekt auf das irdische Leben, welches mit mehr Gelassenheit angegangen werden kann. Das wirkt sich auch im praktischen Handeln aus, das von der Illusion vollkommener Machbarkeit befreit wird.[326] Somit bestehen zwei für sich genommen gegensätzliche

---

322 A. a. O., 15f.
323 Vgl. Schockenhoff (1987), 440.
324 A. a. O., 441.
325 Schockenhoff (2007), 203.
326 Vgl. ebd.

Wirkungen der Hoffnung auf die Gegenwart, die sich aber sinnvoll ergänzen. Zum einen motiviert das Streben der Hoffnung nach ihrem letzten Ziel dazu, aktiv darauf hin zu arbeiten und die Gegenwart schon in diese Richtung zu verändern. Die Ausrichtung auf Gott als letztes Ziel ordnet außerdem alle anderen Ziele ein und bewahrt vor der Verabsolutierung partikulärer Güter. Der Aspekt der Erwartung ruft aber stets in Erinnerung, dass Gott dem Menschen in seinem Streben entgegenkommt. Dieses Vertrauen auf Gottes Hilfe befreit vom Machbarkeitszwang und schenkt Gelassenheit. Zusammengenommen bewirkt die Hoffnung also ein aktives und von Gelassenheit geprägtes Streben. Der Hoffende will schon jetzt das Ziel seiner Hoffnung erreichen und verwirklichen. Er strebt also beharrlich und mit Vorfreude auf das Reich Gottes hin und bemüht sich dabei um eine Verbesserung seiner Gegenwart. Gleichzeitig weiß er aber, dass es auf den Erfolg seiner Bemühungen nicht allein ankommt. Dadurch wird er gelassen gegenüber Rückschlägen und behält auch bei möglichen Schwierigkeiten oder Ablenkungen sein Ziel im Blick. Welchen Charakter aber dieses letzte Ziel seines Strebens besitzt, beschreibt die letzte und höchste Tugend der Liebe.

3.3.2.5 Liebe

3.3.2.5.1 Liebe als Formprinzip der Tugenden

Die Liebe wird auch als Formprinzip aller Tugenden verstanden. Sie richtet „alle Empfindungen, Haltungen und Handlungen des Menschen am letzten Ziel seines äußersten Sein-Könnens aus“[327]. Sie kann als die Ursache und Grundlage der moralischen Tugenden angesehen werden, die dann auch als Instrumente der Liebe verstanden werden können. Die Liebe gibt allen moralischen Einzelhandlungen einen sie verknüpfenden und ordnenden Sinn, der das Handeln der Person als Einheit erscheinen lässt.[328] Sie besitzt

327 A. a. O., 243.
328 Vgl. a. a. O., 243f.

somit eine „zielgebende […], bewirkende […] und einheitsstiftende […] Funktion“[329]. Betont werden muss dabei der ganzheitliche Charakter ihrer Auswirkungen, die alle Tugenden betreffen und der die Liebe dadurch zur moralischen Grundhaltung des Menschen werden lässt.[330] Durch ihre Ausrichtung auf das letzte Ziel erhalten die übrigen Tugenden einen Anteil an der Vollendung. Die Liebe ist dabei letztlich der Endpunkt der thomanischen Tugendlehre als höchste Tugend, die alle Tugenden in ihrer Zielausrichtung vereint.[331]

3.3.2.5.2 Gottesliebe

Durch die Liebe erhält die Beziehung des Menschen zu Gott bei Thomas eine neue Qualität. So ist diese Beziehung als Freundschaft Gottes zum Menschen zu verstehen. Ein solches Verständnis unterstreicht nochmals die Autonomie des Einzelnen, die für Thomas eine so entscheidende Bedeutung besitzt. Die von Gott ermöglichte Freiheit ist die Grundbedingung dafür, dass der Mensch eine Freundschaft zu Gott eingehen kann. Er ist nicht zwanghaft an Gott gebunden, sondern tritt aus freier Entscheidung in eine freundschaftliche Beziehung zu ihm.[332] Das wird von Thomas als Antwort charakterisiert. Es kann eben nicht wirklich von Freundschaft gesprochen werden, wenn sie letztlich nur auf einer einseitigen Initiative beruht, der sich das Gegenüber nicht entziehen kann und der der Mensch folglich zwangsläufig entsprechen muss.[333] Der Mensch muss also aus freier Entscheidung selbsttätig der göttlichen Initiative antworten, um eine wirkliche Freundschaft möglich zu machen. Das ist möglich, da die göttliche Mitteilung zwar vom Menschen nicht in ganzer Fülle erfassbar ist, ihn aber nicht überwältigt und ihm somit seine Einwilligung nicht abnötigt. Vielmehr gestaltet Gott, der die freie Zustimmung des

[329] A. a. O., 244.
[330] Vgl. ebd.
[331] Vgl. Schockenhoff (1987), 569.
[332] Vgl. a. a. O., 476f.
[333] Vgl. a. a. O., 518f.

Menschen will, seine Mitteilung so, dass ein Raum für die freie Zustimmung des Menschen offengelassen wird.[334]

> „Der Akt der Gottesliebe, in dem der Mensch dem Angebot göttlicher Freundschaft antwortet, ist das Werk des Geistes, der den Menschen erst zum liebenden Freund Gottes macht, aber [...] er ist das Werk jenes Geistes, der ein Geist der Freiheit ist und den Menschen in freier Selbstverfügung dem in die Gemeinschaft seines seligen Lebens rufenden Gott antworten läßt.“[335]

Thomas sieht die Freundschaft als die höchste Form der Liebe an, die „sowohl die Sehnsucht nach dem Freund als auch das ihm entgegengebrachte Wohlwollen und die Bereitschaft, ihm Gutes zu tun, umfaßt und sich insbesondere in einem gemeinsamen Leben des wechselseitigen Austausches der Freunde und im Bewußtsein ihrer Freundschaft äußert“[336]. Entscheidend für die Qualifizierung einer Beziehung als Freundschaft ist dabei die freiwillige, gegenseitige Wahl der Freunde. In diesem Freundschaftsverständnis ist bei Thomas aber eben auch die Gottesliebe aufgehoben. Die Beziehung des Menschen zu Gott unterscheidet sich ihrem Wesen nach nur dadurch von zwischenmenschlicher Freundschaft, dass sie eben eine Freundschaft mit Gott und nicht mit einem anderen Menschen ist und von daher eine Besonderheit erhält.[337] Das Unterscheidungsmerkmal ist dann letztlich die ewige Seligkeit als die Ermöglichungsbedingung dieser Beziehung, die von Gott als Geschenk ausgeht. Grundlage der Freundschaft zwischen Gott und Mensch ist die göttliche Selbstoffenbarung und die Einladung an den Menschen zu dieser Freundschaft.[338] Als Geschöpf Gottes erhält der Mensch alle Grundlagen, die für eine Freundschaft mit Gott notwendig sind. Dadurch erst ermöglicht es Gott dem Men-

---

334 Vgl. a. a. O., 521.
335 A. a. O., 523.
336 A. a. O., 503.
337 Vgl. a. a. O., 503f.
338 Vgl. a. a. O., 505f.

schen, sich in Freiheit auf eine Freundschaft mit ihm einzulassen.[339] Er selbst aber kommt durch die Menschwerdung auf Augenhöhe mit dem Menschen, sodass die Bedingungen für eine Freundschaft auf beiden Seiten erfüllt sind. Gott wählt den Menschen zum Freund aus, indem er ihm die nötigen Anlagen mitgibt und sich auf eine Ebene mit ihm begibt, wodurch dem Menschen eine besondere Würde zukommt.[340] Die Selbstmitteilung Gottes dringt in sein Innerstes vor und verändert ihn von Grund auf. Dass er von Gott als Freund erwählt worden ist, richtet den Menschen neu aus.[341]

3.3.2.5.3 Von der Selbst- zur Nächstenliebe

Das ethische Handeln des Menschen wird von Thomas dabei als konkreter Ausdruck der Freundschaft zu Gott verstanden. Die positive Antwort des Menschen auf Gottes Initiative ist vielmehr der „Grundakt konkreter Sittlichkeit“[342] im Sinne eines vom Freund gewollten Handelns. Dadurch, dass der Mensch so handelt, wie Gott es will, bemüht er sich um das Wohlergehen Gottes und lebt mit ihm in Freundschaft: Die Erfüllung göttlicher Gebote ist „die Nagelprobe einer Liebe, die nichts für sich will, weil sie bereits alles empfangen hat und deshalb ganz für den Freund lebt und ihm allein Gutes will“[343]. Die Liebe zum anderen wird letztlich auch auf der Grundlage der Liebe zu Gott bestimmt. Die Liebe des Menschen richtet sich in einem ersten Schritt also immer unmittelbar auf Gott und dann in einem zweiten Schritt auf die von Gott geschaffenen Dinge.[344] Wenn Gottes Liebe zu allen Geschöpfen und allem Sein erkannt wird, bedeutet die Liebe zu Gott immer auch die Liebe zu seinen Geschöpfen. Aus Gottes Perspektive heraus blickt der Mensch auf die ihn umgebenden Dinge und

339 Vgl. a. a. O., 513.
340 Vgl. a. a. O., 515.
341 Vgl. a. a. O., 517f.
342 A. a. O., 524.
343 A. a. O., 525.
344 Vgl. a. a. O., 527f.

begegnet ihnen mit Liebe, so wie Gott es auch tut. Das geschieht in einem ersten Schritt gegenüber der eigenen Person. Wer sich Gottes Liebe sicher sein kann, vollzieht die Freundschaft mit ihm, indem er sich selbst auch Liebe entgegenbringt. Die Selbstliebe wird somit durch die Gottesliebe begründet. „Sich selbst als Freund Gottes lieben heißt aber, das eigene Sein als geschenkt und empfangen, von Gott geprägt und aus seiner Hand hervorgegangen lieben […].“[345]

Dieses Prinzip lässt sich dann von der Selbst- zur Nächstenliebe erweitern. Die Nächstenliebe ist bereits in der natürlichen Veranlagung des Menschen als sozialem Wesen vorgegeben, der innerste Grund dieser Solidarität ist aber Gott. In der theologischen Tugend der Liebe findet sich das allen Menschen gemeinsame, einende Element, welches die „solidarische Verflochtenheit aller“[346] hervorbringt. Dadurch, dass alle Menschen sich als Teilhaber an der ewigen Seligkeit und somit als von Gott geliebt erkennen, entsteht eine Verbundenheit und Solidarität der Menschen untereinander. „Wer Gott liebt, der liebt auch alle, die von ihm geliebt werden […]; aus dem Gott Liebenden muß deshalb mit einer der Gottesliebe selbst zu eigenen Notwendigkeit auch der den anderen Liebende erwachsen, […] damit die ‚caritas‘ in ihrer eigenen Bewegung vollkommen ist.“[347] Dadurch, dass der Mensch sich selbst als von Gott geliebt erfährt, weiß er, dass Gott auch alle anderen Geschöpfe liebt, und wird dann mit einer entsprechenden Haltung auf sie zugehen. Aus der Erfahrung, die die Selbstliebe begründet, entsteht zugleich die Grundlage der Nächstenliebe. In diesem Sinne ist auch das Doppelgebot der Liebe zu verstehen.[348] Dann aber wird die Nächstenliebe verstanden als uneingeschränktes Wohlwollen im Sinne einer Ausrichtung aller Affekte auf die andere Person hin, die sich praktisch im Handeln auswirkt.[349] Dazu gehört das bedingungs- und selbstlose Erkennen

[345] A. a. O., 530.
[346] A. a. O., 536.
[347] Ebd.
[348] Vgl. Mieth (1984), 187f.
[349] Vgl. Schockenhoff (2007), 245f.

und Anerkennen des anderen. Der Mensch übersteigt sich in dieser Anerkennung selbst, indem er wirklich die Perspektive wechselt und den anderen Menschen nicht nur auf der Grundlage eigener Interessen wahrnimmt. Grundlage der Betrachtung ist dann vielmehr die Perspektive Gottes, in der jede Person als wertvoll wahrgenommen wird.[350]

Dadurch wird der andere nicht zum bloßen Mittel der Gottesliebe. Er wird vielmehr unmittelbar und um seiner selbst willen geliebt. Eine Gottesliebe, „die den anderen nur gebraucht, um durch ihn hindurch zu Gott als ihrem eigentlichen Gegenstand zu gelangen"[351], wird von Thomas zurückgewiesen. Eine solche Verzweckung des anderen würde das Ziel der Liebe letztlich verfehlen. Die Liebe zum anderen wird vielmehr verstanden als Verweis auf die Ursache des Seins und der Beziehung beider. Gott ist somit nicht der Zweck, sondern die Ursache der Nächstenliebe, weil der andere als Mitmensch in der gleichen Weise und Ordnung vor Gott steht und die gleiche Beziehung zu ihm hat. „Im Nächsten begegnet mir der Anspruch des unendlichen Gottes, dessen Gegenwart im anderen ich nicht übersehen kann […]."[352] Die bereits bestehende Liebe zu Gott wird in der Liebe zum Nächsten weiter realisiert. Die Liebe steht demnach nicht im Dienste Gottes an sich, sondern ist Handeln im Dienste Gottes und gemäß seinem Willen. Der Mensch richtet sich also von Gott ausgerichtet auf die Werke, die seinem Willen entsprechen, wodurch Gott letztlich vor allem als Ursache und Ausgangspunkt und nicht als unmittelbares Ziel der Liebe verstanden werden muss. Sie richtet sich dann nicht durch den Nächsten auf Gott, sondern gemäß des Willens Gottes direkt auf das Wohlergehen des Nächsten.[353] Aus dem Wohlwollen zu Gott entsteht ein unmittelbares Wohlwollen gegenüber dem Nächsten. So entsteht aus der Gottesliebe heraus die Nächstenliebe. Sie ist daher eben kein Instrument, um die Gottesliebe auszudrücken, sondern entspringt dieser vielmehr. Die Liebe

---

[350] Vgl. a. a. O., 247.
[351] Schockenhoff (1987), 538.
[352] A. a. O., 539.
[353] Vgl. Mieth (1984), 182f.

des Menschen richtet sich schließlich im ersten Schritt immer auf Gott und in einem zweiten Schritt auf den Nächsten.

Die christliche Liebe muss sich dabei zuerst auf diejenigen richten, die Not leiden. Ihr universeller Anspruch bezieht sich nicht darauf, dass man immer allen Menschen helfen muss, sondern dass man in konkret erfahrenen Notsituationen jedem ohne Anschauung seiner Eigenheiten, aber unter Berücksichtigung der eigenen Möglichkeiten und seiner wirklichen Bedürfnisse angemessen helfen muss.[354] Die Tugend der Liebe als Wohlwollen richtet sich dabei auf jeden Menschen. Konkret jedoch, um eine Überforderung zu vermeiden, richtet sie sich als Wohlwollen zunächst auf diejenigen, die dem Liebenden in persönlichen Beziehungen und Lebensgemeinschaften verschiedener Art und Form verbunden sind.[355] Eine christliche Liebe muss weiterhin immer praktisch wirksam auftreten und den Glauben an die Auferstehung auch anderen konkret erfahrbar machen. Somit wird alles sittliche Handeln als Akt der Liebe verstanden und damit zum Bild göttlichen Handelns am Menschen.[356] Die Liebe als die am meisten praktische theologische Tugend nimmt also ganzheitlich Einfluss auf das menschliche Handeln. Durch die Ausrichtung auf Gott verändert der Mensch somit die Art und Weise seines Umgangs mit anderen vollständig. Er verfolgt dann im Kontakt mit anderen Menschen nicht mehr in erster Linie seine eigenen Interessen, sondern bezieht immer auch die Bedürfnisse des anderen in sein Handeln mit ein.

3.3.2.5.4 Liebe zur Schöpfung

Die Beschreibung dieser Nächstenliebe erfolgt zwar vor allem im Sinne einer Liebe zu anderen Menschen. Da sich die Liebe Gottes aber auch auf die gesamte Schöpfung[357] ausweitet, kann und muss

[354] Vgl. a. a. O., 183.
[355] Vgl. a. a. O., 184f.
[356] Vgl. a. a. O., 185f.
[357] Der biblische Schöpfungsbegriff wird innerhalb der Umweltethik umfangreich und kontrovers hinsichtlich seiner Verwendungsmöglichkeiten und Aussagen diskutiert. Eine einführende Lektüre dazu findet sich bei-

sie auch in Bezug auf die außermenschliche Umwelt verstanden werden. Dies wird von Papst Franziskus in der Enzyklika *Laudato Si'* an vielen Stellen hervorgehoben. Er erkennt es in Anbindung an den Heiligen Franziskus als notwendig an, eine Haltung der Liebe für alle Geschöpfe zu entwickeln, die auf der Erkenntnis beruht, dass alle Geschöpfe von Gott stammen, von ihm für „sehr gut" befunden werden und sie in diesem Punkt miteinander verbunden sind.[358] Diese innere Verbundenheit durch Gott, welche zu Liebe und Bewunderung drängt, betont der Papst deutlich.[359] Dass es nicht nur der Mensch ist, der von Gott geliebt ist, beschreibt er in einer Sprache, die selbst schon von einem Geist der Liebe geprägt ist: „Jedes Geschöpf ist also Gegenstand der Zärtlichkeit des Vaters, der ihm einen Platz in der Welt zuweist. Sogar das vergängliche Leben des unbedeutendsten Wesens ist Objekt seiner Liebe, und in diesen wenigen Sekunden seiner Existenz umgibt er es mit seinem Wohlwollen."[360] Somit sind sämtliche Ge-

---

spielsweise bei (Irrgang [1992]: Christliche Umweltethik) oder bei (Schlitt [1992]: Umweltethik). Die vorliegende Arbeit behandelt zwar mit dem Klimawandel einen Anwendungsgegenstand aus dem Bereich der Umweltethik, verfolgt aber selbst keinen genuin umweltethischen Ansatz. Sie setzt mit der Frage nach Motivation auf einer grundlegenderen Ebene an, auf der eine Umweltethik dann aufbauen kann. Wenn geklärt ist, ob und wie der Mensch eine dauerhafte Haltung und Motivation zu klima- und umweltfreundlichem Verhalten entwickeln kann, bietet die Umweltethik eine wertvolle und hilfreiche Orientierungsfunktion, indem sie normative Aussagen zum Verhältnis von Mensch und Natur und zum Wert der Natur trifft. Für den vorliegenden Zusammenhang soll es aber ausreichen, dass der Schöpfungsbegriff im Sinne der grundlegendsten schöpfungstheologischen Aussage verstanden und verwendet wird: „Die gesamte Welt geht aus der vollen Freiheit, Macht und Souveränität Gottes hervor. Die gesamte Welt ist Gabe und ungeschuldetes Geschenk, von Gott in ihrem Dasein gewollt und gehalten. Schöpfung muss es nicht geben; sie hat keinen anderen Grund als die Liebe Gottes." (Schlitt [1992]: Umweltethik, 133.) In diesem Sinne kommt der Umwelt als bedeutendem Teil der Schöpfung ein besonderer Wert zu.

[358] Vgl. Papst Franziskus (2015), LS 65.

[359] Vgl. a. a. O., LS 91.

[360] A. a. O., LS 77.

schöpfe des Universums von Gott erschaffen und gehören in dieser Hinsicht einer einzigen Gemeinschaft an, der jeder mit Respekt begegnen muss.[361] Durch diese innere Verbundenheit erwächst aber eine konkrete Verpflichtung zu umweltfreundlichem Verhalten. Der Mensch muss die Welt und seine Geschöpfe immer vor dem Hintergrund der „Bande, durch die der himmlische Vater uns mit allen Wesen verbunden hat“[362], betrachten. Eine solche Betrachtung führt dann aber zu einem Handeln aus Solidarität und Liebe. So sieht Papst Franziskus in seiner Umweltenzyklika nachhaltiges Verhalten und ökologische Umkehr ausdrücklich als Akt der Liebe an.[363] Die Schöpfung ist für ihn der zentrale Ausdruck göttlicher Liebe: „Das ganze materielle Universum ist ein Ausdruck der Liebe Gottes, seiner grenzenlosen Zärtlichkeit uns gegenüber. Der Erdboden, das Wasser, die Berge – alles ist eine Liebkosung Gottes.“[364]

3.3.2.6 Zwischenergebnis: Ausrichtung auf Gott als besondere Triebfeder des Handelns

Die theologische Perspektive hat einen eigenen Schwerpunkt in die Betrachtung von Motivation, Tugend und Glück gebracht. Die Ausrichtung des Menschen auf Gott verändert diesen in allen Bereichen. Vor allem ist Gott aber das einzige letzte Ziel menschlichen Strebens, welches nicht einfach einen Endpunkt darstellt, der vom Menschen erreicht werden kann. Gott bewegt sich vielmehr von sich aus schon in Richtung des Menschen und kommt ihm so in seinem Streben entgegen. Dabei entsteht eine dialogische Wechselbeziehung, die von Gott ausgeht. Indem Gott dem Menschen einen Impuls zur Ausrichtung seines Strebens gibt, setzt er den Anfang des menschlichen Tätigseins. Der Mensch hat die Möglichkeit, sich in Freiheit auf dieses Ziel auszurichten und sein Handeln entsprechend zu gestalten. Mit diesem Ziel vor

---

361 Vgl. a. a. O., LS 89.
362 A. a. O., LS 220.
363 Vgl. a. a. O., LS 211.
364 A. a. O., LS 84.

Augen wird der Mensch nämlich dazu motiviert, in seinem Handeln der Gemeinschaft mit Gott als Ziel näher zu kommen.

So erhält er mit der Tugend des Glaubens ein neues Ziel seines Strebens, welches er im vollen Umfang von sich aus nicht erkennen könnte. Er wird von der Unsicherheit befreit, die das selbstständige Suchen nach einem letzten Ziel mit sich bringt. Diese Suche besteht für den Menschen immer aus einem Abwägungs- und Auswahlprozess, der trotz äußerster Bemühungen nie zu einer absolut sicheren Entscheidung führen wird. Der Mensch kann immer nur in begrenztem Maße überprüfen, ob das für ihn gut scheinende auch das wahrhaft Gute ist. Eine vollständige Sicherheit darüber, ob er tatsächlich das wahrhaft Gute erkannt hat, gibt es jedoch nicht. Gott hingegen offenbart sich selbst als das wahrhaft Gute. Hier kann jegliche Unsicherheit ausgeschlossen werden. Die Antwort des Menschen besteht dann in der freiwilligen Ausrichtung auf Gott, der sich als wahrhaft gut offenbart. Durch die Tugend des Glaubens erfährt der Mensch also eine sichere Bestimmung seines höchsten Ziels. Das aber verursacht auch eine verlässliche Orientierung seines Handelns. Durch die theologische Tugend des Glaubens wird der Mensch nochmals stärker motiviert, sich auf das Wohl des Nächsten auszurichten. Dieses Wohlwollen muss sich aber nicht nur auf die Mitmenschen erstrecken, sondern kann die gesamte Schöpfung umfassen. Der Glaube leistet somit einen Beitrag dazu, dass aus einer wohlwollenden Haltung gegenüber dem Klima als Teil der Schöpfung eine besonders hohe Motivation zu klimafreundlichem Verhalten entsteht. Das bedeutet nicht, dass im Glauben die einzige Motivationsgrundlage für Klimaschutz besteht. Einige weitere mögliche Grundlagen wurden schon bei der Betrachtung der verschiedenen Theorien des Guten deutlich. Wer aber das Klima als Teil der Schöpfung erkennt, wird zu seinem Schutz noch mehr motiviert, weil der Klimaschutz das Streben des Menschen nach Gott als seinem höchsten Ziel befördert.

Mit der Tugend der Hoffnung verändert sich der Wille und dann das konkrete Streben des Menschen. Das Streben auf das Reich Gottes als letztes Ziel verändert auch die Perspektive auf die weltlichen Güter, die als vorletzte ebenfalls angestrebt werden.

Die Güter dieser Welt und die Bedürfnisse des Menschen stellen nicht den Zielpunkt des Handelns dar, der vom Menschen allein erreicht werden müsste. Die Ausrichtung auf das Kommen des Reichs Gottes wirkt einordnend und verleiht dem gegenwärtigen Streben Gelassenheit und Beständigkeit. Gleichzeitig werden durch die Hoffnung auf eschatologisches Heil die Begrenzungen und Bedingungen der Welt transzendiert, was Hoffnungsbilder ermöglicht, die sich radikal von den faktischen Gegebenheiten unterscheiden. Das befreit davon, einen Status quo fortführen oder weiterentwickeln zu müssen, und ermöglicht radikal neue Konzepte davon, wie die Gegenwart gestaltet werden kann. Ein Denken außerhalb bestehender Systeme und Mechanismen wird dadurch möglich.

Die Form des Anstrebens wird geprägt durch die Tugend der Liebe. Sie geht von Gott aus und durchformt das gesamte Handeln des Menschen und seine Haltung gegenüber allen Geschöpfen. Gott offenbart sich nicht nur als das wahrhaft Gute und das Ziel allen Strebens, sondern teilt auch etwas über sein Wesen mit, das aus Liebe besteht. Das wahrhaft Gute hat somit die Form der Liebe. Das letzte Ziel des Strebens muss ebenfalls von Liebe und von nichts anderem geprägt sein. Das aus der Hoffnung erwachsende Hinarbeiten auf das eschatologische Heil muss also auch eine Veränderung der Welt ermöglichen, die die Liebe beinhaltet. Hoffnungsbilder von einem besseren Zustand können nur Bilder der Liebe sein. Das gegenwärtige Handeln des Menschen und die Haltung, mit der er allem anderen begegnet, müssen ebenfalls liebevoll sein und das Wohl des Gegenübers anstreben.

Dass aber die Liebe, wie Papst Franziskus eindrücklich zeigt, auch die Umwelt umfasst, zeigt die große Stärke der theologischen Tugenden in Bezug auf die Motivation zu klimafreundlichem Handeln. Der Mensch, der auf Gott ausgerichtet ist, muss nicht erst anhand seiner Wünsche oder Grundbedürfnisse erkennen, dass all sein Handeln eine klimafreundliche Haltung umfassen muss. Er wird vielmehr direkt und unmittelbar dazu motiviert, aller Schöpfung mit Liebe zu begegnen und sie um ihrer selbst willen zu bewahren. Wer auf Gott ausgerichtet ist und in Freundschaft mit ihm lebt, der sorgt sich auch um das Wohl seiner Mitmenschen, aller anderen Lebewesen und seines Planeten mit seinen ökologischen Systemen. Er muss weder durch Rechte und Normen noch um der Vervollkommnung seines Menschseins willen zu klimafreundlichem Verhalten motiviert werden. Dadurch, dass Gott ihm seine Liebe offenbart, ist der Mensch von sich aus dazu motiviert, klima-, umwelt- und menschenfreundlich zu handeln. Das Erkennen von Gottes Liebe muss dabei nicht zwangsläufig anhand sprachlich verfasster, religiös geprägter Offenbarungsaussagen geschehen. Wie beim Erwerb anderer Tugenden auch können die theologischen Tugenden und die damit verbundene Liebe Gottes in unterschiedlichsten Zusammenhängen anhand konkreter Modelle, Situationen oder Personen erkannt werden.

Der Mensch wird durch seine Ausrichtung auf Gott sogar zusätzlich frei, nicht nur in bestehenden Systemen oder Institutionen zu denken, sondern diese kritisch zu hinterfragen. Das hat besonders für die Frage der Nachhaltigkeit und Klimafreundlichkeit eine große Bedeutung. Hier können Hoffnungsbilder entstehen, die geprägt sind von einer ganzheitlichen Liebe, die Schöpfung und Klima mit einbezieht. Sie setzen sich ab von falschen Erwartungen, die in einer Fortsetzung gegenwärtiger Vorstellungen von technischer Machbarkeit und unbegrenztem ökonomischem Wachstum die Zukunft beschreiben. Wenn sich die Hoffnung des Menschen im Letzten auf das Heil Gottes ausrichtet und dieses Heil nicht an weltliche Systeme bindet, verlieren faktische Gegebenheiten den Charakter der zwingenden Notwendigkeit. Durch diesen eschatologischen Vorbehalt wird es möglich, abseits von Markt, Produktion und Wirtschaftlichkeit zu denken, die das gegenwärtige Handeln massiv bestimmen. Es kann nach noch besseren Möglichkeiten gesucht werden, schon jetzt das Reich Gottes zu verwirklichen, in dem Solidarität und Liebe innerhalb der gesamten Schöpfung herrschen. Gleichzeitig sind die Erwartung und das Vertrauen auf Gott in der Hoffnung wichtige Elemente, die vor Resignation angesichts vieler Rückschläge und nur geringer Fortschritte im Klimaschutz bewahren und die Motivation aufrecht erhalten, sich beständig weiter für eine bessere Zukunft einzusetzen. Durch die Ausrichtung im Glauben erhält der Mensch also eine alles Handeln und Streben durchformende Haltung der

Liebe zu seiner Umwelt und zum Klima. Er ist selbst um ein stabiles und lebensdienliches Klima bemüht und handelt entsprechend. Gleichzeitig hofft er aktiv auf eine bessere Zukunft dieser Welt, in der die Haltung der Liebe zu Umwelt und Klima stärker verwirklicht ist.

Die theologischen Tugenden *Glaube, Hoffnung* und *Liebe* sind also in hohem Maße Tugenden der Klimafreundlichkeit.

3.4 Natur und Vernunft – Interpretationen thomanischer Glückslehre

Nachdem schon hoch plausible sowie für das Klimaproblem relevante Vorstellungen des Guten benannt wurden, soll in Anbindung an die Überlegungen zur teleologischen Handlungstheorie eine weitere Theorie des Guten daraufhin befragt werden, ob sie unter Berücksichtigung der menschlichen Autonomie inhaltliche Aussagen zu möglichen vernunftgemäßen Zielen menschlichen Strebens tätigen kann, die allgemein zustimmungsfähig sind.

Klassisch wurde die Frage nach den Inhalten des Guten von der menschlichen Natur her begründet. So gehen naturrechtliche Ansätze davon aus, dass es inhaltlich bestimmbare Güter gibt, die von jedem Menschen aufgrund seiner allgemeinen Natur als gut angesehen werden. Allerdings ist gerade diese Annahme in der Moderne massiv in die Kritik geraten. So geht eine Naturrechtsposition[365] von einer allen Menschen gemeinen Natur aus, die universell gültig und nicht hinterfragbar ist. Diese Annahme kann aber aufgrund der Mehrdeutigkeit des Naturbegriffs nicht aufrecht erhal-

---

365 Der Begriff des Naturrechts wird im Bewusstsein seiner vielfach missbräuchlichen Verwendung und der damit verbundenen Problemstellungen verwendet. Im Folgenden sollen also gerade keine umfangreichen normativen Aussagen unter Rückgriff auf die menschliche Natur als universell gültig erklärt werden. Vielmehr soll in Abgrenzung zu solchen Ansätzen danach gefragt werden, ob grundlegendste Elemente des Menschseins gefunden werden können, die allgemein zustimmungsfähig sind. Eine ausführlichere Beschäftigung mit unangemessenen Verwendungsweisen des Naturbegriffs erfolgt im weiteren Verlauf dieses Abschnitts.

ten werden. Wenn aber ein umfassendes Naturverständnis im Sinne einer umfangreichen Konzeption des Guten nicht möglich ist, muss zumindest nach „den unhintergehbaren Mindestbedingungen, die als transzendentale Voraussetzungen moralischen Subjektseins anzusehen sind“[366], gefragt werden.[367] Ob die Bestimmung solcher Mindestbedingungen auf der Grundlage des Naturbegriffs noch möglich ist, soll in Anbindung an moderne Interpretationen der thomanischen Gesetzeslehre erörtert werden.

3.4.1 Handlungswahl und praktische Vernunft

Die aristotelisch-thomanische telologische Handlungstheorie endet nicht bei der formalen Beschreibung von Handeln, Vernunft und Glück, sondern stellt weitere Überlegungen dazu an, wie ein vernunftgemäßes Handlungsurteil entsteht. Sie geht somit der Frage nach, welche konkreten Inhalte als Ziele der Vernunft in Frage kommen. Nur dann entsteht eine Orientierung für das individuelle Handeln. Entscheidend für die Wahl der Handlungsintentionen ist dabei die praktische Vernunft, die dazu in der Lage ist, das richtige Handeln zu erkennen.[368] Sie erfasst, „was in einer bestimmten Situation aufgrund ihrer tatsächlichen Gegebenheiten zu tun und zu lassen ist.“[369] Die Tätigkeit praktischer Vernunft ermöglicht erst das begründete Handeln, das dem Menschen zu eigen ist.[370]

Die praktische Vernunft wird bei Thomas als Maßstab und Regel insofern verstanden, als dass die Objekte des Willens nicht anhand einer ihnen eigenen Qualität bemessen werden, sondern nur an ihrer Übereinstimmung mit den Zielen der Vernunft. Entscheidend für das Streben oder Fliehen des Willens ist die praktische Erkenntnis.[371] Ein Handlungsurteil aber beruht seinerseits auf

---

366 Schockenhoff (2008): Aliquid pertinens ad rationem, 220.
367 Vgl. a. a. O., 220f.
368 Vgl. Rhonheimer (2001), 113.
369 Schockenhoff (2007), 345.
370 Vgl. ebd.
371 Vgl. Merks (1978), 164f.

den ersten praktischen Prinzipien, aus denen bei Thomas das unableitbare natürliche Gesetz besteht.[372] Die Eigenheit der praktischen Vernunft besteht also letztlich darin, dass es ihr nicht um die Erkenntnis von Gegebenheiten und Fakten geht, sondern sie auf die praktische Umsetzung im konkreten Handeln ausgerichtet ist: „Die praktische Vernunft erschöpft sich nicht in den Akten des Suchens und Beurteilens, sondern [...] in einem Akt des Befehlens, durch den sie die Ausführung des Erkannten in Gang setzt.“[373] Durch die praktische Vernunft werden somit nicht nur Ziele und Mittel des Handelns erkannt, geordnet und beurteilt, sondern auch Impulse vermittelt, diese Erkenntnisse im Handeln umzusetzen. Dabei sind diese Elemente so miteinander verbunden, dass nicht eine Abfolge von Erkenntnis und nachgängiger Umsetzung denkbar ist. „Vielmehr ist es ein und dieselbe Vernunft, die im Licht ihrer obersten Prinzipien das praktisch Richtige erforscht und dies, indem sie es als praktisch richtig erkennt, auch zu tun befiehlt.“[374]

3.4.2 Das erste Prinzip praktischer Vernunft

Die Erkenntnisse der praktischen Vernunft werden also letztbegründet mit den ihr eigenen ursprünglichen Prinzipien, auf die alle ihre Urteile zurückgeführt werden können.[375] Die Struktur der Vernunft wird also als diskursiv im Sinne des Schlussfolgerns eines Unbekannten aus einem Erkannten verstanden. Eine Schlussfolgerung wird in dieser Hinsicht aus einem Prinzip gewonnen.[376] Die Handlungstheorie des Thomas von Aquin geht zunächst vom ersten Prinzip der praktischen Vernunft[377] aus, nach dem das Gute zu tun

---

372 Vgl. Schröer (1995), 191.
373 Schockenhoff (1996): Naturrecht und Menschenwürde, 161.
374 Ebd.
375 Vgl. a. a. O., 158.
376 Vgl. Merks (1978), 252.
377 Der Begriff des ersten Prinzips der praktischen Vernunft ist hier nicht im Sinne eines logisch Ersten zu verstehen, dem weitere Prinzipien folgen.

und das Schlechte zu meiden ist.[378] Wer das Gute erkennt, erkennt auch seinen normativen Anspruch und kann es auf der Ebene des Erkennens und des Umsetzens vom Bösen unterscheiden. Das ist die Grundlage des natürlichen Gesetzes.[379]

Der Satz, dass das Gute ist, wonach alles strebt, ist aber weder bei Aristoteles noch bei Thomas als empirische Tatsachenbeschreibung zu verstehen. Vielmehr wird die wechselseitige Bezogenheit der beiden Elemente des Guten und des Strebens betont, sodass das Gute als formaler Teil des Strebens aufgefasst werden kann.[380] Das Gute lässt sich nicht in Beziehung oder Abgrenzung zu anderen Gegenständen beschreiben, weshalb die genannte Strebensdefinition nicht noch weiter aufgelöst werden kann. Hierzu fehlen einfach weitere, logisch primäre Elemente, anhand derer eine Bezugnahme erfolgen kann. „Da das Gute zu den ersten Bestimmungen gehört, die dem Seienden unter seiner allgemeinsten Rücksicht zukommen, kann es nicht nochmals aus seinen Gründen, sondern nur im Blick auf ein ihm logisch Nachgeordnetes, Zweites verstanden werden."[381] Die Definition des Guten erfolgt demnach also nicht anhand seiner Grundlagen, da es solche nicht gibt, sondern anhand seiner Wirkungen, die im Strebensbegriff zu finden sind. Das Gute wird also durch das, was es auslöst, näher bestimmt.[382] „Das Gute zeigt sich in seiner das Streben evozierenden Mächtigkeit und gibt sich als dessen Ursprung zu erkennen."[383] Es liegt

---

Die praktische Vernunft besteht vielmehr in jeglicher Hinsicht aus diesem Prinzip. Der Grundsatz, dass das Gute zu tun und das Schlechte zu meiden ist, kann letztlich als inhaltliche Definition des Begriffs der praktischen Vernunft verstanden werden. Somit wäre es sprachlich eigentlich angemessener, den in der Literatur gebräuchlichen Begriff des ersten Prinzips praktischer Vernunft beispielsweise durch den Begriff des grundlegenden Prinzips praktischer Vernunft zu ersetzen.

378 Vgl. Schockenhoff (2007), 354.

379 Vgl. Schockenhoff (1996), 169f.

380 Vgl. Schockenhoff (1987), 133f.

381 A. a. O., 135.

382 Vgl. ebd.

383 A. a. O., 136.

somit ein Begründungsverhältnis vor, nach dem das Gute den Grund des Strebens darstellt. Anhand des Strebens kann aber auf die Verfasstheit des Guten geschlossen werden.[384]

Das erste praktische Prinzip der praktischen Vernunft ist also unbeweisbar und wird mit den Gegenständen der Erkenntnis miterfasst.[385] Es ist dabei in allen weiteren praktischen Prinzipien wirksam. Sie werden aber nicht vom ersten Prinzip abgeleitet, „sondern durch sich selbst gewusst“[386]. So müssen sie nicht durch Schlussfolgerungen erkannt werden, sondern sind unmittelbar einsehbar.[387] Nur wenn sie nicht weiter bewiesen werden können, kann die Kette von logischen Schlussfolgerungen zu einem Ende kommen. Ansonsten könnte immer weiter nach Begründungen auf einer höheren Ebene gefragt werden. Diese obersten Prinzipien können also tatsächlich nur im Zuge des Handlungsurteils miterkannt, nicht aber selbsttätig begründet werden.[388] Vielmehr geschieht die Erkenntnis der ersten Prinzipien erst im praktischen Tätigsein. Sie werden demnach beim Handeln miterkannt. Die sittliche Erkenntnis findet nicht nur kognitiv statt, sondern erfordert eine Anbindung an konkretes Handeln in der wahrnehmbaren Welt.[389] Dieser Habitus der Erkenntnis erster praktischer Prinzipien (*synderesis*) ist nach Thomas aber der Vernunftnatur des Menschen zugeordnet. Er übersteigt alle Kategorien und lässt sich folglich auf alle Arten des Handelns anwenden. Er ist demnach grundlegend für jede beliebige Handlungsentscheidung. Auch die Erkenntnis der praktischen Prinzipien kommt dem Menschen dabei von Natur aus zu. Somit werden sie auch ohne weitere Begründung anerkannt, sobald sie dem Menschen offenbar werden.[390] Dieses erste Prinzip der praktischen Vernunft ist also nicht weiter begründbar und wird als Teil der Selbsterfahrung des Men-

---

[384] Vgl. ebd.
[385] Vgl. Schockenhoff (1996), 159.
[386] Fritz (2009), 243.
[387] Vgl. Ernst (2009), 144.
[388] Vgl. Schockenhoff (1996), 159.
[389] Vgl. Fritz (2009), 239f.
[390] Vgl. Schröer (1995), 53.

schen vorausgesetzt. Indem der Mensch über sein Wollen nachdenkt, erwächst in ihm die Erkenntnis, dass die ersten Prinzipien anerkannt werden müssen. Durch die Begründung über die Eigenerfahrung wird folglich ein unzulässiger Sein-Sollens-Schluss vermieden.[391]

3.4.3 Natürliche Neigungen als Handlungsorientierung

Das erste Prinzip der praktischen Vernunft verursacht also die Bewegungsrichtung des Handelns im Sinne des Strebens und Meidens, bietet aber noch keine Orientierung für konkrete Handlungsentscheidungen. Es schreibt also nichts vor, sondern beschreibt letztlich nur die allgemeine Erfahrung menschlichen Handelns, auf deren Grundlage der Mensch überhaupt handelt. Nur aufgrund des Urteils über eine Handlung kann der Entschluss reifen, diese Handlung auszuüben oder eben nicht auszuüben.[392] In welchen konkreten Gütern und Handlungen das Gute besteht, kann also nur auf der Grundlage des ersten praktischen Prinzips noch nicht ausgesagt werden. Dazu bedarf die Vernunft aus thomanischer Perspektive der natürlichen Neigungen, die allen Menschen aufgrund ihrer Natur gemein sind.[393] Eine Handlungsorientierung entsteht „erst auf der Ebene der urteilenden Vernunft; d. h. aber bei der praktischen Vernunft: unter Implikation der von ihr vorausgesetzten Strebungen“.[394] Diese führen aber zur Erkenntnis von Basisgütern, „die von der praktischen Vernunft des Handelnden als irreduzible Aspekte der Vollendung menschlichen Personseins erfasst werden“[395]. Sie können durch eine Handlungsreflexion bewusst gemacht werden, welche entsprechend zur teleologischen Handlungstheorie immer weiter nach höheren Intentio-

---

391 Vgl. a. a. O., 198f.
392 Vgl. Rhonheimer (2001), 238.
393 Vgl. Ernst (2009), 145.
394 Merks (1978), 290.
395 Schockenhoff (2007), 346.

nen des Handelns fragt. Die letzten Ziele des Handelns liegen dabei vor allem in solchen Grundgütern.[396]

Das Verhältnis zwischen dem ersten praktischen Prinzip und den konkreten Handlungsurteilen bzw. dem Guten schlechthin und partikulären Gütern ist nicht im Sinne einer Ableitung des Speziellen aus dem Allgemeinen zu verstehen. Es ist vielmehr ein „Implikationsverhältnis“[397], bei dem das Allgemeine im Speziellen miterkannt wird, was dann zu Schlussfolgerungen führt. Indem das allgemeine Gute im Konkreten zunächst erkannt wird, entsteht die Motivation des Strebens nach dem Konkreten. Der alle partikularen Güter einende Kern des Guten schlechthin ist demnach als der Grund für das Streben nach ihnen anzusehen.[398] Im Guten wird aber sein normativer Anspruch, sein „Sein-Sollen“[399] erkannt. Diese „Anziehungskraft des Guten“[400] löst aber das Streben aus, indem sich der Wille auf das Gute ausrichtet.[401] Anhand dieser natürlichen Neigung wird im ersten Schritt erfasst, was das Gute ausmacht. Im zweiten, eigentlichen Erkenntnisschritt überprüft die praktische Vernunft „den Wahrheitswert ihrer Erkenntnis“[402] aus dem ersten Schritt. Dadurch wird das Gute als erstrebenswert erkannt. Aus dieser praktischen Vernunfttätigkeit kann dann das erste praktische Prinzip abgeleitet werden. Es entspringt also letztlich der Vernunfttätigkeit in Bezug auf die natürlichen Neigungen. Die praktische Vernunft erfasst die Ziele natürlichen Strebens als das Gute. Dieses Gute entspringt aber nicht nur der menschlichen Natur, sondern steht in der Ordnung der praktischen Vernunft. „In diesem Rahmen erfasst die Vernunft unmittelbar das ‚bonum‘ und konstituiert dieses als Ziel, das der Mensch erstreben soll und das diesen als intelligibles Gut intrinsisch vervollkommnet.“[403] Natürli-

---

396 Vgl. a. a. O., 347f.
397 Merks (1978), 282.
398 Vgl. ebd.
399 Schockenhoff (2007), 355.
400 Ebd.
401 Vgl. ebd.
402 Fritz (2009), 249.
403 Ebd.

che Güter sind also die Objekte solcher natürlichen Neigungen, die von der Vernunft als gut erfasst werden. Es geht nicht um die reine Auffindung natürlicher Prinzipien, sondern um deren vernunftgemäße Interpretation und Einbindung in die Ordnung der Vernunft.[404] Zum natürlichen Gut wird das Objekt einer Neigung also erst durch das Vernunfturteil: „Die Vernunft verhält sich zur natürlichen Neigung wie die Form zur Materie."[405] Praktische Erkenntnis besteht demnach nicht in einer reinen Wahrnehmung eines guten Ziels, sondern beruht auf dem wertenden Urteil praktischer Vernunft über ein Ziel, weshalb Fritz menschliche Ziele beschreibt als „entweder [...] deskriptiv natürlich (Gut, das mit den natürlichen Neigungen korrespondiert) oder als präskriptiv moralisch (Gut, vorgeschrieben durch die praktische Vernunft)"[406].

Die praktischen Prinzipien, die das erste Prinzip somit spezifizieren, sind zwar an die natürlichen Neigungen angebunden, nicht aber mit ihnen identisch, sondern stellen „Regelungen, Maßstäbe, Ordnungen in diesen Neigungen"[407] dar. Praktische Prinzipien entstehen somit nicht aus natürlichen Neigungen, sondern aus Urteilen der Vernunft über natürliche Neigungen.[408] Die ersten Prinzipien der praktischen Vernunft werden somit zwar als natürlich bezeichnet, damit sind aber keine dem Menschen natürlicherweise eingegebenen Inhalte gemeint. So kann auch nicht die Sinneswahrnehmung als ursächlich für die Prinzipienerkenntnis angenommen werden, sondern nur die Vernunft. Die Rede von der Natürlichkeit erster Prinzipien soll vielmehr ausdrücken, dass diese nicht der Vernunft vorgegeben sind, sondern durch sie erst konstituiert werden, sie aber gleichzeitig immer schon in allen Bereichen mit prägen.[409] Der Begriff des Guten ist demnach in allen Gegenständen praktischer Erkenntnis in der Weise vorhanden, dass er ein Urteil über dessen Strebenswürdigkeit hervorbringt. Das allgemeine

404 Vgl. Rhonheimer (2001), 242.
405 A. a. O., 243.
406 Fritz (2009), 251.
407 Rhonheimer (2001), 244.
408 Vgl. a. a. O., 244f.
409 Vgl. Merks (1978), 263f.

Prinzip, dass das Gute anzustreben ist, wird also dann konkret, wenn das Einzelne als gut, weil erstrebenswert, erfasst wird.[410]

Es ist dabei aber nochmals zu betonen, dass die natürlichen Neigungen nur „in sehr offener Weise“[411] auf die Handlungsentscheidung Einfluss nehmen können, da ja die Entscheidungsfreiheit das Kernmerkmal menschlichen Handelns darstellt. Die Strebungen stellen somit den Ausgangspunkt eines Handlungsurteils dar, „indem die praktische Vernunft diese bzw. das in ihnen Angezielte aufgreift, interpretiert und, insofern es sich um eine Vielzahl von Strebungen handelt, ordnet und integriert“[412]. Ausgangspunkt ist demnach ein konkretes Streben auf ein partikulares Gut hin. Dieses gewinnt zwar seine Strebenswürdigkeit aus dem allgemeinen Guten, ist aber keine Ableitung daraus. Vielmehr liegt das spontane Streben des Menschen nach konkreten Gütern vorgängig vor als „innere Modifikation und Eintrübung des unendlichen Formalobjekts des Guten überhaupt“[413]. Die Vernunft übernimmt diese Strebungen aber nicht einfach, sondern erkennt sie in ihrer Begrenztheit und bewertet sie dann im Lichte des Guten schlechthin. Sie nimmt somit die Strebungen als natürlich an und bewertet die zugehörigen Güter als erstrebenswert. Sie sind aber vielfältig und komplex, weshalb Thomas sie „im Verhältnis zum übrigen Seienden“[414] ordnet. Die Vernunft erfasst die konkreten Güter im Sinne ihres strukturellen Strebens auf das schlechthin Gute. Sie wird ordnend tätig im Sinne einer „Entfaltung des den bona inhärenten bonum“[415]. In der Linie dieser Interpretation können die natürlichen Neigungen nicht als normativ verstanden werden. Es werden vielmehr bestimmte Neigungen von der Vernunft als natürlich erfasst, deren Erstreben dann aber erst durch die normative Setzung der Vernunft erfolgt. Sie werden dadurch zwar einen Einfluss auf die normative Setzung der Vernunft haben, aber nicht im

[410] Vgl. a. a. O., 278.
[411] A. a. O., 290.
[412] Ebd.
[413] A. a. O., 291.
[414] A. a. O., 292.
[415] Ebd.

Sinne „einer Gegen- oder Korrekturposition – mit gleichen Rechten – zur rationalen Fähigkeit des Menschen“[416]. Natürliche Strebungen müssen in diesem Verständnis also erst von der Vernunft überprüft und dann selbstständig bestätigt werden.[417] Die natürlichen Strebungen geben somit der Vernunfttätigkeit eine Richtung vor, zu der diese sich dann verhalten muss. So ist eben auch eine Konkurrenzsituation verschiedener Strebungen denkbar, die nur mittels der Vernunfttätigkeit aufgelöst werden kann.[418] Merks fasst zusammen:

> „Danach [nach diesem Verständnis; F.S.] erbaut sich das praktische (normative) Urteil der Vernunft unter Voraussetzung und aufruhend auf der natürlichen Strebestruktur des Menschen, die als solche das Gesamt natürlicher Strebungen ist mit den jeweils ihnen korrelierenden ‚Inhalten‘. Diese werden als solche ‚natürlich‘ von der Vernunft als bona erfaßt, die wiederum unter Voraussetzung des an ihnen erfaßten bonum und seiner normativen Implikation normativ ausformuliert werden können. Die normative Legitimation geschieht hierbei durch – und allein durch – das Urteil der Vernunft, das gegenüber seinen strebehaften Voraussetzungen ‚frei‘ ist.“[419]

Insofern die Vernunft die konkreten Güter ordnet, ist auch nicht die Eigenart des Gutes entscheidend für seine Bewertung, sondern deren Stellung innerhalb der verschiedenen konkurrierenden Einzelgüter. Das gilt auch für natürliche Güter. Die Vernunft kann sich insofern frei zur Natur verhalten, als sie selbst in die natürlichen Strebungen integriert ist.[420] Entsprechend können sie nicht einfach erkannt oder abgelesen werden. Sie müssen so geformt werden, dass sie dem äußersten Potenzial des Menschen entsprechen und ihn zu seiner Vollendung führen. Das Potenzial des Men-

---

416 A. a. O., 293.
417 Vgl. a. a. O., 292f.
418 Vgl. a. a. O., 294.
419 Ebd.
420 Vgl. a. a. O., 296f.

schen übersteigt seine natürlichen Strebungen. Es kann erst ausgeschöpft werden, wenn die Strebungen von der Vernunft auf ihr gemäße Ziele hin geformt sind.[421] Auf der anderen Seite sind die natürlichen Strebungen aber auch nicht beliebig von der Vernunft formbar. Im thomanischen Verständnis werden die Ziele der natürlichen Neigungen als Güter erkannt. Normative Aussagen lassen sich aber aus ihnen nicht unmittelbar ableiten, sondern „erst durch die ordnende Tätigkeit der praktischen Vernunft“[422]. So ist durch sie sehr wohl ein grober Rahmen festgelegt, in dem die praktische Vernunft Urteile über gut und böse autonom treffen kann. „Die Ordnung unter den Geboten des natürlichen Gesetzes entspricht zwar der Struktur unseres naturhaften Strebens im Ganzen, aber die normativen Inhalte des maßgebend Menschlichen liegen auf dieser Ebene noch nicht ausformuliert vor.“[423] Konkret ist damit gemeint, dass nach dem Umgang mit diesen natürlichen Gütern gefragt werden muss. Die praktische Vernunft trifft autonom Handlungsentscheidungen mit dem Ziel, die natürlichen Güter zu erreichen. Welches Gut wie erreicht wird, steht also nicht fest. Wohl aber, dass die natürlichen Güter das sind, was im ersten Prinzip als das Gute bezeichnet wurde.[424] So kann mit Ernst zusammengefasst werden:

> „Die praktische Vernunft kann als Inhalte des natürlichen Sittengesetzes nichts Beliebiges festlegen, sondern ist an die Vorgegebenheiten der Wirklichkeit von Mensch und Welt und deren Eigengesetzlichkeiten gebunden. […] Die natürlichen Vorgegebenheiten sind deshalb keine Einschränkung ihrer Autonomie, sondern die Bedingungen, unter denen sich diese Autonomie überhaupt erst realisieren kann.“[425]

---

[421] Vgl. Schockenhoff (1996), 172f.
[422] Ernst (2009), 148.
[423] Schockenhoff (1996), 172.
[424] Vgl. Ernst (2009), 149.
[425] A. a. O., 149f.

3.4.4 Interpretationen der praktischen Vernunft als Ableseorgan natürlicher Neigungen

Die Interpretation der thomanischen Tugend- und Naturrechtslehre sollte zwar möglichst neutral gestaltet sein, ist aber nie frei von inhaltlichen Schwerpunktsetzungen des jeweiligen Interpreten. Entsprechend existieren verschiedene Interpretationsansätze, die sich in ihren Ergebnissen teils widersprechen.[426] So kann Rhonheimer als Vertreter einer Position identifiziert werden, nach der die praktische Vernunft das natürliche Gesetz bloß erkennen müsse. Er interpretiert Thomas von Aquin so, dass die Ziele, auf die sich ein Mensch ausrichten könne, entweder erworbenen Veranlagungen entspringen oder auf natürlicherweise im Menschen vorhandenen Prinzipien beruhen würden. Ziele würden auf einer ganz grundlegenden Ebene demnach aber nicht autonom gewählt, sondern vielmehr erkannt.[427] Dies sei jedoch keine Einschränkung menschlicher Freiheit, da sich der Wille immer auch gegen diese vernunftgemäßen Ziele entscheiden könne: „Auch wenn ‚Leben-wollen' nicht etwas ist, was wir ‚vernünftig wählen', sondern einfach immer schon wollen, so können wir uns diesem Streben doch widersetzen und ‚nicht mehr leben wollen'."[428] Für Rhonheimer stellt diese naturhafte Grunderkenntnis der Vernunft die Bedingung moralischer Verbindlichkeit dar. Ohne eine solche sei menschliches Streben beliebig und fremdbestimmt. Sittliche Urteile hätten keine Aussagekraft und seien eine reine Definitionsangelegenheit, abhängig von temporären Autoritäten. Die natürlichen Prinzipien der Vernunft sind für ihn somit nicht nur die Bedingung für normative Aussagen innerhalb einer Tugendlehre, sondern für Normativität und moralische Orientierung überhaupt.[429] Ein weiterer Vertreter dieses Ansatzes ist Seidl, der feststellt, dass sowohl Verstand als auch Wille schon natürlicherweise auf das Gute hin-

---

[426] Vgl. Schockenhoff (1996), 148f.
[427] Vgl. Rhonheimer (2001), 227f.
[428] A. a. O., 228.
[429] Vgl. a. a. O., 234.

geordnet seien.[430] Er nimmt weiter Bezug auf neuzeitliche Naturrechtsansätze, die von „allgemeinen, unveränderlichen Prinzipien“[431] ausgingen, „die allen Menschen aller Zeiten in die Seele geschrieben sind als normativ für ihr Handeln“[432]. Diese aber müssten letztlich von der praktischen Vernunft erkannt und dem Willen als erstrebenswert vorgestellt werden.[433] Die Aufgabe der Vernunft sei dann aber nicht die autonome Handlungswahl, sondern die Ausrichtung auf das Gute im Sinne des vorgegebenen Naturgesetzes. „Für die sittlich gute Handlung ist nicht Kreativität, sondern Findigkeit erfordert, welche die richtigen Mittel zur Verwirklichung eines Zweckes finden lässt.“[434] Der Zweck sei dabei vorgegeben, praktische Vernunft besitze nur noch die Aufgabe der Mittelwahl. Die Ziele der Tugenden sind bei Seidl also ausdrücklich vorgegeben:

> „Die allgemeinen Zwecke oder Sittlichkeitsprinzipien, die wir im Folgenden in den Tugenden erörtern werden, hängen nicht von unserer Entscheidung ab, ob sie Zwecke für uns sind, d. h. sittlich Gutes oder nicht. Sie sind es, weil in der rationalen Menschennatur gründend. Wir können sie nur anerkennen oder verweigern. Aber wir haben keine Entscheidung darüber, was Gut und Böse ist, noch auch darüber was unsere menschliche Natur ist.“[435]

Bahne als ein dritter Vertreter dieser Richtung geht ebenfalls nicht von einer schöpferischen Tätigkeit der praktischen Vernunft aus, sondern sieht die inhaltliche Bestimmung des Guten als schon von der Natur vorgegeben an. Die praktische Vernunft treffe zwar eigenständig Handlungsurteile, die dem zugrunde liegenden Prinzipien aber seien vorgegeben und würden nicht vom Men-

---

430 Vgl. Seidl (2012): Traditionelle Tugendlehre als angewandte Ethik, 28.
431 A. a. O., 29.
432 Ebd.
433 Vgl. a. a. O., 35.
434 A. a. O., 55.
435 A. a. O., 57.

schen selbst gesetzt. Das natürliche Gesetz wird nach dieser Lesart lediglich erkannt.[436]

Diese Ansätze gehen in Übereinstimmung mit der allgemeinen Forschungsmeinung zwar von der Eigenständigkeit praktischer Vernunft parallel zur theoretischen Vernunft aus. Sie interpretieren die ersten praktischen Prinzipien dann allerdings nicht als formale Elemente, auf denen die Selbsttätigkeit der praktischen Vernunft basiert.[437] Die Prinzipien können nach dieser Lesart unmittelbar von der Vernunft erfasst werden und bilden dann einen Ausgangspunkt für weitere praktische Erkenntnis.[438] Es geht dann nicht mehr um eine kreative Leistung der Vernunft, sondern nur noch um eine Anwendung schon vorhandener normativer Inhalte der natürlichen Neigungen. Es kommt der praktischen Vernunft zwar weiter eine bedeutsame Funktion zu, allerdings besteht ihre Selbsttätigkeit nurmehr darin, die Anwendung der in ihr vorhandenen Prinzipien anzustoßen und voranzubringen. Eine normative Tätigkeit im Sinne des Erstellens eigener normativer Aussagen findet hingegen nicht statt.[439] Das Problem dieses Ansatzes besteht grundlegend darin, dass das individuelle moralische Gewissensurteil keine Rolle mehr spielt und von dem Gedanken natürlicher normativer Inhalte, die nur von der praktischen Vernunft erkannt werden müssten, abgelöst wird.[440] Grundsätzlich muss eine große Vorsicht herrschen, versucht man, aus anthropologischen Beobachtungen normative Aussagen zu gewinnen. An verschiedene unrühmliche Beispiele der jüngeren und jüngsten Kirchengeschichte kann erinnert werden, in denen die Berufung auf ein bestimmtes Welt- und Menschenbild in Fragen von Gleichberechtigung oder Homosexualität zu untragbaren normativen Schlüssen geführt hat.[441] Weiterhin gibt es auch in der poli-

---

436 Vgl. Bahne (2000): Die Klugheit als Handlungsprinzip der praktischen Vernunft, 124f.

437 Vgl. Schockenhoff (1996), 152.

438 Vgl. Rhonheimer (2001), 234.

439 Vgl. Schockenhoff (1996), 152.

440 Vgl. a. a. O., 153f.

441 Vgl. Nida-Rümelin (2015): Plädoyer für eine normative Anthropologie, 3f.

tischen Philosophie historische Beispiele, die normative Aussagen auf Annahmen zur Natur des Menschen begründen.[442] Versuchen, eine Anthropologie vollständig auf naturwissenschaftlichen Erkenntnissen basieren zu lassen, muss ebenfalls eine Absage erteilt werden, da hier eine willkürliche und teils nicht nachvollziehbare Auswahl von Tatsachen über den Menschen getroffen wird.[443] Problematisch an diesen Formen der Anthropologie ist, dass sie es unmöglich machen, moralische Fragen zu diskutieren. Wenn eine Antwort auf eine moralische Frage mit dem Verweis auf die menschliche Natur legitimiert wird, kann diese Antwort mit Argumenten nicht allgemein einsichtig widerlegt werden. Die Frage selbst entzieht sich vielmehr jeder Diskussion:

> „Das verstehe ich unter Krypto-Normativität: Statt explizit zu sagen, was einem missfällt, was den eigenen Werten nicht entspricht, und statt zu versuchen, diese Werte zu rechtfertigen, zieht man sich auf eine Argumentationsform zurück, die in Wirklichkeit normativ ist, sich aber als eine nicht-normative tarnt, nämlich als eine Feststellung der objektiven Menschennatur."[444]

Das Vorhaben, ethische Argumente in anthropologische Aussagen einzuarbeiten, führt zu einer Dogmatisierung, durch die alle weiteren ethischen Argumente auf diesen nicht zu hinterfragenden Grundsätzen aufgebaut werden müssen.[445] Genau diese missbräuchliche Verwendungsweise des Naturbegriffs soll in der vorliegenden Arbeit aber ausdrücklich vermieden werden.

3.4.5 Individualität des Handlungsurteils

Eine solche normativ ausgeprägte Interpretation natürlicher Neigungen kann also nicht mehr angenommen werden, da sie die Au-

---

442 Vgl. a. a. O., 4f.
443 Vgl. a. a. O., 5f.
444 A. a. O., 6.
445 Vgl. a. a. O., 6f.

tonomie praktischer Vernunft zu sehr beschränkt. Ein Einfluss der Natur auf die Urteile der praktischen Vernunft darf also nicht in Form eines reinen Ablesens verstanden werden, bei dem die natürlichen Strebungen direkt vorgeben, was als gut und böse beurteilt werden soll.[446] Die praktische Vernunft ist mehr als ein Ableseorgan. Thomas von Aquin versteht sie als allen Neigungen übergeordnet und diese ordnend.[447] Von der Erkenntnis der allgemeinen Gebote bis hin zur Umsetzung im Handeln lässt sich aber keine direkte Verbindung schlagen. Es sind weitere Zwischenschritte notwendig, um vom natürlichen Gesetz zum konkreten Handeln zu gelangen. Diese Zwischenschritte haben zur Folge, dass die Gebote des natürlichen Gesetzes weiter ausdifferenziert werden. Für die konkreteren Gebote gilt, dass sie nicht unmittelbar wie die ersten Prinzipien erkannt werden. Zwar sind sie aus sich selbst heraus wahr. Ihr Verständnis setzt aber die Kenntnis bestimmter Begriffe voraus.[448] Betrachtet man dann aber konkrete Gebote, die aus der Anwendung allgemeiner Prinzipien entstehen, kann nicht mehr von universeller Gültigkeit ausgegangen werden. Zwar werden auch konkrete Handlungsgebote aus den ersten Prinzipien gewonnen, jedoch nicht in Form einer eindeutigen Ableitung. Vielmehr muss auf die konkrete Handlungssituation Rücksicht genommen werden, was höchst unterschiedliche Handlungsurteile erzeugen kann:

> „Im praktischen Bereich wird die Allgemeinverbindlichkeit von Folgerungsgebote [!] nicht aufgrund der Unkenntnis des Menschen verhindert, sondern dadurch, dass einzelne Handlungen Gegenstand der praktischen Vernunft sind. Je zahlreicher und komplexer die Umstände einer Handlung sind, desto schwieriger ist es, das Richtige zu erkennen."[449]

[446] Vgl. Schockenhoff (1996), 172.
[447] Vgl. Ernst (2009), 147.
[448] Vgl. Fritz (2009), 244.
[449] A. a. O., 244f.

An dieser Stelle wird deutlich, warum der praktischen Vernunft nicht bloß das Ablesen des natürlichen Gesetzes in den natürlichen Strebungen zufällt und warum diese nur als grundlegender Orientierungsrahmen verstanden werden. Da menschliche Handlungen als ihr Hauptgegenstand nicht wie Objekte theoretischer Erkenntnis in reiner, unveränderlicher Form vorliegen, können auch ihre Schlüsse nicht von unveränderlicher Form sein. Zwar geht auch die praktische Vernunft von allgemeinen Prinzipien aus. Da aber eine Einzelhandlung viel spezifischer ist und von zahlreichen Bedingungen abhängt, ist die unmittelbare Übertragung eines allgemeinen Prinzips auf eine spezifische Handlung nicht möglich. Dadurch muss es aber zwangsläufig dazu kommen, dass die handlungsleitenden Urteile der praktischen Vernunft ebenfalls situationsabhängig sind und sich trotz der Bezugnahme auf allgemeine Prinzipien deutlich voneinander unterscheiden können. Diese Vielfalt kann dann aber nicht wie bei theoretischer Erkenntnis automatisch als Defekt des Erkenntnisvermögens gewertet werden, sondern ist der Eigenart menschlichen Handelns geschuldet. Weil menschliches Leben und darin vollzogenes Handeln an sich vielfältig und veränderlich sind, können einheitliche und unveränderliche Handlungsaufforderungen im Sinne normativer Vorgaben dem nicht gerecht werden. Einzelhandlungen können so einzigartig sein, dass sie von allgemeinen Aussagen überhaupt nicht erfasst werden können. Wenn Urteile der Vernunft aber nicht aus allgemeinen Prinzipien unmittelbar hergeleitet werden können, entstehen Interpretationsspielräume, aus denen unterschiedliche konkrete Handlungsweisen hervorgehen können.[450]

Die Leistung der praktischen Vernunft besteht demnach nicht im bloßen Erkennen des Guten bzw. allgemeiner natürlicher Prinzipien, sondern in der situationsbezogenen Umsetzung durch konkrete Handlungswahl. Diese Offenheit und Vielfalt können nicht als Defekt angesehen werden, sondern entsprechen der menschlichen Natur, die eine ebenso große Vielfalt im Einzelnen offenbart. Dass die praktische Vernunft nicht das in Wahrheit Gute er-

[450] Vgl. Schockenhoff (1996), 175f.

kennen kann, liegt hier begründet, denn: „Die menschliche Vernunft kann [...] in jedem Wirklichkeitsbereich nur soviel Sicherheit finden, wie dieser überhaupt zu bieten hat."[451] Das kann mit der Tatsache illustriert werden, dass das situationsunabhängige Festhalten an normativen Grundprinzipien in bestimmten Situationen großen Schaden verursachen kann. Deshalb bedarf es weiterer, spezifizierter Handlungsnormen, die diese Besonderheiten im Einzelnen erfassen können. Grundsätzlich sind allgemeine Prinzipien eben nicht in der Lage, die Besonderheiten der Einzelhandlung zu erfassen. Um ihnen gerecht zu werden, ist vielmehr ein zweiter Akt der praktischen Vernunft notwendig. So werden die wenigsten Handlungsaufforderungen der praktischen Vernunft aus einer direkten Ableitung aus allgemeinen Prinzipien getroffen. Erheblich häufiger ist eine eigenständige inhaltliche Ausgestaltung des groben Rahmens, der durch die natürlichen Prinzipien vorgegeben ist. Letztlich ist es also diese kreative Funktion der Vernunft, die aus den allgemeinen natürlichen Prinzipien die konkrete Handlungswahl verursacht. Dadurch kommen der praktischen Vernunft eine große Freiheit und gleichzeitig eine große Kompetenz für die Handlungsentscheidung zu.[452] Die Wahl der richtigen Handlung durch die praktische Vernunft mittels der natürlichen Neigungen fasst Schockenhoff zusammen:

> „Die Auffächerung des obersten Prinzips der praktischen Vernunft in die Vielzahl der Gebote des sittlichen Gesetzes geschieht [...] durch ein Zusammenspiel der Vernunft mit den natürlichen Neigungen, durch das diese in eine vernunftbestimmte Ganzheit integriert werden. Dabei folgt die Erkenntnis von Gut und Böse der Ordnung unter den natürlichen Neigungen, ohne auf ihrer Ebene bereits inhaltlich festgelegt zu sein. Weil sie nur die umrißhaften Ziele angeben, in denen sich unser Menschsein vollendet, bleibt die konkrete Determination des sittlich Guten durch die Festlegung der Mittel Aufgabe der praktischen Ver-

[451] A. a. O., 177.
[452] Vgl. a. a. O., 177f.

nunft, die durch die präzeptiven Akte der Klugheit in das Stadium ihrer konkreten Operationalisierung übergeht."[453]

Ein natürliches Gesetz muss aufgrund der Pluralität der Lebens- und Handlungswirklichkeit folglich immer auf allgemeine Aussagen beschränkt bleiben. Die Ausformulierung konkreter Handlungsregeln fällt der praktischen Vernunft zu, die den naturrechtlichen groben Rahmen selbsttätig und unter Berücksichtigung der zeitbedingten einzigartigen Umstände mit normativen Aussagen in Form von „einzelnen, geschichtlich wandelbaren Tugenden"[454] füllt. Die natürlichen Neigungen sind also Ausgangspunkt und Rahmen für die praktische Vernunft, um je neu und individuell konkrete normativ-praktische Erkenntnis zu gewinnen.

3.4.6 Anthropologische Grundbereiche als Rahmenbedingungen menschlichen Strebens

Die Individualität menschlichen Lebens ist bei Thomas von Aquin sehr präsent. So erkennt er, dass schon allein die physiologischen Grundbedingungen des Menschen auf den zweiten Blick erheblich voneinander abweichen können. Das versteht er aber eben nicht als Abweichung, sondern als Ausdruck menschlicher Vielfalt und Veränderlichkeit. Ausgehend von dieser empirischen Interpretation fragt er sich weiter, „wie groß […] dann der Spielraum für Pluralität und Wandel erst auf der Ebene der moralischen Ordnung"[455] sein muss. Dabei kommt er aber nicht zur Schlussfolgerung, dass eine vollkommene Relativität besteht. Vielmehr unterscheidet er zwischen veränderlichen Aspekten menschlicher Natur und natürlichen Konstanten, die allen Menschen gemein sind und daher als unveränderliche Natur gelten können. Die Wechselseitigkeit von Streben und praktischer Vernunft kommt dabei zur Geltung. Diese „setzt bereits das Streben voraus, dem sie dann ur-

453 A. a. O., 174f.
454 A. a. O., 179.
455 A. a. O., 180.

teilend-ordnend zugleich Richtung gibt“[456]. Die natürlichen Konstanten stellen aber das Ziel natürlichen Strebens dar.[457] Die inhaltliche Bestimmung dieser Konstanten nimmt Thomas analog zu natürlichen Strebungen aller Lebewesen unter Hinzunahme der spezifisch menschlichen Natur vor. Eine Gemeinsamkeit aller Lebewesen besteht danach in ihrem Streben nach Selbsterhaltung und Erhaltung der eigenen Art.[458] Der spezifisch menschlichen Natur zugehörig ist weiterhin das Streben nach Wahrheit und nach Gesellschaft mit anderen. Vorgaben, die sich aus diesen drei natürlichen Strebungen ergeben, sind insofern Teil des natürlichen Gesetzes, als sie dem natürlichen Urteil der Vernunft entstammen.[459] Insgesamt lassen sich auf Grundlage dieser drei Konstanten letztlich nur drei Bereiche unterscheiden, in denen der Mensch auf bestimmte vernunftgemäße Ziele hingeordnet wird:

> „[…] eine mit allen Substanzen gemeinsame Ebene, auf der es um die reine Selbstbewahrung unseres naturhaften Seins geht, eine mit den anderen Lebewesen gemeinsame Ebene, auf der das Zusammenleben der Geschlechter, die Fortpflanzung unserer Art und die Erziehung der Nachkommenschaft anzusiedeln sind, und schließlich die dem Menschsein als solchem eigentümliche Ebene, die von den spezifischen Neigungen gebildet werden, die der Natur der Vernunft selbst entsprechen. Dazu gehört vor allem das Streben nach rationaler Erkenntnis, […] sowie das Verlangen nach einem Leben in menschlicher Gemeinschaft […].“[460]

Die Vagheit der Liste betont Thomas von Aquin ausdrücklich, ebenso wie ihre Unabgeschlossenheit. Das lässt darauf schließen, dass die konkrete, differenzierte Formulierung einer allgemeingültigen Liste nicht sein Ziel ist. Entscheidender für ihn ist vielmehr die Formulierung einer Gemeinsamkeit aller Gebote eines natürli-

---

[456] Merks (1978), 278.
[457] Vgl. a. a. O., 278f.
[458] Vgl. a. a. O., 279.
[459] Vgl. ebd.
[460] Schockenhoff (1996), 171.

chen Gesetzes, welche er im ersten Prinzip der praktischen Vernunft gefunden hat.[461] Thomas beabsichtigt somit nicht, inhaltliche Aussagen zu treffen, sondern hat vor allem das Prinzip der Zuordnung von natürlichen Neigungen und Vernunft im Blick. Die Nennung der drei konkreten Neigungen in ihrer Allgemeinheit muss letztlich eher als Illustration dieses Prinzips und nicht als normative Setzung verstanden werden. Somit bleibt normativ entscheidend immer noch die praktische Vernunft. Was sie als natürlicherweise gut erkennt, und nicht, was beispielsweise Thomas darüber sagt, macht den Inhalt des natürlichen Gesetzes aus. Er will ohnehin nur Aussagen über die praktische Vernunft treffen, nicht aber über die konkreten Inhalte ihrer Erkenntnis.[462] Merks fasst dies zusammen:

> „Ich glaube daher, daß der Artikel nicht so sehr auf die Inhaltlichkeit der lex naturalis hin zu lesen ist, als vielmehr eine andere Intention verfolgt, nämlich eine Aussage über die Struktureinheit der lex naturalis – anhand möglicher Inhalte – unter dem Aspekt ihrer Vernunftbegründetheit."[463]

Wie solche möglichen Inhalte aussehen können, verdeutlicht Schockenhoff. Seine Liste orientiert sich an den drei von Thomas von Aquin benannten Bereichen und nennt dabei nur sehr allgemeine und offene praktische Güter:

> „Diese Güter reichen von elementaren leiblichen Gütern (Leben, Nahrung, Gesundheit) über soziale und kommunikative Güter, die den verschiedenen Formen menschlicher Gemeinschaft entsprechen (Freundschaft, Liebe, Sexualität, Fortpflanzung) bis zu den reflexiven Gütern, die spezifische Möglichkeiten der menschlichen Lebensform realisieren (wissenschaftliche Forschung, Erkenntnis der Wahrheit, künstlerische und spielerische Tätigkeit)."[464]

---

[461] Vgl. a. a. O., 170f.
[462] Vgl. Merks (1978), 280f.
[463] A. a. O., 281.
[464] Schockenhoff (2007), 333.

In dieser Interpretation der thomanischen Glückslehre werden letztlich auf Grundlage der Selbsterfahrung nur noch drei grobe Bereiche genannt, die das Wesen des Menschen beschreiben sollen. Die von Schockenhoff genannten konkreteren Güter dienen nur der Illustration der drei wesentlichen Bereiche leiblicher, sozialer und reflexiver bzw. kognitiver Güter. Der Mensch erfährt sich in seinem Streben selbst als verortet innerhalb dieser drei anthropologischen Grundbereiche. Dabei ist es zunächst nicht entscheidend, wie diese dann ausgestaltet sind und welche konkreten Güter in ihnen vorgefunden werden. Vielmehr können die drei Grundbereiche in allen Theorien des Guten wiedergefunden werden. Die Güterlisten der objektivistischen Ansätze können anhand der hier gefundenen Grundbereiche geordnet und kategorisiert werden. Ebenfalls ist anzunehmen, dass sich ein Großteil aller subjektiven Zielsetzungen mit der leiblichen, der sozialen oder der geistigen Natur des Menschen in Verbindung bringen lässt. Auch die konkreteren Glücksinhalte lassen sich einem oder mehreren Bereichen zuordnen. Auf welche Ziele und Güter sich der Mensch nun aber genau ausrichtet bzw. worin genau das Spezifikum der drei anthropologischen Grundbereiche liegt, bleibt somit dem individuellen Urteil der praktischen Vernunft überlassen.

Die drei Grundbereiche verdeutlichen aber, wie die Rede von den natürlichen Strebungen als Rahmenbedingungen verstanden werden kann. So wird deutlich, was inhaltlich mit dem Kriterium der Vernunftgemäßheit gemeint ist. Was auch immer das Ziel menschlichen Strebens und Handelns ist und welches Verständnis des Guten auch immer zugrunde gelegt wird: Es kann nur dann als vernünftig begründet angesehen werden, wenn es dem Wesen des Menschen entspricht, welches er selbst anhand der anthropologischen Grundbereiche erfährt. Deshalb wird es als unvernünftig angesehen, solche Ziele anzustreben, die den Menschen körperlich schädigen, ihn von anderen Menschen vollends isolieren oder seine geistigen Fähigkeiten verkümmern lassen. Hier greift also die ordnende Funktion natürlicher Neigungen. Die Güter der objektivistischen Ansätze wurden schon als plausible Rahmenbedingungen einer freien Ausrichtung auf selbstgesetzte Ziele verstanden. Allerdings boten sie hinsichtlich ihrer Methodik und hinsichtlich einzelner Güter eine Angriffsfläche. Die drei anthropologischen Grundbereiche teilen diese Schwierigkeiten nicht. Sie begründen sich auf der Erfahrung, die jeder Mensch in seinem Handeln macht, dass es gut ist, das Leben, die Gemeinschaft und den Geist zu fördern. Dadurch dass sie aber so grundlegend sind, ist es äußerst schwierig, einen einzelnen Bereich überzeugend anzugreifen. Sie eignen sich somit in hohem Maße dazu, als materiale Rahmenbedingungen autonomen Handelns zu dienen.

3.4.7 Antworten auf Einwände gegen den Ansatz der anthropologischen Grundbereiche

Ein solcher mit der menschlichen Natur arbeitender Ansatz muss aber gegen verschiedene Einwände verteidigt werden, beginnend mit dem Vorwurf, dass das Naturrecht illegitim vom Sein auf das Sollen schließe. Er würde nur dann zutreffen, wenn die Bereiche theoretischer und praktischer Vernunft nicht in der Weise getrennt wären, wie es bei Thomas von Aquin vorliegt. Dann nämlich würde sich die praktische Vernunft der Urteile der theoretischen Erkenntnis bedienen und auf ihnen eigene Urteile begründen. Sie begründet, wie gezeigt wurde, ihre Urteile aber auf der Grundlage ihrer eigenen Prinzipien aus sich heraus.[465] Auch findet keine direkte Ableitung aus den natürlichen Strebungen statt. Diese beinhalten zwar Rahmenvorgaben für die Urteile der Vernunft, allerdings sind die natürlichen Strebungen nie unmittelbar, sondern immer von der Vernunft geformt relevant. Aus den natürlichen Rahmenbedingungen werden ohnehin noch keine normativen Aussagen gewonnen. Das geschieht ja erst im zweiten Schritt der situativen Handlungswahl der praktischen Vernunft. „Eine naturrechtliche Argumentation nach diesem Muster beruht daher nicht auf einem illegitimen Schluß vom Sein auf das Sollen […].“[466] Vielmehr muss betont werden, dass auch der Vorwurf selbst auf einer

---

[465] Vgl. Schockenhoff (1996), 183.
[466] A. a. O., 184.

metaphysischen Grundlage beruht, nämlich auf der Annahme, dass die empirische erfassbare Wirklichkeit die ganze Wirklichkeit darstellt und nicht nur einen Teil davon. Nur wenn man davon ausgeht, dass praktische Güter nicht Teil der Wirklichkeit seien und die Wirklichkeit an sich somit wertneutral sei, müssen Vorstellungen vom Guten als subjektive Einstellungen angesehen werden. Diese Voranname aber ist weder selbstverständlich noch unproblematisch.[467] Eine solche Sichtweise erfordert vielmehr eine distanzierte, neutrale Beobachterposition. Aus einer Perspektive der ersten Person eines handelnden Menschen heraus werden praktische Güter und Ziele aber als Bestandteile einer Lebenspraxis angesehen werden können.[468] So sind sie ein Teil der Wirklichkeit, der von der praktischen Vernunft erfasst werden kann und die der „Sphäre des gemeinsamen moralischen Handelns"[469] angehören. Unter Berücksichtigung des gemeinsamen Handelns der Menschen ist also eine umfangreichere Wirklichkeitsbetrachtung notwendig, die über die reine Konzentration auf empirische Erkenntnis hinausgeht. Die Fähigkeit, diesen praktischen Teil der Wirklichkeit wahrzunehmen, ist aber die praktische Vernunft. Sie ist somit ein weiteres Erkenntnisvermögen, das die Fähigkeit zu theoretischer Erkenntnis der Wirklichkeit nicht einschränkt.[470] Nicht der Wert empirischer Erkenntnis als solcher muss also kritisiert werden, sondern der „oft nur implizit erhobene Alleinvertretungsanspruch einer empirischen, wertfreien, nur scheinbar objektiven Ontologie für alle Sphären der Wirklichkeit, der tatsächlich zu einem reduktionistischen, eindimensionalen Seinsverständnis führt"[471]. Es besteht vielmehr eine ethische Wirklichkeit des Möglichen im Gegensatz zur empirischen Wirklichkeit des Gegebenen. Einer solchen eigenen Dimension der Wirklichkeit kommt aber auch eine eigene Rationalität zu, die auf die Möglichkeiten in der Wirklichkeit ausgerichtet ist. Grundlage der Erfahrung einer sol-

[467] Vgl. Schockenhoff (2008), 227f.
[468] Vgl. a. a. O., 228f.
[469] A. a. O., 229.
[470] Vgl. ebd.
[471] A. a. O., 230.

chen Wirklichkeit ist aber das erste praktische Prinzip.[472] Zu dieser ethischen Rationalität gehört zum einen eine eigene Sprache, die sich deutlich von einer beschreibenden Sprache unterscheidet und die auf eigene Schwierigkeiten untersucht werden muss. Die ethische Rationalität verwendet weiterhin normative Elemente, zielt darauf ab, inhaltliche Aussagen zu treffen, besitzt schon immer eine bestimmte Tradition und berücksichtigt die grundsätzliche Bedingung der Umsetzbarkeit ethischer Vorgaben.[473]

Ein weiterer Einwand gegen naturrechtliche Ansätze besteht darin, dass weltanschaulich erwünschte normative Inhalte in eine Naturbeschreibung eingepflegt würden, um dann in einem weiteren, letztlich zirkulären Schritt aus dieser Beschreibung Gültigkeit abzuleiten. Durch ein solches Vorgehen verkommt der Naturbegriff zu einer Leerformel, die beliebig mit Inhalten gefüllt werden kann. Das wäre letztlich ideologischer Missbrauch des Naturbegriffs zu Legitimationszwecken.[474] Schockenhoff fasst diese Problematik zusammen:

> „Der Naturrechtsgedanke erscheint als eine Hohlform, die sich mit wechselnden Inhalten füllen kann und einen in Situationen echter Ratlosigkeit […] im Stich lässt. Naturrechtseinsichten beruhen auf Prämissen, […] die anderswo gewonnen sind. […] wandeln sich die Hintergrundannahmen oder verliert die vorausgesetzte Weltdeutung ihre geschichtliche Geltung, so versagen auch die naturrechtlichen Denkmuster ihren Dienst. Sie bieten keine ethische Orientierung mehr, wenn das Koordinatensystem der ihnen zugrunde liegenden Welt- und Menschenbilder durcheinander gerät.“[475]

Der Vorwurf ist nicht leichtfertig von der Hand zu weisen. So können schon bei Thomas von Aquin selbst materiale Aussagen gefunden werden, die die basale Ebene der drei anthropologischen

---

[472] Vgl. Mieth (1999): Moral und Erfahrung I, 36.
[473] Vgl. a. a. O., 36f.
[474] Vgl. Schockenhoff (1996), 190f.
[475] Schockenhoff (2008), 226f.

Grundbereiche übersteigen.[476] Auch im weiteren historischen Verlauf krankten naturrechtsethische Ansätze häufig daran, dass sie bestimmte Inhalte zu natürlichen Gütern oder Neigungen erklärten, dadurch zu absoluten Handlungsverboten kamen und so die individuelle Tätigkeit der praktischen Vernunft in der jeweiligen Einzelsituation aushebelten.[477] In Hinblick auf die erarbeitete thomanische Naturrechtslehre wird aber die veränderliche Gestalt menschlicher Natur berücksichtigt, indem von einer abnehmenden Gewissheit der praktischen Urteile gesprochen wird. Dieses mehrstufige Verfahren und vor allem die Ergebnisoffenheit bezüglich der konkreten Handlungswahl machen diesen Naturrechtsansatz für eine ideologische Vereinnahmung unbrauchbar. Selbst, wenn der Naturbegriff beliebig gefüllt wird, entsteht daraus keine Gewissheit, dass er auch verlässlich normierend auf konkretes Handeln einwirken kann. Dennoch finden sich in den Ausführungen zur praktischen Vernunft bei Thomas von Aquin nicht begründete Vorannahmen, beispielsweise schon die Autonomie und Eigenverantwortlichkeit des Menschen und sein Streben nach Vervollkommnung. Weiterhin zählt hierzu die Annahme, dass das Gute in seiner grundlegenden Form den natürlichen Strebungen entnommen werden kann. „Bei diesen anthropologischen Implikationen handelt es sich jedoch keinesfalls um beliebige Annahmen oder willkürliche Festlegungen, aus denen dann normative Konsequenzen abgeleitet würden.“[478] Sie sollen letztlich nur erläutern, unter welchen Bedingungen die praktische Vernunft überhaupt wirksam werden kann. Diese aber bleibt unbegründet und damit unverfügbar. Letztlich geht es nur um die Grundbedingungen für moralisches Handeln überhaupt, worin auch immer dieses dann besteht. Auch hier werden Setzungen auf einer viel allgemeineren Ebene gemacht, als es für ideologisch motivierte Ansätze notwendig ist, die einen höheren Grad an Konkretion aufweisen müssen. Auf der grundlegenderen Ebene wird letztlich nur das Menschsein überhaupt expliziert, aber noch nichts über dessen angemessene

---

476 Vgl. Ernst (2009), 151.
477 Vgl. a. a. O., 151f.
478 Schockenhoff (1996), 192.

Ausformung ausgesagt. Somit sind diese grundlegenden anthropologischen Annahmen, also die obersten Prinzipien der praktischen Vernunft, weltanschaulich neutral. Sie beschreiben nur die Grundbedingungen des menschlichen Lebens, sagen aber noch nichts über die Frage nach einem guten Leben.[479] Eine solche Festlegung ist vergleichbar mit dem Menschenrechts-Begriff, mit dem ebenfalls keine inhaltlichen Aussagen getroffen werden, sondern nur die Verletzungen der in ihm entfalteten anthropologischen Grundbedingungen benannt werden können. Beide treffen nur Aussagen über die Grundbedingungen und nicht über die Entfaltungsmöglichkeiten des Menschen. Es geht bei den anthropologischen Annahmen also nicht um die Voraussetzungen für bestimmte normative Aussagen, sondern für ethisches Handeln überhaupt.[480] Insofern setzt die Natur dem Handeln des Menschen Grenzen bzw. einen Rahmen, als dass Handeln nicht allein von der Absicht abhängt, sondern auch von den Bedingungen und Umgebungen, unter bzw. in denen es stattfindet:

> „Denn auch wenn das, was ethisch gutes und schlechtes Handeln ist, nicht positiv aus der Natur selbst und einer in ihr liegenden Teleologie und Sinnhaftigkeit entnommen werden kann, [...] stellt die menschliche und außermenschliche Natur mit ihrer Eigengesetzlichkeit und inneren Eigendynamik eine entscheidende Grenze und Vorgabe für die Ermittlung und Begründung ethisch guten und schlechten Handelns dar. Darin [...] liegt der – in nachmetaphysischer Zeit – bleibende Wahrheitskern der Lehre vom natürlichen Sittengesetz.“[481]

Ohnehin erscheint im Zusammenhang mit der hier vorgestellten formalen Definition der Tugend der Rückgriff auf natürliche Strebungen weniger problematisch als im Zusammenhang mit einer eventuellen Begründung konkreter Normen. Dass aus der Natur keine inhaltlichen, normativen Aussagen abgeleitet werden kön-

---

479 Vgl. a. a. O., 192f.

480 Vgl. a. a. O., 193f.

481 Ernst (2009), 221.

nen, wurde deutlich. Im Zusammenhang mit der Tugend wird ja aber nicht nach einer Begründung für konkrete Handlungsregeln gesucht, sondern nach einer Antwort auf die Frage nach dem Guten, auf das sich die Vernunft und das Streben des Menschen ausrichten können. Als Rahmen, in dem diese Antwort gefunden werden kann, können die anthropologischen Grundbereiche dienen. Diese Ausrichtung auf etwas, das allgemein als gut für den Menschen erkannt wird, bleibt auch unter modernen Bedingungen gültig. Die Ausrichtung auf die allgemeinen natürlichen Güter innerhalb der drei anthropologischen Grundbereiche sagt zunächst nichts über das konkrete Handeln aus. Mit dem Tugendbegriff wird ja geradezu betont, dass normative Schlüsse immer nur unter Berücksichtigung der konkreten Handlungssituation und des Handelnden gezogen und nicht verallgemeinert werden können. Welche Handlung aus der Ausrichtung auf die Grundgüter folgt, bleibt also letztlich in der autonomen Verantwortung der praktischen Vernunft.

3.4.8 Zwischenergebnis: Anthropologische Grundbereiche als Orientierungsrahmen tugendhaften Verhaltens

Die drei anthropologischen Grundbereiche geben keine konkrete Antwort auf die Frage nach dem richtigen Handeln. Wohl aber liefern sie einen inhaltlichen Rahmen zur Entfaltung eines tugendbasierten Ansatzes, der auch unter modernen Bedingungen gültig bleibt. Die drei genannten Bereiche der leiblichen, sozialen und kognitiven Dimension des Menschen erscheinen höchst plausibel und zustimmungsfähig. Durch ihre Allgemeinheit und Offenheit lassen sie sich kaum überzeugend hinterfragen. Es kann davon ausgegangen werden, dass diese Bereiche zum Leben nahezu aller Menschen gehören. Durch ihre Herleitung als Gegenstand der Selbsterfahrung des Menschen sind sie nicht an empirische Grundlagen gebunden, die hinterfragt werden können. Es kann also begründet davon ausgegangen werden, dass die anthropologischen Grundbereiche als universelle Rahmenbedingungen menschlichen Glücksstrebens angesehen werden können. Mit ihnen kann eine Unterscheidung zwischen tugendhaftem und nicht tugendhaftem Verhalten allgemeingültig getroffen werden. Sie bilden dann einen groben Orientierungspunkt für die Frage, auf was das Handeln ausgerichtet werden sollte. Ein Handeln, das einer Ausrichtung auf Güter innerhalb dieser Grundbereiche nicht entspricht, wird nicht tugendhaft genannt werden können. Alle Handlungen, die den Menschen aus diesen ihm eigenen Bereichen hinausführen, ihn also körperlich schädigen, von anderen Menschen tief greifend trennen oder seine geistigen Fähigkeiten verarmen lassen, führen ihn nicht zum Glück. Wie genau aber Handlungen oder gelungenes Leben innerhalb dieser Dimensionen aussehen sollte, wird ausdrücklich der eigenständigen Verantwortung der praktischen Vernunft überlassen. Die Auseinandersetzung mit der Interpretation Rhonheimers hat gezeigt, dass bei diesem Ansatz aber unbedingt vermieden werden muss, natürliche Strebungen inhaltlich zu umfangreich zu füllen und dadurch die Autonomie des Individuums zu untergraben. Das würde einen Rückfall in ein Weltbild bedeuten, durch das der Tugendbegriff in seiner Geschichte fast jegliche Bedeutung verloren hat. Der durch die Grundbereiche aufgezeigte Orientierungsrahmen reicht aber schon aus, um das Profil der Tugenden so zu schärfen, dass sie nicht mehr rein formale Konstrukte bleiben. Überprüft werden muss im Hinblick auf den Gegenstand der vorliegenden Arbeit, ob der Schutz des Klimas im Rahmen dieser Grundbereiche liegt oder den Menschen aus ihnen hinausführt. Wenn Ersteres der Fall sein sollte und Klimaschutz die in den anthropologischen Grundbereichen befindlichen Güter befördern oder zumindest schützen kann, würde klimafreundliches Handeln einen Beitrag zu einem guten Leben leisten. Das müsste die Motivation zu klimafreundlichem Verhalten erhöhen.

3.5 Ergebnissicherung: Anthropologische Grundbereiche als allgemeine Grundlage klimafreundlicher Haltungen

Die Betrachtung der verschiedenen Theorien des Guten hatte das Ziel, eine Grundlage für eine Tugendlehre unter modernen Bedingungen zu finden, mit der ein Lösungsansatz für das Motivationsproblem zu klimafreundlichem Handeln geboten wird.

Die individualistischen Theorien konnten dabei inhaltlich nicht über den formalen Glücksbegriff hinausgehen, der schon im Zusammenhang mit der teleologischen Handlungstheorie aufgefunden wurde. Sie gehen in ihrer Reinform davon aus, dass das, worauf sich der Einzelne richtet, das Gute ist. Zwar finden sich gerade bei Wunsch- und Zieltheorien formale Kriterien wie das der Informiertheit. Aus ihnen können aber keine konkreten Erkenntnisse zu spezifischen Glücksinhalten gewonnen werden. Die Frage, was vernunftgemäße Ziele des Strebens sind, bleibt letztlich so offen, wie im Zusammenhang mit dem formalen Glücksbegriff. Es lassen sich lediglich Grundbedingungen vermuten, ohne die eine autonome Wahl der Strebensziele nicht denkbar wäre. Welche Ausrichtung des Strebens als vernunftgemäß und damit tugendhaft angesehen werden kann, wird auf dieser Grundlage aber nicht ausreichend ersichtlich. Somit ermöglichen subjektivistische Theorien des Guten nicht ausreichend, über klimafreundliche Haltungen nachdenken zu können. Sie sind aber dennoch insofern hilfreich für eine Tugendlehre, weil sie zeigen, wie die teleologische Handlungstheorie als Grundlage des Tugendbegriffs in der Moderne ausgestaltet werden kann. Grundsätzlich verdeutlichen sie außerdem den hohen Wert der Autonomie des Menschen und somit die Bedeutung des Kriteriums der Vernunftgemäßheit.

Das Kriterium der Vernunftgemäßheit im Sinne der autonomen Vernunfttätigkeit lässt sich auch bei den objektivistischen Theorien des Guten finden. Maslow und Nussbaum betonen diese menschliche Autonomie und ihre entscheidende Funktion für ein gutes Leben ausdrücklich. Insofern schreiben sie keine letzten Ziele verbindlich vor. Dennoch suchen sie nach Grundbedingungen dafür, dass ein menschliches Leben gelingen und gut genannt werden kann. Die daraus entstehenden Listen verschiedener Bedürfnisse,

Güter oder Fähigkeiten sind nicht identisch, ähneln sich aber hinsichtlich ihres groben Aufbaus und grundlegender Inhalte. Sie zeichnen dabei ein Bild vom Menschsein, das für sehr viele Menschen plausibel erscheinen dürfte und größtenteils in individuelle Konzeptionen des Glücks integriert werden kann. Aufgrund dieser hohen Zustimmungsfähigkeit eignen sich die objektivistischen Theorien des Guten als Grundlage einer Tugendlehre. In Hinblick auf das Klimaproblem würde eine solche Tugendlehre mit hoher Wahrscheinlichkeit zu klimafreundlichem Verhalten führen. Da viele grundlegende Güter des Menschen durch den Klimawandel bedroht sind, muss dieser aufgehalten werden. Klimaschutz würde demnach ein aktives Hinstreben auf grundlegende Güter bedeuten, die es erst ermöglichen, weitere Ziele autonom zu wählen. Sie stellen in dieser Hinsicht unhintergehbare Zwischenziele auf dem Weg zum selbstgesetzten letzten Ziel dar. Insofern können sie als Rahmenbedingungen autonomen Handelns verstanden werden. Trotz dieser hohen Plausibilität, durch die sich die objektivistischen Theorien aus pragmatischer Sicht als Grundlage einer Tugendlehre eignen, können sie hinsichtlich ihrer konkreten Zusammensetzung und ihrer empirischen Grundlagen hinterfragt werden. Eine Schwierigkeit äußert sich darin, dass bei detaillierter Betrachtung und Diskussion der Listen und ihrer einzelnen Punkte Widerspruch aufkommen kann. Der bezieht sich zwar selten auf die grundlegendsten Güter, beispielsweise physiologische, kommt aber bei spezielleren Gütern wie Arbeit, Spiel oder Naturerfahrung auf. Diese Beobachtung verdeutlicht, dass objektivistische Ansätze zwar weitgehend anerkannte, aber eben noch keine von allen Menschen geteilte Vorstellungen vom Glück bereitstellen. Würden sie dies tun, gäbe es keine unterschiedlichen Auffassungen hinsichtlich dieser Listen. Neben der empirischen Grundlage, die ebenfalls zum Gegenstand der Kritik wird, ist hier der hohe Detailgrad der Listen die hauptsächliche Schwierigkeit. Je ausdifferenzierter sie sind, desto mehr Möglichkeiten zum Widerspruch bestehen. Es besteht also theoretisch die Möglichkeit, dass die Listen als Rahmenbedingungen freien Handelns keine Zustimmung erfahren.

Von einer hohen, aber nicht nahezu vollständigen Zustimmung muss auch bei den beiden konkreten Glücksinhalten ausgegangen werden, die als Grundlage der Umwelttugendethik bzw. der theologischen Tugenden dienen. Dass die Natur ein Gut darstellt, das über rein materielle Verrechnungen hinausgeht und als Teil menschlichen Glücks angestrebt werden kann, wird von vielen Menschen geteilt. Der umwelttugendethische Ansatz konnte verdeutlichen, wie effektiv eine solche Ausrichtung das Verhalten des Menschen prägen und verändern würde. Besonders hilfreich sind hier die konkreten Überlegungen, wie durch praktische Erfahrungen in der Erziehung eine Ausrichtung auf die Natur weitergegeben werden kann. Dass die Natur und ihr Schutz das höchste Ziel des Strebens aller Menschen sind, erscheint aber weniger naheliegend, als bei anderen grundlegenderen Gütern. Ein so konkretes einzelnes Gut als allgemeingültiges Ziel anzusehen, würde auch die Gefahr beinhalten, konkrete Glücksinhalte allgemein verbindlich vorzuschreiben. Als allgemeine Grundlage einer Tugendlehre kann dieser Ansatz somit nicht weiter verfolgt werden. Jeder Mensch, der die Bewahrung der Natur als Ziel seines Strebens ansieht, wird aber nach diesem Verständnis durch tugendhaftes Verhalten das Klima wirksam schützen können. Die Natur als Ziel des Strebens ist somit zwar kein verbindlicher, aber ein hoch relevanter Anknüpfungspunkt bei der Frage nach klimafreundlichen Haltungen.

Die Ausrichtung auf Gott konnte als besondere Form des Strebens nach einem letzten Ziel dargestellt werden, die grundlegend auf die freie Entscheidung des Menschen baut. Er wird nicht passiv auf Gott ausgerichtet, sondern kann nur bewusst und frei mit ihm in Gemeinschaft treten. Durch diese Form der wechselseitigen Bezogenheit aufeinander ergeben sich aber verschiedene praktische Auswirkungen, die besonders stark zu klimafreundlichem Verhalten motivieren. Hier sind zunächst die Gelassenheit und Ausdauer zu nennen, die sich aus der Tugend der Hoffnung ergeben. Vor allem aber entsteht durch die Tugend der Liebe eine Verbundenheit zu anderen Menschen und zur gesamten Schöpfung, die sich in einer praktisch gelebten Haltung des Wohlwollens äußert. Diese Haltung führt dann aber zu einer besonderen Motivation, durch den Schutz des Klimas praktisch zum Wohl von Mensch und Natur beizutragen. Dadurch, dass aber eine freie

Entscheidung für den Glauben vorausgesetzt wird, ist es denkbar, dass eine Ausrichtung auf Gott nicht von allen Menschen Zustimmung erfährt. Eine solche möglichst hohe Zustimmung zu einer Glücksvorstellung ist aber die Voraussetzung für eine Tugendlehre, die nicht nur unter der Bedingung des Glaubens, sondern für alle Menschen relevant ist.

Die anthropologischen Grundbereiche stellen aber eine grundlegende Vorstellung vom Glück des Menschen dar, die in ihrer Allgemeingültigkeit und Offenheit kaum überzeugend hinterfragt werden kann. Dass sich der Mensch als leibliches, soziales und geistig tätiges Wesen erfährt, kann allgemein angenommen werden. Alle Vorstellungen darüber, worin das Glück besteht, müssen diese Erfahrung aber ernst nehmen. So lassen sich die drei Ebenen auch in allen weiteren Theorien des Guten aufzeigen. Vor allem stehen sie in Verbindung mit den Güterlisten der objektivistischen Ansätze, deren Einzelgüter sich ihnen zuordnen lassen. Die drei anthropologischen Grundbereiche werden aber nicht von der Kritik an objektivistischen Theorien getroffen. So basieren sie nicht auf einer empirischen Grundlage, die hinsichtlich ihrer Allgemeingültigkeit hinterfragt werden kann. Vor allem aber bietet gerade diese mit dem klassischen Glücks- und Vernunftbegriff arbeitende Theorie die inhaltlich offenste Vorstellung vom Glück. Sie nennt nicht wie die objektivistischen Theorien konkrete Güter, sondern zeigt nur den Ort auf, an dem diese zu finden sind. Welche konkreten Güter angestrebt werden, bleibt der freien Tätigkeit der praktischen Vernunft überlassen. Die drei anthropologischen Grundbereiche fungieren als Rahmenbedingungen dieser freien Ausrichtung des Strebens. Somit sind sie inhaltlich weniger festgelegt als die Rahmenbedingungen, die aus den Güterlisten entstehen, und ermöglichen somit in nochmals höherem Maße die Autonomie des Menschen. Da sie sich somit in die größtmögliche Zahl denkbarer Vorstellungen vom Guten integrieren lassen und da sie in ihrer Allgemeinheit kaum auf Widerspruch treffen können, kann angenommen werden, dass in ihnen drei allgemeine Grundlagen des Menschseins zu sehen sind. Als Grundlage einer Tugendlehre eignet sich diese Vorstellung vom Guten aus zwei Gründen. Zum einen bietet ihr universeller Charakter die Möglichkeit, allgemeine inhaltliche Aussagen zur Tugend zu treffen. Auf welches Ziel auch immer eine vernunftgemäße Ausrichtung des Strebens stattfindet und worin somit eine Tugend besteht, sie wird immer im Rahmen der drei anthropologischen Grunddimensionen liegen. Haltungen, die die Leiblichkeit, die soziale Natur oder die kognitive Dimension des Menschen missachten oder schädigen, sind nicht vernunftgemäß und entsprechend nicht tugendhaft. Jeder Mensch kann sich zwar auch dagegen entscheiden, diese Rahmenbedingungen anzuerkennen und beispielsweise sein Handeln auf kurzfristigen Lustgewinn ausrichten. Allerdings wird er in einer bewussten Bilanz seines Handelns mit einiger Wahrscheinlichkeit zu der Erkenntnis gelangen, dass sein Leben kein wirklich gutes ist oder besser sein könnte. Jeder Mensch, der ein gutes Leben führen und nach seinem Glück streben will, ist also motiviert, praktische Güter innerhalb der drei anthropologischen Grundbereiche anzustreben.

Für die Frage nach klimafreundlichen Haltungen ist aber der Nachweis notwendig, dass der Klimaschutz ein Ziel innerhalb dieser Grundbereiche darstellt. Sollte gezeigt werden können, dass Klimaschutz eine Ausrichtung des Strebens innerhalb der Grundbereiche unterstützt, oder dass sogar eine Klimaschädigung vom Erreichen vernunftgemäßer Ziele innerhalb der Grundbereiche abhält, wären klimafreundliche Haltungen ein entscheidender Faktor beim Streben nach Glück. Hinsichtlich der praktischen Auswirkungen dieser Haltungen muss aber noch gezeigt werden, wie genau eine Ausrichtung des Strebens innerhalb der Rahmenbedingungen der anthropologischen Grundbereiche verstanden werden muss und wie sie das Verhalten prägt. Nur dann würde der praktische Charakter des klassischen Tugendbegriffs berücksichtigt werden. An dieser Stelle kommt der zweite Vorteil dieser Theorie des Guten zum Tragen. Da sie auf der gleichen theoretischen Grundlage wie der klassische Tugendbegriff beruhen, sind die drei anthropologischen Grundbereiche anschlussfähig für Überlegungen zu konkreten Haltungen. Konkret lassen sich aus ihnen die klassischen Kardinaltugenden herleiten. Dadurch können konkretere Erkenntnisse gewonnen werden, was genau unter einer vernunftgemäßen Ausrichtung des Strebens verstanden und ob auf dieser Grundlage der Gedanke klimafreundlicher Haltung ausformuliert werden kann. Aufgrund ihrer inhaltlichen Offenheit und dem daraus resultierenden universellen Charakter und der Verbindung zum Tugendbegriff sollen die drei anthropologischen Grundbereiche als grundlegendes inhaltliches Glücksverständnis für die Überlegungen zu klimafreundlichen Haltungen auf Grundlage des klassischen Tugendbegriffs herangezogen werden.

Dadurch wird aber die Möglichkeit nicht tugendhaften Verhaltens noch nicht ausgeschlossen. Wie schon bei der Betrachtung moderner tugendethischer Ansätze deutlich wurde, ist der Rückgriff auf Tugenden oder Haltungen allein noch nicht ausreichend. Auch wenn hier eine Grundlage gefunden wurde, auf der allgemeine Haltungsbilder aufgebaut werden können, ist damit das Problem klimaschädlichen Verhaltens noch nicht gelöst. Schließlich wird die Möglichkeit unvernünftigen Verhaltens dadurch nicht ausgeschlossen. Hier setzt ja der Vorwurf normativer Kraftlosigkeit an, der aufzeigt, dass eine Tugendethik als eigenständige Alternative an dieser Stelle an ihre Grenzen kommt. Klimafreundliche Haltungen sind somit immer auf eine stabile institutionelle Umgebung angewiesen, die mit normativer Regulierung solch unvernünftiges Verhalten unterbindet. Ebenfalls wurde deutlich, dass individuelle Haltungen durch institutionelle Rahmenbedingungen unterstützt werden können. Damit ein tugendbasierter Ansatz bei der Suche nach klimafreundlichen Haltungen wirksam werden kann, ist er auf geeignete Rahmenbedingungen angewiesen. Diese gesellschaftliche Ebene soll im Folgenden betrachtet werden.

Kapitel 4: Tugend und Gesellschaft

Das Kriterium der Vernunftgemäßheit konnte inhaltlich durch die drei anthropologischen Grundbereiche spezifiziert werden. Der Tugendhafte strebt somit gemäß dem Urteil der Vernunft solche Ziele an, die sich innerhalb dieser Rahmenbedingungen befinden. Allerdings ist es denkbar, dass Menschen aufgrund kognitiver Defizite wie mangelnder Informiertheit oder einfach durch willentliche Entscheidung so handeln, dass sie sich außerhalb dieses Rahmens bewegen und die darin enthaltenen Güter nicht anstreben oder schädigen. Für solches Handeln muss sich zunächst einmal jeder vor sich selbst verantworten, weil die immanenten Folgen seines Handelns zunächst ihn darin hindern, seine Vortrefflichkeit zu erreichen. Der unvernünftig Handelnde hindert sich also zu allererst selbst daran, glücklich zu werden. Allerdings ist die Wahrscheinlichkeit groß, dass die negativen Folgen unvernünftigen Handelns nicht nur den Handelnden selbst, sondern auch andere betreffen. Ein solch ungerechtes Verhalten kann eine Tugendlehre, die vor allem positive Haltungsbilder als Orientierung anbietet, nicht verhindern. Die fehlende Möglichkeit, normativ bindende Aussagen zu treffen, ist schließlich ein gewichtiger und berechtigter Kritikpunkt an tugendbasierten Ansätzen. Zudem könnte eine Tugendlehre auch dann keine Lösung herbeiführen, wenn eine Güterabwägung ansteht, bei der zwischen zwei konkurrierenden, aber vernunftbezogenen Gütern entschieden werden muss. Ein solcher Konflikt im Innern einer Person würde zwar durch die intellektuelle Tugend der Klugheit verhindert. Diese Möglichkeit entfällt aber, wenn ein solcher Konflikt zwischen mehreren Personen besteht, die beispielsweise sich gegenseitig ausschließende Güter anstreben. Vor allem für das zwischenmenschliche Zusammenleben erscheint eine Tugendlehre als nicht ausreichende Grundlage. Dem Argument, niemand könne eine Gesellschaft wollen, in der man sich ausschließlich auf die Tugendhaftigkeit der anderen verlassen müsse, ist zuzustimmen. Um also ein Mindestmaß an richtigem Verhalten zu gewährleisten, muss zu einer Tugendlehre eine normative, institutionelle Regulierung hinzukommen. Die damit einhergehenden Pflichten stellen „strikt bindende moralische Gebote“[1] dar, „die unter den Umständen, unter denen sie gelten, jedenfalls befolgt werden müssen und absoluten Vorrang vor anderen Handlungsgründen, etwa vor solchen der Klugheit, besitzen“[2]. Diese Ebene führt den Menschen zwar nicht zu Vollkommenheit oder zum guten Leben, stellt aber die Mindestbedingungen dafür bereit. Sie dient unter anderem dazu, grundlegende, universelle Rechte und Pflichten festzulegen und umzusetzen. Nicht jedoch können mit Hilfe des Rechts partikulare moralische Überzeugungen oder pflichtüberschreitende Verdienstlichkeiten eingefordert werden. Des Weiteren ist es kein Mittel zur verbindlichen Herstellung allgemeiner moralischer Überzeugungen.[3] Dass der Tugendhafte diese Mindestbedingungen des Verhaltens mit Leichtigkeit übertreffen wird, kann vermutet werden. Ihre Formulierung kann aber die Grenzen einer Tugendlehre ausgleichen, die sich gerade auch im Zusammenhang mit dem Klimaproblem zeigen. Allein auf der Grundlage einer Tugendlehre kann nämlich richtiges (in diesem Fall: klimafreundliches) Verhalten weder vollkommen verbindlich, noch kurzfristig wirksam eingefordert werden. Wie gezeigt wurde, sind für die Vermittlung von Tugenden langfristige Bildungsprozesse und das Vorhandensein von Vorbildern notwendig, deren Haltungen angenommen und praktisch angewendet werden müssen. Die Kenntnis und Einhaltung von Regeln erscheint im Vergleich dazu erheblich weniger aufwendig und verspricht eine schnellere und wirksamere Anpassung des Handelns. Um aber über solche gesellschaftlichen Grundregeln hinaus ein guter Mensch zu werden, der seine Fähigkeiten auslebt und dadurch glücklich wird, ist mehr gefordert, als die Orientierung an Regeln. Die Ebene gerechter gesellschaftlicher Institutionen stellt über diese komplementäre Funktion hinaus eine Grundbedingung des Erwerbs und der Ausübung von

[1] Koller (2001): Die Tugenden, die Moral und das Recht, 169.

[2] Ebd.

[3] Vgl. a. a. O., 176f.

Tugenden dar. Mieth betont die Notwendigkeit dieser institutionellen Ebene:

> „Wenn ich davon ausgehe, dass die personale Qualität des Menschen eine günstige Voraussetzung für die Entdeckung seiner sittlichen Verantwortung ist, dann müssen wir auch sehen, dass die institutionellen Rahmenbedingungen ihrerseits die Möglichkeit der Entstehung von sittlichen Qualitäten in der Person begünstigen oder verringern."[4]

Insofern muss eine stabile Rechtsordnung als Vorbedingung und fördernder Faktor für die Entwicklung tugendhaften Verhaltens angesehen werden. Sie schafft eine Umgebung, in der sich tugendhaftes Handeln lohnt und nicht zum Nachteil wird.[5] Eine Förderung der Tugenden kann das Recht durch „eine breite Palette von Möglichkeiten, von geeigneten Methoden der schulischen Erziehung über die Förderung und Begünstigung erwünschter sozialer Aktivitäten bis zur Bereitstellung von Auszeichnungen und Ehrungen"[6] erreichen. Eine gesellschaftliche Ordnung hat somit die Funktion, normative Regulierung sicherzustellen und die Ausbildung entsprechender Haltungen zu unterstützen. Dazu aber ist es notwendig, dass eine solche Gesellschaftsordnung nicht ausschließlich formale Verfahren einschließt, sondern individuelle Vorstellungen vom Guten und Haltungen ernst nimmt. Eine solche Gesellschaftsordnung wäre eine Grundbedingung dafür, dass ein gesellschaftlicher Wandel zugunsten einer klimafreundlicheren Kultur durch die Veränderung individueller Haltungen hervorgerufen werden kann. Innerhalb einer Gesellschaftsordnung, die individuelle Vorstellungen vom Guten ausschließlich in den Bereich des Privaten verdrängt, hätten klimafreundliche Haltungen keine Auswirkung auf institutionelle Rahmenbedingungen, was einen wirklichen gesellschaftlichen Wandel erheblich erschweren würde. Ein tugendbasierter Ansatz zur Förderung klimafreundlichen Verhaltens ist auf eine

[4] Mieth (1999), 136.

[5] Vgl. Koller (2001), 177f.

[6] A. a. O., 178.

entsprechende institutionelle Offenheit angewiesen. Gleichzeitig profitieren aber auch die gesellschaftlichen Institutionen vom Vorhandensein und der Berücksichtigung individueller Haltungen, wie im Folgenden gezeigt wird.

4.1 Tugend und Institution

Betrachtet man moderne Gesellschaftsordnungen könnte allerdings zunächst die Vermutung naheliegen, dass Vorstellungen vom Guten aus dem politisch-gesellschaftlichen Bereich verdrängt und somit zur Privatsache wurden. Es werden von Politik und Gesellschaft schließlich tatsächlich keine Vorgaben mehr darüber gemacht, was jeder Einzelne unter einem guten Leben zu verstehen hat. Da politische Prozesse in modernen Staaten auf Konsens oder Mehrheiten hin angelegt sind und den Anspruch haben, alle Mitglieder der Gesellschaft einzubeziehen, werden sie weltanschaulich neutral gestaltet.[7] Die Wahl konkreter Glücksinhalte wird den einzelnen Mitgliedern der Gesellschaft überlassen. Politische Entscheidungen basieren somit vor allem auf formalen Normierungsprozessen. „Die Rationalität des Vorgehens, nicht aber die Vernünftigkeit von Werten und Überzeugungen, macht nach modernem Verständnis normative politische Entscheidungen auch zu moralisch richtigen Entscheidungen."[8] Allerdings führt diese Formalisierung nicht zu einer „Entmoralisierung"[9] von Politik und Gesellschaft. So steigt der Bedarf an moralischen Überlegungen mit der Komplexität von Welt, Wissenschaft und Gesellschaft. Immer neue Handlungsmöglichkeiten bringen schließlich immer neue moralische Fragestellungen mit sich, die nicht einfach formal entschieden werden können. Somit sind auch im politischen Verfahren Rückgriffe auf Vorstellungen vom Guten notwendig.[10] In solchen Fällen ist es notwendig, Vor-

---

7 Vgl. Mack (2002), 94.
8 A. a. O., 95.
9 A. a. O., 98.
10 Vgl. a. a. O., 100f.

stellungen vom Guten nicht nur neutral zu betrachten. Vielmehr muss dann innerhalb eines gesellschaftlichen Diskurses beantwortet werden, was im Hinblick auf eine bestimmte Fragestellung als gut angesehen werden kann.[11]

Auf der Grundlage von Konzeptionen des Guten besteht dann aber die Möglichkeit, auch Aussagen über gerechte bzw. ungerechte Institutionen treffen zu können. Institutionen sind schließlich immer durch menschliche Handlungen und Absichten begründet und gestaltet, sodass sie eine indirekte personale Komponente besitzen. So sind Institutionen eben nicht einfach neutral und nur anhand ihres Gebrauchs sittlich qualifizierbar. Vielmehr wird jede Institution wie jedes andere Werkzeug auch vom Menschen mit einer bestimmten Intention erschaffen.[12] Entsprechend sind die Haltungsbilder, die in den Institutionen handelnde Menschen haben, äußerst relevant. So sind bestehende Institutionen auch nur dann wirksam, wenn die in ihnen verwirklichten Grundwerte von einer Mehrheit der Menschen geteilt werden, sie also entsprechende Haltungsbilder in ihrem Handeln sichtbar werden lassen. Ist eine solche Übereinstimmung individueller und institutioneller Wertüberzeugungen nicht gegeben, lässt sich eine entsprechende Institution nur mit Zwang aufrecht erhalten. Allein auf der Grundlage von Zwang ist es aber unmöglich, eine Rechtsordnung durchzusetzen. So sind Zwangsmaßnahmen allein nicht ausreichend, um das Verhalten der Menschen gänzlich dem Recht anzupassen, da es zu viele Gelegenheiten gibt, mögliche Sanktionen zu umgehen. Will man aber alle diese Gelegenheiten verhindern, muss ein unverhältnismäßig hoher Aufwand betrieben werden, der hohe Kosten und unzumutbare Freiheitsbeschränkungen nach sich zöge. Dann aber sind die Zwangsmaßnahmen nicht mehr zu rechtfertigen.[13] Zudem muss sich der Rechtsstaat auf die Kooperation seiner Bürger mit den rechtswahrenden Institutionen verlassen können. So sind Polizei und Justiz auf die Mitarbeit aller „zum Beispiel in Form von Anzeigen, Mitteilungen, Zeugenaussagen

---

[11] Vgl. a. a. O., 100f.
[12] Vgl. Mieth (1984), 68.
[13] Vgl. Koller (2001), 180f.

und dergleichen“[14] angewiesen. Zwar kann man ein gewisses Eigeninteresse der Bürger an einer stabilen Rechtsordnung voraussetzen. Die Kosten, die dem Einzelnen aber durch seine Unterordnung unter ein Rechtssystem zufallen, überwiegen in der Regel den erwarteten Nutzen. „Es spricht daher alles dafür, dass eine effektive Rechtsdurchsetzung nur dann erreichbar ist, wenn es in der Rechtsgemeinschaft hinreichend viele Menschen gibt, die […] bereit sind, zur Rechtsverfolgung nicht ihres Vorteils wegen, sondern einfach um der Gerechtigkeit willen beizutragen.“[15]

Eine weitere Angewiesenheit einer Rechtsordnung auf individuelle Haltungen besteht im Hinblick auf die Verantwortungsträger dieser Ordnung. Regierende Politiker lassen sich letztlich nicht allein aufgrund von zwangsbewehrten Regeln dazu bringen, im Sinne des Gemeinwesens (und nicht im Sinne persönlicher Interessen) zu handeln. Nur durch eine entsprechende Haltung, nicht aber durch Androhung von Sanktionen, können sich Machthaber davor bewahren, ihre privilegierte Position auszunutzen. Eine positive Haltung aber trägt dazu bei, die Rechtsordnung „aktiv mit Leben zu erfüllen und gegen allfällige Angriffe zu verteidigen.“[16] Es besteht also eine Angewiesenheit der staatlichen Institutionen auf die Konzeptionen des Guten, die ihre Mitglieder haben. Die Institutionen müssen zwar den Konzeptionen des Guten gegenüber neutral bleiben, können aber nicht losgelöst von ihnen existieren. Sollten die Wertüberzeugungen der Bürger sich mehrheitlich vom Staat und seiner Verfassung unterscheiden, kann dessen Berechtigung infrage gestellt werden.[17] Hier setzt auch beispielsweise Witschen mit seinem Konzept der Menschen-Tugenden an, das die Umsetzung von Menschenrechten maßgeblich davon abhängig macht, ob es innerhalb einer Gesellschaft „eine entsprechende moralische Substanz“[18], also Haltungen gibt, welche die Menschenrechte vertei-

[14] A. a. O., 181.
[15] A. a. O., 182.
[16] Ebd.
[17] Vgl. Mack (2002), 103f.
[18] Witschen (2011): Menschen-Tugenden, 9.

digen und tragen.[19] Das Bestehen, die Aktualisierung und ihre Sinnhaftigkeit erhält eine Institution wie der Katalog der Menschenrechte letztlich nur durch Individuen mit einer ihr entsprechenden Grundhaltung.[20] „Das Recht als solches schafft aus sich heraus keine zureichende Motivation, sich für den Schutz der Menschenrechte einzusetzen. Der Rückgriff auf moralische Grundeinstellungen [...] ist hier unabdingbar."[21] Durch diese Erkenntnis gewinnt die Ebene des Guten an Bedeutung und Eigenständigkeit. Sie kann eine evaluative Position gegenüber der Ebene des Gerechten einnehmen. Wenn die individuellen Konzeptionen des Guten mehrheitlich den Institutionen widersprechen, muss dies ein Anlass zur Veränderung sein. Gleichzeitig besteht die Kraft gerechter Institutionen unvermindert, individuelle Konzeptionen des Guten auf ihre Gerechtigkeit hin zu überprüfen und so ungerechtem Handeln vorzubeugen. Das Gute in Form von individuellen Haltungsbildern bzw. Tugenden und das Gerechte in Form von Institutionen sind nach dieser Lesart also wechselseitig aufeinander angewiesen. Dem Individuum muss dabei aber immer ein Vorrang vor der Institution zukommen: „Institutionen sind für den Menschen da, nicht der Mensch für Institutionen. Aber daß für den Menschen Institutionen dasein [!] müssen, das ist unbeliebig."[22] Insofern muss die Gutheit von Institutionen immer anhand des Maßstabs geteilter Vorstellungen vom Guten bemessen werden. Zwar werden diese auch von einer Theorie der Gerechtigkeit erfasst, allerdings kann sie nur eine Bewertung des bereits Bestehenden als gerecht oder ungerecht vornehmen. Eine kreative Leistung, die zur Grundlage grundsätzlich neuer Institutionen führt, braucht somit immer einen Rückgriff auf gelebte Haltungsbilder, also die Ebene individueller Konzepte des Guten. Eine Kontrasterfahrung zwischen diesen Konzepten und einer bestehenden Institution führt dann zu einer normativen Kritik an ihr. Geht man also von einer Priorität der

[19] Vgl. a. a. O., 40f.
[20] Vgl. a. a. O., 43.
[21] A. a. O., 44.
[22] Mieth (1984), 69.

Person vor der Institution aus, werden individuell verankerte und gelebte Tugenden benötigt, um Regeln und Ordnungen zu kritisieren und in einem zweiten Schritt zum Besseren (d. h. zum Menschlicheren) hin zu verändern.[23] Ein Missbrauch von Institutionen kann also nur abgewendet werden, wenn die staatliche Macht durch die Bürger kontrolliert wird. Ein solches aktives Mitwirken am Staat lässt sich aber nicht allein mit dem Interesse des Einzelnen an einem funktionierenden Staat begründen. Um dem Argument individueller Unwirksamkeit in Bezug auf die Beeinflussung staatlicher Geschicke entgegenzuwirken, sind auch hier „Tugenden wie Gerechtigkeitsempfinden, Gemeinsinn und Zivilcourage“[24] notwendig.[25]

Ebenso ist aber auch eine positive Wirkung denkbar, bei der die bestehende gerechte Institution durch die praktisch gelebten Haltungen der Menschen bestätigt und getragen wird und vielmehr das Aufkommen schädlicher Alternativen zur Institution abgewehrt werden kann. Tugenden gehen in ihrer Reichweite somit über das Individuelle hinaus, insofern sie konkreten Gegebenheiten (also auch Institutionen, Gesetzen, Regeln usw.) das allgemein menschliche Optimum in Form von gelebten Konzeptionen des Guten gegenüberstellen und sie dadurch verändern.[26] So werden Haltungen nicht nur für die Affirmation bestehender Institutionen benötigt, sondern gerade auch für deren Weiterentwicklung. Zu einer solchen Entwicklung von Institutionen ist es nämlich notwendig, beispielsweise bei Neuformulierungen von Gesetzen, von eigenen Interessen teilweise Abstand zu nehmen und diese dem Gemeinwohl unterzuordnen. Nur wer nicht ausschließlich auf sein Eigeninteresse bedacht ist, sondern eine Haltung der Gerechtigkeit oder Gemeinwohlorientierung besitzt, kann konstruktiv und unparteiisch an Institutionen mitwirken, die eine möglichst breite Zustimmung erfahren.[27] Deutlich wird also, dass durch ein

---

23 Vgl. a. a. O., 70f.
24 Koller (2001), 183.
25 Vgl. ebd.
26 Vgl. Mieth (1984), 70f.
27 Vgl. Koller (2001), 183f.

Zusammenspiel von Tugenden und Institutionen positive Wechselwirkungen hervorgerufen werden können.

4.2 John Rawls' Politischer Liberalismus

4.2.1 „Eine Theorie der Gerechtigkeit": Herleitung und Begründung von Prinzipien der Gerechtigkeit

Dazu braucht es aber eben nicht nur individuelle Haltungen, sondern auch eine entsprechende Gesellschaftsordnung. Es soll hier nicht nach einer konkreten Staatsverfassung gefragt werden, sondern nach einer theoretischen Grundlage, auf der sich eine solche begründen kann. Diese politische Theorie der Gerechtigkeit muss dabei zwei hauptsächliche Kriterien erfüllen. Sie muss erstens eine stabile und gerechte Gesellschaftsordnung begründen können, innerhalb der durch normative Regulierungen nicht tugendhaftes Verhalten sanktioniert werden kann. Diese Aufgabe könnte auch noch von rein formalen Theorien der Gerechtigkeit übernommen werden. Um aber die oben angeführten positiven Wechselwirkungen zwischen Tugenden und Institutionen hervorzurufen, muss sie zweitens offen für individuelle Haltungen und Vorstellungen vom Guten sein.

Auf den ersten Blick erscheint hier schon einmal der politische Liberalismus von Rawls als geeignet, der in der *Theorie der Gerechtigkeit* grundgelegt wird. So verbindet sie zum einen formale und weltanschaulich neutrale Gerechtigkeitsprinzipien mit einer Wertschätzung von Konzeptionen des Guten, denen auch auf gesellschaftlicher Ebene Relevanz zugesprochen wird. Diese Theorie zur Grundlage zu machen, erscheint sowohl in Hinblick auf die Tugendlehre als auch auf das Klimaproblem sinnvoll. Eine gesellschaftlich relevante Wirkung individueller Haltungen setzt voraus, dass sie einen gewissen Stellenwert im gesellschaftlichen Leben erhalten und nicht vollständig ins Private verdrängt werden. Auch aus der Perspektive des Klimaproblems ist es sinnvoll, eine gesellschaftliche Theorie zu betrachten, die den Grundlagen westlicher Gesellschaften ähnelt. In diesem Kulturraum haben so viele Menschen wie nirgendwo sonst die größte persönliche, politische und ökonomische Freiheit, dem Klima durch ihre Einzelhandlung zu schaden oder es zu schützen. Zwar ist auch die Verantwortung politischer und ökonomischer Institutionen hier am größten. Verglichen mit den Möglichkeiten der Menschen anderer Erdteile ist der Klimaschutz hier so sehr wie nirgends sonst auch eine Sache individueller Haltung und Handlung.

Aus diesen Gründen soll das Konzept der Gerechtigkeit als Fairness im Folgenden vorgestellt werden. Es soll überprüft werden, ob es als Grundlage gesellschaftlicher Rahmenbedingungen für eine Tugendlehre dienen kann. Die Literatur zu Rawls und seiner Theorie kann im Rahmen dieser Arbeit nicht ansatzweise vollständig berücksichtigt werden. Vielfach betrifft die produktive Kritik an seiner Theorie Punkte, die im Zusammenhang mit den Wechselwirkung zwischen Institutionen und Tugenden nicht entscheidend sind. Die vielfältigen Auseinandersetzungen zu Detailfragen der rawlsschen Theorie werden dabei zugunsten eines kompakten Überblicks über ihre entscheidenden Elemente nicht aufgenommen. Ein Schwerpunkt wird bei der Betrachtung der Theorie auf die zugrunde gelegte Anthropologie und das Verhältnis zu Theorien des Guten gelegt.

4.2.1.1 Abgrenzung zu anderen ethischen Theorien und rawlssches Selbstverständnis

Die Gerechtigkeit als Fairness wurde von Rawls als Gegenentwurf zum Utilitarismus entworfen. Dessen klassischer Grundgedanke ist die Maximierung des gesellschaftlichen Nutzens, wobei dieser vom Standpunkt eines unparteiischen Beobachters aus bewertet wird. Dadurch werden aber die Individuen einer Gesellschaft gewissermaßen zusammengefasst und vereinheitlicht.[28] Das geschieht durch die Ausweitung des individuell verstandenen Utilitarismus auf die Gesamtgesellschaft. So wägt das utilitaristisch handelnde Individuum zwar auch Nutzen und Kosten ab und ver-

---

[28] Vgl. Kliemt (2006): Rawls' Kritik am Utilitarismus, 97.

teilt diese zeitlich (d. h. es geht jetzt ein Opfer ein, um zu einem späteren Zeitpunkt den Nutzen daraus zu ziehen). Bei der Ausweitung auf die Gesellschaft kommt jedoch eine weitere Komponente hinzu. Dann werden Kosten und Nutzen nicht nur zeitlich verteilt, sondern auch unter den verschiedenen Einzelpersonen. Wie diese Verteilung aussieht, ist zunächst nicht entscheidend: „In beiden Fällen ist die richtige Verteilung die, die zur höchsten Befriedigung führt."[29] Im Idealfall versetzt sich dieser neutrale Beobachter zwar in die Perspektive jeder einzelnen Person und kommt dann auch zu Institutionen, die Freiheit und Rechte des Einzelnen schützen und sich nicht wesentlich von Rawls' Ergebnissen unterscheiden. Ihm geht es jedoch weniger um die Resultate der beiden Ansätze, sondern vielmehr um deren Begründung. So werden die individuellen Rechte und Freiheiten im Utilitarismus nur als Mittel zum Zweck der Gesamtnutzenmaximierung eingeräumt. Sie sind damit also veränderlich und müssten weichen, würde es ein anderes System geben, welches diesen Zweck besser erfüllt. Für Rawls ist die Unverletzlichkeit der Person aber der unumstößliche Ausgangspunkt für Gerechtigkeitsurteile, der unbedingte Berücksichtigung finden muss.[30]

Auch das Menschenbild, das der rawlsschen Theorie der Gerechtigkeit zugrunde liegt, ist in Opposition zu utilitaristischer Anthropologie entwickelt. An dieser wird kritisiert, dass sie von einem zu starken Altruismus ausgeht, der in der Realität nicht vorherrscht. Um eine Steigerung des Gesamtnutzens einer Gesellschaft zu erreichen, müssen ihre Mitglieder zwangsläufig ihren eigenen, individuellen Nutzen und eigene Interessen zurückstellen und ihr Handeln vollständig auf den Dienst an der Gemeinschaft ausrichten. Das lässt sich nicht mit realen Erfahrungen in Einklang bringen. Wahrscheinlicher ist, dass dieser Altruismus vonseiten des Staates erzwungen werden muss und seine Bürger somit gegen ihren Willen alles Individuelle dem gesellschaftlichen Gesamtnutzen unterordnen müssen. Durch die starke Betonung al-

---

29 A. a. O., 98.

30 Vgl. a. a. O., 98f.

truistischen Handelns ist der Utilitarismus zudem erheblich voraussetzungsvoller als eine auf den Aspekt der Gerechtigkeit beschränkte Theorie. Letztlich verpflichtet er jeden Einzelnen auf seinen Begriff des Guten, unter dem er den Gesamtnutzen versteht. Er geht weiterhin insofern von einem nicht realitätsgemäßen Menschenbild aus, als dass er Konflikte, die aufgrund individueller Interessen und knapper Güter entstehen, ignoriert und zugunsten der konfliktfreien Kooperation im Dienste des Gemeinwohls streicht.[31] Die ausschließliche Fokussierung auf den Gesamtnutzen stellt also das hauptsächliche Problem dar. Wenn nur dieser entscheidend ist, kann die Nutzenverteilung auf die einzelnen Gesellschaftsmitglieder beliebig erfolgen. Würde der gesellschaftliche Wohlstand (bspw. gemessen am BIP) nur von zehn Einzelpersonen erwirtschaftet und verwaltet, während alle anderen Mitglieder der Gesellschaft in Armut leben, bestünde aus utilitaristischer Sicht kein Unterschied zu einer egalitären Verteilung des Wohlstands. Auf einer solchen Grundlage kann aber der Schutz des Einzelnen nicht gewährleistet werden. Schließlich können in der Denkweise des Utilitarismus Rechte und Freiheiten von Einzelnen zum größeren Wohl anderer geopfert werden.[32] Innerhalb der Nutzenkalküle des Utilitarismus wird eine Gleichberechtigung der Menschen nicht angestrebt, sondern versucht, einen möglichst großen Gesamtnutzen zu erreichen, auch wenn dies zulasten einzelner Menschen oder Gruppen geht. Da für Rawls jedoch die Garantie gleicher Rechte für eine gerechte Gesellschaftsordnung unabdingbar ist, der Utilitarismus diese aber nicht liefern kann, lehnt er diesen Ansatz ab.[33]

Gleichzeitig lehnt Rawls aber auch die Position des klassischen Liberalismus ab, nach dem das Individuum und seine persönliche Freiheit als der entscheidende Maßstab angesehen werden. Der Gesellschaft kommt in dieser Perspektive lediglich die Aufgabe zu, diese individuelle Freiheit weitestgehend abzusichern. Vom

---

[31] Vgl. Bormann (2006): Soziale Gerechtigkeit zwischen Fairness und Partizipation, 92f.

[32] Vgl. Koller (2006): Die Grundsätze der Gerechtigkeit, 66.

[33] Vgl. Kliemt (2006), 99f.

Staat wird somit nur erwartet, Grundbedingungen dafür zu schaffen, dass jeder Mensch nach eigener Präferenz leben kann. Der gesellschaftliche Einfluss von Konzeptionen des Guten kann im klassischen Liberalismus also nicht erwartet werden, sie werden in den Bereich des Privaten und Individuellen gedrängt. Es werden lediglich Grundregeln formuliert, mithilfe derer möglichst große Freiräume für den Einzelnen geschaffen werden sollen.[34] Als Instrument wird dafür ein freier Austausch auf den Märkten vorgesehen, die möglichst dereguliert gestaltet sein und den Ausgleich unterschiedlicher Interessen garantieren sollen. Eine Übereinkunft über Konzeptionen des Guten ist im klassischen Liberalismus nicht denkbar. Außerdem führt eine solche vollständige Deregulierung nicht ohne Weiteres zu einem Zugewinn an Gerechtigkeit. Die weitgehende Zurücknahme von institutionellen Regelungen führt nicht zu einem sich selbst ausgleichenden offenen Markt, sondern dazu, dass jeder versucht, einen möglichst großen Vorteil für sich zu erlangen. Dadurch findet aber eben kein Ausgleich mehr statt. Es gibt beispielsweise für Wohlhabende keine Motivation, ihre Güter an Bedürftige zu übergeben, solange deren Leid keine unmittelbaren Nachteile für sie selbst hat. „Diejenigen, die keine Ausgangsausstattung bzw. keinerlei Marktmacht im ökonomischen Sinn besitzen, können nur durch langfristige Klugheitsargumente […] in die Präferenzordnung der jeweils anderen einbezogen werden."[35] Der klassische Liberalismus führt also zwar zu einer Maximierung individueller Freiheit, ist jedoch weder in der Lage, Gerechtigkeit zu gewährleisten, noch hat er Instrumente, um zwischen unterschiedlichen Konzeptionen guten Lebens zu vermitteln. Ein Dialog zwischen verschiedenen Konzeptionen ist nicht möglich, weil jede einzelne als private Überzeugung angesehen wird, die weder kritisiert noch auf ihre Gerechtigkeit hin überprüft werden kann.[36] Wie gezeigt wurde, haben aber die individuellen Konzeptionen des Guten bzw. die Haltungen der Einzelnen einen großen Einfluss auf das Bestehen und die

---

[34] Vgl. Mack (2002), 127f.

[35] A. a. O., 131.

[36] Vgl. a. a. O., 131f.

Weiterentwicklung eines Gemeinwesens. Nur von eigeninteressierten Subjekten auszugehen, so wie es der klassische Liberalismus tut, trägt somit weder zum Wohl des Einzelnen, noch zum Wohl des Gemeinwesens selbst bei.[37] Ein liberaler Staat ist aber darauf angewiesen, dass sich seine Bürger mit ihm identifizieren können und das Gemeinwesen als mehr ansehen, als nur ein Mittel zur Gewährleistung individueller Interessen. Die Verlegung des Guten ins Private ist dann aber gerade kontraproduktiv. Vielmehr muss ein solcher Staat versuchen, die Konzeptionen seiner Bürger zu erreichen und Anknüpfungspunkte herzustellen.[38]

Rawls erhebt keinen Anspruch darauf, dass seine Theorie etwas vollkommen Neues ist, sondern stellt sie ausdrücklich in die Tradition anderer Philosophen und Konzepte. So knüpft er an Aristoteles, Kant und den Kontraktualismus an. Seine Theorie sieht er dabei besonders als eine Aktualisierung des Letzteren an. Er grenzt seinen Ansatz dabei von der Vertragstheorie ab, indem er nicht auf die Legitimation staatlicher Herrschaft abzielt, sondern auf die Implementierung von Grundsätzen sozialer und politischer Gerechtigkeit:

> „Er fragt nicht, ob die politische Herrschaft von Menschen über Menschen prinzipiell gerechtfertigt werden kann. Ihn interessiert vielmehr die Frage, wie die grundlegenden gesellschaftlichen Institutionen beschaffen sein müssen, damit die von ihnen abhängigen sozialen Kooperationsbeziehungen als gerecht bezeichnet werden können."[39]

Dabei beschränkt er den Geltungsbereich seiner gerechtigkeitstheoretischen Überlegungen auf den gesellschaftlichen Bereich und schließt damit Fragen nach individueller und internationaler Gerechtigkeit von vornherein aus.[40] Eine weitere Beschränkung erfährt seine Theorie dadurch, dass sie nur Aussagen zur Gerech-

---

[37] Vgl. Kersting (2001): Konjunkturen der Tugend, 67f.

[38] Vgl. a. a. O., 69.

[39] Bormann (2006), 68.

[40] Vgl. a. a. O., 68f.

tigkeit innerhalb einer wohlgeordneten Gesellschaft trifft. Rawls will seine Theorie in einem idealen theoretischen Umfeld entwickeln, wohlwissend, dass die Realität dem häufig nicht entspricht.[41]

4.2.1.2 Begründung der Gerechtigkeitsprinzipien – Der Urzustand und seine Implikationen

Die Entwicklung der Gerechtigkeit als Fairness vollzieht Rawls in einem Dreischritt. Er beschreibt zunächst Grundlagen und Gründe, die für das Zustandekommen seiner Prinzipien der Gerechtigkeit sprechen. Darauf aufbauend erläutert er die Eigenarten der beiden Prinzipien und ihr Verhältnis untereinander. In einem dritten Schritt behandelt er die Anwendung der Prinzipien in einer Gesellschaft.

4.2.1.2.1 Konstruktion des Urzustands

Grundlegendes und prominentestes Element der Theorie der Gerechtigkeit ist der Urzustand, mit dem Rawls sich an klassische Vertragstheorien anschließt. Dieser repräsentiert innerhalb der Theorie der Gerechtigkeit die „höchstmoderne Voraussetzung der Voraussetzungslosigkeit“[42]. So ist es notwendig, die Grundlage gesellschaftlicher Basisprinzipien frei von naturalistischen oder metaphysischen Voraussetzungen zu gestalten, um eine möglichst große Allgemeingültigkeit erreichen zu können. Das so beschriebene Vertragskonstrukt ist kein konkreter, historisch ausformulierter Vertrag. Vielmehr handelt es sich dabei um ein Gedankenexperiment, das sich auf eine bestehende staatliche Ordnung bezieht und deren Legitimität überprüft. Ebenso wenig ist der Urzustand ein bestimmter vorzivilisatorischer Zeitpunkt, sondern eine hypothetische Annahme. Er ist als Gegensatz zum Staatszustand konstruiert, also als eine vollständig regellose Situation, in der Men-

---

[41] Vgl. a. a. O., 69.

[42] Maus (2006): Der Urzustand, 72.

schen nach eigenen Interessen handeln und dadurch in Konflikte geraten, die sie dann nicht gerecht lösen können. „Weil die darin liegende Mißlichkeit jeden trifft“[43], entsteht die Notwendigkeit eines Gesellschaftsvertrages, der den Urzustand hinter sich lässt und einen Staatszustand schafft, der jedem nutzt.[44] „Natur- wie Urzustand [...] bezeichnen gleichsam den Ort, den es weder im Himmel noch auf der Erde gibt – oder anders gesagt: sie bezeichnen die Abstraktion selbst von allem metaphysisch oder weltlich Gegebenem.“[45]

Anzenbacher gibt einen Überblick über die wichtigsten Elemente dieser Fiktion:

> „Wir können die Urzustandsfiktion folgendermaßen skizzieren: Nehmen wir eine Anzahl von Personen an, denen die Aufgabe zukommt, gemeinsam die Grundsätze jener Gesellschaftsordnung festzulegen, unter der sie dann selbst zu leben haben. Es wird vorausgesetzt, daß jede dieser Personen vernünftig, auf ihren Vorteil bedacht und mit einem gewissen Gerechtigkeitssinn ausgestattet ist. Weiters wird angenommen, daß keine dieser Personen weiß, in welchem kulturellen Kontext, in welcher Klasse oder Schicht, in welchem Geschlecht oder Gesundheitszustand, mit welcher Begabung und in welcher Generation sie dieser Gesellschaft angehören wird. Die Personen beraten also unter dem ‚Schleier des Nichtwissens‘. Dieser Schleier macht subjektive Interessen und Präferenzen gegenstandslos.“[46]

Entscheidendes Element des Urzustandes ist somit der Schleier des Nichtwissens:

> „Dieses [...] Konstrukt besagt, daß keine der Vertragsparteien ihre spezifische Position und Interessenlage in einer eingerichteten Gesellschaft kennt, also [jede Partei; F.S.] ihre Interessen

---

43 Höffe (2006): Einführung in Rawls’ Theorie der Gerechtigkeit, 18.
44 Vgl. ebd.
45 Maus (2006), 73.
46 Anzenbacher (2012): Einführung in die Ethik, 256.

> in Unkenntnis ihrer konkreten Interessen vertreten muß und deshalb ihre Nutzenmaximierung notwendig unter die Direktive von Grundsätzen stellt, die der Nutzenmaximierung jeder Vertragspartei dienen."[47]

Demgemäß haben die Parteien der Ursituation lediglich ein allgemeines Wissen über „wirtschaftliche, soziale und politische, auch psychologische Zusammenhänge"[48], da sie sonst keine für die Realität relevanten und logischen Entscheidungen treffen können. Ohne diese grundlegenden Kenntnisse über allgemeine Entscheidungsbedingungen würden alle Entscheidungen einer reinen Willkür unterliegen. Keine Kenntnis besitzen die Parteien allerdings bezüglich ihrer eigenen, besonderen Entscheidungsbedingungen, also beispielsweise über ihre Fähigkeiten oder ihre spätere gesellschaftliche Stellung. Die Entscheidung über die Grundprinzipien der Gerechtigkeit sollen somit auf einer allgemeinen Grundlage ohne den Einfluss individueller Faktoren und somit unparteilich getroffen werden.[49]

Insgesamt ist der Urzustand somit kein Instrument, um tatsächlich eine neue Gesellschaft mit entsprechender Verfassung zu begründen.[50] Er wird anstelle der vorgefundenen gesellschaftlichen Strukturen als Gedankenexperiment gesetzt, anhand dessen Institutionen und Gerechtigkeitskonzeptionen überprüft werden. Die Werkzeuge für diese Überprüfung sind dann die Grundsätze der Gerechtigkeit, auf die sich die Gesellschaft geeinigt hätte, wenn sich ihre Mitglieder im Urzustand befunden hätten.[51] Der Urzustand sagt dabei als Darstellungsmittel aus, dass Gerechtigkeitsgrundsätze dann gut sind, wenn ihnen freie und gleiche Bürger unter fairen Bedingungen zustimmen. Er stellt konkret die rawlsschen Prinzipien der Gerechtigkeit als diese Grundsätze vor.[52] Es

---

[47] Maus (2006), 76f.
[48] Höffe (2006), 20.
[49] Vgl. a. a. O., 19f.
[50] Vgl. Bormann (2006), 69f.
[51] Vgl. Maus (2006), 72f.
[52] Vgl. Hinsch (1997b): Politischer Konsens in einer streitbaren Welt, 22f.

geht hier also nicht um einen fiktiven Vertrag, weshalb dem Konstrukt des Urzustands auch keine normative Bedeutung zukommt. Diese gewinnen die Gerechtigkeitsprinzipien vielmehr aus der Tatsache, dass sie ohnehin schon gesellschaftlich anerkannt sind.[53] Dem Urzustand spricht Rawls somit eher eine erläuternde und überprüfende, denn eine normative Funktion zu.[54] Es geht darum, zu erläutern, wie gerechte Grundsätze aussehen müssen. Insofern beschreibt der Urzustand die notwendigen Bedingungen ihres Zustandekommens. Durch bestimmte Grundgüter, die nach Rawls von allen Menschen erstrebt werden, wird eine Verbindung zwischen Fiktion und Realität geschaffen, durch die man sich mit den Parteien des Urzustands identifizieren kann. Die Grundsätze müssen demnach von freien, gleichen und vernünftigen Menschen übereinstimmend beschlossen werden. Der Schleier des Nichtwissens soll dabei verdeutlichen, dass es sich hier nicht um eine politische Kompromissfindung handelt, bei der unterschiedliche Interessen zu einem Ausgleich gebracht werden und bei der Einzelne versuchen, andere zu übervorteilen. Vielmehr müssen Grundsätze, die nach Rawls gerecht genannt werden, fair beschlossen werden, das heißt, dass alle Beteiligten in größtmöglicher Weise von ihnen profitieren. Weiterhin soll mit dem Vertragsbegriff ausgedrückt werden, dass die Prinzipien öffentlich sind und von allen Beteiligten gekannt und anerkannt werden. Eine weitere Bedingung ist, dass im Urzustand nur solchen Grundsätzen zugestimmt werden kann, die keine unzumutbaren Belastungen nach sich ziehen. Nur dann kann sichergestellt werden, dass diesen auch nach Überwindung des Urzustands weiter zugestimmt wird. Dies hat zur Folge, dass die entsprechenden Grundsätze der Gerechtigkeit mit allen vernünftigen Konzeptionen des Guten vereinbar sein müssen. Es wäre unzumutbar, einem Grundsatz zuzustimmen, der gegen die eigenen innersten Überzeugungen verstößt.[55] Durch die Offenheit und Voraussetzungslosigkeit des Urzustands wird ermöglicht, dass alle Parteien den aus ihm erwachsenden Prinzipien zustimmen

[53] Vgl. Rawls (1998): Politischer Liberalismus, 93f.
[54] Vgl. Hinsch (2002): Einleitung, 13f.
[55] Vgl. a. a. O., 14f.

können, was eine erste Grundbedingung für eine stabile Gesellschaftsordnung ist.

4.2.1.2.2 Anthropologische Prämissen

In der Konstruktion des Urzustandes hält Rawls diese Voraussetzungslosigkeit auch weitestgehend ein. Er arbeitet dennoch mit einigen wenigen anthropologischen Grundannahmen, die er in realen Gesellschaften wiederfindet. Seine Anthropologie nimmt den Menschen als autonomes Individuum wahr, welches eine eigene Konzeption des Guten hat. Der Mensch ist in der Lage, Ziele zu haben und Mittel zu entwickeln, diese zu erreichen.[56] Auf dieser Grundlage wird vorausgesetzt, dass alle Parteien des Urzustandes ihr Eigeninteresse im Sinn haben und versuchen, ihren eigenen Nutzen zu maximieren. In einer Situation knapper Ressourcen gehen damit Konkurrenzverhalten und Interessengegensätze einher.[57] Diese Rede vom gegenseitigen Desinteresse soll nicht zwangsläufig einen extremen Egoismus bedeuten, bei dem ausschließlich auf eigene Belange geschaut wird. Dennoch weist sie darauf hin, dass Menschen sich mit größerer Wahrscheinlichkeit zunächst um sich selbst und ihnen nahe stehende Personen kümmern und erst dann um gesellschaftliche oder globale Interessen.[58]

Grundsätzlich beschreibt Rawls den Menschen aber als moralfähiges Wesen, dem ein Gerechtigkeitssinn und das Vermögen zur Übernahme einer Konzeption des Guten zukommen. Wenn sich auch die Parteien des Urzustandes auf gerechte Institutionen einigen, ist damit noch nicht gesagt, dass sie auch motiviert sind, sich auf diese Institutionen zu verpflichten, wenn der Schleier des Nichtwissens gelüftet wird. Gerade privilegierte Personen könnten leicht in Versuchung geraten, sich dann nicht mehr in vollem Umfang an die Prinzipien der Gerechtigkeit zu halten.[59] Ein solches Verhalten würde aber die Stabilität des gesellschaftlichen Systems

[56] Vgl. Bormann (2006), 93f.

[57] Vgl. Maus (2006), 73f.

[58] Vgl. Bormann (2006), 93f.

[59] Vgl. Scarano (2006): Der Gerechtigkeitssinn, 232.

massiv gefährden.[60] Hier kommen aber die moralischen Fähigkeiten des Einzelnen ins Spiel, die mit dem Gerechtigkeitssinn gemeint sind. Dieser besteht in der „Fähigkeit, etwas als gerecht oder ungerecht zu beurteilen und dafür Gründe anzuführen“[61]. Daraus folgt weiterhin in der Regel eine Motivation zu einem Verhalten gemäß dieser Erkenntnisse. In dieser Hinsicht muss aber eine politische Konzeption so ausgerichtet sein, dass die Alltagsurteile der Menschen mit ihren Grundsätzen übereinstimmen.[62] So wird es ihren Mitgliedern ermöglicht, einen Gerechtigkeitssinn zu entwickeln, durch den sie dazu motiviert werden, die gerechten Institutionen anzuerkennen und zu unterstützen. Rawls spricht jedem Menschen das mit diesem Gerechtigkeitssinn verbundene Bedürfnis zu, die Rechte und Ansprüche anderer zu achten und sich infolgedessen an die Prinzipien zu halten.[63] Hier zeigt sich also ein Zusammenhang zwischen der Moralfähigkeit der Gesellschaftsmitglieder und dem Gesellschaftssystem, bei dem sich beide wechselseitig stärken.[64] Er hat somit klar im Blick, dass eine Gesellschaft und ihre Regeln nur dann Akzeptanz erhalten, wenn es zumindest eine gewisse Übereinstimmung mit den individuellen moralischen Urteilen gibt. Diese Betonung des Individuellen wird in Hinblick auf die Fähigkeit zur Übernahme einer Konzeption des Guten noch deutlicher.

Den Begriff einer Konzeption des Guten definiert Rawls nicht konkret. Hinsch interpretiert ihn aber folgendermaßen:

> „Er bezeichnet den Inbegriff derjenigen Überzeugungen einer Person, die ihre praktischen Überlegungen bestimmen und dadurch Einfluß auf ihr Handeln gewinnen. Eine Konzeption des Guten ist nicht identisch mit einer Präferenzordnung oder einem Lebensplan – obwohl beides normalerweise dazugehört – und umfaßt neben Werturteilen auch Ideale, Normen und Tu-

---

60 Vgl. Bormann (2006), 97f.

61 Rawls (1979): Eine Theorie der Gerechtsgkeit, 66.

62 Vgl. ebd.

63 Vgl. Bormann (2006), 97f.

64 Vgl. Scarano (2006), 233.

> gendvorstellungen sowie eine Sicht der Welt, welche die entsprechenden Einstellungen und Überzeugungen als sinnvoll erscheinen läßt."[65]

Mit diesem Element bildet die rawlssche Konzeption eine in der Realität wiederzufindende Pluralität von Wertüberzeugungen und Weltanschauungen ab. Zwar müssen auch die individuellen Konzeptionen des Guten am Maßstab des Gerechten gemessen werden, sodass ungerechte Vorstellungen vom Guten nicht legitim sein können. Außerhalb dieser formalen Richtlinie werden aber keine Einschränkungen gemacht und somit nicht der Versuch unternommen, Wertüberzeugungen vorzugeben.[66] Was also die letzten Ziele sind, bleibt grundsätzlich offen. Aufgrund der Pluralität von Glücksvorstellungen ist es nicht möglich, mittels des Glücksbegriffs eine Gesellschaft durch vorgegebene Glücksinhalte zu formen. Dies ist nur mittels eines konsensfähigen Gerechtigkeitsbegriffs möglich.[67] Hier bestehen große Ähnlichkeiten zu dem im zweiten Kapitel vorgestellten formalen Glücksbegriff. Letztlich bleibt im Begriff des Lebensplans nur die formale Bestimmung, nach dem Glück zu streben, worin auch immer das Glück bestehen mag und wie auch immer das Streben letztlich gestaltet wird.[68] Grundsätzlich wird an diesem Punkt die rawlssche Gesellschaftstheorie für individuelle Haltungen geöffnet.

Bis zu diesem Punkt stellt sich der von Rawls beschriebene Mensch als sehr autonom und individuell dar. Er verfolgt vor allem seine eigenen Interessen und entwickelt selbstständig eine eigene Vorstellung vom Guten. Er ist in der Lage, seine eigenen Ziele festzulegen und diese auch zu erreichen. Auf dieser Grundlage könnte man von der Möglichkeit einer grundsätzlichen Verschiedenheit der Menschen ausgehen, so wie das klassisch liberale Positionen auch tun. Rawls erweitert seine anthropologischen

---

[65] Hinsch (2002), 9f.

[66] Vgl. Bormann (2006), 98f.

[67] Vgl. Kersting (2006): Die Gerechtigkeit zieht die Grenze, und das Gute setzt das Ziel, 214f.

[68] Vgl. a. a. O., 215f.

Aussagen aber um das Element sozialer Grundgüter, „d. h. Dinge von denen man annehmen kann, daß sie jeder vernünftige Mensch haben will"[69]. Er definiert das Wohl des Menschen in Konsequenz zu seinen bisherigen, die Autonomie des Menschen betonenden Aussagen als die erfolgreiche Ausführung eines vernünftigen Lebensplans. Eine solche ist aber nicht ohne Weiteres möglich, sondern nur auf der Grundlage bestimmter Grundgüter, die für einen solchen Lebensplan konstituierend sind und vom Zusammenspiel der Mitglieder einer Gesellschaft erschaffen werden. Diese unterscheidet er von den natürlichen Grundgütern „Gesundheit und Lebenskraft, Intelligenz und Phantasie"[70], also menschlichen Fähigkeiten, deren Ausprägung nicht vorrangig gesellschaftlich beeinflusst ist. Als hauptsächliche gesellschaftliche Grundgüter sieht er dabei „Rechte, Freiheiten und Chancen sowie Einkommen und Vermögen"[71], außerdem „das Grundgut der Selbstachtung"[72] an. Diese sozialen Grundgüter dienen als Ziele für die Parteien des Urzustandes. Die Parteien erstellen sich demzufolge die Grundsätze, nach denen sie möglichst viele der Grundgüter erhalten und es werden dann solche Grundsätze angestrebt, die jeder Person möglichst viele Güter zukommen lassen.[73] In dem Streben nach einem Maximum dieser Grundgüter sieht Rawls auch unter der Bedingung pluralistischer Gesellschaften ein universales Kriterium des Guten gegeben. So können die Grundgüter für unterschiedlichste vernünftige Lebenspläne als einende Grundlage gelten. Er formuliert hier also nicht eine umfassende Konzeption des Guten, sondern nur minimale Grundbedingungen für solche umfassenden Konzeptionen.[74] Die von ihm genannten Güter lassen sich in die drei anthropologischen Grundbereiche einfügen. Aufgrund der Schwerpunktsetzung hinsichtlich gesellschaftlicher Fragen richtet sich seine Liste auf den ersten Blick besonders auf die soziale

69 Rawls (1979), 83.
70 Ebd.
71 Ebd.
72 Ebd.
73 Vgl. Kersting (2006), 212f.
74 Vgl. Koller (2006), 46.

Natur des Menschen, für die Fragen der Gerechtigkeit besonders entscheidend sind. Dabei werden aber ebenso die anderen beiden Grundbereiche beachtet, beispielsweise durch die Erwähnung des Einkommens und bestimmter Freiheiten, vor allem aber durch die Nennung der natürlichen Grundgüter, die Rawls zwar anerkennt, aufgrund der Schwerpunktsetzung seiner Überlegungen aber nicht weiter berücksichtigt. Die Erweiterung der Fähigkeit zur Übernahme einer Konzeption des Guten um eine schwache Güterliste mit begrenztem Geltungsbereich führt dazu, dass keine Beliebigkeit hinsichtlich möglicher Konzeptionen des Guten vorherrscht, wie dies beispielsweise beim klassischen Liberalismus der Fall ist. Nach diesem Verständnis werden alle Vorstellungen vom Guten durch einen Konsens auf gewisse grundlegende Güter miteinander verbunden. Rawls politische Theorie der Gerechtigkeit basiert somit nicht nur auf gerechten Verfahren, sondern wird, allerdings sehr sparsam, um einige wesentliche materiale Elemente im Bereich der zugrunde gelegten Anthropologie ergänzt.

Die Kritik an der rawlsschen Güterliste unterscheidet sich hinsichtlich ihrer Argumentationen nicht von den Positionen, die im vorherigen Kapitel betrachtet wurden. So wird auch Rawls eine nicht angemessene Auswahl vorgeworfen, bei der entscheidende Güter nicht berücksichtigt werden.[75] Die Kritik gipfelt in der Annahme, hier sei eine willkürliche Schwerpunktsetzung vorgenommen worden, die maßgeblich durch die persönlichen Überzeugungen und Ansichten Rawls' beeinflusst worden sei.[76] Deutlich wird durch diese Kritik aber, dass Rawls Annahmen über den Menschen und das für ihn Gute voraussetzt, diese in seine Gerechtigkeitstheorie einfließen lässt und somit den Rahmen einer rein auf gerechten Verfahren basierenden Theorie verlässt. Seine materialen Vorannahmen lassen sich zwar nicht formal begründen, sind aber im Vergleich zu Annahmen anderer Theorien des Guten noch recht schwach. Vertreter rein formal orientierter

[75] Vgl. a. a. O., 47.

[76] Vgl. Bormann (2006), 101.

Ansätze werden an dieser Stelle dennoch nicht zustimmen können. Gleicht man die sozialen Grundgüter jedoch mit der Realität ab, sieht man, dass Dinge wie ein Sinn für Gerechtigkeit oder das Bedürfnis nach Autonomie und die Annahme einer Konzeption des Guten weitläufig anerkannt und somit weniger strittig sind, als formalistisch geprägte Autoren suggerieren. Auch die Glücksrelevanz von materiellen Gütern ist keine willkürliche Setzung von Rawls. Wie gezeigt werden konnte, wird sie im Rahmen tugendbasierter Ansätze von verschiedenen Autoren geteilt und weist darüber hinaus eine Plausibilität auf. Die anthropologischen Aussagen der *Theorie der Gerechtigkeit* übersteigen zwar eine rein formale Ebene, sind aber plausibel und zustimmungsfähig. Darüber hinaus sind sie anschlussfähig an die bisherigen Erkenntnisse zum Handeln und Glück des Menschen. So lässt sich die Betonung der menschlichen Autonomie mit dem Kriterium der Vernunftgemäßheit verbinden. Außerdem bewegt sich die von Rawls vorgestellte Güterliste inhaltlich im Rahmen der drei anthropologischen Grundbereiche. Die anthropologischen Aussagen sind demnach nicht willkürliche Setzungen ihres Autors, sondern können an philosophische Denktraditionen angebunden werden, auf die auch im Rahmen dieser Arbeit zurückgegriffen wurde.

Die Berücksichtigung individueller Haltungen kommt besonders durch das Element des Überlegungsgleichgewichts zur Geltung. Damit gemeint ist ein gesellschaftlicher Zustand, in dem die Gerechtigkeitsgrundsätze mit den tatsächlichen moralischen Überzeugungen der Mitglieder einer entsprechenden Gesellschaft übereinstimmen:

> „Wenn […] die sich ergebenden Grundsätze unseren wohlüberlegten Gerechtigkeitsvorstellungen entsprechen, ist es gut. Doch wahrscheinlich wird es Abweichungen geben. Dann können wir zweierlei tun. Wir können entweder die Konkretisierung des Urzustands oder unsere gegenwärtigen Urteile abändern […]. […] so, glaube ich, gelangen wir schließlich zu einer Konkretisierung des Urzustandes, die sowohl vernünftigen Bedingungen genügt als auch zu Grundsätzen führt, die mit unse-

ren [...] wohlüberlegten Urteilen übereinstimmen. Diesen Zustand nenne ich Überlegungs-Gleichgewicht."[77]

Ein solches soll innerhalb des Urzustands gebildet werden, indem alle Parteien rein rational über die Gerechtigkeitsgrundsätze entscheiden.[78] Der Urzustand wird so konstruiert, dass ein Rückgriff auf die (von individuellen Strebungen bereinigten) moralischen Urteile seiner Teilnehmer erfolgen muss.[79] Die ursprüngliche Vertragssituation ist demnach zwar von individuellen Präferenzen befreit, wird jedoch durch kulturelle und gesellschaftliche Ausprägungen beeinflusst. Der theoretische Urzustand wird immer zur Legitimation von Gerechtigkeitsprinzipien einer bestimmten Gesellschaft herangezogen und ist somit nie ahistorisch bzw. universell. So bilden die wohlüberlegten moralischen Urteile der Urzustandsteilnehmer die Grundlage für die daraus hervorgehenden Prinzipien der Gerechtigkeit. Rawls' Überlegungsgleichgewicht meint dann einen Ausgleich zwischen beiden Instanzen, der sowohl die Anpassung der Prinzipien wie auch der Überzeugungen zur Folge haben kann. Ziel ist es, eine Übereinstimmung zwischen beiden herzustellen. Hier findet also der Rückgriff auf eine konkrete Realität statt, indem eine wechselseitige Bezüglichkeit zwischen vernunftbasierten Prinzipien und tatsächlich vorgefundenen Überzeugungen hergestellt wird.[80] An dieser Stelle wird deutlich, dass Rawls die Stabilität einer Gesellschaft nicht ausschließlich von ihren gerechten Prinzipien abhängig macht, sondern von deren Zusammenwirken mit den individuellen Konzeptionen des Guten.

4.2.1.2.3 Maximin-Regel

Dass sich die Parteien des Urzustands daraufhin für die zwei Prinzipien der Gerechtigkeit entscheiden, die im Folgenden vorgestellt

---

[77] Rawls (1979), 38.
[78] Vgl. Bormann (2006), 72f.
[79] Vgl. Höffe (2006), 22f.
[80] Vgl. a. a. O., 23f.

werden, begründet Rawls entscheidungstheoretisch auf Grundlage der Maximin-Regel:

> „Die Maximin-Regel ordnet die Alternativen nach ihren schlechtesten möglichen Ergebnissen: man soll diejenige wählen, deren schlechtestmögliches Ergebnis besser ist als das jeder anderen."[81]

Diese Entscheidungsregel sei im Urzustand vernünftigerweise zu wählen und auf ihrer Grundlage komme man zu einer Entscheidung für die beiden Grundsätze der Gerechtigkeit.[82] Dafür sieht er drei Gründe: Zum einen verhindere der Schleier des Nichtwissens die Sicherheit der Kenntnis über die individuelle Lage. Weiter seien die Teilnehmer nicht daran interessiert, mehr Gewinn zu machen, als das sicher erreichbare Minimum. Außerdem hätten sie ein Interesse daran, die mit manchen Entscheidungsalternativen verbundenen Risiken zu vermeiden.[83]

An der Verwendung dieser Regel wird jedoch vielfältig Kritik geübt. Sie sei nur aus einer pessimistischen Perspektive heraus verständlich, die eher davon ausgehe, man befinde sich in einer schlechten gesellschaftlichen Stellung.[84] Diese äußerst risikovermeidende Annahme eigne sich aber in keiner Weise für alltägliche Entscheidungssituationen, auch nicht für Entscheidungen unter Unsicherheit, wie sie im Urzustand getroffen würden. So impliziere die Regel bereits Annahmen über die Eintrittswahrscheinlichkeit bestimmter Ereignisse. Sie gehe entweder von einer hohen Wahrscheinlichkeit aus, dass das schlechteste Ereignis eintreffe, also dass sich die einzelne Partei des Urzustandes in der am wenigsten begünstigten sozialen Stellung wiederfinde. Als zweite Möglichkeit impliziere die Regel eine gleiche Wahrscheinlichkeit. Der erste Fall widerspreche dem Schleier des Nichtwissens, da hier auf Grundlage der Annahme einer bestimmten sozialen

[81] Rawls (1979), 178.
[82] Vgl. Koller (2006), 64f.
[83] Vgl. Bormann (2006), 76f.
[84] Vgl. Höffe (2006), 21.

Schicht entschieden werde, was individuelle Präferenzen hervorrufe. Bei Annahme gleicher Wahrscheinlichkeit entstehe eine enge Verbindung zum Utilitarismus, gegen den Rawls ausdrücklich argumentiere.[85]

Hinsichtlich des Ziels, auch den Schwachen Rechte und Privilegien zukommen zu lassen, scheint diese Perspektive aber durchaus plausibel. So lässt sie sich nicht nur anhand einer pessimistischen Weltsicht nachvollziehen, sondern auch und vor allem aus der Sicht derjenigen, die eine Theorie der Gerechtigkeit am dringendsten nötig haben.[86] Nicht nur löst der Urzustand die Perspektive des unparteiischen Beobachters einer Gesamtgesellschaft, welche dem gesellschaftlichen Nutzen den Vorrang einräumt, durch die Perspektive der Einzelperson mit Fokus auf dem Individualnutzen ab: Durch die Anwendung der Maximin-Regel wird darüber hinaus die Perspektive der am meisten Benachteiligten eingenommen. Die Unsicherheit durch den Schleier des Nichtwissens „zwingt […] gerade den nutzenmaximierenden Akteur, sich in die Lage der Unterprivilegiertesten zu versetzen"[87]. Diese Rahmenbedingungen machen die Moralität der rawlsschen Konzeption aus, die sich dadurch von bloßen Rationalitätsüberlegungen abhebt. Dabei bleiben die Personen im Urzustand auf ihre öffentliche Identität limitiert. Hervorgebracht wird keine Theorie der Moral, sondern eine Theorie politischer Gerechtigkeit, die moralisches Verhalten erst ermöglicht.[88]

4.2.1.3 Prinzipien der Gerechtigkeit und ihre Vorrangregeln

Als Ergebnis der urzuständlichen Wahl präsentiert Rawls zwei Prinzipien der Gerechtigkeit. Sie haben die Funktion, die konkurrierenden Interessen der Parteien des Urzustandes auszugleichen und dadurch eine vorteilhafte soziale Kooperation zu ermöglichen. Die Prinzipien lauten:

---

[85] Vgl. Koller (2006), 67f.
[86] Vgl. Maus (2006), 80.
[87] Ebd.
[88] Vgl. a. a. O., 80f.

> „Erster Grundsatz
> Jedermann hat gleiches Recht auf das umfangreichste Gesamtsystem gleicher Grundfreiheiten, das für alle möglich ist.“[89]

Der zweite Grundsatz wird weiter aufgegliedert in ein Unterscheidungs- oder Differenzprinzip und ein Prinzip der fairen Chancengleichheit:

> „Zweiter Grundsatz
> Soziale und wirtschaftliche Ungleichheiten müssen folgendermaßen beschaffen sein:
> (a) sie müssen unter der Einschränkung des gerechten Spargrundsatzes den am wenigsten Begünstigten den größtmöglichen Vorteil bringen, und
> (b) sie müssen mit Ämtern und Positionen verbunden sein, die allen gemäß fairer Chancengleichheit offenstehen.“[90]

Dabei richtet sich der erste Grundsatz auf bürgerliche und politische Rechte, der zweite auf materielle (a) und auf nichtmaterielle (b) Interessen. Der erste Grundsatz deckt größtenteils Bürger- und Menschenrechte ab und sichert sie allen Menschen in gleicher Weise zu.[91] Unter den Grundfreiheiten versteht Rawls „einen Satz von rechtlichen Regeln, die es den Menschen freistellen, gewisse Dinge nach eigenem Gutdünken zu tun oder zu unterlassen, und dieses Tun oder Unterlassen zugleich vor fremden Eingriffen zu schützen“[92]. Der dem ersten Prinzip zugrunde gelegte Freiheitsbegriff umfasst somit drei Aspekte: Die Freiheit des Individuums, seine Freiheit von illegitimen Beschränkungen und seine Offenheit auf Handlungsoptionen hin. Dabei werden vor allem negative Freiheiten betont, die den Menschen von Zwängen und Beschränkungen befreien.[93] Der Status von Grundfreiheiten kommt diesen

---

[89] Rawls (1979), 336.
[90] Ebd.
[91] Vgl. Höffe (2006), 11.
[92] Koller (2006), 55.
[93] Vgl. Bormann (2006), 84.

Regeln dann zu, wenn sie für das selbstbestimmte Leben eines jeden Menschen so fundamental sind, dass sie nicht Gegenstand von Mehrheitsentscheidungen sein können, weil angenommen werden muss, dass sie ohnehin im Interesse jedes Menschen liegen. Rawls versteht diese Grundfreiheiten nicht als isoliert voneinander und wird ihrer Interdependenz dadurch gerecht, dass er nicht einzelne Freiheiten, sondern ein (möglichst umfangreiches) Gesamtsystem an Grundfreiheiten für alle mit seinem ersten Grundsatz der Gerechtigkeit einfordert.[94]

Dass es Ungleichheiten auch in einem solchen System gleicher Rechte gibt, wird mit dem zweiten Grundsatz berücksichtigt. Diese Ungleichheiten sind aber ausschließlich im wirtschaftlichen und gesellschaftlichen Bereich zulässig, aber nur dann, wenn sie dazu dienen, bereits schlechter gestellte Menschen zu unterstützen und ihren Nutzen zu fördern.[95] Ein Staat darf demnach soziale oder wirtschaftliche Differenzen nur dann zulassen, wenn diese den am meisten Benachteiligten den größtmöglichen Nutzen bringen. Der Teil *(b)* des zweiten Grundsatzes betrifft den Zugang zu gesellschaftlicher und kultureller Teilhabe im Sinne demokratisch legitimierter Ämter, die niemandem aufgrund seiner natürlichen Eigenschaften verwehrt werden dürfen.[96] Mit Blick auf die Frage nach intergenerationeller Gerechtigkeit führt Rawls das Element einer Sparquote ein. Der gerechte Spargrundsatz nimmt zukünftige Generationen in den Blick und auch dabei wieder die am wenigsten Privilegierten. Ziel ist es, dass gegenwärtiges Handeln nicht zulasten zukünftig lebender Menschen geschieht. Dabei besteht natürlich die Schwierigkeit, die genauen Bedürfnisse und die Entwicklung der Verfügbarkeit von Gütern vorherzusagen. Notwendig wären dann aber eher hohe Sparraten, wenn man bei unsicheren Vorhersagemöglichkeiten die Generationengerechtigkeit garantieren will. Rawls fordert zugleich aber, dass die von diesen Sparraten Betroffenen an anderer Stelle einen Ausgleich erhalten müssen, d. h. nicht noch

---

[94] Vgl. Koller (2006), 55f.

[95] Vgl. Höffe (2006), 11.

[96] Vgl. a. a. O., 11f.

zusätzliche Belastungen erfahren. Wie hoch die durchs Sparen entstehenden Belastungen aber tatsächlich sein dürfen, ohne dass sie für die Betroffenen ungerecht werden, wird nicht konkret angegeben. Letztlich lassen sich solche konkreten Angaben aber nur in Relation zur wirtschaftlichen Position machen, auch wenn dadurch im intergenerationellen Vergleich eine Ungleichheit der Sparmaßnahmen die Folge wäre.[97]

Bei der inhaltlichen Ausgestaltung seiner Gerechtigkeitsprinzipien legt Rawls besonderen Wert auf ihr Verhältnis untereinander, welches er schrittweise herleitet. Sein Ausgangspunkt ist dabei ein egalitäres Gerechtigkeitsverständnis, nach dem alle Grundgüter möglichst gleichmäßig zu verteilen sind. Unter den für die Gerechtigkeitsprinzipien relevanten Grundgütern versteht er wie oben gezeigt alle Dinge, die jeder Mensch vernünftigerweise zur Verwirklichung seiner Lebenspläne benötigt und deren Verteilung institutionell gesteuert werden kann. Er fasst die sozialen Grundgüter unter zwei Oberbegriffe (Rechte/Freiheiten, wirtschaftliche Güter) zusammen und ordnet ihnen jeweils ein Gerechtigkeitsprinzip zu.[98] Dabei räumt er besonders dem Bereich der Freiheiten eine große Bedeutung ein. Es geht dabei um „elementare Grundfreiheiten, in deren Zentrum die politische und die persönliche Freiheit des Individuums steht"[99]. Bei diesen Freiheiten kann es nach Rawls nur eine Gleichverteilung und vor allem eine möglichst weitreichende Absicherung geben. Aus diesem Grund hat das erste Prinzip Vorrang vor dem zweiten Prinzip:

> „Erste Vorrangregel (Vorrangregel der Freiheit)
> Die Gerechtigkeitsgrundsätze stehen in lexikalischer Ordnung; demgemäß können die Grundfreiheiten nur um der Freiheit willen eingeschränkt werden, und zwar in folgenden Fällen:
> (a) eine weniger umfangreiche Freiheit muß das Gesamtsystem der Freiheiten für alle stärken;

[97] Vgl. Bormann (2006), 89f.

[98] Vgl. a. a. O., 81f.

[99] A. a. O., 82.

> (b) eine geringere als gleiche Freiheit muß für die davon Betroffenen annehmbar sein."[100]

Im Zusammenhang mit wirtschaftlichen Gütern hingegen sind Ungleichverteilungen nur dann zulässig, wenn sie allen Gesellschaftsmitgliedern einen Vorteil bieten.[101]

> „Zweite Vorrangregel (Vorrang der Gerechtigkeit vor Leistungsfähigkeit und Lebensstandard)
> Der zweite Gerechtigkeitsgrundsatz ist dem Grundsatz der Leistungsfähigkeit und Nutzenmaximierung lexikalisch vorgeordnet; die faire Chancengleichheit ist dem Unterschiedsprinzip vorgeordnet, und zwar in folgenden Fällen:
> (a) eine Chancen-Ungleichheit muß die Chancen der Benachteiligten verbessern;
> (b) eine besonders hohe Sparrate muß insgesamt die Last der von ihr Betroffenen mildern."[102]

Um dem nachzukommen, ist aber zu berücksichtigen, welche Bedeutung die einzelnen Güter für sich genommen haben. Es ist nicht zulässig, Freiheiten und Rechte der Menschen zugunsten ökonomischer oder sozialer Interessen einzuschränken, da Erstere in ihrer Bedeutung nicht übertroffen werden können. So kommt es zur Zweiteilung der Gerechtigkeitsgrundsätze, bei der dem ersten der unbedingte Vorrang zukommt, in dem die politischen Rechte und Freiheiten des Menschen behandelt werden, „wozu nach Rawls die folgenden gehören: die demokratischen Beteiligungsrechte [...], die Rede- und Versammlungsfreiheit, die Gewissens- und Gedankenfreiheit [...], die Unverletzlichkeit der Person [...], das Recht auf persönliches Eigentum [...] und das Recht auf faires Verfahren"[103]. Diese Güter müssen immer gleich und im weitest möglichen Umfang verteilt werden. Der zweite Grundsatz hin-

---

[100] Rawls (1979), 336f.
[101] Vgl. Bormann (2006), 82.
[102] Vgl. Rawls (1979), 337.
[103] Koller (2006), 49.

gegen behandelt soziale und ökonomische Grundgüter, „wozu Rawls vor allem die mit beruflichen Positionen verknüpften Machtbefugnisse und Vetorechte, Einkommen und Besitz und die sozialen Grundlagen des Selbstwertgefühls der Menschen rechnet“[104]. Hier ist eine Abweichung von der strikten Gleichverteilung dann zulässig, wenn sie allen Personen einen Vorteil bringt und der prinzipielle Zugang zu den Positionen allen offen steht.[105]

Auf Grundlage dieser Prioritätensetzung ordnet Rawls die Gerechtigkeitsprinzipien so an, dass das Gleichheitsprinzip (der Freiheiten) Priorität vor dem Differenzprinzip (wirtschaftlicher und sozialer Güter) erhält.[106] Er nimmt hier, wie auch schon bei der Anwendung des Maximin-Prinzips im Urzustand, die Perspektive der gesellschaftlich schwächsten Menschen ein, also derjenigen, die Gerechtigkeit besonders nötig haben. Insgesamt gewinnt er durch die Prinzipien der Gerechtigkeit eine Grundlage, aus der gerechte Institutionen erwachsen können, die eine gelingende gesellschaftliche Kooperation ermöglichen. Sie – und nicht individuelle Haltungen – sind in erster Linie dazu in der Lage, gesellschaftliche Richtlinien hervorzubringen, die zu einer Stabilität der Gesellschaft führen. Auf dieser Basis lassen sich dann auch ungerechte Verhaltensweisen verlässlich unterbinden.

4.2.1.4 Stabilität der Gerechtigkeitsprinzipien

Unter dem Begriff der Stabilität versteht Rawls dabei nicht die Beständigkeit und Wirksamkeit von sozialen Institutionen im Allgemeinen. Diese sind nämlich von einer Vielzahl an internen und externen Faktoren abhängig. Er bleibt sich methodisch treu und beschränkt sich auf den Aspekt der Stabilität der Gerechtigkeit. Sein Hauptaugenmerk richtet sich somit nicht auf die gesellschaftlichen Institutionen selbst, sondern auf die Frage, wie diese dauerhaft und wirksam die Prinzipien der Gerechtigkeit umsetzen können:

---

[104] Ebd.

[105] Vgl. a. a. O., 49f.

[106] Vgl. Bormann (2006), 82.

> „Da eine wohlgeordnete Gesellschaft die Zeiten überdauert, muß wohl ihre Gerechtigkeitsvorstellung stabil sein: das heißt, wenn die Institutionen gerecht […] sind, dann erwerben die in sie Eingebundenen den entsprechenden Gerechtigkeitssinn und den Wunsch, das Ihre zu ihrer Erhaltung beizutragen. Eine Gerechtigkeitsvorstellung ist stabiler als eine andere, wenn der von ihr erzeugte Gerechtigkeitssinn stärker ist und sich eher gegen schädliche Neigungen durchsetzt, und wenn die ihr entsprechenden Institutionen zu schwächeren Antrieben und Versuchungen führen, ungerecht zu handeln.“[107]

Er meint damit eine Gesellschaft, die hinsichtlich der Gerechtigkeit ihrer Institutionen und des Gerechtigkeitssinns ihrer Mitglieder stabil ist, so dass sie Ungerechtigkeit ausgleichen und Gerechtigkeit wiederherstellen kann.[108] Der Urzustand weist auf zwei Werte hin, die die Stabilität einer Gesellschaft deutlich erhöhen. So werden die Prinzipien der Gerechtigkeit ja nicht von außen vorgegeben, sondern durch den Konsens freier und gleicher Gesellschaftsmitglieder gefunden. Wer sich und andere also in diesem Sinne versteht, handelt, wenn er gerecht handelt, gemäß seinem eigenen Selbstbild und gemäß seiner eigenen Gesetzgebung und insofern autonom.[109] Durch den Konsens im Urzustand werden die Prinzipien der Gerechtigkeit zu objektiven Grundsätzen im Sinne allgemeiner rationaler Anerkennung. Diese beiden Aspekte der Autonomie und Objektivität befördern die gerechte, wohlgeordnete Gesellschaft. Durch den Aspekt der Autonomie ist das gerechte Handeln ein intrinsisches Gut. Die Objektivität der Gerechtigkeitsprinzipien ist wünschenswert, da sie im Konfliktfall eine Referenzgröße bietet. Beides fördert das Vertrauen in gesellschaftliche Kooperation und führt letztlich zu gesellschaftlicher Verbundenheit und Gemeinschaft.[110]

---

107 Rawls (1979), 494.
108 Vgl. Hinsch (2006): Das Gut der Gerechtigkeit, 252f.
109 Vgl. a. a. O., 258f.
110 Vgl. a. a. O., 260.

Die Stabilität einer Gesellschaft wird allerdings nicht durch die Gerechtigkeitsprinzipien allein hergestellt. Hinzukommen müssen auch noch die Konzeptionen des Guten der Individuen und ihr Bedürfnis nach persönlichem Wohlergehen. So können diese Faktoren zu Handlungen motivieren, die den Prinzipien der Gerechtigkeit widersprechen, weil beispielsweise gerechtes Verhalten zu kurzfristigen persönlichen Nachteilen geführt hätte. Damit sind gerechte Institutionen denkbar, die zwar eine hohe allgemeine Akzeptanz haben und sich gesamtgesellschaftlich höchst positiv auswirken, die in individuellen Handlungssituationen die Förderung des kurzfristigen individuellen Wohlergehens aber zumindest behindern. Auch wenn jemand grundsätzlich das gerechte Handeln als insgesamt vorteilhaft für sich und andere ansieht, kann er zuweilen versucht sein, ungerecht zu handeln, weil es ihm einen persönlichen Vorteil einbringen würde. In Einzelfällen würde dies zwar nicht die Institutionen der Gerechtigkeit beschädigen, sondern nun die Vertrauenswürdigkeit der Einzelperson. Da aber potenziell alle Individuen so handeln könnten, besteht eine Gefahr für die gerechte Gesellschaft.[111] Es besteht folglich eine Spannung innerhalb der Person „zwischen ihrer grundsätzlichen Bereitschaft, gerecht zu handeln, und ihrem Bestreben, die eigenen Vorstellungen vom Guten soweit und so umfassend wie möglich zu verwirklichen“[112]. Hier wird erneut das Motivationsproblem normativer Theorien deutlich: Auch eine rationale Einigung auf gerechte Regeln im Vorfeld motiviert nicht automatisch zu ihrer Befolgung.[113]

Das hohe Gewicht, dass Rawls dem Individuum zukommen lässt, bedeutet aber keine Marginalisierung gesellschaftlicher Institutionen. Es geht Rawls insgesamt darum, individuelles Wohl und Autonomie des Einzelnen zu wahren und gleichzeitig Richtlinien zu implementieren, die das gesellschaftliche Leben zu jedermanns Vorteil regulieren. Dabei wird ein weitreichender Pluralismus gewährleistet, der sich gesellschaftlich vor allem dadurch ausdrückt, dass sich Menschen für unterschiedlichste Zwecke zu Gemein-

---

[111] Vgl. a. a. O., 255f.

[112] A. a. O., 257f.

[113] Vgl. a. a. O., 257.

schaften zusammentun. Eine so ausgestaltete Gesellschaft läuft aber trotz des Vorhandenseins von Solidarität und Gemeinschaft noch Gefahr, in unzusammenhängende Einzel- oder Parallelgesellschaften zu zerfallen. Im rawlsschen Gesellschaftmodell bekommen daher die universellen Grundgüter eine besondere Funktion. Sie bieten als schwache Konzeption des Guten einen gesellschaftlichen Überbau und verbinden die Interessen aller Individuen. Diese sind weiterhin in der Lage, individuelle Interessen zu verfolgen und eine eigene Konzeption des Guten zu haben. Doch auch, wenn sich die starken Konzeptionen des Guten unterscheiden oder widersprechen, streben alle Menschen nach den Grundgütern. Ja, alle vernünftigen (und insofern legitimen) starken Konzeptionen des Guten haben dieses Streben als Grundvoraussetzung schon in sich. Gesellschaftliche Solidarität wird bei Rawls somit nicht durch ein formales Element gewährleistet, sondern durch eine relativ voraussetzungslose und plausible Annahme darüber, was für jeden Menschen gut ist.[114] In dieser Weise begründet sich auch der lexikalische Vorrang des ersten vor dem zweiten Gerechtigkeitsprinzip. Es braucht letztlich starke Institutionen und insofern eine gesamtgesellschaftliche Solidarität, um die Verteilung der Grundgüter so durchzuführen, dass jeder Einzelne in gleicher Weise von ihnen profitiert und somit die Grundvoraussetzungen dafür besitzt, nach seiner je eigenen Konzeption des Guten zu leben. „Die gesellschaftlichen Institutionen sind kein starres Korsett, dass die Kreativität und Freiheit des Einzelnen erstickt, sondern ein lockerer Rahmen, der einen weiten Handlungsspielraum eröffnet und für jeden die allgemeinen Ermöglichungsbedingungen des individuellen Selbstvollzuges garantiert."[115]

---

[114] Vgl. Bormann (2006), 104f.
[115] A. a. O., 106.

4.2.1.5 Kommunitaristische Kritik an den anthropologischen Annahmen des politischen Liberalismus

Vor allem kommunitaristische Autoren kritisieren den der *Theorie der Gerechtigkeit* zugrunde gelegten Personenbegriff des *ungebundenen Selbst,* der in der Urzustandskonstruktion impliziert ist. Bei diesem Personenbegriff wird zunächst davon ausgegangen, dass es zwischen dem Selbst und seinen Merkmalen oder Zielen eine Differenz gibt. Sie verhindert, dass die eigene Identität unbedingt bleibt und nicht von Zielen oder Attributen abhängig wird. Zwecke bzw. Vorstellungen vom Guten sind somit dem Selbst untergeordnet, weil sie von diesem ausgewählt werden. Es ist somit Grundlage menschlicher Autonomie, dass nicht die Ziele des Menschen seine Identität bestimmen, sondern er sich selbst durch die Auswahl der Ziele definiert. Diese grundlegende Aussage über den Menschen läuft auf eine Gesellschaft hinaus, die nicht die Ziele des Einzelnen schon vorgibt, indem sie einer bestimmten Vorstellung des Guten folgt. In einer solchen, dem *ungebundenen Selbst* angemessenen Gesellschaft kann nur eine wechselseitige Kooperation stattfinden, nicht eine Homogenisierung von Interessen.[116]

Oftmals ist das Differenzprinzip der Stein des Anstoßes. Dieses richtet sich vor allem gegen einen Marktliberalismus, der jegliche Umverteilungen ausschließt und all das als gerechten Besitz ansieht, was sich Menschen ehrlich erworben haben. Nach dem rawlsschen Verständnis wird dabei aber ignoriert, dass die verschiedenen Faktoren, durch die die Ausgangsposition eines Menschen bestimmt wird, nicht dessen Leistung sind, sondern ihm quasi zufällig zugeteilt wurden. Weil diese Zufälligkeit aber die Grundlage einer rein marktbasierten Verteilung ist, kann sie nicht als gerecht angesehen werden. Das regelt das Differenzprinzip: Die eigenen Fähigkeiten und Vorteile sollen zunächst nicht zum eigenen Vorteil, sondern zum Vorteil der am meisten Benachteilig-

---

[116] Vgl. Sandel (1993): Die verfahrensrechtliche Republik und das ungebundene Selbst, 24f.

ten eingesetzt werden.[117] In Verbindung mit dem Begriff des *ungebundenen Selbst* sieht Sandel hier aber eine drastische Konsequenz dieses Prinzips. Eine solche Anthropologie bedeute ja, dass letztlich alle Merkmale des Menschen nur äußerlich an das Selbst gebunden und darüber hinaus auch noch zufällig verteilt seien. Insofern dürfe man aus keiner seiner Eigenschaften einen Vorteil ziehen: „Und so verdiene ich als Individuum nicht das Geringste."[118] Mehr noch gehe das Differenzprinzip davon aus, dass alle individuellen Vorteile nicht dem Einzelnen zuzusprechen seien, sondern der Gesellschaft als allgemeiner Besitz gehören würden. Dieser Schluss sei jedoch nicht zu rechtfertigen, da aus dem Verbot der Aneignung zufälliger Vorteile nicht folge, dass von allen anderen Gesellschaftsmitgliedern auf diese Vorteile zugegriffen werden dürfe. Schließlich sei die Zugehörigkeit zu einer Gesellschaft ebenso zufällig wie die Verteilung von Vorteilen. Wenn der Einzelne durch die Zugehörigkeit zu einer Gesellschaft dazu verpflichtet sei, nicht seinen eigenen Vorteil zu suchen, könne nicht gleichzeitig legitimiert werden, warum es dann der ebenfalls zufällig zusammengesetzten Gesellschaft erlaubt sei, ihren Vorteil zu suchen.[119]

Aus Sandels kommunitaristischer Perspektive lässt sich dieses Problem nur dann lösen, wenn der Zusammenhalt einer Gesellschaft nicht auf der zufälligen Zugehörigkeit beruhe, sondern auf gemeinschaftsstiftenden geteilten Werten. Erst die Aufgabe des radikal ungebundenen Selbst zugunsten der Zugehörigkeit zu einer Gemeinschaft mit allgemeinen Werten, die in die Identität des Einzelnen integriert seien, könne eine Begründung dafür abgeben, die eigenen Vorteile in den Dienst der Gemeinschaft zu stellen. Dies beginne vor allem im Kleinen, beispielsweise im familiären oder freundschaftlichen Bereich, weite sich dann aber bis zur Gesamtgesellschaft aus. Hier könne sehr wohl von Bindungen gesprochen werden, die die eigene Identität definierten. Innerhalb dieser Bindungen aber sei man bereit, auch mehr als gefordert zu

---

117 Vgl. a. a. O., 26f.

118 A. a. O., 28.

119 Vgl. ebd.

geben. Das *ungebundene Selbst* stelle also kein Idealbild eines frei und rational handelnden Menschen dar, sondern das Bild eines Menschen ohne Bindung, Charakter und ohne moralische Konstanten. „Denn Charakter zu besitzen, heißt zu wissen, daß ich mich im Rahmen einer Geschichte bewege, die ich weder herbeirufen noch lenken kann, die nichtsdestotrotz Konsequenzen für meine Entscheidungen und mein Verhalten hat.“[120] Erst durch die Einbettung in die eigene Geschichte, von der man sich zwar auch in gewissem Maße distanzieren könne, gebe es einen Maßstab zur Ordnung eigener Ziele. Das Menschenbild des Liberalismus isoliere das Selbst von allen tatsächlichen Zusammenhängen und biete keine Handlungsorientierung im Umgang mit den Kooperationsbeziehungen, in denen es sich befinde.[121]

Dieser von Sandel eingebrachte Personenbegriff bleibt in der Debatte jedoch auch nicht unumstritten. Hier erscheint das Maß an Individualität, das dem Individuum zugesprochen wird, als zu gering. So läuft das von ihm beschriebene Selbst Gefahr, in der Gemeinschaft unterzugehen und eine eigene Kontur zu verlieren. Besonders fehlt dem Selbst dabei ein kritisches Potenzial, das die Gemeinschaft und Tradition, in die es eingebettet ist, hinterfragen kann. Ebenfalls finden sich bei Sandel keine Unterschiede zwischen verschiedenen Stufen und Größenordnungen von Gemeinschaft, von der Familie bis zur Nation wird alles gleich behandelt.[122] Die Vorrangstellung des Guten erscheint somit nicht geeignet, um in modernen pluralistischen Gesellschaften einen sinnvollen Rahmen des Zusammenlebens zu bieten. Gerechte Rahmenbedingungen bieten verschiedenen Gemeinschaften und Traditionen die Möglichkeit, nebeneinander ihr gemeinsam geteiltes Gutes zu verwirklichen. Der Vorrang einer dominierenden Konzeption des Guten hingegen würde eine Vielfalt sozialer Kontexte unmöglich machen.[123] Diese Anmerkungen entsprechen den

---

120 A. a. O., 30.
121 Vgl. a. a. O., 29f.
122 Vgl. Forst (1993): Kommunitarismus und Liberalismus, 185f.
123 Vgl. Soosten (1992): Gerechtigkeit ohne Solidarität?, 65.

Erkenntnissen aus der Auseinandersetzung mit der kommunitaristisch geprägten Tugendethik.

Höffe räumt in einer Kritik an Sandel zwar ein, dass die anthropologische Beobachtung zutrifft, es gebe ungebundene Subjekte in der Realität nicht. Er stellt aber fest, dass eine solche reale Existenz auch nicht behauptet worden ist: „Zumal an Rawls geht Sandels Diagnose so weit vorbei, daß man sich fragen muß, wie sein Mißverständnis intellektuelle Karriere machen konnte.“[124] Die anthropologischen Aussagen des Liberalismus sind in Hinblick auf seine Begründungstheorie zu verstehen, die tatsächlich ohne die Berücksichtigung individueller Interessen und Bindungen auskommt. Nicht aber sind sie zu verstehen als realitätsgetreue Beschreibung des Menschen. Die anthropologischen Aussagen der *Theorie der Gerechtigkeit* dürfen also nicht als Konzeption des Selbst verstanden werden. Durch die Konstruktion des Urzustands beschreibt Rawls ausdrücklich nur Fähigkeiten und Eigenarten der öffentlichen Identität von Personen und nimmt überhaupt keinen Bezug auf ihre Wertvorstellungen oder gemeinschaftlichen Verbindungen.[125] Die von Rawls beschriebenen Parteien sind vielmehr eingebunden in verschiedenste Konzeptionen des Guten. Um aber zu einer Kooperation gelangen zu können, müssen sie losgelöst von ihren Kontexten agieren. Die Konzentration auf die gerechten Verfahren ist somit nicht als eine Abwertung des Guten zu verstehen, sondern als Versuch, trotz der pluralistischen Kontextuierung des Menschen ein Zusammenleben zu ermöglichen.[126] Rawls setzt die methodische Trennung der Bereiche des Guten und des Gerechten in seiner Theorie somit um, während die kommunitaristische Kritik letztlich mit einem zu weit gefassten Anspruch arbeitet.[127]

---

[124] Höffe (1996), 106.
[125] Vgl. Forst (1993), 186f.
[126] Vgl. Soosten (1992), 65.
[127] Vgl. Forst (1993), 187f.

4.2.1.6 Zwischenergebnis: Theoretische Grundlage für eine stabile Gesellschaftsordnung unter Berücksichtigung individueller Konzeptionen des Guten

Entscheidend für die Ermöglichung eines Zusammenspiels von individuellen Vorstellungen vom Guten und gerechten Institutionen ist in der *Theorie der Gerechtigkeit* somit der Bezug auf die gesellschaftlichen Grundgüter. Die Gerechtigkeitsprinzipien bleiben material offen und legen sich nicht auf ein umfangreiches Verständnis des Guten fest. Die Prinzipien der Gerechtigkeit werden zwar durch den Schleier des Nichtwissens ohne Berufung auf eine oder mehrere Konzeptionen des Guten begründet. Sie bleiben dadurch in ihrer Herleitung formal. Die Idee verschiedener Konzeptionen des Guten ist allerdings dennoch schon impliziert. Der Schleier des Nichtwissens verhindert ja nur im hypothetischen Urzustand temporär die immer schon vorhandene Fähigkeit zur Übernahme einer Konzeption des Guten. Die Parteien des Urzustands wissen demnach zwar nicht um ihre eigene Vorstellung vom Guten, wohl aber darum, dass sie eine je eigene besitzen werden und dass diese das Vorhandensein bestimmter Grundgüter erfordert. Entsprechend müssen auch die Gerechtigkeitsgrundsätze so formuliert werden, dass sie das Vorhandensein individueller Konzeptionen des Guten berücksichtigen. Das bedeutet aber, dass sie durch eine vorteilhafte Verteilung von Grundgütern deren Ausbildung ermöglichen und unterstützen.

Rawls entwickelt mit der *Theorie der Gerechtigkeit* also eine theoretische Grundlage für eine gerechte Gesellschaftsordnung. Die beiden Prinzipien der Gerechtigkeit zeigen grundlegende Elemente auf, die für gerechte Institutionen notwendig sind. Durch die Ausblendung von Einzelinteressen richten sich die Gerechtigkeitsprinzipien auf das gesamtgesellschaftliche Wohl, haben dabei aber vor allem die besonders benachteiligten Gesellschaftsmitglieder im Blick. Das rawlssche Verständnis gesellschaftlicher Gerechtigkeit läuft dabei auf eine Gleichverteilung politischer Rechte und Freiheiten und eine Bevorzugung Benachteiligter bei der Verteilung wirtschaftlicher und gesellschaftlicher Güter hinaus. Dadurch kann eine für alle vorteilhafte gesellschaftliche Kooperation erzeugt werden. Dieser Gedanke wird im Überlegungsgleichgewicht ausgedrückt, nach dem für eine stabile Gesellschaft eine Übereinstimmung zwischen Gerechtigkeitsprinzipien und individuellen moralischen Überzeugungen notwendig ist. Dass ein solcher Konsens möglich ist, wird durch die Liste gesellschaftlicher Grundgüter verdeutlicht, welche inhaltlich zu den drei anthropologischen Grundbereichen kompatibel ist. Wenn die Parteien des Urzustands vor Kenntnis ihrer individuellen Konzeption des Guten nach diesen Gütern streben, bedeutet das im Umkehrschluss, dass diese vernünftigerweise von allen individuellen Konzeptionen des Guten berücksichtigt werden sollten. Da aber die Prinzipien der Gerechtigkeit ja das Erlangen genau dieser Güter sicherstellen sollen, wird ein Überlegungsgleichgewicht zwischen individuellen Konzeptionen des Guten und Prinzipien der Gerechtigkeit denkbar.

Die *Theorie der Gerechtigkeit* ist also in der Lage, die beiden Kriterien zu erfüllen, die für eine Wechselwirkung von gerechten Institutionen und individuellen Haltungen notwendig sind. Erstens kann sie eine stabile und gerechte Gesellschaftsordnung begründen, die durch eine gerechte Verteilung der gesellschaftlichen Grundgüter die Entwicklung und Ausübung individueller Haltungen unterstützt. Handlungen Einzelner, durch die anderen Menschen ein ausreichender Zugang zu diesen Grundgütern verwehrt wird, können durch in einer solchen Gesellschaftsordnung bestehende Regulierungen wirksam verhindert oder sanktioniert werden. Institutionen, die auf den Prinzipien der Gerechtigkeit begründet sind, haben nämlich letztlich zum Ziel, dem Einzelnen die Übernahme einer Konzeption des Guten zu ermöglichen, indem sie ihm die dafür notwendigen Grundbedingungen zusichern. Sie müssen dazu aber das Vorkommen individueller Konzeptionen des Guten berücksichtigen und sich an den von allen Konzeptionen benötigten Grundgütern ausrichten. Durch diesen Bezug auf die gesellschaftlichen Grundgüter entsteht eine Offenheit der gerechten Institutionen für individuelle Haltungen, womit auch das zweite Kriterium erfüllt wird, das für eine Wechselwirkung zwischen Tugend und Institution notwendig ist. So können Institutionen, die durch die Prinzipien der Gerechtigkeit begründet sind, durch die individuellen Konzeptionen des Guten der von ihnen betroffenen Bürger unterstützt und beeinflusst werden. Durch ihre Verbundenheit in Bezug auf die Grundgüter entsteht eine gesellschaftliche Solidarität, durch die gerechte Institutionen anerkannt und aufrechterhalten und ungerechte Institutionen kritisiert und verändert werden können.

Gerechte Institutionen müssen also einerseits ein vorteilhaftes und gelingendes gesellschaftliches Zusammenleben im Blick haben, andererseits aber genauso die individuellen Haltungen und Vorstellungen vom Guten berücksichtigen. Nur so erhalten sie eine Anerkennung, die erst ihre Wirksamkeit ermöglicht. Die *Theorie der Gerechtigkeit* berücksichtigt genau diese Reziprozität zwischen Institution und Vorstellung vom Guten. Die formale Begründung der Gerechtigkeitsprinzipien ermöglicht in Verbindung mit den gesellschaftlichen Grundgütern eine hohe Anschlussfähigkeit an Konzeptionen des Guten. Durch das Überlegungsgleichgewicht wurde angedeutet, dass diese besonders hinsichtlich der Anwendung der theoretischen Prinzipien auf konkrete Gesellschaften relevant sind. Für einen tugendbasierten Ansatz zur Lösung des Motivationsproblems beim Klimaschutz reicht es ja letztlich nicht aus, auf einer theoretischen Ebene eine Kompatibilität zwischen Tugenden und Institutionen deutlich zu machen. Soll der für den Klimaschutz notwendige gesellschaftliche Wandel tatsächlich auf der Grundlage individueller Haltungen erfolgen, braucht es konkrete Gesellschaftsordnungen, die diese Kompatibilität ermöglichen. In westlichen Gesellschaftsordnungen, die maßgeblich für den anthropogenen Klimawandel verantwortlich sind, besteht ein Kernmerkmal aber in einem gesellschaftlichen Pluralismus der Vorstellungen vom Guten. So wurde ja auch schon theoretisch verdeutlicht, dass ein universelles inhaltlich umfangreiches Verständnis vom Glück unter modernen Bedingungen nicht denkbar ist. Für die Frage nach einer konkreten Anwendung der *Theorie der Gerechtigkeit* ist somit noch offen, wie ein Nebeneinander verschiedener Konzeptionen des Guten unter Berücksichtigung der Gerechtigkeitsprinzipien verstanden werden kann. Bislang wurde schließlich nur allgemein vom Verhältnis zwischen Prinzipien der Gerechtigkeit und Konzeptionen des Guten gesprochen, aber noch nicht ausführlich über das innere Verhältnis verschiedener Vorstellungen des Guten. Wenn hier gezeigt werden könnte, dass die Gerechtigkeitsprinzipien eine stabile Gesellschaft ermöglichen können, innerhalb der verschiedene Konzeptionen des Guten zum Gemeinwohl beitragen, ohne sich gegenseitig auszuschließen oder zu behindern, wäre dies eine gute theoretische Grundlage für eine Gesellschaftsverfassung, innerhalb der ein tugendbasierter Ansatz einen wirkungsvollen Beitrag zum gesellschaftlichen Ziel des Klimaschutzes leisten kann.

4.2.2 „Politischer Liberalismus": Gerechte Gesellschaft und das Faktum des Pluralismus

4.2.2.1 Spezielle Fragestellung und Selbstbeschränkung auf öffentliche Vernunft

Rawls Schaffen endet nicht mit der Veröffentlichung der *Theorie der Gerechtigkeit.* Die intensiven Reaktionen auf sein Werk veranlassten ihn vielmehr dazu, weiter an der Theorie zu arbeiten, vor allem aber, sie gegenüber der Kritik zu rechtfertigen.[128] Rund zwanzig Jahre nach dem Erscheinen von *Eine Theorie der Gerechtigkeit* veröffentlicht Rawls sein zweites Hauptwerk, *Politischer Liberalismus,* welches in zahlreichen Publikationen zuvor vorbereitet wurde. Er verändert seine Gerechtigkeitskonzeption als solche darin nicht, sondern fragt: „Wie kann eine gerechte und stabile Gesellschaft von freien und gleichen Bürgern dauerhaft bestehen, wenn diese durch ihre vernünftigen religiösen, philosophischen und moralischen Lehren einschneidend voneinander getrennt sind?"[129]

Er legt somit keinen neuen Ansatz vor, sondern bleibt der Linie seiner bisherigen Überlegungen treu. Er behandelt vor allem die Frage, wie eine gerechte Gesellschaft unter den Bedingungen des Pluralismus gedacht werden kann. Dabei muss dem Umstand

---

128 Vgl. Bormann (2006), 219f.

129 Rawls (1998), 119.

Rechnung getragen werden, dass die Mitglieder einer pluralistischen Gesellschaft eigene Handlungsziele und vor allem starke Konzeptionen des Guten besitzen.[130] Er beschreibt also nicht mehr theoretisch eine Gerechtigkeitskonzeption, sondern fragt nach ihren Anwendungsmöglichkeiten innerhalb einer pluralen Gesellschaft. Eine Gerechtigkeitskonzeption, die in einem pluralistischen Umfeld eine gesamtgesellschaftliche Gültigkeit anstrebt, kann sich daher auch nur auf allen Gesellschaftsmitgliedern gemeinsame Bereiche beziehen und darf folglich keine Aussagen über partikuläre Gemeinschaften oder Anschauungen treffen. Auch in ihrer Begründung muss sie sich auf Aussagen beschränken, die von allen Mitgliedern ungeachtet der individuellen Konzeptionen des Guten geteilt werden können.[131] Ihr Ziel muss es sein, eine so hohe Akzeptanz innerhalb der Konzeptionen des Guten zu erreichen, dass diese mit ihrer Begründung und ihren Konsequenzen übereinstimmen.[132] Insofern betont Rawls den ausschließlich politischen Geltungsbereich seiner Theorie, der schon in der *Theorie der Gerechtigkeit* impliziert war. Die konkrete Anwendung einer solchen Theorie muss von einer „Strategie der Problemvermeidung“[133] begleitet werden. So soll weder die Einbindung umfassender Theorien des Guten stattfinden, noch deren positive oder negative Kommentierung durch die Gerechtigkeitstheorie. Ihm geht es also nicht darum, ob seine Grundsätze objektiv wahr sind, sondern darum, ob sie dazu in der Lage sind, eine gelungene soziale Kooperation zu gewährleisten.[134] Grundlage einer Gerechtigkeitskonzeption können somit nur allgemein anerkannte Ideen und Konzeptionen sein. Für Rawls sind diese das Konzept einer auf faire soziale Kooperation angelegten Gesellschaft sowie der Begriff des Bürgers mit den beiden moralischen Grundfähigkeiten.[135] Ausdrücklich soll seine Theorie also keine

---

[130] Vgl. Hinsch (2002), 10.
[131] Vgl. ebd.
[132] Vgl. Forst (1997): Gerechtigkeit als Fairneß, 396f.
[133] Hinsch (1997b), 15.
[134] Vgl. Forst (1997), 405.
[135] Vgl. Hinsch (1997b), 15.

umfassende Konzeption des Guten darstellen oder auf einer solchen beruhen:

> „Die politische Konzeption ist ein […] wesentlicher Bestandteil, der sich in verschiedene vernünftige umfassende Lehren […] einfügt und von ihnen unterstützt wird. Sie kann deshalb vorgestellt werden, ohne etwas darüber zu sagen […], zu welchen solchen Lehren sie gehören und von welchen sie unterstützt werden mag."[136]

Durch diese Beschränkungen versucht Rawls, einen übergreifenden Konsens zu erreichen, dem alle Einzelpersonen zustimmen können. Er betrachtet den Menschen entsprechend nicht in seiner Gesamtheit, sondern in seiner Rolle als Bürger. Somit spricht er auch nur seine öffentliche Vernunft an, womit die gemeinsame Vernunfttätigkeit der Bürger unter Bezugnahme auf das öffentliche Wohl gemeint ist.[137]

> „Öffentliche Vernunft ist demnach in dreierlei Hinsicht öffentlich: als Vernunft gleicher Bürger ist sie die Vernunft der Öffentlichkeit; ihr Gegenstand sind das öffentliche Wohl und Fragen grundlegender Gerechtigkeit; schließlich ist sie ihrem Wesen und ihrem Inhalt nach öffentlich, insofern ihre Ideale und Grundsätze durch die politische Gerechtigkeitskonzeption der betreffenden Gesellschaft zum Ausdruck gebracht und auf dieser Basis offen für alle erkennbar in Anspruch genommen werden."[138]

Die Beschäftigung mit der öffentlichen Vernunft beschränkt sich dabei auf übergeordnete Fragestellungen der Gerechtigkeit, nicht aber auf konkrete politische Fragen.[139] Rawls nennt hier die Beispiele: „‚Wer soll gleiche politische Rechte haben?', ‚Wer hat An-

---

136 Rawls (1998), 78.
137 Vgl. a. a. O., 312.
138 A. a. O., 312f.
139 Vgl. a. a. O., 314f.

spruch auf Chancengleichheit?', ,Wer darf Eigentum besitzen?'"[140] Der Ort des Vernunftgebrauchs ist aber nicht im Privaten oder in partikularen Gemeinschaften zu suchen. Die öffentliche Vernunft spielt vielmehr dann eine Rolle, wenn „Bürger […] vor dem Forum der Öffentlichkeit politisch Stellung beziehen"[141]. Dies gilt allerdings nicht nur für Politiker, Richter usw., sondern für alle am Gemeinwesen beteiligten Bürger. Im Wissen, dass es vernünftige Meinungsunterschiede hinsichtlich der Konzeptionen des Guten gibt, sind diese dazu veranlasst, ihre Konzeptionen „so zu erklären, daß […] sie vernünftigerweise mit der Zustimmung anderer rechnen können, weil diese […] sich mit deren Freiheit und Gleichheit vereinbaren lassen."[142] Die Inhalte einer so verstandenen öffentlichen Vernunft sind dabei Grundrechte und -freiheiten. Neben diesen allgemeinen Hinweisen ist aber noch eine weitere Ebene notwendig, auf der „Richtlinien und Kriterien"[143] bestimmt werden, „mit deren Hilfe Bürger feststellen können, ob bestimmte inhaltliche Grundsätze Anwendung finden"[144]. Kerngedanke der öffentlichen Vernunft ist dabei, dass eine Konzeption der Gerechtigkeit allen Bürgern gegenüber gerechtfertigt werden kann. Sie muss demnach auf „einfachen und weithin anerkannten oder allgemein zugänglichen Wahrheiten beruhen"[145].

Allerdings darf diese Selbstbeschränkung auf das Politische nicht dazu führen, dass die Theorie als Kompromiss verstanden wird und ihre Gültigkeit davon abhängt, ob sie eine allgemeine Zustimmung erhält. Sowohl ihre Begründung als auch ihre praktischen Konsequenzen wären dann nicht mehr eigenständig, sondern von den real bestehenden Konzeptionen des Guten abhängig. Da dies nicht Rawls' Absicht ist, unterscheidet er zwischen der Begründung seiner Theorie und ihrer Funktion hinsichtlich sozialer Stabilität. Erst auf dieser zweiten Ebene kommt nämlich der über-

---

140 Rawls (1997): Das Ideal des öffentlichen Vernunftgebrauchs, 117.
141 Rawls (1998), 315.
142 A. a. O., 318.
143 A. a. O., 325.
144 Ebd.
145 A. a. O., 327.

greifende Konsens zum Tragen. So wird hinsichtlich ihrer Begründung der freistehende Charakter der Theorie betont, insofern sie mit Freiheit und Gleichheit auf allgemeinen Werten beruht, die für eine demokratische Gesellschaft zentral sind und nicht ohne Weiteres preisgegeben werden können. Die Wahrscheinlichkeit, dass auch umfassende Konzeptionen des Guten mit diesen Elementen vereinbar sind, ist sehr hoch. Durch diese Grundlegung kann Rawls den allgemeinen Anspruch seiner Theorie behaupten, da sie auf einer anderen Ebene liegt als Konzeptionen des Guten und durch anschlussfähige Werte begründet ist. Konkret bedeutet das, dass alle Konzeptionen des Guten neutral behandelt werden, also „die gleichen Rechte, Freiheiten und Möglichkeiten“[146] erhalten, nicht aber, dass sie nicht auch Ansprüche des Guten auf der Grundlage der Gerechtigkeit zurückweisen und einschränken kann.[147] Neutralität bedeutet also nicht eine relativistische Zulassung aller möglichen Konzeptionen des Guten. Sie bezieht sich auf die Begründung, nicht auf die Anwendung der Gerechtigkeitsprinzipien. Diese Begründung ist neutral, weil sie keine Elemente einer umfassenden Konzeption des Guten beinhaltet und somit aus sich heraus keine Konzeption bevorzugt oder benachteiligt.

Rawls spezifiziert die Funktion der Grundgüter im Urzustand ebenfalls aus politischer Perspektive und geht nun auch hier vom Begriff des freien und moralischen Bürgers aus.[148] Das impliziert schon, dass auch die Grundgüter der gleichen politischen Selbstbeschränkung unterliegen, wie alle übrigen anthropologischen Aussagen. Folglich definiert Rawls die Grundgüter nicht als allgemein dem Menschen dienlich, sondern als grundlegend für soziale Kooperation. Dadurch aber findet eine enge Anbindung an die beiden moralischen Fähigkeiten statt, die ja ebenfalls als für Kooperation unabdingbar beschrieben werden. Grundgüter haben demnach die hauptsächliche Funktion, diese beiden Fähigkeiten des Menschen zur Entfaltung zu bringen.[149] Im Zusammen-

---

146 Forst (1997), 404.
147 Vgl. a. a. O., 403f.
148 Vgl. Hinsch (2002), 43.
149 Vgl. Bormann (2006), 234.

hang mit dem Vermögen zur Übernahme einer Konzeption des Guten stellt Rawls fest, dass es nicht ausreichend ist, wenn Grundgüter den Menschen nur dabei unterstützen, seine Konzeptionen des Guten zu verfolgen. Weil nämlich Menschen ihre Konzeptionen des Guten nicht von Geburt an haben, sondern annehmen, reflektieren und verändern, müssen Grundgüter auch den Aneignungs- und Transformationsprozess im Blick haben. Würden sie nicht auch die Annahme einer Konzeption des Guten unterstützen, könnte kein Mensch überhaupt zu einer solchen gelangen, wodurch die Grundgüter nutzlos würden. Auch nach der Annahme wandeln sich die Konzeptionen nicht zu starren Gebilden, sondern bleiben innerhalb gewisser Grenzen veränderlich. Die gesellschaftlichen Grundgüter sollten somit auch noch in der Lage sein, diese Reflexions- und Veränderungsprozesse zu unterstützen. Insofern muss die Funktionsbeschreibung der Grundgüter erweitert werden:

> „Die von Rawls zusammengestellte Liste von Grundgütern beschreibt gesellschaftliche Rahmenbedingungen, die nicht nur für die Verfolgung und Realisierung bereits festgelegter Konzeptionen des Guten, sondern auch für die Ausbildung, Entwicklung und Revision solcher Konzeptionen wichtig sind."[150]

Grundlage für die Anwendung der Gerechtigkeitsprinzipien in einer pluralistischen Gesellschaft ist somit die Beschränkung auf den öffentlichen bzw. politischen Bereich. Gerechte Institutionen richten sich nicht nach den Urteilen individueller Vernunft aus, sondern gemäß der öffentlichen Vernunft. Ihr Ziel ist somit nicht eine bestimmte Vorstellung vom Guten, sondern stabile Rahmenbedingungen für gelingende gesellschaftliche Kooperation, die mit verschiedensten Konzeptionen des Guten kompatibel sind. Durch diese Beschränkungen kann also ein Überlegungsgleichgewicht mit verschiedensten individuellen Überzeugungen und Vorstellungen vom Guten erreicht werden.

---

[150] Hinsch (2002), 43.

4.2.2.2 Angestrebtes Gesellschaftsmodell

Zu einer konkreten Gesellschaftsverfassung, die sich aus den Gerechtigkeitsprinzipien ergibt, macht Rawls in späteren Schriften unerwartete Aussagen. So sieht er seine Gerechtigkeitsprinzipien nicht als Grundlage eines kapitalistischen Wohlfahrtsstaats europäisch-sozialdemokratischer Ausprägung. Neben einem radikalen Kapitalismus und einem ebenso ausgeprägten Sozialismus lehnt er unter anderem auch einen wohlfahrtsstaatlichen Kapitalismus ab, der seiner Theorie häufig als politische Entsprechung zugesprochen wurde.[151] Rawls selbst gibt diesen Interpretationen im Vorwort der *Theorie der Gerechtigkeit* allerdings reiche Nahrung, in dem er sie in der Nähe politisch linksliberaler oder sozialdemokratischer Strömungen stellt.[152]

Er begründet die Ablehnung des Wohlfahrtsstaats hauptsächlich damit, dass diese Staatsform zu wenig gegen die Existenz von Ungleichheiten bezüglich individueller Chancen und materiellem Besitz ausrichten könne, was zur Bildung einer wohlhabenden und mächtigen, zahlenmäßig kleinen Elite führe. Letztlich sind für Rawls falsche Schwerpunkte gesetzt. Hauptaufgabe des Staates ist für ihn weniger die Sicherung eines Existenzminimums seiner Bürger, sondern vielmehr die Beseitigung sozialer und wirtschaftlicher Ungleichheiten. Durch die staatliche Konzentration auf Existenzsicherung und Fürsorge würde eine Unterschicht erschaffen, deren Mitglieder zwar materiell in gewissem Maße abgesichert seien, aber „infolge eines tief sitzenden Gefühls der eigenen Ohnmacht längst aufgehört haben, aktiven Anteil an der öffentlichen politischen Kultur zu nehmen“[153]. Als seiner Theorie entsprechende Staatsform nennt Rawls die Demokratie mit Eigentumsbesitz, angelehnt an den britischen Ökonomen Meade. Vom Wohlfahrtstaat unterscheide sich diese vor allem in der Auffassung über die Hauptaufgabe des Staates. Wo der Wohlfahrtsstaat die Existenzsicherung seiner Bürger sichern solle, habe die Demokra-

[151] Vgl. Bormann (2006), 247.
[152] Vgl. a. a. O., 250.
[153] A. a. O., 248.

tie mit Eigentumsbesitz das Ziel, alle Bürger in die Lage zu versetzen, autonom und auf Augenhöhe miteinander kooperieren zu können. Dies solle im Gegensatz zu reinen Transferleistungen im Wohlfahrtsstaat durch eine möglichst gleiche Verteilung von Besitz erreicht werden. Das Ziel sei damit ein System der Vorsorge, das allen von Beginn an ausreichend Mittel zur Verfügung stelle, im Gegensatz zur wohlfahrtsstaatlichen Nachsorge, die sich um diejenigen kümmere, die ausreichende Mittel nicht erhalten hätten. Vor allem aber solle durch die tief greifende Umverteilung von Kapital das Entstehen einer kleinen, mächtigen Elite verhindert werden.[154]

Letztlich teilt aber auch der Wohlfahrtsstaat, wenn auch mit anderen, weniger radikalen Mitteln als einer Gleichverteilung, das Ziel, seine Bürger in eine Lage zu versetzen, aus der heraus sie sich um sich selbst sorgen können und nicht auf staatliche Hilfen angewiesen sind. Ebenfalls kann man davon ausgehen, dass eine möglichst rege gesellschaftliche Beteiligung auch im Wohlfahrtsstaat überaus erwünscht ist.[155] Dass die Umsetzung dieser Ziele in der Realität weniger als erwünscht gelingt, mag zutreffen. Insofern hat Rawls' Kritik am Wohlfahrtsstaat eine Berechtigung. Allerdings scheint auch die Umsetzbarkeit des von ihm präferierten Gesellschaftsmodells nicht unproblematisch zu sein. So bleibt die konkrete Ausgestaltung einer solchen Umverteilung offen, auch wenn Rawls steuertechnische Mittel dafür andeutet. Ebenfalls kann hinterfragt werden, ob in Anbetracht der Opferbereitschaft, die eine so starke egalitäre Umverteilung einfordern würde, nicht auch die Stabilität einer Gesellschaft mehr geschwächt werden würde, als durch das Entstehen einer subventionierten Unterschicht.[156] „Vielmehr wüsste man darüber hinaus auch gern, wie derartige staatliche Eingriffe und Zwangsmaßnahmen mit den Grundsätzen einer liberalen Wirtschaftsordnung in Einklang gebracht werden können."[157]

---

[154] Vgl. a. a. O., 248f.
[155] Vgl. a. a. O., 250f.
[156] Vgl. a. a. O., 252f.
[157] A. a. O., 253.

Abgesehen von diesen speziellen Verteilungsfragen kann aber angenommen werden, dass die Umsetzung der Gerechtigkeitsprinzipien auf eine liberale Demokratie hinausläuft, die eine ausgeprägte Absicherung individueller Rechte und Freiheiten beinhaltet und mittels eines Umverteilungsmechanismus auch Benachteiligte im Blick hat, ihren Bürgern aber ansonsten eine freie Entfaltung ihrer eigenen Lebenskonzeptionen ermöglicht. Solche gesellschaftlichen Rahmenbedingungen lassen sich übereinstimmend in modernen Demokratien westlicher Prägung finden, die sich ansonsten aber in ihren weiteren Eigenschaften unterscheiden. Rawls politischer Vorschlag beschäftigt sich schwerpunktmäßig mit ökonomischen Verteilungsfragen und unterscheidet sich vor allem in diesem Punkt von einem demokratischen Sozialstaat. Da sich diese Unterschiede aber nicht wesentlich auf die Rolle von Konzeptionen des Guten in einer Gesellschaft auswirken, ist es nicht notwendig, sich auf eine konkrete institutionelle Gestalt festzulegen. Das Zusammenspiel der Konzeptionen des Guten mit ihrer Gesellschaft, so wie Rawls es beschreibt, ist mit unterschiedlichen ökonomischen Verteilungsmechanismen denkbar, da die entscheidenden Punkte (Betonung individueller Freiheit, Toleranz zwischen Konzeptionen des Guten, übergreifender Konsens, stabilisierende Wirkung der Konzeptionen des Guten) dadurch nicht verändert werden. Somit kann bei der rawlsschen Theorie davon ausgegangen werden, dass sie auf eine den westlichen Demokratien ähnliche Staatsverfassung hinausläuft, auch wenn ihr Autor dabei ein besonderes ökonomisches Szenario im Blick hat. Es wird aber deutlich, dass es sich bei den Gerechtigkeitsprinzipien um Richtlinien auf einer sehr allgemeinen Ebene handelt, die in verschiedensten politischen oder volkswirtschaftlichen Zusammenhängen zur Anwendung kommen können. Im Umkehrschluss kann dann aber festgehalten werden, dass die gegenwärtigen westlichen Gesellschaften trotz institutioneller Unterschiede grundsätzlich an das Konzept der Gerechtigkeitsprinzipien angebunden werden können. Die Erkenntnisse aus der Beschäftigung mit dem politischen Liberalismus sind somit für die Frage nach gesellschaftlichen Auswirkungen einer Tugendlehre in westlichen, pluralistischen Gesellschaften relevant, die besonders zum Klimawandel beitragen. Wie genau aber ein solches Zusammenwirken von Institutionen und individuellen Konzeptionen des Guten aussehen kann, wird im Folgenden erläutert.

4.2.2.3 Verhältnis zum Faktum des Pluralismus

Ganz ausdrücklich integriert Rawls die pluralistische Ausprägung moderner Gesellschaften in seine späteren Schriften. Dies tut er im Sinne eines festen Bestandteils einer gerechten Ordnung und nicht als Übel, das in Kauf zu nehmen ist. Er begründet dies zunächst pragmatisch mit der Tatsache, dass der Pluralismus eine dauerhafte Erscheinung freier Gesellschaften ist, die nur um den Preis der Unfreiheit wieder abgeschafft werden kann.[158] Wenn man sich für eine demokratische Verfassung einsetzt, muss man mit einem breiten Pluralismus innerhalb der Gesellschaft rechnen.[159] Pluralismus wird bei Rawls somit nicht als ein historisch entstandener und damit gewissermaßen zufälliger Zustand angesehen, sondern als logische Folge aus den Freiheiten und Rechten einer Demokratie und aus den Bürden der Vernunft.[160]

4.2.2.3.1 Bürden der Vernunft

So sieht Rawls die ursächlichen Gründe für eine Vielfalt der Konzeptionen des Guten in den „Bürden der Vernunft“[161] bzw. „Bürden des Urteilens“[162]. Aufgrund der Beschaffenheit der menschlichen Vernunft ist es demnach gar nicht anders möglich, als dass es zu vielfältigen Ansichten kommt. Die Vieldeutigkeit und vielseitige Gewichtbarkeit empirischer Befunde, die Ambiguität von Sprache, der Einfluss individueller Erfahrungen auf das Urteils-

[158] Vgl. Rawls (1998), 106f.
[159] Vgl. Hinsch (2002), 23f.
[160] Vgl. Ricken (1997): Ist eine moralische Konzeption der politischen Gerechtigkeit ohne umfassende moralische Lehre möglich?, 423.
[161] Hinsch (2002), 23f.
[162] Rawls (1998), 127.

vermögen, moralische Dilemmata und die Beschränktheit politischer Institutionen sind dafür ursächlich, dass trotz angemessenen Vernunftgebrauchs Menschen zu unterschiedlichen Auffassungen kommen können und daraus vernünftige Meinungsverschiedenheiten entstehen, deren Ursache nicht mangelnde Informiertheit ist.[163] „Von einer vernünftigen Meinungsverschiedenheit sprechen wir erst dann, wenn […] wir unsere eigene Position gegen alle Einwände verteidigen können, ohne aber in der Lage zu sein, alle ihr widersprechenden Auffassungen als falsch oder unvernünftig abzuweisen."[164] Konkret führt Rawls dabei die Schwierigkeit an, empirische Befunde aufgrund ihrer Komplexität und möglichen Widersprüchlichkeit angemessen einzuschätzen. Selbst wenn dies gelingt, kann weiterhin die Gewichtung dieser Einschätzungen eine große Schwierigkeit darstellen. Abseits empirischer Erkenntnisse entstehen ebenfalls Interpretationsspielräume dadurch, dass letztlich alle Begriffe vage sind und damit je unterschiedlich beurteilt werden können. Die Beurteilung von Begriffen oder Tatsachen erfolgt dabei ebenfalls nicht schematisch, sondern wird durch die individuellen Erfahrungen eines Menschen mit beeinflusst. Da diese aber von Person zu Person unterschiedlich sind, ergeben sich neue Möglichkeiten für Meinungsunterschiede. Des Weiteren gibt es immer verschiedene Herangehensweisen und Bewertungen einer Problemstellung. In gesellschaftlichen Systemen muss aufgrund ihrer Begrenztheit schließlich ohnehin eine Auswahl zu realisierender Werte getroffen werden, da sie nicht in der Lage sind, alle möglichen Werte umzusetzen. Auch hier erfolgen dann aber unterschiedliche Schwerpunktsetzungen und Grenzziehungen.[165]

Entscheidend für die Bürden der Vernunft ist dabei, dass sie sich nicht auf die Wahrheit von Konzeptionen des Guten beziehen. Vielmehr zeigen sie die Grenzen der Begründbarkeit von Auffassungen auf. Vernünftige Meinungsverschiedenheiten drehen sich demnach zunächst nicht um die Wahrheit von Aussagen, sondern um ihre Begründungen. So ist auch zu verstehen, weshalb als

---

[163] Vgl. Hinsch (2002), 24f.

[164] A. a. O., 25.

[165] Vgl. Rawls (1998), 130f.

Grundlage der Gerechtigkeit nur solche Prinzipien dienen können, bei denen es keine Meinungsverschiedenheiten gibt. Nicht die Vermeidung von inhaltlichen Fehlern wird angestrebt, sondern die allgemeine Begründbarkeit der Prinzipien.[166] Rawls trifft also auch in Bezug auf Konzeptionen des Guten keine inhaltlichen Aussagen. Ihre Legitimität richtet er nicht am Maßstab materialer Vorgaben aus, sondern bestimmt sie anhand formaler Kriterien.

4.2.2.3.2 Beschränkung der Theorie auf die Ebene der Verfassung

Es wurde schon deutlich, dass in einer pluralisierten Gesellschaft ein übergreifender Konsens nicht für einzelne Gesetze und Normen bzw. alltagspolitische Fragen erzielt werden kann. Daher beschränkt sich der übergreifende Konsens ausdrücklich auf die Gerechtigkeitsprinzipien, also auf die Ebene des gesellschaftlichen Verfassungsrahmens, die für die Herstellung einer gerechten Ordnung am entscheidendsten ist. Die Gerechtigkeit einer Verfassung beeinflusst die Gerechtigkeit politischen Handelns (zu dem auch der Erlass von Gesetzen gehört), da sie Orientierung und Rahmen der Politik ist.[167] Erst nachdem die Gerechtigkeit einer politischen Verfassung hergestellt ist und somit die gerechte Behandlung aller Bürger durch die Politik, deren Grundrechte und Grundfreiheiten, deren freier Zugang zu politischen Ämtern und die Verfügbarkeit grundlegender materieller Güter sichergestellt sind, lassen sich Überlegungen zur Gerechtigkeit von weiteren gesellschaftlichen Feldern anstellen, die beispielsweise „soziale Lebenschancen, das Verfügenkönnen über materielle Güter und die gesellschaftlichen Grundlagen der Selbstachtung“[168] beinhalten können. Analog zum politischen Vorrang der Verfassung vor anderen Gesetzen lässt sich dadurch auch der lexikalische Vorrang des ersten Gerechtigkeitsprinzips erläutern. Ein übergreifender Konsens ist dabei aber nur für das verfassungsgebende erste Gerechtigkeitsprinzip notwendig. Konkrete Fragen der Gerechtigkeit und konkrete Gesetze

---

166 Vgl. Hinsch (2002), 35f.

167 Vgl. a. a. O., 29f.

168 A. a. O., 30f.

hingegen gewinnen ihre Legitimität nicht aus einer vollständigen Zustimmung aller Beteiligten.[169] Von einem allgemeinen Konsens kann auf dieser Ebene nicht ausgegangen werden, da aufgrund der Bürden der Vernunft begründete Meinungsverschiedenheiten in Bezug auf konkrete Gesetze und Institutionen unvermeidlich sind. Sie können folglich nur durch Mehrheitsentscheidungen beschlossen werden.[170] Diese sind dann legitim, wenn sie das Resultat eines fairen Verfahrens sind, dem alle Beteiligten vernünftigerweise zustimmen können. So lange sich (tages-)politische Entscheidungen an die von der Verfassung vorgegebenen Richtlinien und Verfahren halten, sind sie nicht auf eine gesamtgesellschaftliche Zustimmung angewiesen, sondern lediglich auf relative Mehrheiten. Voraussetzung dafür ist aber, dass über die Legitimität der Verfassung selbst ein Konsens besteht. Das ist die Garantie dafür, dass alle an ihr ausgerichteten Gesetze die Grundrechte und -freiheiten des Menschen wahren. Damit können sowohl politische Entscheidungen gegenüber Andersdenkenden legitimiert werden, als auch gewisse temporärere Ungerechtigkeiten, die die Grenzen der Verfassung jedoch nicht überschreiten dürfen. Der lexikalische Vorrang des ersten vor dem zweiten Gerechtigkeitsgrundsatz ist also aus dieser politischen Perspektive her zu begründen.[171]

4.2.2.3.3 Wohlgeordnete Gesellschaft als Ideal

Rawls definiert sein Ideal einer wohlgeordneten Gesellschaft als „Idee der Gesellschaft als eines Generationen übergreifenden fairen Systems der Kooperation“[172]. Eine solche Gesellschaft aber wird von den Gerechtigkeitsgrundsätzen geordnet, was sich in drei Aspekten zeigt:

> „Erstens […] handelt es sich um eine Gesellschaft, in der alle genau dieselben Gerechtigkeitsgrundsätze anerkennen und in

---

169 Vgl. a. a. O., 32f.
170 Vgl. Hinsch (1997b), 18f.
171 Vgl. Hinsch (2002), 32f.
172 Rawls (1998), 105.

> der jeder weiß, daß dies der Fall ist; zweitens […] ist öffentlich bekannt […], daß ihre Grundstruktur – das heißt Ihre wichtigsten politischen und sozialen Institutionen […] – diesen Grundsätzen genügt; drittens haben ihre Bürger einen normal wirksamen Gerechtigkeitssinn und befolgen deshalb im allgemeinen die Regeln der grundlegenden gesellschaftlichen Institutionen, die sie als gerecht betrachten.“[173]

Zentraler Bestandteil einer solchen Gesellschaft sind die ihr zu Grunde liegenden Gerechtigkeitsgrundsätze. So werden sie von allen Gesellschaftsmitgliedern anerkannt und prägen die Institutionen der Gesellschaft. Die daraus erwachsenden Normen und Gesetze werden von allen Gesellschaftsmitgliedern befolgt. Über diese allgemeine Befolgung hinaus gibt es eine allgemeine Kenntnis innerhalb der Gesellschaft, wonach jeder vom anderen weiß, dass er sich an die Gesetze hält. Die Begründungen und Grundlagen der gesellschaftlichen Gerechtigkeitsgrundsätze sind ebenfalls allgemein anerkannt und werden von den Gesellschaftsmitgliedern geteilt. Gesetze müssen somit öffentlich bekannt sein und gelten. Ebenso müssen sie allgemein anerkannt werden und schließlich muss ihre Begründung öffentlich nachvollziehbar sein. So ist es nicht möglich, sein Handeln an Gesetzen auszurichten, wenn diese nicht bekannt sind. Um Gesetze zu befolgen, braucht es zudem ein gewisses Vertrauen darauf, dass auch alle anderen dies tun.[174] Die Öffentlichkeit der Grundsätze, auf denen die Gesetze basieren, trägt dazu bei, dass Letztere nicht nur aufgrund der Androhung von Strafe verfolgt werden, sondern weil sie „aus guten Gründen für angemessen und richtig“[175] gehalten werden. Ein weiteres Merkmal einer wohlgeordneten Gesellschaft besteht in ihrer Stabilität. Durch die Kompatibilität individueller Überzeugungen mit der gesellschaftlichen Grundverfassung ist niemand mehr dazu gezwungen, außerhalb des gesellschaftlichen Systems zu stehen, um seine Ziele und Ansichten zu realisieren. Für Rebel-

---

[173] Ebd.

[174] Vgl. Hinsch (2002), 19f.

[175] A. a. O., 21.

lion und Kritik am gesellschaftlichen System lassen sich keine Gründe mehr finden.[176] Weil dann aber die Grundsätze aus guten Gründen als gerecht betrachtet werden, leisten die Bürger der Gesellschaft den Gerechtigkeitsgrundsätzen freiwillig Folge.[177] Mit dieser Modellbeschreibung verbindet Rawls die Ansicht, dass Grundsätze der Gerechtigkeit nur dann effektiv sein können, wenn ihnen diejenigen zustimmen, die durch sie betroffen sind. Er sieht darin den Vorteil, dass eine solche Gesellschaft politisch stabil wird, wenn ihre Grundsätze allgemeine Zustimmung erfahren und diese Tatsache allgemein bekannt ist. Aus diesem Grund spielt der oben genannte Öffentlichkeitsbegriff eine wichtige Rolle in der wohlgeordneten Gesellschaft. Weiterhin ist die gegenseitige Anerkennung der Bürger als freie und gleiche Kooperationspartner ein Merkmal dieses Idealbildes.[178]

Die wohlgeordnete Gesellschaft ist als Idealbild konstruiert, um zunächst eine Konzentration auf grundsätzliche, strukturelle Fragen der Gerechtigkeit zu erreichen. Die Möglichkeit, dass durch fehlende Zustimmung zu den gerechten Institutionen Menschen ungerecht handeln, wird zwar bedacht, aber an dieser Stelle noch bewusst ausgeklammert. „Probleme der Strafgerechtigkeit, der Tolerierung ungerechter Institutionen […] oder der moralischen Zulässigkeit von Revolutionen können für den Anfang ignoriert werden."[179] Gleichzeitig dient dieses Idealbild aber auch als Zielvorstellung politischer Bemühungen hin zu einer vollständig gerechten Gesellschaft. In ihr stimmen individuelle Überzeugungen und gesellschaftliche Gerechtigkeitsgrundsätze überein. So sind die Institutionen an sich gerecht, mehr noch werden diese gestützt von den übereinstimmenden Gerechtigkeitsüberzeugungen ansonsten heterogener Individuen.[180]

---

[176] Vgl. Hinsch (1997b), 17.

[177] Vgl. Hinsch (1997a): Die Idee der öffentlichen Rechtfertigung und die Fiktion des Urzustandes, 68f.

[178] Vgl. a. a. O., 69f. Vgl. auch Rawls (1998), 109.

[179] Hinsch (1997b), 16.

[180] Vgl. ebd.

4.2.2.3.4 Übergreifender Konsens über Gerechtigkeitsprinzipien

Bedingung für eine wohlgeordnete Gesellschaft ist demnach die allgemeine Anerkennung von Gerechtigkeitsgrundsätzen, durch die die gesellschaftlichen Institutionen maßgeblich geprägt werden. Die Existenz von Grundfreiheiten als zentrales Element einer wohlgeordneten Gesellschaft hat aber einen weitreichenden Pluralismus zur Folge. Gerechtigkeitsgrundsätze müssen diese Tatsache berücksichtigen und dürfen sich somit nicht auf umfassende Konzeptionen des Guten beziehen, die nicht von allen Bürgern geteilt werden können. Sie müssen vielmehr so formuliert werden, dass sie in alle vernünftigen Konzeptionen des Guten integriert werden können. Dadurch wird gewährleistet, dass alle Bürger unabhängig von ihren individuellen Auffassungen den Gerechtigkeitsgrundsätzen zustimmen können. Eine wohlgeordnete, pluralistische Gesellschaft ist auf diesen übergreifenden Konsens angewiesen.[181] Nicht gemeint ist mit einem solchen Konsens, dass in einer Gesellschaft zwar verschiedene Konzeptionen des Guten vorhanden sind, die sich voneinander unterscheiden, gleichzeitig aber auch noch eine von diesen Konzeptionen losgelöste, von allen geteilte Auffassung über Gerechtigkeitsgrundsätze. Der Konsens besteht demnach vielmehr darin, dass es im Bereich der Gerechtigkeit tatsächliche Überschneidungen zwischen allen vernünftigen, umfassenden Konzeptionen des Guten gibt. Insofern kann ein übergreifender Konsens identifiziert werden, indem man „sich tatsächlich die wichtigsten umfassenden Lebenskonzeptionen vornimmt und sie in ihrem Gehalt explizit zu machen versucht, um zu sehen, ob sie die gewünschten Grundsätze in der Tat enthalten“[182].

Ohne eine allgemeine Zustimmung zu ihnen wären Gerechtigkeitsgrundsätze schließlich nicht dazu in der Lage, auf Dauer ein gesellschaftliches System so zu regulieren, dass ein gedeihliches Zusammenleben seiner Bürger denkbar ist. Vielmehr sind politi-

---

181 Vgl. a. a. O., 13f.

182 Wolf (1997): Übergreifender Konsens und öffentliche Vernunft, 57.

sche Systeme auf die Mitwirkung und die Zustimmung des größten Teils ihrer Bürger geradezu angewiesen. Eine reine auf Zwang und Gewalt basierende Herrschaft gegen die Bevölkerung hat keine dauerhafte Perspektive.[183] Eine solche Zustimmung aber hängt nicht in erster Linie von rationalen Argumentationen ab, sondern von den faktisch vorhandenen Überzeugungen der Bürger, gleich wie wohlbegründet diese auch sein mögen.[184] Rawls hält den übergreifenden Konsens deshalb für notwendig, weil nur konsensfähige Grundsätze die Grundlage für eine Gesellschaft bilden können, in der alle Bürger gleichermaßen nach ihren eigenen Konzeptionen des Guten leben können.[185]

Kernaussage des politischen Liberalismus ist also, dass eine Gerechtigkeitstheorie nur dann legitim sein kann, wenn sie sich in alle vernünftigen Konzeptionen des Guten integrieren lässt und somit die Zustimmung aller Bürger einer Gesellschaft gesichert ist, unabhängig davon, welche sonstigen Differenzen es zwischen ihnen gibt.[186] Rawls will mit seiner Theorie also mehr erreichen, als ein reines friedliches Nebeneinander verschiedener Konzeptionen des Guten. Der übergreifende Konsens besteht nicht darin, dass eine möglichst große Toleranz zwischen den Konzeptionen besteht, sondern verlangt nach einer Übereinstimmung und in Konsequenz nach einer Zusammenarbeit zugunsten der Gerechtigkeit. Sie wird nicht als Teil einer Konzeption des Guten gesehen, sondern als öffentliches, politisches Gut, welches von allen Theorien des Guten als erstrebenswert angesehen wird.[187] Forst findet für die Idee des übergreifenden Konsenses ein treffendes Bild:

> „Rawls […] glaubt, daß die Theorie nur dann […] Aussicht hat, zu einem stabilen gesellschaftlichen Konsens zu führen, wenn ihre Prinzipien aus ethischen Gründen [d. h. aus der Perspekti-

---

[183] Vgl. Hinsch (1997a), 70f.
[184] Vgl. a. a. O., 71f.
[185] Vgl. a. a. O., 73f.
[186] Vgl. Hinsch (1997b), 9.
[187] Vgl. Forst (1997), 406.

> ve des Guten; F.S.] akzeptiert werden können – sozusagen als Edelstein, der in jedem ethischen Licht verschiedenfarbig glänzt, immer aber als wertvoll betrachtet wird."[188]

Da also eine politische Gerechtigkeitskonzeption den Anspruch hat, Zustimmung von allen Bürgern zu erfahren und allen Bürgern einsichtig zu sein, muss sie kompatibel mit allen vernünftigen Konzeptionen des Guten sein. Im Idealfall darf sie also nicht Gegenstand vernünftiger Meinungsverschiedenheiten sein, sondern „muß von einem übergreifenden Konsens getragen werden können, in dem sie von Vertretern ansonsten divergierender Konzeptionen des Guten als die für alle verbindliche Gerechtigkeitskonzeption akzeptiert wird."[189] Sie muss sich also auf das berufen, was allen Konzeptionen des Guten und damit allen Menschen gemein ist[190], „denn ohne ein Minimum an geeigneten Berührungspunkten wäre eine auf öffentlich rechtfertigbare Gerechtigkeitsgrundsätze gegründete und darum legitime politische Ordnung unmöglich".[191] Es braucht demnach aber eine Formulierung einer solchen Gerechtigkeitskonzeption, die nicht abhängig von dem Vorhandensein bestimmter Konzeptionen des Guten innerhalb der Gesellschaft ist. Wenn die Anerkennung einer gerechten Gesellschaftsordnung davon abhängig wäre, ob es Überschneidungspunkte bei allen in der Gesellschaft vorkommenden Konzeptionen des Guten gibt, wäre eine solche Anerkennung nicht nur willkürlich, sondern auch extrem unwahrscheinlich.[192] Insofern muss der offenbar notwendige übergreifende Konsens näher beleuchtet werden. Will man diesen herstellen, sollten also nicht zuerst die einzelnen Auffassungen der Bürger, sondern die Gerechtigkeitskonzeption selbst in den Blick genommen werden. Eine Gesellschaftsordnung muss folglich so gestaltet sein, dass eine hohe Wahrscheinlichkeit besteht, dass ihr alle Bürger zustimmen kön-

---

188 Ebd.
189 Vgl. Hinsch (2002), 27.
190 Vgl. a. a. O., 26f.
191 A. a. O., 27.
192 Vgl. a. a. O., 27f.

nen, ohne vorher Kenntnis zu haben, welche Konzeptionen des Guten sie vertreten. Sie darf somit nicht als eine „allgemeine und umfassende Morallehre, die Werte, Normen und Tugenden für alle Lebensbereiche festlegt und auf Annahmen über Sinn und Zweck des menschlichen Lebens im ganzen beruht“[193], angelegt werden. Vielmehr muss sie daraufhin überprüft werden, ob sie sich tatsächlich ausschließlich auf den Bereich der gerechten Verteilung der gesellschaftlichen Grundgüter und der Gewährleistung gesellschaftlicher Kooperation beschränkt. Durch die Umgehung kontroverser, weltanschaulicher Fragestellungen kann ein Konsens über die verfahrenstechnischen Fragestellungen der Gerechtigkeit erzeugt werden. Insofern bezieht Rawls sämtliche anthropologische Aussagen nicht auf den Menschen als Ganzes, sondern auf seine Rolle als Bürger eines Gemeinwesens.[194] Die Beschränkung auf die Gerechtigkeitsgrundsätze ermöglicht eine Anschlussfähigkeit an Konzeptionen des Guten.[195] Diese Anschlussfähigkeit darf aber nicht als Vorbedingung für die Gültigkeit der Prinzipien verstanden werden. Vielmehr erlangen sie ihre Gültigkeit aus dem Anspruch heraus, auf allgemeingültige Güter hin ausgerichtet zu sein, die kategorisch und unbedingt gelten. „Nur so kann zwischen sozialer Geltung und moralischer Gültigkeit unterschieden werden.“[196] Grundsätzliche Legitimität und tatsächliche Geltung müssen also unterschieden werden. Wenn die Gerechtigkeit eingefordert wird, geschieht dies eben auch nicht unter Berufung auf irgendeine partikulare Konzeption des Guten, sondern auf die unbedingte Gültigkeit des Gerechten. Nur weil jemand die Gerechtigkeit nicht in seine Weltsicht integrieren kann, heißt das nicht, dass sie dadurch ihre Gültigkeit verliert.[197]

---

[193] A. a. O., 28.
[194] Vgl. a. a. O., 28f.
[195] Vgl. Forst (1997), 407.
[196] A. a. O., 207f.
[197] Vgl. a. a. O., 408f.

4.2.2.3.5 Vernünftige Konzeptionen des Guten

Wenn Konzeptionen des Guten im Rahmen eines übergreifenden Konsenses aber für die Stabilität einer Gesellschaft verantwortlich sein sollen, müssen sie bestimmte Bedingungen erfüllen. So müssen sie logisch und mit allgemeinen Tatsachen vereinbar sein, dürfen also nicht auf Fehlschlüssen oder Irrtümern beruhen.[198] Ebenfalls müssen sie bestimmte anthropologische Tatsachen anerkennen, unter anderem, dass der Mensch bestimmte Bedürfnisse besitzt, dass das menschliche Leben wertvoll ist, dass sich der Mensch verwirklichen will und soziale Kooperation zu alledem beiträgt.[199] Ein gelingendes Zusammenwirken von institutioneller Ordnung und individueller Konzeption des Guten ist somit nur unter Anerkennung der drei anthropologischen Grundbereiche denkbar. Vernünftig kann eine Konzeption des Guten allerdings erst dann genannt werden, wenn sie unparteilich ist, also theoretisch allen Bürgern offen steht. Dabei muss dieser Anspruch auf Unparteilichkeit zwar möglichst glaubwürdig sein, aber nicht notwendigerweise auch von allen Bürgern anerkannt werden. Dies wäre innerhalb einer pluralistischen Gesellschaft, in der Meinungsverschiedenheiten über Konzeptionen des Guten herrschen, nicht realistisch denkbar. Diese Bedingung soll lediglich sicherstellen, dass jene Meinungsverschiedenheiten nicht aus widerstreitenden Interessen entstehen, sondern durch die Bürden der Vernunft verursacht sind.[200] Das entscheidendste Kriterium für vernünftige Konzeptionen des Guten besteht innerhalb von offenen Gesellschaften aber in der Anerkennung individueller Autonomie und damit der Forderung, dass jeder Bürger nur solchen Normen unterworfen werden darf, denen er selbst zustimmen kann. Es muss damit also jedem Bürger das gleiche Recht zugesprochen werden, nach seiner eigenen Konzeption des Guten leben zu können. Letztlich zielt die Bedingung der Anerkennung von Autonomie also auf die Verwirklichung der

---

198 Vgl. Hinsch (1997a), 89f.

199 Vgl. a. a. O., 91.

200 Vgl. ebd.

moralischen Fähigkeiten des Bürgers ab, welche von der Gerechtigkeitsordnung gewährleistet werden sollen.[201] Rawls betont die große Vagheit seiner Definition einer umfassenden Konzeption des Guten. So soll verhindert werden, dass eine zu starke Definition bestimmte umfassende Lehren ohne wirkliche Begründung ausschließt. Zudem wird eine stärkere Definition für den politischen Liberalismus ohnehin nicht benötigt.[202]

Als ein Instrument, mit dem sichergestellt wird, dass die individuelle Autonomie auch von den Konzeptionen des Guten beachtet wird, dient die „Asymmetrie zwischen der rationalen Bejahung und der rationalen Verneinung von Konzeptionen des Guten"[203]. So sind Konzeptionen des Guten in einem starken Sinne erst dann rational begründet, wenn sich sowohl Gründe für diese Konzeption finden lassen als auch Gründe gegen ihre Gegenposition. In einem schwachen Sinne reichen hingegen Gründe für die Konzeption schon aus. Der absolute Anspruch, mit dem fundamentalistische Positionen ihre Konzeption des Guten gegen andere Überzeugungen notfalls mit Zwang und Gewalt durchsetzen wollen, erfordert eine rationale Begründung im starken Sinne. Wenn jemand andere Konzeptionen auf rationaler Basis ausschließen will, muss er gute Gründe dafür angeben, warum diese Konzeptionen schlecht sind. Es reicht dann nicht aus, nur Gründe anzuführen, warum die eigene Konzeption gut ist. Alle fundamentalistischen Positionen, die einen absoluten Anspruch vertreten und damit andere Konzeptionen verdrängen wollen und die nicht eine rationale Begründung im starken Sinne unternehmen, haben im Rahmen eines vernünftigen Pluralismus somit keine Berechtigung. Der Versuch einer solchen rationalen Begründung im starken Sinne müsste ohnehin bei begründeten Meinungsverschiedenheiten scheitern. Diese haben ihre Ursache schließlich in den Bürden der Vernunft, weshalb hier keine Gründe gegen eine vernünftige Konzeption angeführt werden können.[204] Insofern können in

---

201 Vgl. a. a. O., 92f.
202 Vgl. Rawls (1998), 133f.
203 Hinsch (1997a), 103.
204 Vgl. a. a. O., 100f.

einem vernünftigen Pluralismus mehrere Konzeptionen des Guten nebeneinander bestehen und als rational begründet gelten.

Eine für alle geltende, gerechte Gesellschaftsverfassung darf somit in einer pluralistischen Gesellschaft nicht eine bestimmte Konzeption des Guten vorgeben, wenn sie anerkennt, dass eine Vielfalt solcher Konzeptionen vernünftig begründet werden kann, und vernünftige Meinungsverschiedenheiten zulässt. Der Verzicht auf einen absoluten Anspruch einer Konzeption des Guten ist für die gesellschaftliche Stabilität insofern wichtig, als dass sonst Personen oder Gruppen den Versuch unternehmen könnten, ihre Konzeption des Guten anderen aufzuzwingen.[205] Hinsch fasst diese Bedingung als Anerkennung des Toleranzprinzips zusammen:

> „Keine Konzeption des Guten, wie vernünftig und wohlbegründet sie auch sein mag, berechtigt ihre Vertreter dazu, mit Hilfe staatlicher Zwangsgewalt Dinge durchzusetzen, über die zwischen Bürgern vernünftige Meinungsverschiedenheiten bestehen."[206]

Insofern muss also zwischen einem vernünftigen Pluralismus und einem deregulierenden Relativismus unterschieden werden. „Die Theorie ist nicht mit allen umfassenden Lehren vereinbar, sondern sie ist selbst ein Maßstab für die Unterscheidung zwischen ‚vernünftigen' und ‚unvernünftigen' ethischen Konzeptionen."[207] Dabei wird die Unterscheidung inhaltlich davon abhängig gemacht, ob eine Konzeption des Guten das Faktum des Pluralismus anerkennt und akzeptiert, dass es unterschiedliche Weltanschauungen und Wertüberzeugungen geben kann, die nicht auf Unvernunft zurückzuführen und daher legitim sind.[208] Entscheidend für eine Konzeption des Guten ist demnach also nicht ihr Inhalt. Ob dieser wahr ist, will Rawls ausdrücklich nicht beantworten. Das

---

205 Vgl. Hinsch (2002), 26.
206 A. a. O., 35.
207 Forst (1997), 405.
208 Vgl. ebd.

Attribut *unvernünftig* bezieht sich für ihn vielmehr auf den Versuch, eine bestimmte Konzeption des Guten mit Zwang durchzusetzen.[209] Ein übergreifender Konsens zugunsten gesellschaftlicher Gerechtigkeit lässt sich letztlich nur mit vernünftigen Konzeptionen des Guten erzielen, die den Pluralismus und das daraus entstehende Nebeneinander verschiedener Glücksvorstellungen anerkennen.

4.2.2.4 Zwischenergebnis: Klimafreundliche Haltungen in einem offenen und solidarischen Pluralismus

Die Prinzipien der Gerechtigkeit sind in der Lage, innerhalb pluralistischer Gesellschaften wirksam zu werden. Sie werden dabei in ihrem Anspruch so eingeschränkt, dass sie nicht in Konkurrenz mit verschiedenen Theorien des Guten treten, sondern sich lediglich auf eine gelingende gesellschaftliche Kooperation konzentrieren. Dadurch werden aber unterschiedlichste Vorstellungen vom Guten zugelassen. Rawls selbst strebt mit seiner Konzeption vor allem in volkswirtschaftlicher Hinsicht ein eigenes Gesellschaftsmodell an. Hinsichtlich der politischen Verfassung lassen sich aber viele Überschneidungen zu gegenwärtigen pluralistischen Gesellschaftsverfassungen finden. Dadurch bekommt sein Ansatz eine Relevanz als mögliche, realitätsnahe Gesellschaftsgrundlage für eine Tugendlehre. Indem er die pluralistische Verfasstheit moderner Gemeinwesen ernst nimmt, hat der politische Liberalismus die Möglichkeit, Aussagen zu einer Kooperation verschiedener Konzeptionen des Guten zu treffen. Dazu muss letztlich auf gesellschaftlicher Ebene ein übergreifender Konsens angestrebt werden. Gelingen kann das nur, wenn auf individueller Ebene vernünftige Konzeptionen des Guten vorherrschen, die keinen absoluten Anspruch vertreten und tolerant gegenüber anderen Vorstellungen vom Guten sind. Dazu müssen sie im rawlsschen Sinne vernünftig sein und dem übergeordneten Konsens über die Gesellschaftsverfassung gemäß der Prinzipien der Gerechtigkeit zustimmen. Sie

[209] Vgl. Rawls (1998), 234f.

richten sich auf gesellschaftlicher Ebene dadurch solidarisch mit allen weiteren vernünftigen Konzeptionen des Guten auf eine gelingende gesellschaftliche Kooperation aus. Hier wird deutlich, warum gerade pluralistische Gesellschaften eine geeignete Umgebung dafür bereitstellen, klimafreundliche Haltungen zu verbreiten, so wie es im Zusammenhang mit individuellem Handeln beim Klimaschutz angenommen wurde. In einer solchen Atmosphäre der Offenheit und Solidarität besteht nämlich eine große Chance, dass eine Ausrichtung auf den Schutz des Klimas anerkannt und übernommen wird, besonders dann, wenn sie einen Beitrag zum Ziel gesellschaftlicher Gerechtigkeit leistet.

4.3 Ergebnissicherung: Prinzipien der Gerechtigkeit als gesellschaftliche Rahmentheorie einer Tugendlehre

Die Anwendung der Prinzipien der Gerechtigkeit ermöglicht gerade im Rahmen eines vernünftigen Pluralismus eine stabile Gesellschaftsordnung. Durch die Verknüpfung verschiedener vernünftiger Konzeptionen des Guten mittels des übergreifenden Konsenes entsteht eine gesellschaftliche Solidarität, durch die gerechte Institutionen unterstützt und aufgebaut werden. Konflikte, die aufgrund unterschiedlicher Vorstellungen vom Guten aufkommen können, sind durch die Bürden der Vernunft möglich. Sie beziehen sich aber auf konkrete tagespolitische Fragen, durch die die Gestalt von Institutionen maßgeblich beeinflusst werden kann. Auf der Ebene der verfassungsmäßigen Ausrichtung dieser Institutionen lassen sich aber Einigkeit und Kooperation zwischen den verschiedenen vernünftigen Konzeptionen des Guten vorfinden. Im so entstehenden Idealbild einer wohlgeordneten Gesellschaft werden somit Wechselwirkungen zwischen verschiedensten Vorstellungen vom Guten und gerechten Institutionen ermöglicht. So können gesellschaftliche Probleme auf unterschiedliche Art und Weise beantwortet werden, allerdings immer im Rahmen der Gerechtigkeitsprinzipien, die ja schließlich von allen Konzeptionen des Guten anerkannt sind. Diese Anerkennung bewirkt, dass konkrete Institutionen daraufhin überprüft werden können, ob sie mit den Prinzipien der Gerechtigkeit übereinstimmen. Sollte eine solche Übereinstimmung nicht vorliegen, könnten von individuellen Haltungen Impulse zur Veränderung konkreter Institutionen ausgehen. Im Falle gerechter Institutionen motivieren individuelle Haltungen hingegen zur Einhaltung der mit ihnen verbundenen Regeln und Richtlinien. Institutionen, die auf den Prinzipien der Gerechtigkeit beruhen, sind ihrerseits in der Lage, ungerechte Handlungen zu sanktionieren. Ebenfalls sind sie in der Lage, durch positive Anreize solche individuellen Haltungen zu bestärken, die auf vernünftigen Konzeptionen des Guten beruhen. In einer wohlgeordneten Gesellschaft finden somit förderliche Wechselwirkungen zwischen Tugend und Institution statt.

Die gesellschaftlichen Grundgüter, die als Verbindung und gemeinsamer Rahmen von Konzeptionen des Guten und Prinzipien der Gerechtigkeit fungieren, werden als Grundbedingungen verstanden, um ein selbstbestimmtes Leben zu führen. Die Auswahl und Schwerpunktsetzung der konkret genannten Güter ist zwar nicht universell und der gesellschaftlichen Perspektive der *Theorie der Gerechtigkeit* geschuldet. Die gesellschaftlichen Grundgüter lassen sich aber den anthropologischen Grundbereichen zuordnen und sind demnach vernunftgemäß. Die individuelle Ausrichtung auf Güter innerhalb der drei anthropologischen Grundbereiche kann somit durch eine gerechte Gesellschaftsordnung mit besonderer Schwerpunktsetzung auf den sozialen Grundbereich unterstützt werden. Es wurde bislang angenommen, dass die Ausrichtung auf diese Glücksinhalte klimafreundliche Haltungen hervorrufen wird. In einer auf den Gerechtigkeitsprinzipien begründeten Gesellschaftsordnung besteht dann aber die Möglichkeit zu einem notwendigen gesellschaftlichen Wandel durch die Veränderung von individuellen Haltungen, der auch Einfluss auf die gesellschaftlichen Institutionen nimmt und diese somit auch in Richtung höherer Klimafreundlichkeit verändert. Dieser wird besonders durch die pluralistische Verfasstheit einer Gesellschaft unterstützt. Das von Rawls angestrebte konkrete Gesellschaftsmodell ist aber den westlichen Gesellschaften hinsichtlich ihrer grundsätzlichen Ausgestaltung nicht unähnlich. Die Beschäftigung mit dem politischen Liberalismus ergibt also, dass die gesellschaftlichen Ordnungen in vielen der hauptsächlich für den Klimawandel verantwortlichen Staaten grundsätzlich offen für einen Wandel zu mehr Klimafreundlichkeit hin sind und die Ausbildung individueller vernunftgemäßer Haltungen ermöglichen und unterstützen. Die bislang vorgestellte Tugendlehre mit ihrer Bezogenheit auf Güter innerhalb der drei anthropologischen Grundbereiche kann somit nicht nur Aussagen über das Individuum treffen, sondern gewinnt im Zusammenwirken mit einer entsprechenden Gesellschaftsverfassung eine gesellschaftliche Relevanz. Eine Gesellschaftsordnung auf Grundlage des politischen Liberalismus ist also in der Lage, eine Tugendlehre zu ergänzen und zu unterstützen.

Wie genau eine solche Ausrichtung an Gütern innerhalb der drei anthropologischen Grundbereiche aussieht und ob sie zu klimafreundlichen Haltungen führt, soll im Folgenden beantwortet werden.

Kapitel 5: Kardinaltugenden als vernunftgemäße Haltungen gegenüber dem Klimaproblem

5.1 Trägt der Klimaschutz zum Glück des Menschen bei?

Im Verlauf der Arbeit konnten die Eigenarten, Grenzen und Vorteile einer Tugendlehre unter modernen Bedingungen aufgezeigt werden. Demnach erscheint es als möglich und gewinnbringend, Haltungen bzw. Tugenden für das Problem individuellen Klimaverhaltens ins Spiel zu bringen. Der Glücksbegriff der zur Grundlage dieser Tugendlehre gemacht werden soll, geht vom Kriterium der Vernunftgemäßheit aus und bindet dieses inhaltlich an die drei anthropologischen Grundbereiche des Menschen. Demnach erkennt die Vernunft das als gut, was den Menschen in seiner durch die drei Bereiche bestimmten Konstitution weiter vervollkommnet. Die Beförderung der personalen, sozialen und körperlichen Dimensionen des Menschen trägt zum Glück des Menschen bei. Auf welchem Wege dies geschieht, kann offen bleiben. Sicher ist nur, dass dem Glück des Menschen das nicht zuträglich ist, was die Dimensionen seines Menschseins beeinträchtigt.

Es wurde weiterhin gezeigt, dass es geeigneter institutioneller Rahmenbedingungen bedarf, damit der Mensch Haltungen ausbilden kann, die ihm für das Erreichen seines Glücks zuträglich sind. Ebenso konnte eine positive Auswirkung dieser individuellen Haltungen auf institutionelle und gesellschaftliche Zusammenhänge aufgezeigt werden.

Noch nicht beantwortet wurde bislang allerdings die Frage, ob und wie die hier vorgestellte Tugendlehre eine konkrete Anwendung auf das Motivationsproblem beim Klimaschutz finden kann. Grundbedingung dafür wäre die Relevanz des Klimas für das menschliche Glück. Gefragt werden muss also, ob der Schutz des Klimas ein solches praktisches Gut darstellt, dass die menschlichen Dimensionen befördert, bzw. ob Klimaschädigungen diese beeinträchtigen. Im Rahmen der Beschäftigung mit der Umwelttugendethik konnte schon gezeigt werden, dass die Erfahrung und Bewahrung der Natur bzw. des Klimas als höchstes praktisches Gut und letztes Ziel des Strebens im Rahmen einer teleologischen Handlungstheorie nicht als universell angenommen werden können. Allerdings soll nochmals darauf hingewiesen werden, dass die Bewahrung der Umwelt ein sehr hohes Gut ist, das von sehr vielen Menschen in ihre individuelle Konzeption des Guten integriert wird. Dass allerdings das gesamte Leben und Handeln auf den Umweltschutz als letztes Ziel ausgerichtet wird, kann jedoch nicht ohne Weiteres für alle Menschen angenommen werden. Die tatsächlich vorhandenen Glückskonzeptionen und letzten Ziele der Menschen, die dem Kriterium der Vernunftgemäßheit entsprechen, richten sich in der Regel auf andere Güter aus. Vom Klimaschutz bzw. einem intakten Klima als hinreichende Bedingung für menschliches Glück kann somit nicht ausgegangen werden.

Das bedeutet aber nicht, dass Klima und Klimaschutz für das menschliche Glück irrelevant sind. So mag es zwar sein, dass der Mensch andere Dinge anstreben und mehr tun muss, als das Klima zu schützen, wenn er glücklich sein will. Damit ist aber noch nicht gesagt, dass Klimaschädigungen nicht effektiv verhindern können, dass der Mensch das Ziel seines Glücksstrebens erreichen kann. Das kann einerseits dadurch geschehen, dass die Folgen des anthropogenen Klimawandels den Menschen vom Streben nach Glück abhalten. Andererseits beinhaltet das Streben nach einem Ziel immer auch das Wählen angemessener Mittel. Eine Konzeption des Glücks, die dem Kriterium der Vernunftgemäßheit standhält, kann nicht mit Mitteln verwirklicht werden, die diesem Kriterium nicht entsprechen. Sofern gezeigt werden kann, dass Klimaschutz aber diesem Kriterium entspricht, kann der Mensch das Glück nicht mittels Klimaschädigung anstreben. Es ist also denkbar, dass Klimaschutz eine notwendige Bedingung für das menschliche Glück ist und somit als Instrument und Zwischenziel beim Streben nach Glück dient. Diese Vermutung soll anhand der Betrachtung der drei anthropologischen Grundbereiche überprüft werden.

5.1.1 Klimaschutz als vernunftgemäßes Gut des körperlichen Grundbereichs des Menschen

Die körperliche Dimension des Menschen verlangt nach der beständigen Erfüllung der physiologischen Grundbedürfnisse und der Befriedigung sinnlichen Strebens. Die langfristige Absicherung der Lebens- und Arterhaltung, der eigenen Gesundheit sowie der Ernährung ist also ein übergeordnetes, von der Vernunft als solches erkanntes Gut. Die gegenwärtige klimaschädliche Konsumorientierung mag eine kurzfristige Erfüllung bzw. sogar Übererfüllung dieser Bedürfnisse darstellen. Das Kriterium der Vernunftgemäßheit erfordert jedoch die Übernahme einer langfristigen, auf das gesamte Leben ausgelegten Perspektive. Dann aber muss die gegenwärtige Art und Weise, in der die physiologischen Grundbedürfnisse befriedigt werden, als unvernünftig angesehen werden. Wie im ersten Kapitel gezeigt wurde, schadet der gegenwärtige Lebensstil langfristig der Lebensfreundlichkeit des Klimas weltweit, in einigen Regionen sogar schon mittel- und kurzfristig. Das aber würde die körperliche Dimension des Menschen massiv gefährden. Die aufgezeigten Wetterextreme, geologische Veränderungen wie die Überflutung von Nutzland und Lebensräumen sowie die Beeinträchtigung der Nahrungssicherheit werden das Leben, die Gesundheit und die Ernährung des Menschen massiv beeinträchtigen und tun dies zum Teil jetzt schon. Klimaschädliches Verhalten trägt somit dazu bei, dass die körperliche Dimension des Menschen einer massiven Gefahr ausgesetzt ist. Die körperliche Verfasstheit ist aber die Grundbedingung menschlichen Seins. Die menschliche Existenz ist ohne die körperliche Dimension nicht denkbar. Worin genau die Vortrefflichkeit dieses anthropologischen Grundbereichs im Sinne eines Beitrags zum menschlichen Glück liegt, ist damit noch nicht gesagt. Wohl aber wird deutlich, dass klimafreundliches Verhalten langfristig überhaupt erst die Möglichkeit zur Vervollkommnung der körperlichen Dimension eröffnet. Insofern er eine Grundbedingung menschlicher Vollkommenheit in körperlicher Hinsicht darstellt, entspricht der Klimaschutz vollumfänglich dem Kriterium der Vernunftgemäßheit und muss notwendiger, instrumenteller Bestandteil einer Konzeption des Guten sein, worin auch immer diese sonst bestehen mag.

5.1.2 Klimaschutz als vernunftgemäßes Gut des sozialen Grundbereichs des Menschen

Die soziale Dimension richtet den Menschen auf andere aus und verlangt nach glückenden Beziehungen, Kooperation und Gemeinschaft. Die Angewiesenheit des Menschen auf andere beginnt im Moment der Geburt und bleibt bis zum Lebensende bestehen. Sie besteht in besonderem Maße am Beginn des Lebens, häufig aber auch an dessen Ende. Selbst derjenige, der sich bewusst sämtlicher Gemeinschaft entziehen will, wird nie vollkommen ohne andere auskommen. Eine weitere Grundbedingung des menschlichen Lebens ist neben dem körperlichen also der soziale Grundbereich.

Ganz konkret bedrohen die Auswirkungen des Klimawandels größere und kleinere Formen von Gemeinschaft. So wurde im ersten Kapitel auch auf soziale Folgen des Klimawandels hingewiesen, die in Unruhen, Gewalt und Krieg sowie in Migrationsbewegungen bestehen können. Zwischenstaatliche Kriege oder Bürgerkriege stellen die größtmögliche Form der Aufkündigung von Gemeinschaft dar. Wenn der Klimawandel zu Ressourcenknappheiten, territorialen Bewegungen und dadurch zu Konflikten führt, trägt er massiv dazu bei, dass die soziale Dimension des Menschen großen Schaden nimmt. Solche Konflikte lassen sich in den besonders vom Klimawandel betroffenen Regionen der Welt schon heute beobachten, werden langfristig aber auch auf andere Teile der Welt übergreifen, wenn auch dort Ressourcen und Land knapper werden. Auch Migrationsbewegungen aller Art besitzen das Potenzial, Gemeinschaft im Kleinen zu zerstören. Es kann nicht sinnvollerweise angenommen werden, dass für Flüchtende sämtliche soziale Beziehungen unverändert bleiben. Die Wahrscheinlichkeit, dass Freunde oder Verwandte zumindest teilweise zurückbleiben, ist äußerst hoch. Der Zwang, aufgrund klimatischer Veränderungen sein soziales Umfeld verlassen zu müssen, bedeutet also auch eine Schädigung des sozialen Grundbereichs menschlichen Daseins.

Gemeinschaft bedeutet zwar in der Regel mehr, als reine Zweckgemeinschaft. In ihr besteht aber die reduzierteste Form von Gemeinschaft, wenn auch Gemeinschaft in vollem Sinn ein starkes Moment gegenseitigen Wohlwollens beinhaltet. Kernmerkmal jeglicher Gemeinschaft ist aber zunächst die gegenseitige Berücksichtigung der individuellen Bedürfnisse und Interessen. Ein reiner, sich selbst isolierender Egoismus, der nur eigene Interessen berücksichtigt, widerspricht also dem Prinzip der Gemeinschaft und damit der sozialen Dimension des Menschen. Zwar ist die Reichweite des Gemeinschaftsbegriffs umstritten, wie in der Auseinandersetzung mit dem Kommunitarismus deutlich wurde. Selbst Kommunitaristen, deren Ziel partikulare Gemeinschaften sind und nicht eine einzige globale, müssen anerkennen, dass der Mensch in eine weltweite zweckdienliche Wirtschaftsgemeinschaft innerhalb einer globalisierten Welt eingebunden ist. Auch der radikale Egoist müsste im gegenwärtigen wirtschaftlichen System zu folgendem zynischen Schluss kommen: Wer seine eigenen Interessen nach erschwinglichem Konsum und der Beibehaltung des gegenwärtigen Lebensstils verfolgt, muss das Interesse der Menschen in den ärmeren Regionen der Welt an einem intakten Klima zumindest deshalb berücksichtigen, weil ihre Produktionsleistung und die dort vorhandenen Ressourcen seinen Lebensstil überhaupt erst ermöglichen. Eine solche Argumentation ist allerdings nur mit erheblichen Schwierigkeiten der sozialen Dimension des Menschen zuzuordnen, weil auf ihrer Grundlage andere Menschen nur als Mittel wahrgenommen werden. Sie zeigt allerdings die Angewiesenheit selbst des größten Egoisten auf andere Menschen auf.

Gemeinschaft in ihrem vollen Sinn wird allerdings eben nicht als Zweckgemeinschaft verstanden. Sie beinhaltet vielmehr die Anerkennung des anderen als Person, nicht als Mittel. Aus dieser Perspektive heraus sind zwar immer noch Unterschiede bei der Berücksichtigung der Interessen nahestehender und fernerer Personen denkbar. Eine prinzipielle und grundsätzliche Missachtung der Interessen von anderen muss aber ausgeschlossen werden. Gerade in Bezug auf das Klima, welches sich alle Menschen teilen, muss jedem Menschen das Recht eingeräumt werden, das Klima für sich zu nutzen. Dieses Recht und die damit verbundene Chance auf wirtschaftliche Entwicklung dürfen aber Menschen in weniger entwickelten Nationen nicht abgesprochen werden, nur weil westliche Industrienationen mehr Emissionen produzieren, als ihnen eigentlich zustehen. Der Mensch steht außerdem in einer Gemeinschaft zu seinen Nachkommen bzw. allen nach ihm lebenden Menschen, die ebenfalls einen Anspruch auf ein lebensfreundliches Klima besitzen. Wenn aber nun sowohl die gegenwärtig wie zukünftig lebenden Menschen hinsichtlich ihres Rechts auf ein intaktes Klima berücksichtigt werden müssen, reduziert sich der Spielraum für weitere Klimaemissionen dramatisch. Jeder, der also nur in Ansätzen vom Prinzip der Klimagerechtigkeit, der Generationengerechtigkeit und vor allem von den regional unterschiedlichen Auswirkungen des Klimawandels weiß, handelt bewusst unsozial, wenn er seine Interessen zu Lasten des Klimas verfolgt. Wer umgekehrt durch bewussten Konsum und bewusste Mobilität klimafreundlich handelt, ermöglicht und bewahrt in vielfältiger Hinsicht menschliche Gemeinschaft und berücksichtigt die Interessen vieler gegenwärtig oder zukünftig lebender Menschen. Sich selbst als eingebettet in eine solch große Gemeinschaft zu sehen, ist der sozialen Dimension des Menschen also äußerst zuträglich. Auch hier wurde bislang nur angedeutet, wie Vortrefflichkeit und Vollkommenheit innerhalb dieser Dimension aussehen können. Gezeigt wurde aber wiederum, dass der Schutz des Klimas ein Gut ist, welches zum Glück des Menschen in sozialer Perspektive beiträgt und somit ein vernunftgemäßes Mittel beim Streben nach Glück ist.

5.1.3 Klimaschutz als vernunftgemäßes Gut des personalen Grundbereichs des Menschen

Die kognitive Dimension des Menschen ist maßgeblich durch die menschliche Autonomie und das Streben nach Wahrheit gekennzeichnet. Der Mensch ist grundsätzlich dazu in der Lage, sich eigene Ziele zu setzen, die über die Befriedigung von Trieben hinausgehen, und diese Ziele zu reflektieren. Insofern wird die kognitive Vernunfttätigkeit zum personalen Grundbereich des Menschen. Die Vernunft eröffnet dem Menschen Handlungsmöglichkeiten, die die Möglichkeiten seiner übrigen Grundbereiche übersteigen. Vor allem aber erfährt sich der Mensch als fundamental selbstbestimmt. Er kann frei seine Ziele und die zu ihnen führenden Mittel wählen.

Die Auswirkungen des Klimawandels haben einen großen Einfluss auf die personale Dimension des Menschen. Die drei anthropologischen Grundbereiche sind nämlich nicht voneinander isolierte Bereiche, sondern miteinander verwoben. So ist das kognitive Tätigsein des Menschen immer angewiesen auf die anderen menschlichen Dimensionen. Wenn der Klimawandel aber die körperliche und soziale Dimension des Menschen massiv bedroht, sind davon auch seine kognitiven Möglichkeiten betroffen. Selbst die bei Aristoteles als Ideal genannte geistige Existenz des Philosophen kommt nicht ohne grundlegendste Voraussetzungen aus. Ein lebensfeindliches Klima würde also langfristig verhindern, dass der Mensch der ihm eigenen Verstandestätigkeit nachgehen könnte. Er müsste sein Dasein im Extremfall auf die Sicherung seines Überlebens beschränken. Der Mensch ist also dazu in der Lage, durch sein autonomes Zielstreben, wenn es den Schutz des Klimas nicht berücksichtigt, sich selbst der Grundlage seiner Autonomie zu berauben. Die Einschränkungen bei der Handlungswahl, die ein lebensfeindliches Klima auslösen könnte, erscheinen erheblich umfangreicher als die Einschränkungen, die mit klimafreundlichem Verhalten einhergehen.

Wie gezeigt wurde, ist es das Merkmal der Vernunft, das Handeln auf ein langfristiges bzw. letztes Ziel hin auszurichten und die entsprechenden Mittel zu wählen. Die praktischen Güter innerhalb der personalen Dimension sind somit im Gegensatz zur körperlichen Dimension nicht kurzfristiger Natur. Vortrefflichkeit wird in personaler Hinsicht also dann angestrebt, wenn solche Ziele und Mittel ausgewählt werden, die die anderen anthropologischen Grundbereiche und die Fähigkeit der Selbstbestimmung besonders fördern. Da ein intaktes Klima für beides zuträglich ist,

ist klimafreundliches Verhalten auch in personaler Hinsicht vernunftgemäß und kann als Instrument für das Streben nach Glück angesehen werden.

5.1.4 Zwischenergebnis: Klimaschutz als Glücksinstrument

Bei der Betrachtung der drei anthropologischen Grundbereiche wurde deutlich, dass der Schutz und die Bewahrung eines intakten und lebensfreundlichen Klimas dem Kriterium der Vernunftgemäßheit entsprechen und somit praktische Güter sind, die beim Streben nach Glück berücksichtigt werden müssen. Ein intaktes Klima konnte weiterhin als Grundbedingung menschlichen Daseins in jeglicher Hinsicht ausgemacht werden. Worin auch immer die Vernunft des Einzelnen das letzte Ziel seines Handelns erkennt, werden das Klima und dessen Schutz zu berücksichtigende Faktoren sein. Die praktische Vernunft wird entsprechend nur solche praktischen Güter und Handlungen wählen, die das Klima nicht schädigen. Im Umkehrschluss wird von der Vernunft vielmehr ein solches Verhalten gewählt, das das Klima schützt. Nur so kann das Dasein des Menschen in allen Dimensionen geschützt und weiterentwickelt werden. Klimafreundliches Verhalten ist also vernunftgemäß. Nur unter Berücksichtigung des Klimaschutzes wird der Mensch langfristig dem Ziel seines Strebens näher kommen können. Er stellt somit ein wichtiges instrumentelles praktisches Gut beim Streben nach Glück dar.

5.2 Der Beitrag der Tugend zum Klimaschutz

5.2.1 Herleitung und Funktion der Kardinaltugenden

Wie bei der Beschäftigung mit der Tugendlehre deutlich wurde, wird Tugend verstanden als vernunftgemäßes Streben. Tugend richtet den Menschen demnach auf solche Ziele aus, die die Vervollkommnung seiner drei anthropologischen Grundbereiche befördern. Der volle Besitz einer Tugend würde dann der Vervollkommnung des entsprechenden Grundbereichs entsprechen. Zu wiederholen ist an dieser Stelle, dass Tugenden keine konkreten Handlungen oder Verhaltensweisen darstellen, sondern als Haltung, Ausrichtung oder Orientierung verstanden werden müssen und in der konkreten Handlungssituation je unterschiedliche Handlungen auslösen können. Eine Übereinstimmung besteht nur hinsichtlich der Tatsache, dass tugendhaftes Handeln immer auch gutes Handeln bedeutet. Konkrete Handlungen eignen sich also nicht zur vollumfänglichen Bestimmung einer Tugend. So kann man zwar bestimmte Handlungen mit Tugendwörtern bewerten, allerdings ist nicht die Handlung selbst entscheidend dafür, dass sie tugendhaft genannt wird, sondern ihre Ausrichtung bzw. ihr Zweck. Nur wenn dieser vernunftgemäß ist, kann von einer tugendhaften Handlung gesprochen werden. Dann aber können unterschiedlichste Handlungen als tugendhaft bewertet werden. Es werden mit einer Tugend also nicht bestimmte Handlungen, sondern bestimmten Handlungsausrichtungen oder Haltungen näher benannt.[1]

Für eine inhaltliche Bestimmung der Tugenden, die über die bislang rein formalen Aussagen hinausgeht, braucht es wiederum eine Orientierung an den drei anthropologischen Grundbereichen. In ihnen lassen sich vernunftgemäße praktische Güter finden, weshalb ein vernunftgemäßes Streben auch hier seinen Orientierungspunkt besitzt. Aus dieser Orientierung lassen sich vier Kardinaltugenden gewinnen, die ein Einteilungsschema der klassischen Tugendlehre darstellen.

Die Kardinaltugenden *Klugheit, Gerechtigkeit, Maß* und *Tapferkeit* stellen allgemeine Gattungsbegriffe dar, unter die alle weiteren sittlichen Tugenden eingeordnet werden können.[2] Dadurch kommt ihnen eine Ordnungsfunktion zu. Allerdings stellen sie mehr dar, als Kategoriebezeichnungen. „Insofern wirken die Kardinaltugenden nicht neben den Einzeltugenden oder über ihnen, sondern in diesen und durch diese."[3] Sie sind aber gleichzeitig

---

[1] Vgl. Rhonheimer (2001), 195f.
[2] Vgl. a. a. O., 192f.
[3] Schockenhoff (2007), 106.

auch als spezielle Tugenden zu verstehen, „die den Teil- oder Anhangstugenden ihres Bereichs voranstehen“[4]. Mit ihnen ist der entscheidendste Haltungsaspekt eines bestimmten Bereichs gemeint, der auch allen spezielleren Tugenden zukommt.[5]

Die Klugheit der personalen Dimension lässt sich der Vernunfttätigkeit zuordnen, die Gerechtigkeit der sozialen Dimension des zwischenmenschlichen Handelns. Maß und Tapferkeit richten sich beide auf die körperliche Dimension, wobei das Maß der Begierde zuzuordnen ist und die Tapferkeit der Furcht.[6] Die Vierzahl der Kardinaltugenden wird also nicht willkürlich gewählt, sondern entspricht den menschlichen Handlungsvermögen und ist somit formal begründet und hergeleitet.[7] Diese Einteilung, die auf der thomanischen Anthropologie beruht, hat aber auch heute noch Gültigkeit, da sie immer noch eine Grundlage zur Kategorisierung aller weiteren Tugenden bietet.[8] Mit der klassischen Einteilung der Kardinaltugenden ergibt sich hier also eine Möglichkeit, in Anbindung an anthropologische Erkenntnisse über Haltungsbilder zu modernen Fragestellungen wie den Klimawandel zu sprechen. Die Ausrichtungen des Menschen, die ihn in seiner körperlichen, sozialen und personalen Dimension zur Vollendung führen, sind schließlich so universell ausgestaltet, dass sie in allen Handlungs- und Lebensbereichen Anwendung finden können. Gerade diese allgemeine Anwendbarkeit der Kardinaltugenden qualifiziert sie ja dafür, etwas zur umfassenden Vollkommenheit des Menschen beizutragen. Dann können aber die allgemeine Beschreibung einer Kardinaltugend und ihre Zuordnung zu einer menschlichen Dimension daraufhin befragt werden, was sie zu speziellen Lebens- und Handlungsfragen zu sagen haben. Diese Frage soll im Folgenden hinsichtlich des Klimaproblems gestellt werden. Dazu werden zunächst allgemeingültige Aspekte einer Kardinaltugend vorgestellt, um dann aufzuzeigen, was das so beschriebene Hal-

---

[4] Vgl. a. a. O., 107.

[5] Vgl. ebd.

[6] Vgl. Rhonheimer (2001), 192f.

[7] Vgl. Schockenhoff (1987), 272f.

[8] Vgl. Mieth (1998), 147f.

tungsbild für das klimafreundliche Handeln bedeutet. Daran soll sich jeweils ein konkretes Beispiel dafür anschließen, wie eine solche Haltung das Motivationsproblem beim Klimaschutz lösen könnte. Diese konstruierten Beispiele sollen ausdrücklich nicht als normative Handlungsanweisungen verstanden werden, sondern ausschließlich als Illustrationen. Da sich die konkreten Handlungssituationen in der Realität immer grundlegend voneinander unterscheiden, ist auf der Grundlage einer Tugendlehre die Formulierung normativer Handlungsregeln nicht möglich. Die hier beschriebenen Beispiele können in bestimmten Handlungssituationen den jeweiligen Tugenden sogar vollständig widersprechen. Verdeutlicht werden soll entsprechend keine konkrete Handlung, sondern die ihr zugrunde liegende Haltung.

5.2.2 Klugheit: Sensibilität für klimarelevantes Handeln

Die Klugheit wurde bislang als intellektuelle Tugend aufgefasst. Da sie aber in Abhängigkeit zum Streben steht und die Handlungswahl beeinflusst, wird sie ebenfalls zu den sittlichen Tugenden gezählt. Sie wird als Form aller weiteren Tugenden angesehen, da sie letztlich die Vervollkommnung der Wahl guter Handlungsziele darstellt. Die Klugheit berücksichtigt die personale Dimension des Menschen. So ist der Mensch als „Person […] zu einem selbstbestimmten Leben in Freiheit und Vernunft aufgerufen“[9]. Die Selbstbestimmung über sein Handeln als personale Dimension korrespondiert mit der Tugend der Klugheit, „die ihn zur bewussten Lebensführung oder zur personalen Steuerung seiner Lebensgeschichte befähigt“[10]. Klugheit besteht nicht im effizienten Erreichen von Zielen, sondern in einer Kompetenz, die das gesamte Leben des Menschen entsprechend der Vernunft ausrichtet. Die Klugheit richtet sich auf die letzten Ziele des Menschen, nicht aber auf partikuläre Ziele aus.[11] Ihr kommt eine zentrale Stellung zu, da

[9] Schockenhoff (2007), 115.
[10] A. a. O., 116.
[11] Vgl. ebd.

sie eine Ausrichtung des gesamten Handelns bewirkt. Alle anderen Tugenden folgen demnach der Ausrichtung der Klugheit und werden insofern von ihr geformt.[12] Somit hat sie die Aufgabe, die letzten Ziele des Menschen anzustreben und das Vernunftgemäße ins Handeln einfließen zu lassen. In der Klugheit besteht also die Anwendung des Vernunfturteils auf die konkrete Einzelhandlung.[13]

Mieth leitet aus der Klugheit das Konzept der Lebensförderlichkeit ab. Damit gemeint ist „die produktive Kraft des menschlichen Daseins, die seinen destruktiven Tendenzen […] entgegengesetzt ist“[14]. Drückt der Mensch sein Dasein nur noch im Besitz und Gebrauch materieller Dinge aus, entspricht das nicht mehr einem menschlichen Dasein, da so die Mittel zum Leben verabsolutiert werden. Insofern ist die Frage der Klugheit eine Frage danach, in welcher Weise der Mensch zu seinen Instrumenten in Beziehung steht. Diese müssen vielmehr immer so beschaffen sein, dass sie im Dienst des Lebens stehen und ihm seinen Raum zugestehen. Die materiellen Dinge dürfen den Menschen also nicht dominieren. Gleichzeitig gilt dies aber auch für außermenschliches Leben. Konkret dürfen also die Instrumente des Lebens seine eigenen Vollzüge genauso wenig zerstören, wie die Umwelt.[15] In dieser Hinsicht wirkt sich aber ein übermäßiger Konsum aus. Nicht nur schädigt er in globaler Hinsicht andere Menschen und die Umwelt, er ist auch verantwortlich für die Selbstschädigung des Einzelnen. Eine exzessive Konsumausrichtung aber ist eben nicht etwas zum Menschen Gehöriges, sondern eine Grundbedingung, um das wirtschaftliche System aufrecht erhalten zu können. So wird in der modernen Ökonomie die Nachfrage erst durch die Angebote geschaffen. Diese Systemimmanenz macht den Aufruf zu totalem Konsumverzicht auch so schwierig, weil er nicht nur das Verhalten des Einzelnen betrifft, sondern die Grundlage des gesamten Wirtschaftssystems in Frage stellt. Insofern ist es auch

---

[12] Vgl. a. a. O., 116f.
[13] Vgl. a. a. O., 118.
[14] Mieth (1984), 94.
[15] Vgl. ebd.

nicht förderlich, sich diesem System einfach zu entziehen. Als vernunftgemäße Alternative zum gegenwärtigen Konsum muss eine „lebensförderliche Orientierung des ökonomischen Systems selbst“[16] erfolgen. So muss eine Ausrichtung der Wirtschaft an den Bedürfnissen des Menschen erfolgen, nicht umgekehrt. Daraus folgt einerseits, dass „die qualitative Verbesserung der Bedürfnisbefriedigung [...] vor der quantitativen Erweiterung der Bedürfnisse eindeutig die Priorität erhalten“[17] muss und menschliche Bedürfnisse nicht ausschließlich durch materielle Güter erfüllt werden. So gibt es eben mehr und komplexere Bedürfnisse des Menschen, als rein auf materielle Güter ausgerichtete. Ein volles menschliches Glück kann demnach nicht durch Konsum erreicht werden, sondern beinhaltet eben immer vielfältige Dimensionen des Menschen.[18]

Die Fähigkeit, das eigene Handeln reflektiert kontrollieren zu können, leistet einen großen Beitrag zu klimafreundlichem Verhalten. Die bewusste Wahl vernunftgemäßer Strebensziele und konkreter Handlungen als Mittel erhöht die Wahrscheinlichkeit für eine große Sensibilität hinsichtlich klimatischer Auswirkungen des eigenen Handelns. Der Kluge wird den Klimaschutz als instrumentelles Gut beim Streben nach Glück auch bei seinen konkreten Handlungsentscheidungen und Zielsetzungen berücksichtigen. Daraus folgt, dass er sich darum bemüht, theoretische Erkenntnis über die Klimafolgen seines Handelns zu gewinnen, um seine Handlungsreflexionen auf eine informierte Basis stellen zu können. Aus solchen Handlungsreflexionen wird die oben schon genannte Relativierung materieller Güter folgen. Das würde aber zu einem verringerten Konsum- und damit auch Produktionsaufkommen führen, was die für das Klima schädlichen Emissionen reduzieren dürfte.

Als Beispiel ließe sich der Kluge zeichnen, der als ein hohes Ziel verfolgt, die Anerkennung anderer zu erhalten. Er versucht das nicht auf dem Wege der Anhäufung materieller Güter und Sta-

---

16 A. a. O., 105.

17 Ebd.

18 Vgl. a. a. O., 105f.

tussymbole. Ein solches Mittel würde dem Kriterium der Vernunftgemäßheit nicht standhalten, da die klimatischen Auswirkungen eines solch aufwendigen Konsums langfristig seinem eigenen Dasein schaden würden. Ebenfalls sind materielle Güter nur bedingt dazu in der Lage, den Menschen in seinen drei Grunddimensionen zu vervollkommnen. Als Mittel zum Erreichen sozialer Anerkennung wird er also eher solche Handlungsweisen wählen, die gleichzeitig zur Entwicklung seines Menschseins beitragen. Er wird also sein Ziel sozialer Anerkennung eher über beispielsweise besondere sportliche Vortrefflichkeiten, besondere Fähigkeiten im Umgang mit anderen oder über kognitive Fähigkeiten wie beispielsweise intellektuelle Leistungen erreichen. Zwar schließt das den Konsum an sich keineswegs aus. Der Kluge wählt aber bewusst, welche materiellen Güter ihm wirklich dabei weiterhelfen, seine Mittel und Ziele realisieren zu können. Er nimmt sie somit nicht als Selbstzweck, sondern als Instrumente wahr. Dabei beachtet er außerdem, nicht auf solche materiellen Instrumente zurückzugreifen, die seinem Dasein langfristig schaden, bzw. er wählt nur solche, deren Schädlichkeit vergleichsweise gering ist. Materielle Güter, die eine besondere Belastung für das Klima darstellen, werden somit weitestgehend vermieden. Zur Unterstützung und Förderung einer solchen Haltung können institutionelle Bemühungen beitragen, z. B. durch die Verbreitung von Informationen zur Klimarelevanz menschlichen Handelns. Nur wer weiß, welche Auswirkungen sein Handeln hat, kann es entsprechend beurteilen. Umweltbildung in Schule und Erwachsenenbildung kann also klugen Klimaschutz erheblich unterstützen. Eine solche Haltung der Klugheit könnte gesamtgesellschaftlich zu einer veränderten Nachfrage und dadurch zu einer Umgestaltung des Marktes führen oder auf der Ebene von Institutionen dazu beitragen, dass Gesetze und Verordnungen zum Umweltschutz akzeptiert und befolgt würden. Ein solches Verhalten wäre eine Form des Beispiellernens, bei der das überlegte Wählen von Zielen und Mitteln des Einzelnen auch andere dazu motiviert, das eigene Handeln zu hinterfragen. Kluges Handeln ist somit klimafreundliches Handeln.

5.2.3 Gerechtigkeit: Regeln für das Klima

Die Gerechtigkeit hat ihren Ort in der sozialen Dimension menschlichen Lebens. So gibt der Gerechte jedem Menschen in allen zwischenmenschlichen Beziehungen das ihm jeweils Zustehende.[19] Dieser Grundbereich, in den der Mensch ausnahmslos gestellt ist, beinhaltet nicht nur dialogische Beziehungen unter zwei Personen, sondern auch eine Bezogenheit des Einzelnen auf seine soziale Umgebung im Sinne einer Gesellschaft oder Öffentlichkeit. In dieser Beziehung ist die gegenseitige Anerkennung der Würde und der Rechte des anderen ein grundlegendes Merkmal. Zwar ist dieses soziale Leben in der Natur des Menschen angelegt, allerdings ist sein Streben in erster Linie auf sein eigenes Wohl bezogen. Daraus ergibt sich die Notwendigkeit für die Tugend der Gerechtigkeit. Sie eröffnet die Möglichkeit, die Perspektive anderer zu übernehmen und deren Rechte anzuerkennen. Insgesamt ermöglicht die Gerechtigkeit also erst das Leben in Gemeinschaft, da sie auf Ausgleich und Anerkennung ausgerichtet ist.[20]

Der Wille ist deshalb auf die Tugend der Gerechtigkeit angewiesen, weil die Strebungen des Menschen das Gute immer nur individuell und in Bezug auf den Einzelnen selbst erfassen können. Sie geben dem Willen also im ersten Zugriff immer ein für sich selbst als gut Erkanntes vor. So ist sinnliche Erfahrung ja auch immer nur individuell wahrnehmbar.[21] Die Gerechtigkeit wird daher also dem Willen zugeordnet, weil dieser durch die natürlichen Neigungen geleitet zunächst nur das eigene Wohl anstrebt. Erst durch die vernunftgemäße Ausrichtung des Willens im Sinne einer Tugend, die dann Gerechtigkeit genannt wird, erstrebt er auch das Wohl des anderen.[22] „Erst der Habitus der Gerechtigkeit vermag dem Willen jene zweite Natur der sittlichen Tugend zu verleihen, die es ihm ermöglicht, das Gute für den anderen mit der gleichen habituellen Festigkeit, Beständigkeit und Freude zu er-

[19] Vgl. Rhonheimer (2001), 204f.
[20] Vgl. Schockenhoff (2007), 121.
[21] Vgl. a. a. O., 121f.
[22] Vgl. Rhonheimer (2001), 204f.

streben, wie er das bezüglich des eigenen Gutes von Natur aus tut."[23] Die Berücksichtigung des anderen ist also eine Leistung der Vernunft, die das gemeinsame Wohl aller erkennt und anstrebt. Die Gerechtigkeit eröffnet dem Willen dann aber dieses gemeinsame Gut als erstrebenswert, wodurch es auch gut für den Einzelnen wird. Erkennt der Wille aber das allgemeine Gut als erstrebenswert an, erstrebt er es so, wie er auch das eigene Wohl erstrebt.[24] Durch die Gerechtigkeit ist das dem anderen Zustehende nicht mehr nur etwas, das aus Pflicht oder aufgrund von äußerem Zwang diesem gegeben werden muss. Der Gerechte erfreut sich vielmehr ebenso daran, dass dem anderen das ihm Zustehende zukommt, wie er sich selbst über das eigene Wohl freut. Gerechtigkeit bezieht sich demnach immer auf zwischenmenschliche Beziehungen und zielt darauf ab, innerhalb dieser Beziehungen jedem Menschen seine Rechte zukommen zu lassen. Diese Rechte aber sind durch Gesetze oder andere Rahmenbedingungen innerhalb einer Gesellschaft objektiv bestimmt.[25] Daraus schlussfolgert Mieth: „Und insofern kann man sagen, dass unsere Tradition des Menschenrechtsethos eine moderne Verlebendigung der Tugend der Gerechtigkeit ist."[26]

Dass der Klimawandel eine Frage der Gerechtigkeit ist, ist nicht nur in der christlichen Sozialethik unumstritten. Entsprechend trägt die individuelle Grundhaltung der Gerechtigkeit erheblich dazu bei, dass sich der Einzelne klimafreundlich verhält. Die Sorge um das Wohl der anderen muss zwangsläufig dazu führen, dass eine Überprüfung und gegebenenfalls eine Veränderung des eigenen klimarelevanten Handelns erfolgt. Wer grundsätzlich für die Belange anderer sensibel ist und in Grundzügen über die globalen Auswirkungen des Klimawandels informiert ist, wird darum bemüht sein, dass sein eigenes Handeln nicht zu schädlichen Klimafolgen für andere führt. Ebenso geht mit der Grundhaltung der Gerechtigkeit eine Anerkennung gerechter Regeln und

[23] A. a. O., 205.
[24] Vgl. Schockenhoff (2007), 121f.
[25] Vgl. Rhonheimer (2001), 206.
[26] Mieth (1998), 150.

Gesetze einher, die deren Wirksamkeit deutlich erhöhen kann. Die Tugend der Gerechtigkeit bietet somit eine Schnittstelle zwischen individual- und sozialethischen Überlegungen. Die Sozialethik trifft Aussagen dazu, was konkret jedem Menschen hinsichtlich des Klimaproblems geschuldet ist, die Tugend der Gerechtigkeit befähigt den Einzelnen dann dazu, diesem Anspruch im konkreten Handeln zu entsprechen.

Beispielhaft kann man sich hier den Gerechten vorstellen, der deshalb zu klimafreundlichem Handeln motiviert ist, weil er durch die Folgen seines Handelns anderen Menschen nicht schaden will. Er verhält sich entsprechend so, dass sein *ökologischer Fußabdruck* möglichst gering ausfällt. Er ist in diesem Zusammenhang motiviert, Ausgleich für das von ihm zu verantwortende klimarelevante Verhalten zu leisten, beispielsweise durch Kompensationszahlungen bei Flugreisen. Grundsätzlich erkennt er Richtlinien und Gesetze für den Umweltschutz an und versucht nicht, seine eigenen Interessen dadurch zu verfolgen, dass er diese unterwandert oder missachtet. Er könnte vielmehr dafür engagiert sein, dass weitere institutionelle Regelungen auch auf internationaler Ebene vereinbart und wirksam umgesetzt werden. Eine von Gerechtigkeit geprägte Haltung kann also zu gesellschaftlichem und politischen Engagement für mehr Klimaschutz motivieren. Sie kann besonders dort wirksam werden, wo sie sich innerhalb einer Gesellschaftsordnung äußert, die offen für individuelle Haltungen ist. Wie in der Auseinandersetzung mit dem politischen Liberalismus deutlich wurde, ist das in modernen westlichen Gesellschaften grundsätzlich gegeben. Auf institutioneller Ebene kann sie vor allem durch gerechte, transparente und wirksame Abkommen und Regeln unterstützt werden, die gleichermaßen das Wohl aller und nicht beispielsweise nationale Wirtschaftsinteressen verfolgen. Dann wäre es denkbar, dass das gerechte Verhalten aller Bürger eine solche Klimapolitik wirksam werden lässt. Auch hier würde vom Beispiel des Einzelnen, der die institutionellen Regelungen aktiv unterstützt, bei vielen anderen eine Einsicht in den Wert der Gerechtigkeit und damit eine Übernahme dieser Haltung erfolgen. Gerechtes Handeln ist somit klimafreundliches Handeln.

5.2.4 Tapferkeit: Selbstüberwindung und Zivilcourage

Die Verfassung des Menschen wird weiterhin grundsätzlich geprägt durch den körperlichen Grundbereich. Alles menschliche Dasein in all seinen Dimensionen ist an seine Leiblichkeit gebunden. Dieser Leib des Menschen ist aber nicht ein reines Instrument des Willens, sondern besitzt eigene Strebungen. So ist er in der Lage, sich dem vernunftgemäßen Handeln zu widersetzen.[27] Aus dieser ambivalenten Situation der Angewiesenheit und gleichzeitigen Konfliktmöglichkeit ergibt sich die Notwendigkeit für die beiden Tugenden des Maßes und der Tapferkeit. Sie besitzen die Funktion, die leidenschaftlichen Strebungen der Vernunft gemäß zu ordnen. Durch diese Ordnung aber werden die leidenschaftlichen Strebungen erst zu menschlichen Vollzügen, weil sie dadurch nicht unkontrolliert sind, sondern auf die Vernunft ausgerichtet werden.[28] Die erste Gruppe dieser leidenschaftlichen Strebungen sind die Strebungen des Mutes, die in Anbetracht von Widerstand oder Gefahr entstehen und auf die sich die Tugend der Tapferkeit bezieht. Die zweite Gruppe der leidenschaftlichen Strebungen sind begehrende Strebungen, die im Zusammenhang mit der Tugend des Maßes stehen, die im nächsten Abschnitt betrachtet wird.

In ihrem klassischen Verständnis entspricht die Tapferkeit einem vernunftgemäßen Umgang mit der Furcht. Sie vermeidet Feigheit und Tollkühnheit. In ihrer Vollkommenheit wirkt sie sich durch entschlossenes und engagiertes Tun des Guten und durch das Aushalten und Trotzen von Widerständen aus. Kennzeichen dieses Aushaltens von Widerständen sind Geduld und Beharrlichkeit.[29] Dabei können diese Schwierigkeiten sowohl innerlich wie äußerlich auftreten: „Die inneren sind unsere eigenen Unvollkommenheiten. Der Mensch […] erfährt in sich die Tatsache, dass die Neigungen seines Willens und seiner Sinne oft gegen die Vernunft rebellieren."[30] Äußere Schwierigkeiten hingegen sind durch das

---

[27] Vgl. Schockenhoff (2007), 124.
[28] Vgl. a. a. O., 124f.
[29] Vgl. Rhonheimer (2001), 214.
[30] Ebd.

Handeln anderer Menschen oder durch strukturelle Gegebenheiten verursacht. Um diese Widerstände auszuhalten, ist eine hohe Gelassenheit nötig, die den Tapferen über den Dingen stehen und das als gut erkannte Ziel seines Handelns im Auge behalten lässt.[31] Sie kann sich bei der Überwindung von Widerständen „entweder durch Standhalten und geduldiges Ausharren […] oder durch Zupacken und Angreifen"[32] ausdrücken. Tapferkeit kommt jedoch nicht nur in Kampfsituationen zum Vorschein, sondern auch in alltäglichen Zusammenhängen. Sie zeigt sich dann „als Einsatzfreude, als Zivilcourage, Frustrationstoleranz oder einfach als Bereitschaft, Herausforderungen nicht auszuweichen und Bedrohungen standzuhalten"[33]. In diesem Sinne wird sie dann verstanden als „der aufrechte Gang dessen […], der unter Druck steht und dennoch seine Maximen aufrecht erhält"[34]. Sie wird zum Erreichen anspruchsvoller Ziele genau so benötigt, wie beim Umgang mit dem eigenen Scheitern.[35]

Wie im ersten Kapitel deutlich wurde, hat es Klimaschutz sowohl auf gesellschaftlicher wie auch auf individueller Ebene häufig mit erheblichen Widerständen zu tun. Die Tugend der Tapferkeit ist für ein dauerhaft klimafreundliches Verhalten unerlässlich. Sie motiviert dazu, Kosten auf sich zu nehmen und bestärkt das Handeln auch dann, wenn es von Rückschlägen begleitet ist. Weder die Kosten noch die Rückschläge werden dann als negativ empfunden, da sie langfristig dazu beitragen, das vernunftgemäße Gut des Klimaschutzes zu erreichen. Eine solche Widerstands- und Ausdauerfähigkeit kann dazu beitragen, dass auch andere dem Beispiel des Tapferen folgen, wenn sie sehen, dass die befürchteten Kosten klimafreundlichen Handelns keine wirkliche Beeinträchtigung darstellen.

Der Tapfere würde also beispielsweise in der klassischen Abwägung zwischen der bequemen Autofahrt und der anstrengenderen

---

31 Vgl. a. a. O., 214f.

32 Schockenhoff (2007), 126.

33 Ebd.

34 Mieth (1998), 150.

35 Vgl. Schockenhoff (2007), 125f.

Nutzung des Fahrrads sicher und verhältnismäßig entscheiden können. Ihm würde es gelingen, die inneren Widerstände zu überwinden und eine Entscheidung zu klimafreundlichem Verhalten zu treffen. Gleichzeitig würde er aber auch nicht unverhältnismäßig hohe Widerstände auf sich nehmen, sondern angemessen zwischen den eigenen Kosten und dem erwarteten Nutzen für das Klima abwägen. Die Nutzung des Fahrrads bei Fernreisen würde eine solch hohe Beeinträchtigung bedeuten, dass der Rückgriff auf klimabelastende Transportmittel vernünftig erscheint. Auch in Bezug auf äußere Widerstände gelingt es dem Tapferen, einen langen Atem zu behalten. So kann er sowohl der Skepsis anderer Menschen als auch die strukturellen Schwierigkeiten, die sich aus Marktmechanismen, politischen Regulierungen oder infrastrukturellen Bedingungen ergeben, mit Gelassenheit und Beharrlichkeit begegnen. Das beinhaltet auch die Akzeptanz und sogar die Unterstützung von Klimaschutzmaßnahmen, die für ihn zu Kosten führen. Das *Not-In-My-Backyard-Syndrom* tritt beim Tapferen nicht auf. Seine Tapferkeit wird aber besonders dann nochmal offensichtlich, wenn er versucht, gesellschaftliche Veränderungen zu erwirken. Andere Menschen zur Änderung ihres Verhaltens zu bewegen, erfordert nochmals mehr Ausdauer und Frustrationstoleranz, als sie bei der Änderung des eigenen Verhaltens schon notwendig sind. Ein gesamtgesellschaftlich tapferes Verhalten könnte hingegen dazu führen, dass ernsthafte Anstrengungen aufgenommen werden, den Klimaschutz voranzutreiben. Bedenkenträger würden gesellschaftliche Debatten nicht mehr dominieren. Solche Debatten wären vielmehr durch eine zupackende Haltung geprägt und würden konkrete Initiativen hervorbringen können. Institutionell könnte eine solche Haltung vor allem dadurch unterstützt werden, dass die schon jetzt Entschlossenen und in diesem Sinne Tapferen möglichst wenigen Hindernissen begegnen müssten und ihre Ziele mit dem größtmöglichen Engagement verfolgen könnten. Ein solch engagiertes und zupackendes Verhalten kann aber mitreißend und motivierend wirken und somit von weiteren Menschen übernommen werden. Tapferes Handeln ist somit klimafreundliches Handeln.

5.2.5 Maß: Genügsamkeit statt Askese

Die Tugend des Maßes bezieht sich auf den begehrenden Teil der leidenschaftlichen Strebungen, der sich auf das von den Sinnen als lustvoll Erkannte richtet. Die Tugend des Maßes ordnet diese sinnlichen Strebungen und verhindert ihr unkontrolliertes Wirken.[36] Durch das Maß erhält der Mensch Kontrolle über sein Handeln und wird nicht durch die Leidenschaften fremdbestimmt. Die Tugend des Maßes verleiht dem Menschen also Autonomie.[37] Dabei darf die Tugend des Maßes aber nicht als Unterdrückung und Ausschaltung jeglichen sinnlichen bzw. leidenschaftlichen Strebens verstanden werden. So hält Schockenhoff fest: „Die Grundhaltung des Maßes […] steht im Dienst der sinnlichen Lebensfreude."[38] Ausdrücklich ist mit der Tugend des Maßes also nicht eine reine Zügelung und Unterdrückung sinnlichen Strebens gemeint, sondern im Gegenteil dessen Förderung. Die Aufgabe des Maßes ist es vielmehr, das leidenschaftliche Streben „in ein personales Erleben von Lust, Freude und Genuss zu überführen und so in das Gesamtgefüge der leib-seelischen Einheit des Menschen zu integrieren"[39].

So geht es um die Eingliederung der Strebungen in die Ordnung der Vernunft, also deren Ausrichtung auf das Vernunftgemäße. Erst durch die Integration des als lustvoll Erkannten in die Ordnung der Vernunft kommt diesem ein eigener Wert zu.[40] Insofern ist ein Mangel an Leidenschaftlichkeit auch nicht als Tugendhaftigkeit zu bewerten, sondern als Mangel an Gutem, da die Leidenschaften einen wichtigen Teil menschlichen Glücks dann ausmachen, wenn sie auf das Gute hingeordnet sind.[41] Die Tugend des Maßes ermöglicht vielmehr, dass das sinnliche Streben überhaupt zur Erfüllung gelangen kann. Ein unkontrolliertes Streben,

---

[36] Vgl. Rhonheimer (2001), 215f.
[37] Vgl. Mieth (1998), 150.
[38] Schockenhoff (2007), 126.
[39] A. a. O., 127.
[40] Vgl. Rhonheimer (2001), 215f.
[41] Vgl. Schockenhoff (2007), 127f.

begehrt immer Neues, richtet sich mit jeder Erfüllung stärker auf das Nächste aus und gelangt so nie an ein Ende. Das Empfinden der Befriedigung aber nimmt mit jedem neuen Reiz ab. Erst durch die Integration des Strebens in die Ordnung der Vernunft kann das unkontrollierte Streben dann zu einem Ende finden, wenn es in den Dienst des genussreichen Lebens gestellt wird. Durch die Tugend des Maßes erfährt der Mensch also ein angemessenes Verhältnis zum Konsum. Ein exzessives Konsumverhalten reduziert den Menschen auf die Jagd nach Materiellem und lässt seine anderen Dimensionen verkümmern. Ein Erfreuen am Genuss, das die Harmonie allen Strebens und aller menschlicher Dimensionen aber berücksichtigt, trägt zum Glück des Menschen bei.[42] „Denn, was wir alle als gut erachten, sind nicht Augenblicke des Genießens, nicht ein Leben voller Genüsse, sondern ein genussreiches Leben. Das Leben als ein Ganzes kann aber nur ein Gegenstand der Vernunft sein."[43] Das Maß kann heute auch als „Fähigkeit zum Mitleben, [...] Fähigkeit, zusammen im gleichen Raum zu gleicher Zeit lebendig"[44] zu sein, verstanden werden. Es hat dann also die Funktion, das gemeinsame Leben aller Wesen zu ermöglichen. Dazu verändern sich die eigenen Interessen in dem Sinne, dass menschliches Handeln das Leben fördern und nicht instrumentalisieren soll.

Die Tugend des Maßes ist wohl die Tugend, die im Zusammenhang mit dem Klimawandel besonders naheliegend erscheint. So werden die meisten Bemühungen zum Klimaschutz schließlich auch auf eine Begrenzung der gegenwärtig maßlos erscheinenden Treibhausgasemissionen und ihrer Ursachen hinauslaufen müssen. Gerade diese Konnotationen von Begrenzung, Reduzierung und Verzicht machen das Engagement für Klimaschutz aber für viele Menschen unattraktiv. Nimmt man die Tugend des Maßes ernst, geht es aber gerade nicht nur um Verzicht und Askese, sondern um eine Anpassung des Begehrens auf ein vernunftgemäßes und somit dem Menschen dienliches Niveau. Dass eine solche Anpas-

---

[42] Vgl. a. a. O., 130f.
[43] Rhonheimer (2001), 216.
[44] Mieth (1984), 147.

sung gegenwärtig natürlich eher eine Reduzierung als eine Erweiterung des Konsums bedeutet, steht außer Frage. Die Tugend des Maßes lässt aber richtig verstanden sehr wohl Spielräume für Genuss und Begierde und kann dem Klimaschutz den Anschein des verbissenen und kategorischen Verzichts nehmen. Vor allem dürfte sie dazu in der Lage sein, die Objekte der Begierde zu verändern. Das vernunftgemäße Begehren kann sich ebenso wenig auf ein unvernünftiges Objekt richten, wie das vernünftige Mittel auf ein unvernünftiges Ziel. Die Tugend des Maßes kann somit das Begehren auch verändern, statt es nur zu verringern.

Der Maßvolle kann sich hinsichtlich seines Konsumverhaltens beispielsweise auf solche materiellen Güter richten, die nur geringe Auswirkungen auf den Klimawandel haben. Mehr noch ist es möglich, dass er die Objekte seiner Begierde klug wählt und diese nicht mehr in materiellen Gütern findet, sondern in den Werten und Gütern, für die sie stehen. Der Maßvolle ist also sehr wohl in der Lage zu genießen, tut es aber bewusst und reflektiert. Er empfindet Lust zusammen mit Sinn und kann sein Begehren nur dort erfüllen, wo es ihm gemäß dem Urteil der Vernunft nützt. Entsprechend konsumiert er nicht unreflektiert. Sowohl hinsichtlich Produktion, Mobilität als auch Ernährung orientiert er sich am Ausreichenden und nicht am Möglichen. Die Tugend des Maßes kann also als Gegenteil der vielfach vorherrschenden Wegwerfmentalität verstanden werden. Sie beschreibt gut, wie der Ausgleich zwischen notwendiger Reduzierung von Produktion und Konsum und gleichzeitiger Erhaltung von Lebensqualität aussehen kann. Derjenige, der so konsumiert, dass seine Bedürfnisse angemessen erfüllt sind und sein Begehren auf die Dinge richtet, die ihn auch langfristig in den Dimensionen seines Daseins befördern, wird den Verlust einer Wegwerfmentalität nicht vermissen, sondern im Gegenteil sogar als Bereicherung empfinden. Wer begehrt, was ihm wirklich nützt, wird hoch motiviert sein, vernunftgemäße Güter anzustreben, die dem Klima und damit dem Menschen selbst nicht schaden. Ein solches Beispiel des Maßes kann aber auch andere motivieren. Die Zufriedenheit, die durch die Erfüllung vernunftgemäßen Begehrens entsteht, bleibt nicht innerlich und kann im Vergleich auf die Leere aufmerksam machen, die ein immer weiter sich wiederholendes unreflektiertes Begehren hinterlässt. Dann aber ist maßvolles Handeln hochattraktives klimafreundliches Handeln.

5.3 Ergebnissicherung: Kardinaltugenden als Haltungen der Klimafreundlichkeit

Bei der Durchsicht durch die vier Kardinaltugenden wurde deutlich, dass sie klimafreundliches Verhalten spontan, verlässlich und dauerhaft auslösen können. Es wurden erste Ansätze aufgezeigt, wie die einzelnen Tugenden verbreitet werden können und welche gesellschaftlichen Auswirkungen das haben könnte. Gleichzeitig wurde deutlich, dass hier nicht von vier isolierten Haltungen gesprochen werden kann. Genauso, wie die drei anthropologischen Grundbereiche nicht voneinander getrennt werden können, finden sich hier immer Überschneidungen und gegenseitige Beförderungen. Die Unterteilung hilft dennoch dabei, verschiedene Aspekte menschlichen Handelns auch in Bezug auf das Klima mit Tugendbegriffen zu besprechen. Die Beschreibung der Haltungen mithilfe konkreter Handlungen und Verhaltensweisen kann dazu beitragen, reale Beispiele dieser Haltungen zu identifizieren und an diesen modellhaft zu lernen.

Die klassische Tugendlehre kann also konkreten Nutzen zum individuellen Verhalten angesichts des Klimaproblems bringen. Besonders deutlich wurde die motivierende Wirkung einer Ausrichtung des menschlichen Strebens gemäß der Kardinaltugenden. Für den Besitzer dieser Haltungen sind normative Regulierungen entweder nicht notwendig oder werden von ihm nicht als Belastung empfunden. Die hier vorgestellte Tugendlehre kann allerdings nicht verhindern, dass sich jemand bewusst gegen eine solche tugendhafte Ausrichtung entscheidet und in kurzfristigem Denken verhaftet ausschließlich eigene Interessen verfolgt. Der Fall des Egoisten, der das Klima als ausnutzbare Ressource ansieht und sich nicht um die Auswirkungen seines Verhaltens auf ihn selbst und andere kümmert, kann von einer Tugendlehre nicht verhindert werden. Sie kann bei ihm einen offensichtlichen Mangel an

Tugenden feststellen und die Vermutung nahelegen, dass er in seinem Streben nach Glück das Ziel verfehlen wird, weil er nicht nach vernunftgemäßen Gütern und nach der Vervollkommnung seines Daseins strebt. Was sie allerdings nicht kann, ist einen solchen Egoisten von außen zur Änderungen seines Verhaltens zu bewegen. Das bleibt einer institutionellen Regulierung vorbehalten. Die Tugendlehre setzt vielmehr darauf, dass der besagte Egoist am Beispiel eines tugendhaften Menschen erkennt, dass er mit der Ausrichtung seines Strebens sein Glück nicht erreichen wird. Er wird dann von sich aus nicht nur sein Verhalten, sondern seine Haltung ändern und in stetiger praktischer Ausübung verfestigen und stärken. Beim Erwerb dieser Haltung orientiert er sich an Vorbildern. Er imitiert dann aber nicht einfach deren Handlungen, sondern erkennt ihre grundsätzliche Ausrichtung auf das Gute. Konkret würde der Egoist dann erkennen, dass ihn nicht sein verschwenderischer Lebensstil, sondern eine vernunftgemäße Ausrichtung auf das Gute, die sich auch in klimafreundlichem Verhalten ausdrückt, glücklich macht. Diese Erkenntnis wird dann für ihn zum Motivationsgrund, seine eigene Haltung zu ändern. In diesem Zusammenhang wird der Vorteil der aristotelischen Mesotes-Lehre deutlich. Der Tugendhafte wählt statt vorgegebener Handlungsweisen genau die Handlung aus, die für ihn und für die jeweilige Handlungssituation die angemessene ist. Auf welche Weise und in welchem Maße jemand das Klima schützt, hängt eben nicht nur vom Ziel des Klimaschutzes und von möglichen Handlungssituationen ab, sondern ganz entscheidend auch von den individuellen Talenten, Eigenschaften und Fähigkeiten des Individuums. Hier stellen Tugenden statt allgemein verbindlicher extern formulierter Normen, die bei Gelegenheit umgangen werden können, einen hoch wirksamen und individuell angepassten Motivationsfaktor zu klimafreundlichem Verhalten dar.

Die hier vorgestellte Tugendlehre geht also davon aus, dass jeder Mensch nach seinem Glück strebt. Sie geht weiter davon aus, dass dieses Glück, worin auch immer es bestehen mag, dem Urteil der Vernunft darüber entsprechen muss, was gut ist. Der Schutz des Klimas und klimafreundliches Verhalten gehören nach Maßgabe der drei anthropologischen Grundbereiche aber zu den

Gütern der Vernunft. Die Tugenden als Streben gemäß der Vernunft richten sich also auf den Schutz des Klimas aus. Wer sich auf das von der Vernunft erkannte Glück ausrichtet und somit tugendhaft ist, wird hochgradig dazu motiviert sein, in allen Dimensionen seines Daseins klimafreundlich zu handeln.

Fazit: Der Tugendbegriff als Grundlage klimafreundlicher Haltungen

Es kann nicht seriös bestritten werden, dass der Klimawandel eine Bedrohung für das Leben auf dieser Erde darstellt und dass die in der jüngeren Vergangenheit beobachtete Erwärmung der Erde maßgeblich von menschlichen Aktivitäten verursacht wurde. Diese Erkenntnis führt seit einiger Zeit zu gesellschaftlichen und politischen Anstrengungen zum Klimaschutz. In diesem Zusammenhang ist besonders das Klimaabkommen von Paris hervorzuheben, welches einen in dieser Einstimmigkeit und Verbindlichkeit bislang ungekannten Impuls zu intensivierten Klimaschutzmaßnahmen bedeutet. Solche Impulse dürfen allerdings nicht ausschließlich auf der Ebene internationaler Politik verbleiben, sondern müssen auf das zivilgesellschaftliche Engagement übergehen. Grundsätzliches Ziel eines solchen Engagements muss dabei die Veränderung der gesellschaftlichen Kultur hinsichtlich Konsum, Mobilität und Ressourcenverbrauch sein. Dadurch ergibt sich aber die Verantwortung des Individuums, im alltäglichen Handeln das Klima zu schützen. Das kann besonders dann gelingen, wenn Informationen und Überzeugungen hinsichtlich des Klimawandels nicht etwas Äußerliches bleiben, sondern in die Perspektive der ersten Person übernommen und zu einer Haltung ausgebildet werden.

Die Frage nach einer Haltung, die eine solche Stabilität und Verlässlichkeit im Handeln ermöglicht, wird innerhalb der Ethik anhand des Tugendbegriffs gestellt. Das ist auf Grundlage eines modernen Weltbildes aber nicht mehr ohne Weiteres möglich, weil eine universelle Beschreibung menschlichen Glücks als Bezugspunkt der Tugenden nicht mehr tragfähig erscheint. So sind auch moderne tugendethische Ansätze nicht in der Lage, eine überzeugende ethische Alternative in der Moderne anzubieten. Dennoch konnte gezeigt werden, dass der Tugendbegriff selbst Stärken besitzt, die auch ohne den Anspruch einer eigenständigen Ethik eigene Impulse für ethische Fragestellungen besonders im

Bereich individuellen Handelns bieten können. Genau in diesem Bereich wird aber die Suche nach klimafreundlichen Haltungen relevant. Um diese Stärken ausspielen zu können, ist es indes notwendig, eine Vorstellung vom Glück zu entwickeln, die zum einen möglichst allgemeingültig ist, zum anderen aber auch innerhalb einer modernen Anthropologie denkbar bleibt. Als Grundlage dafür wurde in der vorliegenden Arbeit ein formaler Glücksbegriff herangezogen, nach dem Glück im letzten Ziel menschlichen Strebens besteht. Das Kriterium der Vernunftgemäßheit kann diese Ziele auf formaler Ebene insofern eingrenzen, als dass alles, worauf sich die Vernunft richtet, als letztes Ziel gelten kann. Eine inhaltliche Bestimmung des Glücks gelingt somit über die Frage nach möglichen Zielen des Strebens, auf die sich die Vernunft ausrichten kann. Dieses Glücksverständnis bietet einen allgemeingültigen Ansatzpunkt, der mit moderner Anthropologie kompatibel ist. Da offen bleibt, worin vernunftgemäßes Streben auf ein letztes Ziel inhaltlich besteht, wird schließlich vermieden, konkrete Vorstellungen vom Glück als allgemein gültig zu erklären.

Der formale Glücksbegriff als Grundlage reicht aber zunächst aus, um die Vorteile des klassischen Tugendbegriffs zu verdeutlichen. Demnach sind Tugenden in der Lage, verlässliches und stabiles Handeln auszulösen, was besonders hinsichtlich des individuellen Handelns beim Klimaschutz ein entscheidendes Kriterium ist. So führen klimafreundliche Haltungen dazu, dass klimafreundliches Handeln alltäglich und auch in scheinbar unbedeutenden Handlungssituationen erfolgt. Auf diese Weise entsteht dann eine Veränderung des Lebensstils. Anhand des klassischen Tugendbegriffs wurde deutlich, dass eine solche Veränderung nicht nur auf der Ebene äußerlich beobachtbarer Handlungen abläuft, sondern eine innere Ausrichtung und Veränderung der Wertüberzeugungen bedeutet, durch die das klimafreundliche Handeln nicht als auferlegte Pflicht, sondern als glücksbringend wahrgenommen wird. Dadurch werden aber die mit einem solchen Wandel des Lebensstils verbundenen Einschränkungen und Veränderungen nicht als Belastung erfahren. Vielmehr wird die gewandelte klimafreundliche Lebensweise als äußerst positiv und glücksbringend wahrgenommen. Besonders muss in diesem Zusammenhang der hochmoderne Gedanke der Subjektrelativität erwähnt werden, der durch die aristotelische Mesotes-Lehre den klassischen Tugendbegriff prägt. Was tugendhaftes Handeln ist, hängt danach immer vom Einzelnen, seinen Fähigkeiten und Eigenheiten ab. Dadurch können Tugenden vielfältigste Handlungen auslösen, die sich aber in ihrem übergeordneten Handlungsziel überschneiden. Klimafreundliche Haltungen sind somit in der Lage, unterschiedlichstes Engagement für mehr Klimaschutz hervorzurufen. Die Subjektrelativität kennzeichnet auch den Erwerb entsprechender Haltungen, der durch eine eigenständige Orientierung an realen Vorbildern vollzogen wird. Haltungen werden demnach nicht theoretisch vermittelt, sondern im gemeinsamen Handeln mit anderen. Somit ist es aber möglich, dass jeder zum Vorbild wird, aus dessen Handeln eine entsprechende Haltung deutlich wird. Vorbilder werden somit nicht einfach nachgeahmt. Anhand ihres Handelns können Ausrichtungen des Strebens offenbar werden, die überprüft und in freier Entscheidung angenommen werden. Hier können innerhalb der Moralpädagogik Überlegungen angeschlossen werden, wie möglichst förderliche Bedingungen für ein solch individuelles, ungeplantes Lernen geschaffen werden können. So könnten klimafreundliche Haltungen wirkungsvoll verbreitet werden, indem ein verantwortungsvoller Umgang mit der Natur oder dem Verbrauch von Ressourcen vorgelebt wird und als glücksbringend erfahren werden kann.

Die Erkenntnisse zum klassischen Tugendbegriff zeigen somit, dass klimafreundliche Haltungen in unterschiedlichsten Bereichen Vorteile bergen und zu einem effektiven, alltäglichen Klimaschutz führen. Um aber tatsächlich über klimafreundliche Haltungen sprechen zu können, muss zunächst eine inhaltliche Bestimmung einer solchen Ausrichtung erfolgen. Auf Grundlage des formalen Glücksbegriffs gelingt das, indem nach möglichen Zielen des Strebens gemäß dem Urteil der Vernunft gefragt wird, die von möglichst vielen Menschen anerkannt werden können. Im Rahmen der Untersuchung verschiedener Theorien des Guten, die Ziele des Strebens beschreiben, wurde deutlich, dass ein lebensfreundliches Klima eine Grundbedingung für alle behandelten Glücksvorstellungen darstellt. Selbst bei subjektivistischen Ansätzen, die die

Ziele menschlichen Strebens ausschließlich der individuellen Wahl überlassen, erscheint ein lebensfreundliches Klima als Voraussetzung für freie Handlungsentscheidungen. Die grundlegende Bedeutung eines intakten Klimas für das individuelle Glücksstreben wurde besonders in der Auseinandersetzung mit den objektivistischen Theorien des Guten deutlich. Sie beschreiben Rahmenbedingungen autonomen Handelns, denen mutmaßlich die meisten Menschen zustimmen können. Sie geben also keine letzten Ziele des Strebens vor, sondern beschreiben umfangreich, was für das individuelle Streben nach von der Vernunft bestimmten Zielen notwendig ist. Da die anthropologischen Güter und Fähigkeiten dieser Ansätze, die von den meisten Menschen als notwendige Mittel zum Erreichen ihrer individuellen Ziele anerkannt werden, durch die Folgen des Klimawandels bedroht sind, wird deutlich, warum klimafreundliche Haltungen nicht auf eine konkrete Vorstellung vom Guten angewiesen sind. Wer erkennt, dass er dem Ziel seines Strebens nur dann näher kommt, wenn er im Besitz bestimmter anthropologischer Güter oder Fähigkeiten ist, wird diese durch klimafreundliches Engagement so gut wie möglich absichern wollen. Da aber die vorgestellten Güter- und Fähigkeitenlisten hinsichtlich ihrer empirischen Grundlage und konkreten inhaltlichen Ausgestaltung angreifbar sind, wurde in der vorliegenden Arbeit nach einem weiteren Ansatz gesucht, mit dem Rahmenbedingungen autonomen Handelns formuliert werden können, denen möglichst alle Menschen zustimmen können. Eine solche Theorie konnte in der Auseinandersetzung mit dem Glücksverständnis Thomas von Aquins gefunden werden. So wurde deutlich, dass alle möglichen Ziele des vernunftgemäßen Strebens innerhalb von drei anthropologischen Grundbereichen liegen. Worin auch immer der Mensch nach seinem Glück strebt, wird er es im Zusammenhang mit seiner leiblichen Verfasstheit, seiner sozialen Natur oder seinem geistigen Vermögen tun. Indem unbestimmt bleibt, was genau innerhalb dieser Bereiche als Ziel menschlichen Strebens angesehen werden kann, wird hier eine sehr offene Beschreibung menschlichen Daseins vorgenommen, mit der eine größtmögliche Autonomie gewährleistet wird. Sie weist einen nochmals höheren Abstraktionsgrad auf, als die objektivistischen

Güterlisten und lässt sich in ihrer Allgemeinheit kaum bezweifeln. Die drei anthropologischen Grundbereiche benennen somit die drei äußersten Rahmenbedingungen freien menschlichen Handelns. Es konnte aber gezeigt werden, dass diese Rahmenbedingungen ähnlich wie die Grundgüter und -fähigkeiten durch die Folgen des Klimawandels bedroht werden. So sind sie dazu in der Lage, die körperliche Unversehrtheit, alle Formen menschlicher Gemeinschaft sowie das kognitive Tätigsein und damit die personale Autonomie zu beschädigen. Daraus folgt aber die hohe Relevanz, die die Bewahrung eines intakten Klimas für jeden Menschen hat, gleich welche konkreten Ziele er innerhalb dieser durch die drei anthropologischen Grundbereiche bestimmten allgemeinen Rahmenbedingungen anstrebt.

Klimafreundliche Haltungen sind demnach nicht auf eine allgemeingültige, konkrete Vorstellung menschlichen Glücks angewiesen. Ein Rückfall in eine antike Anthropologie ist also für ihre Begründung nicht notwendig. Sie können letztlich auf der Grundlage verschiedenster konkreter Glücksinhalte, die nicht von allen Menschen Zustimmung erfahren, entwickelt werden. So konnte exemplarisch gezeigt werden, dass eine Ausrichtung des Strebens auf die Natur oder auf Gott sogar in besonderer Weise zu einem alltäglichen Einsatz für Klimaschutz motiviert. Entscheidend ist also nicht, worin der Einzelne das Ziel seines Strebens bzw. sein Glück sieht. Für die Ausbildung klimafreundlicher Haltungen ist es vielmehr notwendig, dass er ein intaktes Klima als eine Grundbedingung und somit den Schutz des Klimas als ein entscheidendes Mittel zum Erreichen dieses Ziels anerkennt. Diese Erkenntnis kann aber besonders dadurch vermittelt werden, dass beim gemeinsamen Handeln mit anderen deutlich wird, dass sie den Klimaschutz nicht als Erfüllung eines moralischen Gebots verstehen, sondern ihn von sich aus als Bestandteil ihres eigenen Glücks ansehen. Ein solches positives Vorleben klimafreundlichen Handelns wirkt ungleich ansteckender und motivierender als die Konfrontation mit bedrohlichen Erkenntnissen der Klimaforschung oder starren Handlungsvorgaben.

Sowohl für wirksame Klimaschutzmaßnahmen als auch für die Entwicklung und Ausübung klimafreundlicher Haltungen ist allerdings eine förderliche gesellschaftliche Umgebung notwendig. So muss für einen notwendigen gesellschaftlichen Wandel hin zu mehr Klimaschutz eine Unterstützung durch institutionelle Regulierungen des individuellen Verhaltens erfolgen, durch die ungerechtes, klimaschädliches Verhalten unterbunden werden kann, das eine indirekte Bedrohung der anthropologischen Grundbereiche aller anderen Menschen darstellen würde. Auch kann eine praktische Umsetzung klimafreundlicher Haltungen nur dann erfolgen und über das individuelle Handeln hinaus Bedeutung erlangen, wenn es von den gesellschaftlichen Umgebungsbedingungen zugelassen und gefördert wird. In der Auseinandersetzung mit dem politischen Liberalismus von Rawls konnten diese beiden Kriterien erfüllt werden. Er benennt ohne Rückgriff auf eine Konzeption des Guten zwei Gerechtigkeitsprinzipien, auf denen stabile gesellschaftliche Institutionen begründet werden können. Gleichzeitig werden bei der Anwendung dieser Prinzipien die moralische Kompetenz des Einzelnen und seine Fähigkeit zur Übernahme von Konzeptionen des Guten besonders berücksichtigt. Es wurde weiterhin deutlich, dass sich diese politische Theorie besonders für die Anwendung auf pluralistische Gesellschaften eignet und dort ihre Stärken entfalten kann. Durch ihre Beschränkung auf die Ebene einer stabilen gesellschaftlichen Verfassung ermöglicht sie ein Nebeneinander verschiedener Konzeptionen des Guten bzw. unterschiedlicher Glücksvorstellungen. Zwischen ihnen kann eine solidarische Kooperation zugunsten eines gerechten gesellschaftlichen Zusammenlebens entstehen, sofern sie im rawlsschen Sinne vernünftig sind und somit das pluralistische Nebeneinander verschiedener Konzeptionen des Guten unterstützen. Eine solche Kooperation wird aber das Engagement für den Klimaschutz mit hoher Wahrscheinlichkeit beinhalten. So ist ein intaktes Klima nicht nur eine Grundbedingung für das Entwickeln und Verfolgen individueller Konzeptionen des Guten, sondern auch für das Bestehen einer stabilen und gerechten Gesellschaftsordnung. Kann sie nicht mehr sicherstellen, dass jedem Menschen die Grundlagen seines freien Handelns zukommen, lässt sich ein stabiles gesellschaftliches Zusammenleben nur schwer denken. Durch eine solche institutionell unterstützte Kooperation unterschiedlicher Konzeptionen des Guten, die die Relevanz des Klimaschutzes übereinstimmend erkennen und somit klimafreundliche Haltungen hervorrufen, kann aber ein notwendiger Wandel hin zu einer klimafreundlicheren Gesellschaft entstehen.

Wie genau solche klimafreundlichen Haltungen aber aussehen können, wurde im Zusammenhang mit den Kardinaltugenden deutlich, die sich aus den anthropologischen Grundbereichen ableiten lassen. So können die klassischen Kardinaltugenden auch für das aktuelle Motivationsproblem beim Klimaschutz nutzbar gemacht werden und Haltungsbilder aufzeigen, an denen sich menschliches Handeln orientieren kann. Sie beschreiben im Hinblick auf das Motivationsproblem beim Klimaschutz alternative Ausrichtungen des menschlichen Strebens, aus denen ein Lebensstil entwickelt werden kann, der sich zwar von den gegenwärtig vorherrschenden konsumorientierten Verhaltensweisen entfernt, gleichzeitig aber als erheblich glücksbringender empfunden wird. So könnte das Idealbild des Tugendhaften gezeichnet werden als jemand, der die Mittel und Ziele seines Handelns auch hinsichtlich ihrer Auswirkungen auf den Klimawandel sorgfältig reflektiert, aus Achtung der Belange anderer möglichst vermeidet, dass sein Handeln globale Folgen des Klimawandels auslöst, seine klimafreundliche Überzeugung gegen innere und äußere Widerstände verteidigt und seine eigenen Leidenschaften so befriedigt, dass sie seinem Wohl dienen und gleichzeitig das Wohl anderer Lebewesen nicht eingeschränkt wird. Da er all dies im Wissen darum tut, dass es seinem Glück zuträglich ist, ist er von sich aus motiviert, seine klimafreundlichen Haltungen im alltäglichen Handeln praktisch wirksam werden zu lassen und so einen effektiven Beitrag zum Klimaschutz zu leisten.

Der These, dass der klassische Tugendbegriff zur Lösung des Motivationsproblems beiträgt, ist somit zuzustimmen. Es lässt sich zeigen, dass die Übernahme einer klimafreundlichen Haltung dem Streben nach frei gewählten letzten Zielen und somit nach Glück allgemein zuträglich ist und somit im Interesse jedes Menschen liegt. Wer sich als Mensch in seinem Streben auf frei gewählte Ziele ausrichten will, muss die anthropologischen Grundbereiche als Rahmenbedingungen dieses Strebens schützen und fördern. Weil Klimaschutz genau hierzu einen Beitrag leistet, sollte er in jedem Fall Bestandteil einer vernunftgemäßen Ausrichtung des Strebens sein. Eine solche klimafreundliche Haltung, die den Klimaschutz umfangreich berücksichtigt, führt aber dazu, dass aus dem umfangreich vorhandenen Wissen über den Klimawandel nicht nur abstrakte moralische Gebote hervorgehen, sondern eine wirksame Änderung individuellen Verhaltens erwächst, die sich im Idealfall gesellschaftlich auswirken und so eine Veränderung der sozialen Kultur hervorrufen kann. Durch eine solche breite Veränderung alltäglichen Handelns entstehen zwangsläufig institutionelle und wirtschaftliche Anpassungen, mit denen ein entscheidender Beitrag zum Klimaschutz geleistet werden kann. Politische Maßnahmen werden dann nicht nur akzeptiert, sondern aktiv vorangetrieben, durch veränderte Nachfrage bei Konsum und Mobilität wird ein Wandel beim Ressourcenverbrauch herbeigeführt. Dadurch, dass dann immer mehr Menschen eine solche klimafreundliche Haltung übernehmen, entstehen immer mehr Gelegenheiten, im Sinne des Vorbildlernens diese Haltungen als positiv wahrzunehmen und eigenständig entsprechende Haltungen zu entwickeln. Besonders die positive Wahrnehmung klimafreundlichen Verhaltens, die aus den entsprechenden Handlungen entsteht, ist einer der bedeutendsten Vorteile dieses Ansatzes. Klimaschutz wird dann nicht mehr als erzwungene Einschränkung des Handelns wahrgenommen, sondern als glücksbringende Bereicherung des eigenen Lebens, die die eigenen Bedürfnisse, Fähigkeiten und Ziele unterstützt.

Auf der Grundlage einer Tugendlehre lassen sich umfangreiche Aussagen über klimafreundliche Haltungen, ihre Grundlagen, ihren Erwerb und ihre praktischen Auswirkungen treffen. Der Tugendbegriff trägt demnach in hohem Maße zur Lösung des Motivationsproblems beim Klimawandel bei. Er ist nicht Teil einer antiken Ethik, die für moderne Fragestellungen keine Relevanz mehr besitzt. Gerade für die Frage individuellen guten Handelns kann er auch hinsichtlich moderner Fragestellungen umfangreiche Antworten geben. Besonders durch die Betrachtung des Handelnden, seiner Ziele und seiner Ausrichtung können umfangreichere Einblicke in menschliches Handeln gewonnen werden, als dies bei einer ausschließlichen Konzentration auf die Handlungen selbst möglich wäre. Die subjektiven Aspekte des Handelns ernst zu nehmen, betont die moralische Kompetenz und Verantwortung jedes Einzelnen, die sich nicht in einer Anerkennung verbindlicher Handlungsregeln erschöpft. Dadurch wird ein individuelles, kreatives Handeln ermöglicht, das den Anforderungen der Handlungssituation ebenso gerecht wird wie der Konstitution des Handelnden.

Der Tugendbegriff betont, dass der Einzelne in der Lage ist, aus eigenem Interesse moralisch zu handeln, und die Kompetenz besitzt, mehr zu leisten, als das, wozu er moralisch verpflichtet ist. Das konnte am Beispiel klimafreundlicher Haltungen und Handlungen gezeigt werden. Dass der Tugendbegriff aber nicht nur hinsichtlich des Klimawandels eine eigene Relevanz besitzt, zeigt beispielhaft das nachsynodale apostolische Schreiben *Amoris Laetitia*. Im Zusammenhang mit Fragen zur Liebe in der Ehe und Familie betont Papst Franziskus darin wiederholt die individuelle moralische Verantwortung des Einzelnen und die Einzigartigkeit konkreter Handlungssituationen, die bei der Berufung auf allgemeine Normen berücksichtigt werden soll.[1] Kerngedanken des klassischen Tugendbegriffs lassen sich somit auch im Zusammenhang mit weiteren ethischen Fragestellungen anwenden. Es erscheint also als lohnenswert, den Tugendbegriff als Erweiterung ethischer Betrachtungen auch in anderen Zusammenhängen heranzuziehen.

Im Zusammenhang mit dem Motivationsproblem beim Klimaschutz findet anhand des Tugendbegriffs eine solche Erweiterung statt. Es wurde verdeutlicht, dass ein Wandel der gesellschaftlichen Kultur trotz allen vorhandenen Wissens und aller schon bestehenden politischen Maßnahmen erst dann wirkungsvoll stattfinden wird, wenn eine entsprechende Änderung der individuellen Haltungen vollzogen wird. Worin diese Haltungen bestehen, wo und wie sie sich auf den Klimaschutz auswirken, wie sie erworben werden und welchen großen Beitrag sie zum Schutz des Klimas leisten, konnte in der Beschäftigung mit dem klassischen Tugendbegriff deutlich werden.

---

[1] Vgl. Papst Franziskus (2016): AL 304.

Literaturverzeichnis

Angenendt, Steffen (2011): Klimaflüchtlinge – ein neues Sicherheitsrisiko?, in: Angenendt, Steffen/Dröge, Susanne/Richert, Jörn (Hg.): Klimawandel und Sicherheit. Herausforderungen, Reaktionen und Handlungsmöglichkeiten (Internationale Politik und Sicherheit, 65), Baden-Baden, 177–194.

Annas, Julia (1993): The morality of happiness, New York.

Anscombe, G. E. M. (1958): Modern Moral Philosophy, in: *Philosophy* 33 Nr. 124, 1–19.

Anzenbacher, Arno (2012): Einführung in die Ethik, 4. Aufl., Ostfildern.

Auer, Alfons (1984): Umweltethik. Ein theologischer Beitrag zur ökologischen Diskussion, Düsseldorf.

Baechler, Jean (1992): Virtue. Its Nature, Exigency, and Acquisition. Translated by John W. Chapman, in: Chapman, John W./Galston, William A. (Hg.): Virtue (Nomos, 34), New York, 25–48.

Bahne, Thomas (2000): Die Klugheit als Handlungsprinzip der praktischen Vernunft, in: Breuer, Clemens (Hg.): Ethik der Tugenden. Menschliche Grundhaltungen als unverzichtbarer Bestandteil moralischen Handelns: Festschrift für Joachim Piegsa zum 70. Geburtstag (Moraltheologische Studien: Systematische Abteilung, Bd. 26), St. Ottilien, 121–134.

Bals, Christoph/Kreft, Sönke/Weischer, Lutz (2016): Wendepunkt auf dem Weg in eine neue Epoche der globalen Klima- und Energiepolitik. Die Ergebnisse des Pariser Klimagipfels COP 21. Hintergrundpapier, Hg. v. Germanwatch (Politik & Gesellschaft), Bonn/Berlin. Online verfügbar unter http://epflicht.ulb.uni-bonn.de/download/pdf/259512?originalFilename=true, zuletzt aktualisiert: 04.02.2016, zuletzt geprüft: 12.07.2016.

Bauer, Steffen/Messner, Dirk (2014): Klimapolitik ist Weltpolitik. Zur Bedeutung des Klimawandels für Sicherheit und Zusammenarbeit in der Weltgesellschaft, in: Klagge, Britta/Lienkamp, Andreas/von Scheliha, Arnulf/Schneckener, Ulrich (Hg.): Wettstreit um Ressourcen. Konflikte um Klima, Wasser, Boden, München, 75–93.

Baumgartner, Christoph (2003): Das Motivationsproblem in der Umweltethik. Vorlesung für Prof. Mieth vom 27. und 29. Januar 2003, Tübingen.

Bayertz, Kurt (2013): Empirische Antworten auf philosophische Fragen? Zum Verhältnis von philosophischer Ethik und empirischer Glücksforschung, in: Hoesch, Matthias/Muders, Sebastian/Rüther, Markus (Hg.): Glück – Werte – Sinn. Metaethische, ethische und theologische Zugänge zur Frage nach dem guten Leben, Berlin/Boston, 35–48.

Beck, Silke (2009): Das Klimaexperiment und der IPCC. Schnittstellen zwischen Wissenschaft und Politik in den internationalen Beziehungen (Ökologie und Wirtschaftsforschung, 84), Marburg.

Beck, Ulrich (2010): Klima des Wandels oder wie wird die grüne Moderne möglich?, in: Welzer, Harald/Soeffner, Hans-Georg/Giesecke, Dana (Hg.): KlimaKulturen. Soziale Wirklichkeiten im Klimawandel, Frankfurt am Main, 33–48.

Becker, Paul/Klepper, Gernot/Latif, Mojib/Marotzke, Jochem/Rhein, Monika/Schellnhuber, Hans Joachim (2015): Erklärung des Deutschen Klima-Konsortiums e.V. zur VN-Klimakonferenz in Paris. Chancen für eine Wende nutzen – Klimarisiken begrenzen – Dekarbonisierung beschleunigen, Hg. v. Deutsches Klima-Konsortium e.V., Berlin. Online verfügbar unter http://www.deutsches-klima-konsortium.de/fileadmin/user_upload/pdfs/Publikationen_DKK/151124_DKK_gem_Erklaerung_COP_Paris.pdf, zuletzt aktualisiert: 25.11.2015, zuletzt geprüft: 12.07.2016.

Beyerl, Katharina (2010): Der Klimawandel in der psychologischen Forschung, in: Voss, Martin (Hg.): Der Klimawandel. Sozialwissenschaftliche Perspektiven, Wiesbaden, 247–265.

Borchers, Dagmar (2001): Die neue Tugendethik – Schritt zurück im Zorn? Zugl.: Bayreuth, Univ., Diss., 2000, Paderborn/Bayreuth.

Bordat, Josef (2010): Ethik in Zeiten des Klimawandels, in: Voss, Martin (Hg.): Der Klimawandel. Sozialwissenschaftliche Perspektiven, Wiesbaden, 189–204.

Bormann, Franz-Josef (2006): Soziale Gerechtigkeit zwischen Fairness und Partizipation. John Rawls und die katholische Soziallehre. Zugl.: Freiburg (Breisgau), Univ., Habil.-Schr., 2005 (Studien zur theologischen Ethik, 113), Freiburg im Breisgau/Freiburg in der Schweiz.

Brand, Ulrich (2011): Klimapolitik in Zeiten globaler Krisen. Alte und neue Konflikte, in: Schüttemeyer, Suzanne S. (Hg.): Politik im Klimawandel. Keine Macht für gerechte Lösungen?, Baden-Baden, 99–111.

Brenner, Andreas (2014): Umweltethik. Ein Lehr- und Lesebuch, Würzburg.

Brumlik, Micha (2002): Bildung und Glück. Versuch einer Theorie der Tugenden, Berlin/Wien.

Buck, Günther (1981): Hermeneutik und Bildung. Elemente einer verstehenden Bildungslehre (Kritische Information, 100), München.

Busch, Hans-Joachim (2011): Das Unbehagen des Prothesengotts. Sozialpsychologische Anmerkungen zur umweltschädlichen Destruktivität in der spätmodernen Gesellschaft, in: Schüttemeyer, Suzanne S. (Hg.): Politik im Klimawandel. Keine Macht für gerechte Lösungen?, Baden-Baden, 81–95.

Cafaro, Philip (2010): Environmental Virtue Ethics Special Issue: Introduction, in: *Journal of Agricultural and Environmental Ethics* 23 Nr. 1-2, 3–7.

Dessler, Andrew Emory (2012): Introduction to modern climate change, New York.

Edenhofer, Ottmar (2014): Globale Klima- und Energiepolitik nach Durban, in: Klagge, Britta/Lienkamp, Andreas/von Scheliha, Arnulf/Schneckener, Ulrich (Hg.): Wettstreit um Ressourcen. Konflikte um Klima, Wasser, Boden, München, 61–74.

Edenhofer, Ottmar/Wallacher, Johannes/Reder, Michael/Lotze-Campen, Hermann (2010): Global aber gerecht. Klimawandel bekämpfen, Entwicklung ermöglichen. Ein Report des Potsdam-Instituts für Klimafolgenforschung und des Instituts für Gesellschaftspolitik München im Auftrag von Misereor und der Münchener Rück Stiftung, München.

Ekardt, Felix (2012): Grundlagen einer geisteswissenschaftlichen Klimadebatte. Klimadaten-Neulektüre, Relevanz von Normativität, Klimapolitik-Neuansätze – und die Suche nach Alternativen zur Klimaökonomik, in: Ekardt, Felix (Hg.): Klimagerechtigkeit. Ethische, rechtliche, ökonomische und transdisziplinäre Zugänge (Beiträge zur sozialwissenschaftlichen Nachhaltigkeitsforschung, 2), Marburg, 9–56.

Ekardt, Felix (2010): Das Prinzip Nachhaltigkeit. Generationengerechtigkeit und globale Gerechtigkeit, 2. Aufl., München.

Ernst, Andreas (2010): Individuelles Umweltverhalten. Probleme, Chancen, Vielfalt, in: Welzer, Harald/Soeffner, Hans-Georg/Giesecke, Dana (Hg.): KlimaKulturen. Soziale Wirklichkeiten im Klimawandel, Frankfurt am Main, 128–143.

Ernst, Stephan (2009): Grundfragen theologischer Ethik. Eine Einführung, München.

Evangelische Kirche in Deutschland (2009): Umkehr zum Leben. Nachhaltige Entwicklung im Zeichen des Klimawandels. Eine Denkschrift des Rates der Evangelischen Kirche in Deutschland, Gütersloh.

Fenner, Dagmar (2007): Das gute Leben (Grundthemen Philosophie), Berlin.

Fenner, Dagmar (2003): Glück. Grundriss einer integrativen Lebenswissenschaft (Alber Praktische Philosophie, 72), Freiburg im Breisgau/München.

Foot, Philippa (2004): Die Natur des Guten, Frankfurt am Main.

Foot, Philippa (1998): Tugenden und Laster, in: Rippe, Klaus Peter/Schaber, Peter (Hg.): Tugendethik, Stuttgart, 69–91.

Foot, Philippa (1997a): Die Moral als System hypothetischer Imperative, in: Wolf, Ursula/Leist, Anton (Hg.): Philippa Foot: Die Wirklichkeit des Guten. Moralphilosophische Aufsätze, Frankfurt am Main, 89–107.

Foot, Philippa (1997b): Moralische Überzeugungen, in: Wolf, Ursula/Leist, Anton (Hg.): Philippa Foot: Die Wirklichkeit des Guten. Moralphilosophische Aufsätze, Frankfurt am Main, 47–70.

Foot, Philippa (1997c): Tugend und Glück, in: Wolf, Ursula/Leist, Anton (Hg.): Philippa Foot: Die Wirklichkeit des Guten. Moralphilosophische Aufsätze, Frankfurt am Main, 214–225.

Foot, Philippa/Leist, Anton (1997): Gutes Handeln. Ein Gespräch über Moralphilosophie, in: Wolf, Ursula/Leist, Anton (Hg.): Philippa Foot: Die Wirklichkeit des Guten. Moralphilosophische Aufsätze, Frankfurt am Main, 10–46.

Forst, Rainer (1997): Gerechtigkeit als Fairneß. Ethisch, politisch oder moralisch?, in: Hinsch, Wilfried/Philosophische Gesellschaft Bad Homburg (Hg.): Zur Idee des politischen Liberalismus. John Rawls in der Diskussion (Suhrkamp Taschenbuch Wissenschaft, 1269), Frankfurt am Main, 396–419.

Forst, Rainer (1993): Kommunitarismus und Liberalismus. Stationen einer Debatte, in: Honneth, Axel (Hg.): Kommunitarismus. Eine Debatte über die moralischen Grundlagen moderner Gesellschaften (Theorie und Gesellschaft, Bd. 26), Frankfurt am Main u. a., 181–219.

Fritz, Alexis (2009): Der naturalistische Fehlschluss. Das Ende eines Knock-out-Arguments. Zugl.: Freiburg (Breisgau), Univ., Diss., 2007–2008 (Studien zur theologischen Ethik, 124), Freiburg im Breisgau/Freiburg in der Schweiz.

Gerten, Dieter (2009): Zum aktuellen Stand der Klimafolgenforschung, in: Bedford-Strohm, Heinrich (Hg.): Und Gott sah, dass es gut war. Schöpfung und Endlichkeit im Zeitalter der Klimakatastrophe, Neukirchen-Vluyn, 74–84.

Gesang, Bernward (2011): Klimaethik (Suhrkamp Taschenbuch Wissenschaft, 1998), Berlin.

Ghani, Meera/Bondi, Giulia/Eslworth, Rob/Wykes, Sarah/Jorand, Maureen/Mac Evilly, Jerry, unter Mitarbeit von Sablé, Anne Laure/Delvaux, François (2015): Paris, für die Menschen und für den Planeten. Was die Enzyklika Laudato Si' für die Weltklimakonferenz und darüber hinaus bedeutet, Hg. v. CIDSE, Brüssel. Online verfügbar unter http://www.cidse.org/publications/climate-justice/cop21-paris/download/1125_067d2844ef412c0c2404284e8e46473b.html, zuletzt aktualisiert: November 2015, zuletzt geprüft: 12.07.2016.

Giddens, Anthony (2009): The politics of climate change, Cambridge.

Gleditsch, Nils Petter (2014): Will climate change reverse the trend towards peace?, in: Klagge, Britta/Lienkamp, Andreas/von Scheliha, Arnulf/Schneckener, Ulrich (Hg.): Wettstreit um Ressourcen. Konflikte um Klima, Wasser, Boden, München, 49–60.

Görg, Christoph (2013): Klima – Macht – (Un)Gerechtigkeit. Die Forderung nach Klimagerechtigkeit in der internationalen Politik, in: Geiger, Gunter/van Saan-Klein, Beatrice (Hg.): Menschenrechte weltweit – Schöpfung bewahren! Grundlagen einer ethischen Umweltpolitik, Opladen u. a., 77–90.

Grgić, Maja Hudoletnjak (2010): Precision and Relativity in Aristotle's Account of Virtue as the Mean, in: *Synthesis Philosophica* 49 Nr. 1, 131–148.

Hacker-Wright, John (2010): Virtue Ethics without Right Action. Anscombe, Foot, and Contemporary Virtue Ethics, in: *The Journal of Value Inquiry* 44 Nr. 2, 209–224.

Hahn, Henning (2009): Globale Gerechtigkeit. Eine philosophische Einführung (Campus-Studium), Frankfurt am Main.

Halbig, Christoph (2013a): Der Begriff der Tugend und die Grenzen der Tugendethik (Suhrkamp Taschenbuch Wissenschaft, 2081), Berlin.

Halbig, Christoph (2013b): Tugend und Glück, in: Hoesch, Matthias/Muders, Sebastian/Rüther, Markus (Hg.): Glück – Werte – Sinn. Metaethische, ethische und theologische Zugänge zur Frage nach dem guten Leben, Berlin/Boston, 143–173.

Heckhausen, Jutta/Heckhausen, Heinz (2010): Motivation und Handeln. Einführung und Überblick, in: Heckhausen, Jutta/Heckhausen, Heinz (Hg.): Motivation und Handeln (Springer-Lehrbuch), 4., überarbeitete und erweiterte Aufl., Heidelberg, 1–10.

Heidbrink, Ludger (2010): Kultureller Wandel. Zur kulturellen Bewältigung des Klimawandels, in: Welzer, Harald/Soeffner, Hans-Georg/Giesecke, Dana (Hg.): KlimaKulturen. Soziale Wirklichkeiten im Klimawandel, Frankfurt am Main, 49–61.

Hill, Thomas Jr. (2005): Ideals of Human Excellence and Preserving Natural Environments, in: Cafaro, Philip/Sandler, Ronald (Hg.): Environmental Virtue Ethics, Lanham, 47–59.

Hinsch, Wilfried (2006): Das Gut der Gerechtigkeit (Kapitel 9), in: Höffe, Otfried (Hg.): John Rawls. Eine Theorie der Gerechtigkeit (Klassiker Auslegen, 15), 2., bearbeitete Aufl., Berlin, 251–269.

Hinsch, Wilfried (2002): Einleitung, in: Hinsch, Wilfried (Hg.): John Rawls: Die Idee des politischen Liberalismus. Aufsätze 1978 – 1989 (Suhrkamp Taschenbuch Wissenschaft, 1123), Frankfurt am Main, 9–44.

Hinsch, Wilfried (1997a): Die Idee der öffentlichen Rechtfertigung und die Fiktion des Urzustandes, in: Hinsch, Wilfried/Philosophische Gesellschaft Bad Homburg (Hg.): Zur Idee des politischen Liberalismus. John Rawls in der Diskussion (Suhrkamp Taschenbuch Wissenschaft, 1269), Frankfurt am Main, 67–115.

Hinsch, Wilfried (1997b): Politischer Konsens in einer streitbaren Welt, in: Hinsch, Wilfried/Philosophische Gesellschaft Bad Homburg (Hg.): Zur Idee des politischen Liberalismus. John Rawls in der Diskussion (Suhrkamp Taschenbuch Wissenschaft, 1269), Frankfurt am Main, 9–38.

Höffe, Otfried (2007): Lebenskunst und Moral oder macht Tugend glücklich?, München.

Höffe, Otfried (2006): Einführung in Rawls' Theorie der Gerechtigkeit, in: Höffe, Otfried (Hg.): John Rawls. Eine Theorie der Gerechtigkeit (Klassiker Auslegen, 15), 2., bearbeitete Aufl., Berlin, 3–26.

Höffe, Otfried (1998): Aristoteles' universalistische Tugendethik, in: Rippe, Klaus Peter/Schaber, Peter (Hg.): Tugendethik, Stuttgart, 42–68.

Höffe, Otfried (1996): Der Kommunitarismus als Alternative? Nachbemerkungen zur Kritik am moralisch-politischen Liberalismus, in: *Zeitschrift für philosophische Forschung* 50 Nr. ½, 92–112.

Höffe, Otfried (1971): Praktische Philosophie. Das Modell des Aristoteles. Zugl.: München, Univ., Diss., 1970 (Epimeleia. Beiträge zur Philosophie, 18), München u. a.

Höhn, Hans-Joachim (2014): Das Leben in Form bringen. Konturen einer neuen Tugendethik, Freiburg im Breisgau.

Holly, Marilyn (2006): Envrionmental Virtue Ethics. A Review of Some Current Work, in: *Journal of Agricultural and Environmental Ethics* 19 Nr. 4, 391–424.

Honecker, Martin (1998): Schwierigkeiten mit dem Begriff Tugend, in: Rippe, Klaus Peter/Schaber, Peter (Hg.): Tugendethik, Stuttgart, 166–184.

Horn, Christoph (1998): Antike Lebenskunst. Glück und Moral von Sokrates bis zu den Neuplatonikern (Beck'sche Reihe, 1271), München.

Hoyer, Timo (2005a): Tugend. Ein in Verruf geratener Begriff kehrt zurück in die Pädagogik, in: *PÄD-Forum: unterrichten erziehen* 33 Nr. 5, 296–300.

Hoyer, Timo (2005b): Tugend und Erziehung. Die Grundlegung der Moralpädagogik in der Antike, Bad Heilbrunn.

Hull, Robert (2005): All About EVE. A Report on Environmental Virtue Ethics, in: *Ethics & the Environment* 10 Nr. 1, 89–110.

Hursthouse, Rosalind (2007): Environmental Virtue Ethics, in: Walker, Rebecca L./Ivanhoe, Philip J. (Hg.): Working Virtue. Virtue Ethics and Contemporary Moral Problems, Oxford, 155–172.

IPCC (2013): Zusammenfassung für politische Entscheidungsträger, in: Stocker, Thomas F./Dahe, Qin/Plattner, Gian-Kasper/Tignor, Melinda M. B./Allen, Simon K./Boschung, Judith et al. (Hg.): Klimaänderung 2013: Naturwissenschaftliche Grundlagen. Beitrag der Arbeitsgruppe I zum Fünften Sachstandsbericht des Zwischenstaatlichen Ausschusses für Klimaänderungen. (Deutsche Übersetzung durch Deutsche IPCC-Koordinierungsstelle, Österreichisches Umweltbundesamt, ProClim, Bonn/Wien/Bern 2014), Cambridge/New York.

IPCC (2014a): Zusammenfassung für politische Entscheidungsträger, in: Field, Christopher B./Barros, Vicente R./Dokken, David J./Mach, Katherine J./Mastrandrea, Michael D./Bilir, T. Eren et al. (Hg.): Klimaänderung 2014: Folgen, Anpassung und Verwundbarkeit. Beitrag der Arbeitsgruppe II zum Fünften Sachstandsbericht des Zwischenstaatlichen Ausschusses für Klimaänderungen (IPCC). (Deutsche Übersetzung durch Deutsche IPCC-Koordinierungsstelle, Österreichisches Umweltbundesamt, ProClim, Bonn/Wien/Bern, 2015), Cambridge/New York.

IPCC (2014b): Zusammenfassung für politische Entscheidungsträger, in: Edenhofer, Ottmar/Pichs-Madruga, Ramon/Sokona, Youba/Farahani, Ellie/Kadner, Susanne/Seyboth, Kristin et al. (Hg.): Klimaänderung 2014: Minderung des Klimawandels. Beitrag der Arbeitsgruppe III zum Fünften Sachstandsbericht des Zwischenstaatlichen Ausschusses für Klimaänderungen (IPCC). (Deutsche Übersetzung durch Deutsche IPCC-Koordinierungsstelle, Österreichisches Umweltbundesamt, ProClim, Bonn/Wien/Bern, 2015), Cambridge/New York.

IPCC (2014c): Zusammenfassung für politische Entscheidungsträger, in: Hauptautoren/Pachauri, Rajendra K./Meyer, Leo A. (Hg.): Klimaänderung 2014: Synthesebericht. Beitrag der Arbeitsgruppen I, II und III zum Fünften Sachstandsbericht des Zwischenstaatlichen Ausschusses für Klimaänderungen. (Deutsche Übersetzung durch Deutsche IPCC-Koordinierungsstelle, Bonn 2015), Genf.

Irrgang, Bernhard (1992): Christliche Umweltethik (UTB für Wissenschaft Uni-Taschenbücher, 1671), Stuttgart.

Kersting, Wolfgang (2006): Die Gerechtigkeit zieht die Grenze, und das Gute setzt das Ziel. (Kapitel 7), in: Höffe, Otfried (Hg.): John Rawls. Eine Theorie der Gerechtigkeit (Klassiker Auslegen, 15), 2., bearbeitete Aufl., Berlin, 209–230.

Kersting, Wolfgang (2001): Konjunkturen der Tugend. Von Platon und Aristoteles bis zur Postmoderne, in: Prisching, Manfred (Hg.): Postmoderne Tugenden? Ihre Verortung im kulturellen Leben der Gegenwart (Reihe Sozialethik der Österreichischen Forschungsgemeinschaft, 2), Wien, 39–74.

Kliemt, Hartmut (2006): Rawls' Kritik am Utilitarismus. (§ § 5–6, 27–28, 30, 49, 75–76), in: Höffe, Otfried (Hg.): John Rawls. Eine Theorie der Gerechtigkeit (Klassiker Auslegen, 15), 2., bearbeitete Aufl., Berlin, 97–116.

Knauer, Peter (1986): Unseren Glauben verstehen, Würzburg.

Koller, Peter (2006): Die Grundsätze der Gerechtigkeit. (Kapitel 2), in: Höffe, Otfried (Hg.): John Rawls. Eine Theorie der Gerechtigkeit (Klassiker Auslegen, 15), 2., bearbeitete Aufl., Berlin, 45–69.

Koller, Peter (2001): Die Tugenden, die Moral und das Recht, in: Prisching, Manfred (Hg.): Postmoderne Tugenden? Ihre Verortung im kulturellen Leben der Gegenwart (Reihe Sozialethik der Österreichischen Forschungsgemeinschaft, 2), Wien, 163–191.

Konferenz der Vereinten Nationen über Umwelt und Entwicklung (1992): Rio-Erklärung über Umwelt und Entwicklung. Online verfügbar unter http://www.un.org/Depts/german/conf/agenda21/rio.pdf, zuletzt geprüft: 12.07.2016.

Krämer, Hans (1998): Selbstverwirklichung, in: Steinfath, Holmer (Hg.): Was ist ein gutes Leben? Philosophische Reflexionen (Suhrkamp Taschenbuch Wissenschaft, 1323), Frankfurt am Main, 94–123.

Kuckartz, Udo (2010): Nicht hier, nicht jetzt, nicht ich. Über die symbolische Bearbeitung eines ernsten Problems, in: Welzer, Harald/Soeffner, Hans-Georg/Giesecke, Dana (Hg.): KlimaKulturen. Soziale Wirklichkeiten im Klimawandel, Frankfurt am Main, 144–160.

Ladenthin, Volker (2001): Ethik und Bildung. Erziehender Unterricht als Aufgabe der Schule, Würzburg.

Latif, Mojib (2012): Globale Erwärmung (UTB Profile, 3586), Stuttgart.

Lefrançois, Guy R. (2006): Psychologie des Lernens (Springer-Lehrbuch), 4., überarbeitete und erweiterte Aufl., Heidelberg.

Leggewie, Claus (2011): Die demokratische Frage heute, in: Schüttemeyer, Suzanne S. (Hg.): Politik im Klimawandel. Keine Macht für gerechte Lösungen?, Baden-Baden, 25–39.

Leggewie, Claus/Welzer, Harald (2010): Das Ende der Welt, wie wir sie kannten. Klima, Zukunft und die Chancen der Demokratie, 4. Aufl., Frankfurt am Main.

Lienkamp, Andreas (2015): Klimawandel. Ein Kernthema des Religionsunterrichts. (korrigierte und erweiterte Fassung), in: *Religionspädagogik an Berufsbildenden Schulen (RABS) Nr.* 4, 6–9.

Lienkamp, Andreas (2014): Die Ungerechtigkeit des Klimawandels. Ethische Überlegungen zu einem globalen Ressourcenkonflikt, in: Klagge, Britta/Lienkamp, Andreas/von Scheliha, Arnulf/Schneckener, Ulrich (Hg.): Wettstreit um Ressourcen. Konflikte um Klima, Wasser, Boden, München, 95–122.

Lienkamp, Andreas (2013): Der Klimawandel als ethisches Problem, in: Geiger, Gunter/van Saan-Klein, Beatrice (Hg.): Menschenrechte weltweit – Schöpfung bewahren! Grundlagen einer ethischen Umweltpolitik, Opladen u. a., 121–154.

Lienkamp, Andreas (2009a): Klimapolitik als Bewährungsort globaler, intergenerationeller und ökologischer Gerechtigkeit, in: Bedford-Strohm, Heinrich (Hg.): Und Gott sah, dass es gut war. Schöpfung und Endlichkeit im Zeitalter der Klimakatastrophe, Neukirchen-Vluyn, 85–105.

Lienkamp, Andreas (2009b): Klimawandel und Gerechtigkeit. Eine Ethik der Nachhaltigkeit in christlicher Perspektive. Zugl.: Bamberg, Univ., Habil.-Schr., 2008, Paderborn u. a.

Louden, Robert B. (1998): Einige Laster der Tugendethik, in: Rippe, Klaus Peter/Schaber, Peter (Hg.): Tugendethik, Stuttgart, 185–212.

Löw-Beer, Martin (1993): Der normative Kitt zwischen Lebensformen. Überlegungen zur politischen Toleranz, in: Brumlik, Micha/Brunkhorst, Hauke (Hg.): Gemeinschaft und Gerechtigkeit (Fischer-Taschenbücher ZeitSchriften, 11724), Frankfurt am Main, 199–217.

Lücking, Stefan (1993): Verbindlichkeit ohne System. Dietmar Mieths Konzept einer „Modellethik", in: Hengsbach, Friedhelm/Emunds Bernhard/Möhring-Hesse, Matthias (Hg.): Jenseits katholischer Soziallehre. Neue Entwürfe christlicher Gesellschaftskritik, Düsseldorf, 129–148.

Maaser, Wolfgang (1997): Tugendethik. Erwägungen aus evangelischer Sicht, in: *Glaube und Lernen* 12 Nr. 2, 148–159.

MacIntyre, Alasdair C. (1998): Das Wesen der Tugenden, in: Rippe, Klaus Peter/Schaber, Peter (Hg.): Tugendethik, Stuttgart, 92–113.

MacIntyre, Alasdair C. (1987): Der Verlust der Tugend. Zur moralischen Krise der Gegenwart (Theorie und Gesellschaft, Bd. 5), Frankfurt am Main/New York.

Mack, Elke (2002): Gerechtigkeit und gutes Leben. Christliche Ethik im politischen Diskurs. Zugl.: Würzburg, Univ., Habil.-Schr., 2001, Paderborn.

Manemann, Jürgen (2012): Klimakatastrophe und Apokalypseblindheit. Ein philosophisch-theologischer Beitrag zur Klima- und Energiedebatte nach Fukushima, in: Ekardt, Felix (Hg.): Klimagerechtigkeit. Ethische, rechtliche, ökonomische und transdisziplinäre Zugänge (Beiträge zur sozialwissenschaftlichen Nachhaltigkeitsforschung, 2), Marburg, 141–156.

Maslow, Abraham H. (1977): Motivation und Persönlichkeit, Olten.

Maus, Ingeborg (2006): Der Urzustand. (Kapitel 3, vgl. § 4), in: Höffe, Otfried (Hg.): John Rawls. Eine Theorie der Gerechtigkeit (Klassiker Auslegen, 15), 2., bearbeitete Aufl., Berlin, 71–95.

Merks, Karl-Wilhelm (1978): Theologische Grundlegung der sittlichen Autonomie. Strukturmomente eines autonomen Normbegründungsverständnisses im lex-Traktat der Summa theologiae des Thomas von Aquin (Moraltheologische Studien: Systematische Abteilung, Bd. 5), Düsseldorf.

Meyer, Kirsten (2002): Der Schutz der Natur und das gute Leben, in: *Philosophia naturalis* 39 Nr. 1, 173–186.

Mieth, Dietmar (1999): Moral und Erfahrung I. Grundlagen einer theologisch-ethischen Hermeneutik (Studien zur theologischen Ethik, 2), 4. überarbeitete und ergänzte Neuaufl., Freiburg im Breisgau/Freiburg in der Schweiz.

Mieth, Dietmar (1998): Moral und Erfahrung II. Entfaltung einer theologisch-ethischen Hermeneutik (Studien zur theologischen Ethik, 76), Freiburg im Breisgau/Freiburg in der Schweiz.

Mieth, Dietmar (1984): Die neuen Tugenden. Ein ethischer Entwurf (Schriften der Katholischen Akademie in Bayern, 104), Düsseldorf.

Müller, Anselm Winfried (1998): Was taugt die Tugend? Elemente einer Ethik des guten Lebens. Mit einem Gespräch mit August Everding (Kohlhammer Philosophie, 4), Stuttgart.

Müller, Michael (2007): Der UN-Weltklimareport. Berichte über eine aufhaltsame Katastrophe (KiWi Paperback, 1024), Köln.

Nida-Rümelin, Julian (2015): Plädoyer für eine normative Anthropologie, in: Heilinger, Jan-Christoph/Nida-Rümelin, Julian (Hg.): Anthropologie und Ethik (Humanprojekt, Bd. 12), Berlin, 3–18.

Nussbaum, Martha Craven (2012a): Die Natur des Menschen, seine Fähigkeiten und Tätigkeiten. Aristoteles über die distributive Aufgabe des Staates, in: Pauer-Studer, Herline (Hg.): Martha C. Nussbaum: Gerechtigkeit oder Das gute Leben (Gender studies, 1739 = N.F., 739), 7. Aufl., Frankfurt am Main.

Nussbaum, Martha Craven (2012b): Menschliche Fähigkeiten, weibliche Menschen, in: Pauer-Studer, Herline (Hg.): Martha C. Nussbaum: Gerechtigkeit oder Das gute Leben (Gender studies, 1739 = N.F., 739), 7. Aufl., Frankfurt am Main, 176–226.

Nussbaum, Martha Craven (1998a): Menschliches Tun und soziale Gerechtigkeit. Zur Verteidigung des aristotelischen Essentialismus, in: Steinfath, Holmer (Hg.): Was ist ein gutes Leben? Philosophische Reflexionen (Suhrkamp Taschenbuch Wissenschaft, 1323), Frankfurt am Main, 196–234.

Nussbaum, Martha Craven (1998b): Nicht-relative Tugenden. Ein aristotelischer Ansatz, in: Rippe, Klaus Peter/Schaber, Peter (Hg.): Tugendethik, Stuttgart, 114–165.

O'Neill, Onora (1996): Tugend und Gerechtigkeit. Eine konstruktive Darstellung des praktischen Denkens (Edition Philosophie), Berlin.

Ott, Konrad (2010): Umweltethik zur Einführung (Zur Einführung, 377), Hamburg.

Papst Benedikt XVI. (2011): Botschaft seiner Heiligkeit Papst Benedikt XVI. zur Feier des Weltfriedenstages 1. Januar 2010. Willst du den Frieden fördern, so bewahre die Schöpfung, in: Bohlken, Eike/Drell, Volker/Dröscher, Mandy/Hoffmann, Thomas/Holzknecht, Ansgar/Manemann, Jürgen (Hg.): Kirche – Kernenergie – Klimawandel. Eine Stellungnahme mit Dokumenten (Philosophie aktuell, 9), 3. Aufl., Berlin, 93–104.

Papst Franziskus (2016): Nachsynodales Apostolisches Schreiben Amoris Laetitia. Über die Liebe in der Familie, Rom. Online verfügbar unter https://w2.vatican.va/content/francesco/de/apost_exhortations/documents/papa-francesco_esortazione-ap_20160319_amoris-laetitia.pdf, zuletzt geprüft: 12.07.2016.

Papst Franziskus (2015): Enzyklika Laudato Si'. Über die Sorge für das gemeinsame Haus, Rom. Online verfügbar unter http://w2.vatican.va/content/francesco/de/encyclicals/documents/papa-francesco_20150524_enciclica-laudato-si.pdf, zuletzt geprüft: 12.07.2016.

Pesch, Otto H. (1987): Die Theologie der Tugend und die theologischen

Tugenden, in: *Concilium: internationale Zeitschrift für Theologie* 23 Nr. 3, 233–245.

Pesch, Otto H. (1974): Die bleibende Bedeutung der thomanischen Tugendlehre. Eine theologiegeschichtliche Meditation, in: *Freiburger Zeitschrift für Philosophie und Theologie* 21, 359–391.

Pleines, Jürgen-Eckardt (2005): Tugend zwischen Sittlichkeit und Moral, in: *Vierteljahrsschrift für wissenschaftliche Pädagogik* 81 Nr. 3, 314–332.

Pleines, Jürgen-Eckardt (1985): Ist Tugend lehrbar?, in: *Vierteljahrsschrift für wissenschaftliche Pädagogik* 61 Nr. 2, 197–212.

Pressemitteilung der Deutschen Bischofskonferenz (25.11.2015): Erklärung der Vorsitzenden der Deutschen Bischofskonferenz und des Rates der Evangelischen Kirche in Deutschland zur UN-Klimakonferenz in Paris. 227a, Bonn.

Radić, Stjepan (2011): Die Rehabilitierung der Tugendethik in der zeitgenössischen Philosophie. Eine notwendige Ergänzung gegenwärtiger Theorie in der Ethik. Zugl.: Innsbruck, Univ., Diss., 2006 (Studien der Moraltheologie, 44), Münster.

Rahmstorf, Stefan/Schellnhuber, Hans Joachim (2012): Der Klimawandel. Diagnose, Prognose, Therapie (Beck'sche Reihe C.-H.-Beck-Wissen, 2366), 7., vollständig überarbeitete und aktualisierte Aufl., München.

Rawls, John (1998): Politischer Liberalismus, Frankfurt am Main.

Rawls, John (1997): Das Ideal des öffentlichen Vernunftgebrauchs, in: Hinsch, Wilfried/Philosophische Gesellschaft Bad Homburg (Hg.): Zur Idee des politischen Liberalismus. John Rawls in der Diskussion (Suhrkamp Taschenbuch Wissenschaft, 1269), Frankfurt am Main, 116–141.

Rawls, John (1979): Eine Theorie der Gerechtigkeit (Suhrkamp Taschenbuch Wissenschaft, 271), Frankfurt am Main.

Reder, Michael (2013): Ethik der Menschenrechte und Klimawandel, in: Geiger, Gunter/van Saan-Klein, Beatrice (Hg.): Menschenrechte weltweit – Schöpfung bewahren! Grundlagen einer ethischen Umweltpolitik, Opladen u. a., 107–120.

Reeve, Johnmarshall (2009): Understanding motivation and emotion, 5. Aufl., Hoboken, NJ.

Rhonheimer, Martin (2001): Die Perspektive der Moral. Philosophische Grundlagen der Tugendethik, Berlin.

Rhonheimer, Martin (2000): Die sittlichen Tugenden. Anthropologische und praktisch-kognitive Dimension, in: *Imago Hominis* 7 Nr. 2, 103–114.

Ricken, Friedo (1999): Aristoteles und die moderne Tugendethik, in: *Theologie und Philosophie* 74 Nr. 3, 391–404.

Ricken, Friedo (1997): Ist eine moralische Konzeption der politischen Gerechtigkeit ohne umfassende moralische Lehre möglich?, in: Hinsch, Wilfried/Philosophische Gesellschaft Bad Homburg (Hg.): Zur Idee des politischen Liberalismus. John Rawls in der Diskussion (Suhrkamp Taschenbuch Wissenschaft, 1269), Frankfurt am Main, 420–437.

Rippe, Klaus Peter/Schaber, Peter (1998): Einleitung, in: Rippe, Klaus Peter/Schaber, Peter (Hg.): Tugendethik, Stuttgart, 7–18.

Rohls, Jan (2002): Die Rückkehr der Tugend. Das griechische Erbe in der modernen Ethik, in: Gestrich, Christof/Otto, Eckart (Hg.): Die Aktualität der Antike. Das ethische Gedächtnis des Abendlandes (Beiheft 2002 zur Berliner theologischen Zeitschrift, 19. Jahrgang), Berlin, 20–40.

Rosenberger, Michael (2012): Gut leben statt viel (ver-)brauchen. Schöpfungstheologische Erwägungen, in: Findl-Ludescher, Anna/Langhammer, Elke/Panhofer, Johannes (Hg.): Gutes Leben – für alle? Theologisch-kritische Perspektiven auf einen aktuellen Sehnsuchtsbegriff (Kommunikative Theologie – interdisziplinär, Bd. 16), Wien, 321–334.

Rudolph, Udo (2013): Motivationspsychologie kompakt. Mit Online-Materialien, 3., vollständig überarbeitete Aufl., Weinheim/Basel.

Sandel, Michael (1993): Die verfahrensrechtliche Republik und das ungebundene Selbst, in: Honneth, Axel (Hg.): Kommunitarismus. Eine Debatte über die moralischen Grundlagen moderner Gesellschaften (Theorie und Gesellschaft, Bd. 26), Frankfurt am Main u. a., 18–35.

Sandler, Ronald (2010): Ethical Theory and the Problem of Inconsequentialism. Why Environmental Ethicists Should be Virtue-Oriented Ethicists, in: *Journal of Agricultural and Environmental Ethics* 23 Nr. 1-2, 167–183.

Sandler, Ronald (2005): Introduction: Environmental Virtue Ethics, in: Cafaro, Philip/Sandler, Ronald (Hg.): Environmental Virtue Ethics, Lanham, 1–12.

Scarano, Nico (2006): Der Gerechtigkeitssinn. (Kapitel 8, vgl. § 9), in: Höffe, Otfried (Hg.): John Rawls. Eine Theorie der Gerechtigkeit (Klassiker Auslegen, 15), 2., bearbeitete Aufl., Berlin, 231–249.

Scheffer, David/Heckhausen, Heinz (2010): Eigenschaftstheorien der Motivation, in: Heckhausen, Jutta/Heckhausen, Heinz (Hg.): Motivation und Handeln (Springer Lehrbuch), 4., überarbeitete und erweiterte Aufl., Heidelberg, 43–72.

Scheffran, Jürgen (2012): Globaler Klimawandel und Gewaltkonflikte.

Befunde und Perspektiven der Friedens- und Konfliktforschung, in: Brzoska, Michael/Kalinowski, Martin/Matthies, Volker/Meyer, Berthold (Hg.): Klimawandel und Konflikte. Versicherheitlichung versus präventive Friedenspolitik? (AFK-Friedensschriften, 37), Baden-Baden, 27–50.

Scherer, Christiane (1993): Das menschliche und das gute menschliche Leben. Martha Nussbaum über Essentialismus und menschliche Fähigkeiten, in: *Deutsche Zeitschrift für Philosophie* 41 Nr. 5, 905–920.

Schlitt, Michael (1992): Umweltethik. Philosophisch-ethische Reflexionen, theologische Grundlagen, Kriterien, Paderborn u. a.

Schmalt, Heinz-Dieter/Langens, Thomas (2009): Motivation (Kohlhammer Standards Psychologie), 4., vollständig überarbeitete und erweiterte Aufl., Stuttgart.

Schmitz, Philipp (1979): Tugend. Der alte und der neue Weg zur inhaltlichen Bestimmung des sittlich richtigen Verhaltens, in: *Theologie und Philosophie* 54 Nr. 2, 161–182.

Schockenhoff, Eberhard (2008): Aliquid pertinens ad rationem. Zum Öffentlichkeitsanspruch klassischer und moderner Naturrechtskonzeptionen, in: Bormann, Franz-Josef/Irlenborn, Bernd (Hg.): Religiöse Überzeugungen und öffentliche Vernunft. Zur Rolle des Christentums in der pluralistischen Gesellschaft. Interdisziplinäres Symposion an der Theologischen Fakultät Paderborn vom 8. bis 10. Juni 2007 (Quaestiones disputatae, 228), Freiburg im Breisgau, 220–236.

Schockenhoff, Eberhard (2007): Grundlegung der Ethik. Ein theologischer Entwurf, Freiburg im Breisgau.

Schockenhoff, Eberhard (1996): Naturrecht und Menschenwürde. Universale Ethik in einer geschichtlichen Welt (Welt der Theologie), Mainz.

Schockenhoff, Eberhard (1987): Bonum hominis. Die anthropologischen und theologischen Grundlagen der Tugendethik des Thomas von Aquin (Tübinger theologische Studien, Bd. 28), Mainz.

Schrader, Christopher (2016): Mehr Gefühl bitte, in: *Süddeutsche Zeitung* vom 04.06.2016 Nr. 127, 37.

Schröer, Christian (1995): Praktische Vernunft bei Thomas von Aquin (Münchener philosophische Studien, 10), Stuttgart.

Schüller, Bruno (1980): Die Begründung sittlicher Urteile. Typen ethischer Argumentation in der Moraltheologie, 2., überarbeitete und erweiterte Aufl., Düsseldorf.

Schuster, Josef (2004): Gefühle und ethische Tugenden, in: Bormann, Franz-Josef/Schröer, Christian (Hg.): Abwägende Vernunft. Praktische

Rationalität in historischer, systematischer und religionsphilosophischer Perspektive, Berlin, 361–380.

Schuster, Josef (1999): Moralisches Können. Studien zur Tugendethik, 2. Aufl., Würzburg.

Seel, Martin (1998): Freie Weltbegegnung, in: Steinfath, Holmer (Hg.): Was ist ein gutes Leben? Philosophische Reflexionen (Suhrkamp Taschenbuch Wissenschaft, 1323), Frankfurt am Main, 275–296.

Seel, Martin (1995): Versuch über die Form des Glücks. Studien zur Ethik, Frankfurt am Main.

Seidl, Horst (2012): Traditionelle Tugendlehre als angewandte Ethik. Von allgemeinen Normen zum konkreten Handeln (Philosophische Texte und Studien, 111), Hildesheim.

Sekretariat der Deutschen Bischofskonferenz (Hg.) (2007): Der Klimawandel. Brennpunkt globaler, intergenerationeller und ökologischer Gerechtigkeit. Ein Expertentext zur Herausforderung des globalen Klimawandels. (Die deutschen Bischöfe – Kommission für gesellschaftliche und soziale Fragen/Kommission Weltkirche, 29), 2., aktualisierte Aufl., Bonn.

Soosten, Joachim von (1992): Gerechtigkeit ohne Solidarität? Deontologische Ethik in der Kritik, in: *Zeitschrift für evangelische Ethik* 36 Nr. 1, 61.

Spaemann, Robert (1993): Glück und Wohlwollen. Versuch über Ethik, 3. Aufl., Stuttgart.

Stachel, Günter/Mieth, Dietmar (1978): Ethisch handeln lernen. Zu Konzeption und Inhalt ethischer Erziehung, Zürich.

Stehr, Nico/Storch, Hans von (2010): Klima, Wetter, Mensch, Opladen.

Steinfath, Holmer (2013): Werte und Glück. Dimensionen der Frage nach dem guten Leben, in: Hoesch, Matthias/Muders, Sebastian/Rüther, Markus (Hg.): Glück – Werte – Sinn. Metaethische, ethische und theologische Zugänge zur Frage nach dem guten Leben, Berlin/Boston, 13–34.

Steinfath, Holmer (1998): Selbstbejahung, Selbstreflexion und Sinnbedürfnis, in: Steinfath, Holmer (Hg.): Was ist ein gutes Leben? Philosophische Reflexionen (Suhrkamp Taschenbuch Wissenschaft, 1323), Frankfurt am Main, 73–93.

Stemmer, Peter (1998): Was es heißt, ein gutes Leben zu leben, in: Steinfath, Holmer (Hg.): Was ist ein gutes Leben? Philosophische Reflexionen (Suhrkamp Taschenbuch Wissenschaft, 1323), Frankfurt am Main, 47–72.

Stocker, Michael (1998): Die Schizophrenie moderner ethischer Theorien, in: Rippe, Klaus Peter/Schaber, Peter (Hg.): Tugendethik, Stuttgart, 19–41.

Swanton, Christine (1997): Virtue Ethics and the Problem of Indirection: A Pluralistic Value-Centred Approach, in: *Utilitas* 9 Nr. 2, 167–181.

Thomä, Dieter (2003): Vom Glück in der Moderne (Suhrkamp Taschenbuch Wissenschaft, 1648), Frankfurt am Main.

Thompson, Allen (2010): Radical Hope for Living Well in a Warmer World, in: *Journal of Agricultural and Environmental Ethics* 23 Nr. 1-2, 43–59.

Torcello, Lawrence (2016): The Ethics of Belief, Cognition, and Climate Change Pseudoskepticism: Implications for Public Discourse, in: *Topics in cognitive science* 8 Nr. 1, 19–48.

Tremmel, Jörg (2011): Klimawandel und Gerechtigkeit, in: Schüttemeyer, Suzanne S. (Hg.): Politik im Klimawandel. Keine Macht für gerechte Lösungen?, Baden-Baden, 127–158.

United Nations Framework Convention on Climate Change (2015): Adoption of the Paris Agreement. Draft decision -/CP.21. FCCC/CP/2015/L.9/Rev.1, vom 12.12.2015. Online verfügbar unter https://unfccc.int/resource/docs/2015/cop21/eng/l09r01.pdf, zuletzt geprüft: 12.07.2016.

Velthaus, Gerhard (2006): Die Fraglichkeit der Moralerziehung. Brauchen wir eine neue Tugendlehre zur Vermittlung sittlichen Verhaltens?, in: *Pädagogische Rundschau* 60 Nr. 4, 407–424.

Vogt, Markus (2012a): Climate Justice from a Christian Point of View. Challenges for a New Definition of Wealth, in: Gerten, Dieter/Bergmann, Sigurd (Hg.): Religion in environmental and climate change. Suffering, values, lifestyles. Proceedings of a symposium held Jan. 11–13, 2010 at the Potsdam Institute for Climate Impact Research, London, 69–84.

Vogt, Markus (2012b): Klimaschutz im Gestrüpp der Interessen. Philosophische und theologische Perspektiven, in: Ekardt, Felix (Hg.): Klimagerechtigkeit. Ethische, rechtliche, ökonomische und transdisziplinäre Zugänge (Beiträge zur sozialwissenschaftlichen Nachhaltigkeitsforschung, 2), Marburg, 57–82.

Wallroth, Martin (2001): Psychologie der Tugend, in: Prisching, Manfred (Hg.): Postmoderne Tugenden? Ihre Verortung im kulturellen Leben der Gegenwart (Reihe Sozialethik der Österreichischen Forschungsgemeinschaft, 2), Wien, 143–162.

Wicke, Lutz/Schellnhuber, Hans Joachim/Klingenfeld, Daniel (2010): Die

2°max-Klimastrategie. Ein Memorandum (Studien zur internationalen Umweltpolitik, 13), Münster.

Winkel, Sandra/Petermann, Franz (2006): Lernpsychologie (utb-studi-e-book, 2817), Stuttgart.

Witschen, Dieter (2011): Menschen-Tugenden. Ein Konzept zu menschenrechtlichen Grundhaltungen, Paderborn.

Wolf, Susan (1998): Glück und Sinn. Zwei Aspekte des guten Lebens, in: Steinfath, Holmer (Hg.): Was ist ein gutes Leben? Philosophische Reflexionen (Suhrkamp Taschenbuch Wissenschaft, 1323), Frankfurt am Main, 167–195.

Wolf, Ursula (1998): Zur Struktur der Frage nach dem guten Leben, in: Steinfath, Holmer (Hg.): Was ist ein gutes Leben? Philosophische Reflexionen (Suhrkamp Taschenbuch Wissenschaft, 1323), Frankfurt am Main, 32–46.

Wolf, Ursula (1997): Übergreifender Konsens und öffentliche Vernunft, in: Hinsch, Wilfried/Philosophische Gesellschaft Bad Homburg (Hg.): Zur Idee des politischen Liberalismus. John Rawls in der Diskussion (Suhrkamp Taschenbuch Wissenschaft, 1269), Frankfurt am Main, 52–66.

Zentralkomitee der deutschen Katholiken (2011): Schöpfungsverantwortung wahrnehmen – jetzt handeln! (Erstveröffentlichung: 21.11.2008), in: Bohlken, Eike/Drell, Volker/Dröscher, Mandy/Hoffmann, Thomas/Holzknecht, Ansgar/Manemann, Jürgen (Hg.): Kirche – Kernenergie – Klimawandel. Eine Stellungnahme mit Dokumenten (Philosophie aktuell, 9), 3. Aufl., Berlin.

Zyska, Willy (1975): Motiv und Motivation in ihrer Bedeutung für wertorientiertes Handeln, in: Auer, Alfons/Biesinger, Albert/Gutschera, Herbert (Hg.): Moralerziehung im Religionsunterricht, Freiburg im Breisgau, 139–151.